普通学校电子信息类专业系列规划教材

数字电路与逻辑设计

方怡冰　郑新旺　编著

西安电子科技大学出版社

内容简介

本书是基于OBE教育理念，按照电子信息类专业培养目标，采用反向设计的方法而编写的。本书详细介绍了数字逻辑电路的基础理论和分析、设计方法，并把数字电路的VHDL语言描述结合其中，详细介绍了数字电路系统的设计与仿真方法。此外，书中提供了大量采用Proteus和Quartus软件进行设计的实验项目和课程设计项目，以提高学生的应用能力。

本书可以作为高等学校电子信息类专业教材，也可以供数字电路设计人员参考。

图书在版编目(CIP)数据

数字电路与逻辑设计/方怡冰，郑新旺编著. —西安：西安电子科技大学出版社，2020.10
(2021.10重印)
ISBN 978-7-5606-5694-6

Ⅰ.①数…　Ⅱ.①方…　②郑…　Ⅲ.①数字电路—逻辑设计—高等学校—教材
Ⅳ.①TN79

中国版本图书馆CIP数据核字(2020)第098483号

策划编辑　秦志峰
责任编辑　张玮
出版发行　西安电子科技大学出版社(西安市太白南路2号)
电　　话　(029)88202421　88201467　　　邮　　编　710071
网　　址　www.xduph.com　　　电子邮箱　xdupfxb001@163.com
经　　销　新华书店
印刷单位　陕西精工印务有限公司
版　　次　2020年10月第1版　　　2021年10月第2次印刷
开　　本　787毫米×1092毫米　1/16　　　印张　19.5
字　　数　461千字
印　　数　2001～4000册
定　　价　48.00元
ISBN 978-7-5606-5694-6/TN
XDUP　5996001-2

前　言

在长期的教学过程中，经常听到同学们反映数字电路比模拟电路好学。如果仅仅是认识门电路、触发器、少量中规模芯片的功能，搭接简单的数字电路，如在面包板上实现数字钟，等等，得出这个结论未尝不可。

学习数字电路至少有两个目的，一是为后续的微机原理课程打下基础，便于我们理解CPU、存储器、接口电路的结构及工作原理，在此基础上才能编写程序，让微机按照我们的意图工作；二是直接利用数字电路知识进行数字电路系统的设计。数字电路不能完全由小、中规模芯片组成，这样结构过于庞杂。所以，在学习数字电路的同时应同时学习VHDL(Very-high-speed integrated circuit Hardware Description Language，超高速集成电路硬件描述语言)或Verilog的电路描述方法，利用可编程逻辑芯片来设计数字电路。

本书把传统的数字电路和基于VHDL语言的电路描述设计有机融合，在编写方式上力图改变实践教学为理论教学服务或忽视实践教学的做法，根据人才培养目标，设计实践教学的最终目的、具体内容、实施过程，将传统以理论教学为主转变为理论与实验相结合的教学方法，着重培养学生的数字逻辑电路设计能力。

使用本书前应具备"C语言程序设计""电路原理""模拟电路"等课程的基础知识。

本书选择VHDL语言进行电路描述，但不涉及太多的语法，只需掌握IF、CASE语句即可。

本书建议理论学时60、实验学时30、课程设计1周，具体教学安排如下：

第1章　数制与编码(6学时)：先介绍二、十进制数及其之间的进制转换；再介绍几种二-十进制编码，以及利用二-十进制编码进行加法运算、运算和的调整方法；然后介绍格雷码；最后以两个2421BCD码加法电路设计为例，进行基于VHDL电路描述的设计介绍，将会用到QUARTUSⅡ设计软件，软件使用方法在第7章的7.3节进行详细介绍；通过软件仿真，初步认识电路设计中出现的"竞争与冒险"现象。

第2章　逻辑代数基础(8学时)：介绍了逻辑代数基础、数字逻辑电路的设计方法，并巩固了数字逻辑电路的设计方法。其中会用到Proteus电路设计仿真软件，该软件的使用方法将在第7.1节进行详细介绍。

第1、2章均介绍了两个2421BCD码加法电路设计，分别给出了两种数字电路设计方法。

第3章　集成逻辑门电路(6学时)：介绍CMOS集成门电路，使学生理解诸如逻辑代数"与"运算和电路中逻辑与门的"与"运算之间的区别，从而为学习后续章节的数字逻辑电路设计打下基础。

通过第2、3章的学习，使学生理解电路设计中为什么会出现“竞争与冒险”现象，掌握静态冒险的检查与消除。

第4章　中规模组合电路及VHDL描述设计(10学时)：介绍常用的中规模组合电路芯片及其应用设计，以及相应的VHDL描述设计；通过中规模电路及门电路设计、VHDL描述设计，实现5421码数据的加法运算，包括编码输入和译码输出。

通过第1～4章的学习，初步掌握传统的数字电路设计、基于VHDL语言的电路描述设计方法。

第5章　集成触发器(8学时)：介绍有记忆功能的电路(触发器)的组成及工作原理；通过7路抢答器的设计，理解为什么电路中需要记忆单元，以及如何设计记忆单元。

第6章　时序逻辑电路的分析、设计和描述(22学时)：通过大量举例，介绍时序逻辑电路的分析、设计和描述；利用74LS192、74LS153、门电路、触发器来设计万年历，介绍传统数字电路的设计方法；通过红外传输系统的设计与仿真，介绍基于VHDL语言的电路设计方法。上述两个数字电路设计将会应用第7章的多数实验内容，建议理论课与实验课同步进行，并适当增加、修改一些功能要求，或改变设计方法。这两个电路也适合用于课程设计。此章是本书份量最重的一章。

第7章　实验与课程设计：介绍了数字电路设计中需要用到的软件的使用方法，详细介绍了实验项目、课程设计项目。

本书适合进行线上线下混合式教学，同时提供教学课件，配套的课程网站有：

超星尔雅：https://mooc1-1.chaoxing.com/course/template60/92757197.html；

中国大学MOOC：http://www.icourse163.org/learn/preview/JMU-1205706806?tid=1205992221#/learn/content.

本书第1～6章由方怡冰编著，第7章由郑新旺编著。书中的例子都是经过多年的教学实践、提炼后精心选择的，均通过仿真、下载、实际电路调试。

本书将传统数字电路与VHDL电路描述设计有机融合，从数字电路的角度学习VHDL描述设计，并不强调VHDL语法学习，不增加数字电路理论课时，只适当增加实验课时，就可以利用课程设计验证学习效果。学生们掌握了VHDL描述设计方法后，也有助于学习Verilog描述设计方法。

学习通扫码查看课程

方怡冰

2020.2.8

目录

第 1 章　数制与编码

模拟电路主要用于模拟小信号的放大、信号的变换等，利用运算放大器等器件来实现；数字电路主要用于数字信号的逻辑运算，利用数字逻辑芯片来实现。这里有三个新的概念：数字电路、数字信号、逻辑运算。这些内容将在本书的第 1、2、3 章进行学习。下面先介绍数字信号。

以图 1-1 所示的模拟信号和数字信号为例，纵轴表示信号的电压幅值，每小格 2 V；横轴表示时间，每小格 0.5 s。可见，这里的模拟信号是一个频率为 0.5 Hz、峰-峰值为 2 V 的正弦波信号，信号连续光滑，处处可导。

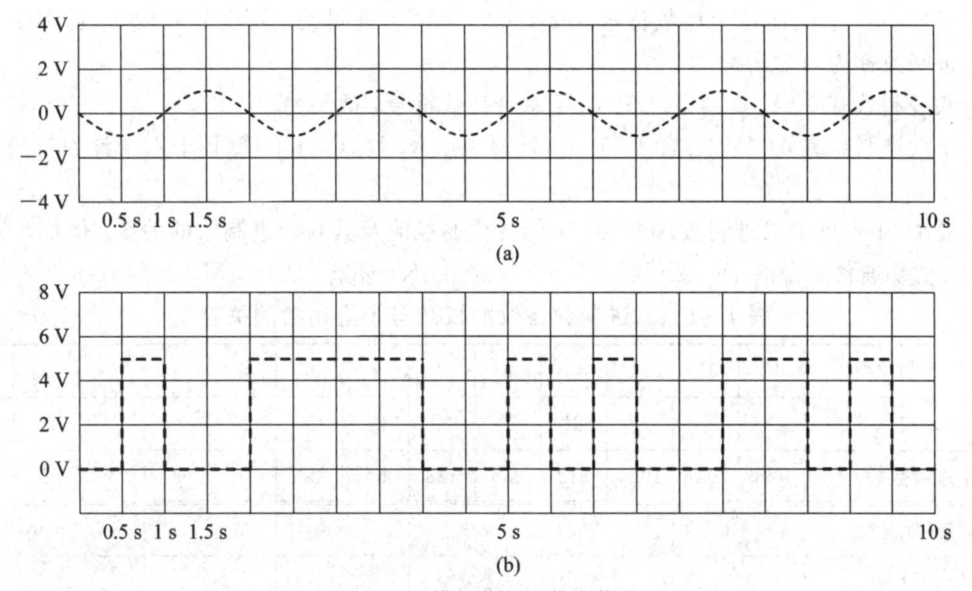

图 1-1　模拟信号和数字信号

数字信号只有两种电平：0 V 和 5 V，离散、不连续，在 0.5 s、1 s、2 s、4 s、5 s 等处发生了幅值突变，称为跳变，其中 0.5 s 处幅值从 0 V 跳变到 5 V，称为上跳变，1 s 处幅值从 5 V 跳变到 0 V，称为下跳变。因此一个数字信号可以抽象为一个二进制数，假设幅值是 5 V 时抽象为“1”，幅值是 0 V 时抽象为“0”，那么图中 0～0.5 s 时该信号是“0”，0.5～1 s 时该信号是“1”，1～2 s 时是“0”，2～4 s 时是“1”，等等。

可见，用方波描述数字信号，只有两种电平，通常把 0 V 对应的电平称作低电平，5 V 对应的电平称作高电平。不同的数字芯片，高电平不一定都是 5 V。随着集成电路技术的不断发展，数字芯片的工作电压越来越低，比如某数字芯片工作电压是 1.5 V，那么它的高电平是 1.5 V，低电平是 0V，通常工作电压也是芯片的电源电压。

图 1-1(b)所示的数字信号，0～10 s，如果以 0.5 s 为一个单元，就可以这样描述这个数字信号：01001111001010011010B，其中后缀 B 表示其为二进制数。这是一组串行传输的

数字信号，如果已知高、低电平，即数字“1”和“0”对应的电压值是 5 V 和 0 V，就可以还原出它的波形图，如同 1-1(b)所示。

通过对上述数字信号的分析，我们知道掌握二进制数是学习数字电路的前提，而日常人们都使用十进制数，为了利用数字电路解决日常问题，所以必须学习二进制数与十进制数之间的转换关系。

1.1 进位计数制

进位计数制是以表示计数符号的个数来命名的。计数符号的个数称为基数，用符号 r 来表示。

1.1.1 基数和权

十进制数有 0、1、2、3、4、5、6、7、8、9 十个计数符号，故 r=10。

二进制数有 0、1 两个计数符号，故 r=2。一位二进制数只可能是 0 或 1，通常就把一位二进制数称为一个比特。

八进制数有 0、1、2、3、4、5、6、7 八个计数符号，故 r=8。

十六进制数有 0、1、2、3、4、5、6、7、8、9、A、B、C、D、E、F 十六个计数符号，故 r=16。

表 1-1 列出了二进制数从 2^{12} 到 2^{-6} 的各位的权值及其与十进制数的关系。例如，$2^{10}=1024$，就是通常所说的 1K，$2^{12}=2^{2+10}=2^2\times2^{10}=4K$，还有：$2^{20}=1M$，$2^{30}=1G$，$2^{40}=1T$。

表 1-1　二进制数各位的权及与十进制数的关系

二进制位数	13	12	11	10	9	8	7	6	5	4	3	2	1
权	2^{12}	2^{11}	2^{10}	2^9	2^8	2^7	2^6	2^5	2^4	2^3	2^2	2^1	2^0
十进制数表示	4096	2048	1024	512	256	128	64	32	16	8	4	2	1

二进制位数	-1	-2	-3	-4	-5	-6
权	2^{-1}	2^{-2}	2^{-3}	2^{-4}	2^{-5}	2^{-6}
十进制数表示	0.5	0.25	0.125	0.0625	0.03125	0.015625

【例 1-1】 以图 1-1(b)所示的数字信号为例：01001111001010011010B，假设这是串行传输的一组二进制数，它对应的十进制数是多少？

解　按照二进制权的关系，从数据的右边算起，只写数据 1 的权相加，第一个 1 的权是 2^1，第二个 1 的权是 2^3……可以写出：

$$2^1+2^3+2^4+2^7+2^9+2^{12}+2^{13}+2^{14}+2^{15}+2^{18}=324\ 250$$

这是一个二进制数转换为十进制数的过程。

1.1.2 2^n 进制数之间的转换

数字信号用二进制数表示时，单调的 1、0 在读、写时容易出错，因此人们通常用十六进制数来描述二进制数，方法是把二进制数从 2^0 开始，向左、向右每四位一组。转换关系按照表 1－2 进行。

表 1－2　与十进制数相对应的二进制、八进制、十六进制数

十进制	二进制	八进制	十六进制	十进制	二进制	八进制	十六进制	十进制	二进制	八进制	十六进制
0	0000	0	0	6	0110	6	6	12	1100	14	C
1	0001	1	1	7	0111	7	7	13	1101	15	D
2	0010	2	2	8	1000	10	8	14	1110	16	E
3	0011	3	3	9	1001	11	9	15	1111	17	F
4	0100	4	4	10	1010	12	A	16	10000	20	10
5	0101	5	5	11	1011	13	B				

【例 1－2】 将例 1－1 中的二进制数转换为十六进制、八进制、十进制数。

解　先将上述串行传输数据表示为 0100，1111，0010，1001，1010B，再根据四位一组的二进制数与十六进制数的关系写成 4F29AH，后缀 H 表示其为十六进制数；如果用八进制数表示，则将二进制数从右到左每三位一组，最后不足三位的左边用 0 补足三位，这样可写成：1171232O，后缀 O 表示其为八进制数。

当然，用十进制数表示时，写成 324250D，后缀 D 表示这是一组十进制数，可省略不写。

也可以这样表示进制属性：$(01001111001010011010)_2$、$(4F29A)_{16}$、$(1171232)_8$。

1.1.3　十进制数和二进制数的转换

十进制数转换为二进制数时，要将其整数部分和小数部分分别转换，再将结果合并为目的数制形式。对于整数部分，可以将其连续除以 2 直到商为 0，此时所有的余数就是要求的整数部分的二进制数；对于小数部分，可以将其去掉上次乘积中的整数后再乘以 2，直到积为 0 或达到精度要求即可，此时所有乘积中的整数就是小数部分的二进制数。

【例 1－3】 把 179.6875 转换为二进制数。

解　(1) 先转换整数部分 179，如图 1－2 所示，结果是：179＝10110011B。

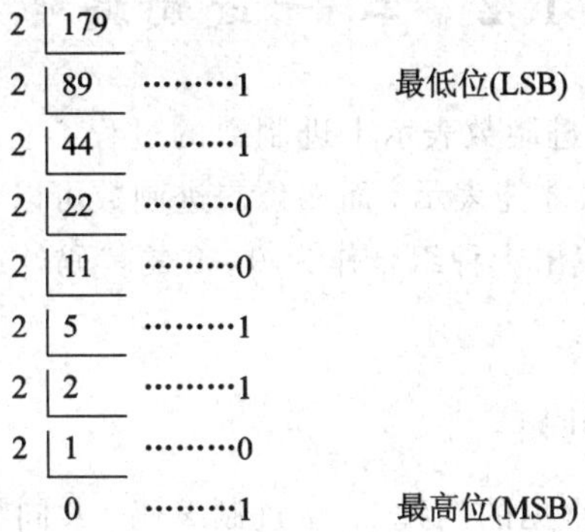

2 | 179
2 | 89 ………1　最低位(LSB)
2 | 44 ………1
2 | 22 ………0
2 | 11 ………0
2 | 5 ………1
2 | 2 ………1
2 | 1 ………0
0 ………1　最高位(MSB)

图 1－2　整数部分的转换过程

（2）再转换小数部分 0.6875，如图 1－3 所示，结果是：0.6875＝0.1011B。

0.6875		0.75
× 2		× 2
1.3750 ……1	高位	1.50 ……1
× 2		× 2
0.750 ……0		1.0 ……1　低位

图 1－3　小数部分的转换过程

（3）把整数和小数部分的转换结果合并，最终结果是：179.6875＝10110011.1011B。

（4）被转换数据越大，上述的转换过程越繁琐，可以直接利用表 1－1 进行转换，先把整数部分 179 进行转换，查表 1－1，179＞128，2^7 权位为 1，179－128＝51＜64，2^6 权位为 0，51＞32，2^5 权位为 1，51－32＝19＞16，2^4 权位为 1，以此类推，得到图 1－4 所示的结果，2^8 权位及以上都为 0。小数部分的转换参照此过程进行，最后把整数和小数部分的转换结果合并即可。

二进制位数	13	12	11	10	9	8	7	6	5	4	3	2	1
权	2^{12}	2^{11}	2^{10}	2^9	2^8	2^7	2^6	2^5	2^4	2^3	2^2	2^1	2^0
十进制数表示	4096	2048	1024	512	256	128	64	32	16	8	4	2	1
						1	0	1	1	0	0	1	1

图 1－4　通过查表进行 179 转换为二进制数的过程

本小节学习了二进制数与十进制数之间的转换；为方便表示二进制数，介绍了十六进制数和八进制数与二进制数的关系。日常使用中我们发现，从计算器输入十进制数据时，是按位输入的，例如把 179 输入计算器，我们分别按下“1”“7”“9”三个按键，而不是利用 179＝10110011B，直接输入二进制数，可见计算器内部有一个运算电路，进行 1×100＋7×10＋9＝10110011B 计算，用户无需掌握二进制数据的运算。因此在数字电路的人-机接口输入部分，应该有一个将十进制数 0、1、2、3、4、5、6、7、8、9 转换为二进制数的专用电路，这个电路专门完成十进制数的二进制编码，在人-机接口输出部分，也有专门完成二进制编码转换成十进制数的解码电路。

1.2　二-十进制编码

二-十进制编码就是用二进制数表示十进制数的过程。十进制数的最大值是“9”，查表 1－1可知，需要四位二进制数才能表示，而四位二进制数可以有 0000B～1111B 十六种组合方式，要从这十六种组合中找出十种组合作为 0～9 的代码，方案很多，下面仅介绍几种二-十进制编码。

1.2.1　几种二-十进制编码

如表 1－3 所示，列出了常见的四种二-十进制编码，共同特点是：都用四位二进制数来一一对应地表示十进制数，但是选取的十种组合不一样。

表 1-3　常见的四种二-十进制编码

十进制数	8421BCD 码	5421BCD 码	2421BCD 码	余 3 码
0	0000	0000	0000	0011
1	0001	0001	0001	0100
2	0010	0010	0010	0101
3	0011	0011	0011	0110
4	0100	0100	0100	0111
5	0101	1000	1011	1000
6	0110	1001	1100	1001
7	0111	1010	1101	1010
8	1000	1011	1110	1011
9	1001	1100	1111	1100

1. 8421BCD 码

8421BCD 码是最常用的二-十进制编码。它用 0000B～1001B 来分别表示十进制的 0～9，其余六种 1010～1111 是未使用的编码，称为伪码。编码的各位有固定的权，四位二进制数从左到右的权分别为 8、4、2、1，因此得名 8421BCD 码，它是一种有权码。

2. 5421BCD 码

5421BCD 码的各位的权依次为 5、4、2、1，也是有权码。其显著特点是最高位连续 5 个 0 后连续 5 个 1，当计数器采用这种编码时，最高位可产生对称方波输出，而 5～9 的低 3 位与 0～4 的编码相同。5421BCD 码的编码方案不是唯一的，例如 5 的编码可以是 1000 或 0101，为了唯一表示 5，表 1-3 规定从 5 开始最高位编码必须是 1，因此表 1-3 的 5421BCD 码伪码是 0101～0111、1101～1111。

3. 2421BCD 码

2421BCD 码也是一种有权码，四位二进制数从左到右的权分别为 2、4、2、1。由于它有两位的权均为 2，因此它的编码方案不止一种，例如 5 可以编码为 0101，也可以是 1011。在此仅介绍一种对 9 的自补码，例如 4 的 2421BCD 码为 0100，它正好是 5 的 2421BCD 码 1011 按位取反而得，0 的 2421BCD 码为 0000，按位取反，正好是 9 的 2421BCD 码 1111。2421BCD 码的伪码是 0101～1010。

4. 余 3 码

余 3 码也是一种被广泛采用的二-十进制编码，是一种无权码。对应于同样的十进制数字，余 3 码比相应的 8421 码多 0011，所以称为余 3 码，余 3 码的伪码是 0000～0010、1101～1111。

【例 1-4】 分别用以上 4 种 BCD 码表示$(68.73)_{10}$。

解

$$(68.73)_{10}=(01101000.01110011)_{8421BCD}$$

$$(68.73)_{10}=(10011011.10100011)_{5421BCD}$$

$$(68.73)_{10}=(11001110.11010011)_{2421BCD}$$

$$(68.73)_{10}=(10011011.10100110)_{余3码}$$

1.2.2 二-十进制编码的加法

利用二-十进制表示十进制数后，进行十进制数的运算，会遇到哪些问题呢？下面以2个二-十进制编码的加法为例进行说明，后续的加法数字电路设计将基于此方法。其他的运算规则、方法的分析、总结将在后续章节介绍。通过学习，同学们会发现数字电路的设计没有现成的公式、定理可以套用，只有在掌握某些电路设计方法的基础上，根据所使用的数字芯片功能才可以设计出所需的电路。

二-十进制加法，原则上与二进制数制的情况一样，但也有所不同，4位二进制数的加法是逢16进1，而二-十进制编码的加法是逢10进1。对于数字电路而言，不论是什么编码，默认的运算是基于二进制数制的。

因此，两个二-十进制数相加，数字电路的实现方法是：① 按照二进制数把两个二-十进制数相加，二进制数的加法规律是“逢2进1”；② 根据加法结果及不同编码方式，对结果进行调整。

1. 8421BCD码加法

当和产生进位或出现伪码时，应在相加和上加校正数6，即0110B，得到两个代码组。若加法最后结果产生最高位进位，但不够4位，则前补0凑为4位。

提示：两个二-十进制数相加，不可能同时出现既有进位和又是伪码的情况。

【例1-5】 $(0011)_{8421BCD}+(0101)_{8421BCD}=?$

解

```
   0011
+  0101  ①
-----------
   1000          和不出现伪码
```

结果正确，$(0011)_{8421BCD}+(0101)_{8421BCD}=(1000)_{8421BCD}$

【例1-6】 $(1001)_{8421BCD}+(1001)_{8421BCD}=?$

解

```
    1001
+   1001  ①
-----------
   10010      和不出现伪码，此处有进位
+   0110  ②   加6调整
-----------
00011000      产生进位，前补0，凑为八位，结果正确
```

$(1001)_{8421BCD}+(0011)_{8421BCD}=(00011000)_{8421BCD}$

【例1-7】 $(01010111)_{8421BCD}+(00111000)_{8421BCD}=?$

解 (1) 先加个位数：

```
   0111
+  1000  ①
-----------
   1111     和出现伪码，数字电路按照4位二进制数逢16进1，此处没有进位
+  0110  ②  加6调整
-----------
  10101     产生进位，结果正确
```

(2) 再加十位数：

```
      0101
+     0011  ①
-----------
      1000      和出现伪码，数字电路按照 4 位二进制数逢 16 进 1，此处没有进位
+        1      加上个位相加产生的进位
-----------
      1001      和不出现伪码，无需调整，结果正确
```

$$(01010111)_{8421BCD}+(00111000)_{8421BCD}=(10010101)_{8421BCD}$$

2. 2421BCD 码的加法

在 2421BCD 码加法中，只有出现伪码时，才需要校正。校正的规则如下：

若在两个 2421BCD 码相加时出现有向高位进位的伪码组，则和减去 0110 二进制数的减法规律是本位数相减若不足，则向上位借数 1，放至本位作为 2；若出现伪码组，但没有向高位的进位，则和加上 0110。

【例 1-8】 $(0100)_{2421BCD}+(1110)_{2421BCD}=?$

解
```
        0100
+       1110  ①
---------------
    00010010      和不出现伪码，由于有最高位进位，前补 0，凑为 8 位，结果正确
```

$$(0100)_{2421BCD}+(1110)_{2421BCD}=(00010010)_{2421BCD}$$

【例 1-9】 $(0100)_{2421BCD}+(0011)_{2421BCD}=?$

解
```
        0100
+       0011  ①
---------------
        0111      和出现伪码，没有进位，结果不正确
+       0110  ②   加 6 调整
---------------
        1101      结果正确
```

$$(0100)_{2421BCD}+(0011)_{2421BCD}=(1101)_{2421BCD}$$

【例 1-10】 $(1011)_{2421BCD}+(1101)_{2421BCD}=?$

解
```
        1011
+       1101  ①
---------------
       11000      和出现伪码，没有进位，结果不正确
-       0110  ②   减 6 调整
---------------
    00010010      高位前补 0，凑为 8 位，结果正确
```

$$(1011)_{2421BCD}+(1101)_{2421BCD}=(00010010)_{2421BCD}$$

3. 余 3 码的加法

两个余 3 码相加，若未形成向高位的进位，则和减 0011(即减 3)；若形成向高位的进位，则必须在每个 4 位一组的结果中加 0011(即加 3)。

【例 1-11】 $(0100)_{余3码}+(0110)_{余3码}=?$

解

```
    0100
+   0110  ①
-----------
    1010       没有进位，结果不正确
-   0011  ②    减 3 调整
-----------
    0111       结果正确
```

$$(0100)_{余3码}+(0110)_{余3码}=(0111)_{余3码}$$

【例 1-12】 $(1001)_{余3码}+(1100)_{余3码}=?$

解

```
      1001
+     1100  ①
-------------
     10101       有进位，结果不正确
+   110011  ②    每个 4 位一组的结果中加 0011
-------------
  01001000       高位为 1，不足八位(两个四位)，前补 0，凑为 8 位。结果正确
```

$$(1001)_{余3码}+(1100)_{余3码}=(01001000)_{余3码}$$

通过分析表 1-3，模仿例 1-5～例 1-12，总结 5421BCD 码的加法规则。

1.2.3 加法电路的 VHDL 描述

实现加法运算有专门的 4 位二进制加法芯片，如 74LS283。随着集成电路技术的快速发展，数字电路设计早已经从基于专用、功能简单的中、小规模芯片转变到基于超大、特大规模的 EDA(Electronics Design Automation，电子设计自动化)芯片的设计。设计方法也从电路图设计转变成硬件描述语言(Hardware Description Language，HDL)设计，常用的有 VHDL 和 Verilog HDL。本书选用 VHDL，基本语法仅涉及 if 语句和 case 语句，这两种语法同学们在 C 语言课程学习中已经了解，所以学习 VHDL 描述语言难度不大，关键是学习数字电路的设计方法。

1. 顶层电路设计

下面以两个 2421BCD 码加法电路设计为例进行介绍，进行电路设计时，可以先把待设计电路当作二端口网络看待。

如图 1-5 所示，v2421plus 用于实现两个 2421BCD 码加法，如例 1-9 中进行的 0100+0011=0111①，设被加数 0100 从端口输入端 A[3..0]输入，其中 A 是端口输入信号的名称，[3..0]表示总线结构，该总线的权为 2^3、2^2、2^1、2^0，所以被加数 0100 分别加载在 A(3)、A(2)、A(1)、A(0)引脚上。加数 0011 从 B[3..0]输入，和可能是 5 位的，从 Z[4..0]输出，此时和 Z 的输出信号是按照二进制加法的结果，要根据和是否有伪码及进位，按照规则调整结果。

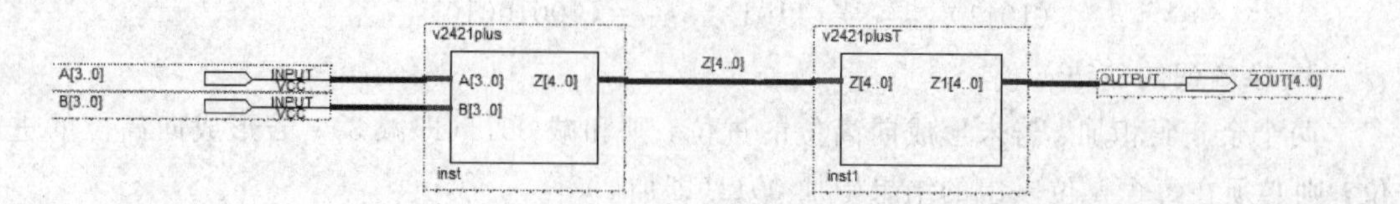

图 1-5 两个 2421BCD 码加法电路设计顶层电路

v2421plusT 框图完成和的调整功能，即例 1－9 中 0111＋0110＝1101②的功能，从 Z1[4..0]输出的结果就是两个 2421BCD 码加法的正确结果，电路的输出引脚是 ZOUT[4..0]，因此，ZOUT(4)＝0，ZOUT(3)＝1，ZOUT(2)＝1，ZOUT(1)＝0，ZOUT(0)＝1。

2. 子电路的 VHDL 描述

有了图 1－5 的顶层设计框图后，接下来分别设计 v2421plus、v2421plusT 框图内部电路。基于 EDA 技术，我们可以利用语言进行电路设计。图 1－6 是用 VHDL 语言描述的 v2421plus 电路内部结构。

```
 1 ENTITY v2421plus       is
 2     PORT(                                    --输入输出引
 3               A,B:in std_logic_vector( 3 downto 0);

 4             Z:OUT std_logic_vector( 4 downto 0));
 5 END    ;
   --********************************************
 6 ARCHITECTURE abc OF  v2421plus    IS
 7 signal ATEMP :std_logic_vector( 4 downto 0);
 8 signal BTEMP :std_logic_vector( 4 downto 0);
 9 BEGIN
10    ATEMP<='0'& A;BTEMP<='0'& B;
11  P1:PROCESS(A,B)
12      BEGIN
13         Z<=ATEMP+BTEMP;
14      END PROCESS P1;
15  end abc;
```

图 1－6　VHDL 语言描述的 v2421plus 电路内部结构

(1) 第 1 行：“ENTITY　v2421plus is ”表示这是名称为 v2421plus 的电路实体，即实现 v2421plus 的 4 位二进制数加法功能的电路，对应第 5 行的“END;”时描述结束。

(2) 第 2 行：“PORT”及其括号内部，指出该电路的输入信号 A、B，输出信号 Z，其中 (3 downto 0)表示的含义如同图 1－5 中的[3..0]，前者是语言表示方法，后者是电路图表示方法，都表示一个总线信号，“in std_logic_vector(3 downto 0)”表示一个 4 位的输入总线，“OUT std_logic_vector(4 downto 0)”表示一个 5 位的输出总线。

(3) 第 6 行：“ARCHITECTURE abc OF v2421plus IS”及其对应的第 15 行“end abc;”，说明了 v2421plus 电路的内部结构，ARCHITECTURE 即结构体，abc of v2421plus 表示 abc 是 v2421plus 电路的子电路。因为 v2421plus 电路功能简单，只有一个子电路 abc，如果电路内部较复杂，则可以用几个 ARCHITECTURE 来分别描述，这时要分别命名子电路名称。

(4) 第 7、8 行：命名了两个电路内部信号 ATEMP、BTEMP。内部信号既是前级电路的输出信号，也是后级电路的输入信号，因此没有像 PORT 中那样定义方向，可以暂时把内部信号理解为 C 语言中的变量定义。

(5) 第 9、10 行：开始进行电路内部结构说明，因为本电路欲实现 Z＝A＋B 的功能，但是在 PORT 定义时，A、B 是 4 位的输入总线，Z 是一个 5 位的输出总线。我们知道在 C 语言中等号两边变量属性要求相同，在 VHDL 语法中也一样，因此，通过“ATEMP<＝′0′ & A;BTEMP<＝′0′ & B;”两条语句，把输入信号总线分别加宽，其中“<＝”相当于 C 语言的“＝”。但是在 VHDL 语法中加上“<”符号后，多了一层含义，即等号右边的输入信号延时送入等号左边的输出信号处，明显有了电路工作的意义。因为数字芯片也是由半导体

组成的，电子空穴的移动需要时间，因此这里有了一个“延时赋值”的概念。符号“&”表示并置的意思，即在4位总线结构的信号A前面再多加一条总线，当前值为“0”。从图1-1中可以知道，“0”是低电平的意思，不是数学意义上的0，因此在VHDL语言中要求加单引号，如果表示两个及以上的总线电平，则加双引号。

(6) 第11行：“P1:PROCESS(A,B)”及其对应的第14行“END PROCESS P1;”，说明了一个电路的工作过程，电路的工作需要时间，这里用PROCESS表示，括号中的A、B表示该电路的输入信号。换句话说，我们必须把一个电路描述过程的输入信号都填入括号中。“P1”表示进程的名称，如果一个结构体只有一个进程，则可以不命名，如图1-6所示。

(7) 第12、13行：“BEGIN　Z<= ATEMP+BTEMP;”描述了电路的具体工作是进行加法运算。注意：数字电路的加法运算一定是二进制加法。

如例1-9中的0100+0011=0111，按照现在描述的电路，把被加数0100通过图1-5中的输入端口A[3..0]输入图1-6中的PORT端口A，把加数0011通过图1-5中的输入端口B[3..0]输入图1-6中的PORT端口B，在图1-6中把A信号扩为5位总线的ATEMP，B信号扩为5位总线的BTEMP，进行的是00100+00011=00111，结果00111通过图1-6中的PORT端口Z送到图1-5中的中间信号Z[4..0]处。

图1-7是v2421plusT框图内部电路，请同学们模仿图1-6，参考图1-5，写出图1-7对应的“ENTITY”到“END”内部的PORT部分内容。

```
ARCHITECTURE abc OF  v2421plusT   IS
BEGIN
 PROCESS(Z)
   BEGIN
     IF Z( 3 downto 0)= "0101"  OR
        Z( 3 downto 0)= "0110"  OR
        Z( 3 downto 0)= "0111"  OR
        Z( 3 downto 0)= "1000"  OR
        Z( 3 downto 0)= "1001"  OR
        Z( 3 downto 0)= "1010"  THEN
      IF Z(4)='1'THEN
      Z1<=Z-"00110";
      ELSE Z1<=Z+"00110";
      END IF;
     ELSE Z1<=Z;
     END IF;
 END PROCESS ;
 end abc;
```

图1-7　v2421plusT框图内部电路

前面已经分析了图1-7是完成例1-9中0111+0110=1101的加6调整功能，作为一个电路的设计，还必须根据2421BCD码的加法规则，判断需不需要调整，怎么调整。加法规则是：和有伪码？→有进位？利用IF语句先判断和有伪码？相加和是前级v2421plus框图输出信号Z的低4位，因此，通过IF语句判断Z(3 downto 0)即可，如“IF Z(3 downto 0)=“0101”表示当前和是伪码0101？在IF判断条件中，用“=”表示是否相等，相当于C语言中的“==”。

当判断出任何一个伪码条件成立时，再嵌套一个IF语句，判断是否有进位。注意，此时的进位在图 1－5 中的 Z(4)引脚上，进入图 1－7 中的 PORT 部分，仍然是 Z(4)，但已经从输出信号转变为输入信号了。通过嵌套的 IF 语句，根据调整规则，当进位为“1”，和减 6 调整，否则加 6 调整。如果当前 Z(3 downto 0)不是伪码，通过“Z<＝Z1;”把输入信号 Z 直接送输出端 Z1。从图 1－5 的角度来看，Z1 仍然是内部信号，真正的输出引脚在图 1－5 的 ZOUT。

以上详细介绍了基于 VHDL 描述语言的 2421BCD 码加法电路设计的有关知识，和 C 语言不同，VHDL 描述时允许大小写通用，如“IF”、“If”、“iF”、“if”都是一样的。

3. 电路的波形仿真

设计好的电路，能否按照我们的设想正确工作？EDA 设计软件通常都具有仿真功能，允许设计者给图 1－5 中的输入端 A、B 添加输入信号，仿真输出图 1－5 中的输出信号 ZOUT，我们再根据输入、输出信号及电路功能判断设计是否正确。

图 1－8 是第一组输入、输出信号的仿真波形图，⊟ A 是输入信号 A 的总线输入波形，可以展开为 A[3]～A[0]的四位输入信号，在 t0～t1 时间段，A 的输入信号是 1110B，B 是 0011B，二进制数相加和 Z 是 10001B。由于和没有出现伪码，无需调整，因此最终和 ZOUT 也是 10001B，即进行 8＋3＝11 的运算。在 t1～t2 时间段，进行 9＋3＝12 的运算，这两段时间的信号输出都无需调整。

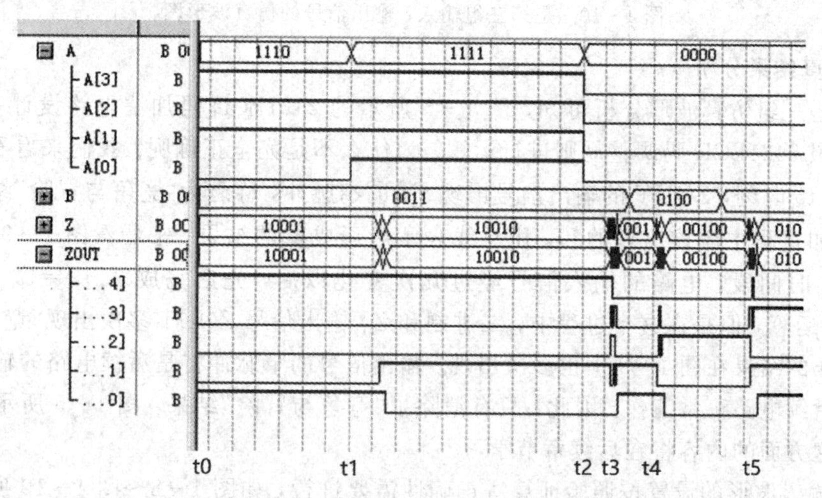

图 1－8　第一组输入、输出信号的仿真波形图

图 1－9 是第二组输入、输出信号的仿真波形图，在 t0～t1 时间段，A 的输入信号是 0011B，B 是 0010B，二进制数相加和 Z 是 00101B，和出现伪码，没有进位，需加 0110B 调整，因此最终和 ZOUT 是 01011B，即 3＋2＝5 的运算。

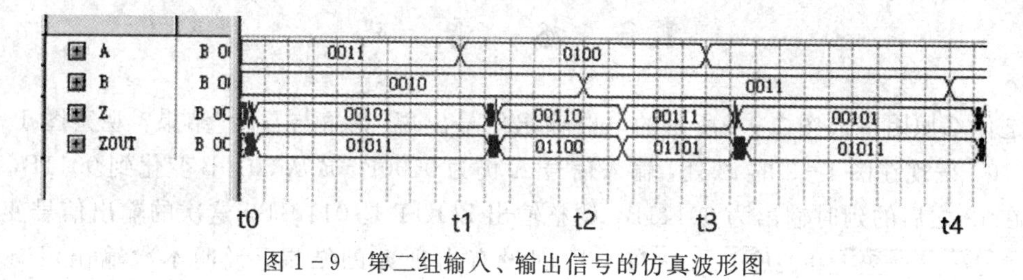

图 1－9　第二组输入、输出信号的仿真波形图

在 t1～t2 时间段，A 的输入信号是 0100B，B 还是 0010B，二进制数相加和 Z 是 00110B，和出现伪码，没有进位，需加 0110B 调整，因此最终和 ZOUT 是 01100B，即 4＋2＝6 的运算。

在 t2～t3 时间段，A 的输入信号是 0100B，B 是 0011B，二进制数相加和 Z 是 00111B，和出现伪码，没有进位，需加 0110B 调整，因此最终和 ZOUT 是 01101B，即 4＋3＝7 的运算。

图 1－10 是第三组输入、输出信号的仿真波形图，在 t0～t1 时间段，A 的输入信号是 1011B，B 是 1101B，二进制数相加和 Z 是 11000B，和出现伪码，有进位，需减 0110B 调整，因此最终和 ZOUT 是 10010B，即 5＋7＝12 的运算。请同学们自己分析 t1～t2、t2～t3 时间段的运算。

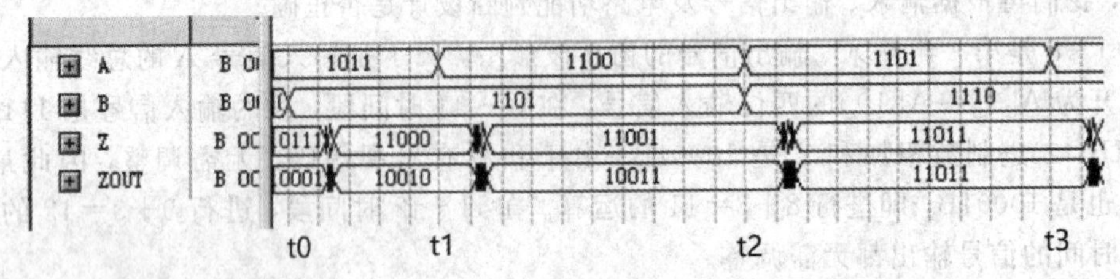

图 1－10 是第三组输入、输出信号的仿真波形图

4. 仿真结果分析

从以上三组仿真波形分析可知，图 1－5 所示的 2421BCD 码加法电路设计基本正确，能正确按照 2421BCD 码调整规则进行运算。为什么不是完全正确呢？我们来看看图 1－8，在 t3、t4、t5 时刻，ZOUT 的输出信号出现了的窄脉冲，称之为“竞争与冒险”结果，这不是电路相加过程中应该出现的和，用总线表示后形成的结果。来看看图 1－9 的仿真过程，t0～t3 时间段，电路的输入信号经过几次变化以后，先后完成 3＋2＝5、4＋2＝6、4＋3＝7的运算，但是在这个过程中，二进制和 Z、输出信号 ZOUT 多次出现“竞争与冒险”结果，这样的结果在图 1－9 中也多次出现。输出信号的窄脉冲将是后续电路的输入干扰信号，影响后续电路正常工作。因此，只有消除了“竞争与冒险”结果，图 1－5 所示的电路才能应用，这方面的内容将在后续章节学习。

仿真输入波形的设置按照验证算法正确性需要进行，如图 1－8～图 1－10 所示，分别完成无需调整和、需要加 0110B 调整、需要减 0110B 调整三个功能进行仿真。通过对本小节的学习，结合本书第 7 章实验中介绍的仿真软件安装、使用方法，建议同学们在自己的电脑上安装软件，模仿本小节的设计并进行仿真，为后续课程内容的学习做好准备。

1.3 格 雷 码

是什么原因造成图 1－5 所示的电路输出信号出现“竞争与冒险”结果？观察图 1－8～图1－10，发现在图 1－9 的 t2 处，输入信号 A 仍为 0100B，B 从 0010B 变化到 0011B，相加和 Z 在 t2 之后的延时输出为 00111B，调整输出 ZOUT 是 01101B，这次的输出信号变化过程是 00110 X 00111 和 01100 X 01101，中间没有出现的结果，说明本次输出没有出现“竞争与冒险”。

从概念上说，只要有 2 个或 2 个以上输入信号同时发生跳变，就会造成电路输出信号的“竞争与冒险”结果。例如图 1-10 的 t1 处，B 信号不变，A 从 1011B 变化为 1100B，说明 A 的低 3 位同时发生变化，造成此次输出的“竞争与冒险”的结果。

我们可能发现图 1-8 的 t1 处，A 从 1110B 变化到 1111B，只变化了最低位，B 仍为 0011B，相加和 Z、调整输出 ZOUT 在 t1 之后的延时输出为 10010B，变化过程也出现XX，但这不是“竞争与冒险”的结果。观察图 1-8 中此次的 ZOUT 展开波形，没有出现类似▌的窄脉冲，造成XX输出结果是由于 ZOUT(1)和 ZOUT(0)没有同时发生跳变，ZOUT(1)先从 0 变 1，ZOUT(0)后从 1 变 0，出现短暂的 ZOUT 输出为 10011 的过程。而图 1-9 中 t2 处输入信号引起的输出信号变化仅仅只有一位，不存在图 1-8 中 t1 处的输出信号有先后变化问题。但这都不属于“竞争与冒险”的结果。

可见，输入信号的编码以及变化过程，会影响电路的输出结果，如果能确保输入信号的每次变化仅仅限于一位，就可以避免“竞争与冒险”结果。格雷码就是这样一种编码方式。

格雷码又称循环码，它是用 n 位二进制数码来表示最大值为 2^n-1 的十进制数。它的特点是：相邻代码之间始终只有一位改变，即从 0 变到 1 或从 1 变到 0。其 4 位格雷码的编码表如表 1-4 所示。格雷码的相邻代码之间只有一位发生变化，这就从编码的形式上减少了出错的可能。

表 1-4　典型格雷码

十进制数	自然二进制码	典型格雷码	十进制数	自然二进制码	典型格雷码
0	0000	0000	8	1000	1100
1	0001	0001	9	1001	1101
2	0100	0011	10	1010	1111
3	0011	0010	11	1011	1110
4	0100	0110	12	1100	1010
5	0101	0111	13	1101	1011
6	0110	0101	14	1110	1001
7	0111	0100	15	1111	1000

格雷码是一种无权码，因而很难从某个代码识别它所代表的数值。但是，格雷码与自然二进制码之间有简单的转换关系。

设自然二进制码为

$$B = B_n B_{n-1} \cdots B_1 B_0$$

其对应的格雷码为

$$G = G_n G_{n-1} \cdots G_1 G_0$$

则有

$$G_n = B_n$$

$$G_i = B_{i+1} \oplus B_i \quad (i < n)$$

式中，符号$\oplus$表示异或运算，其规则是

$$0 \oplus 0=0,\ 1 \oplus 1=0$$

$$0 \oplus 1=1,\ 1 \oplus 0=1$$

图 1-11 表示了二进制码 0111、1100 分别转换为格雷码 0100、1010 的过程。

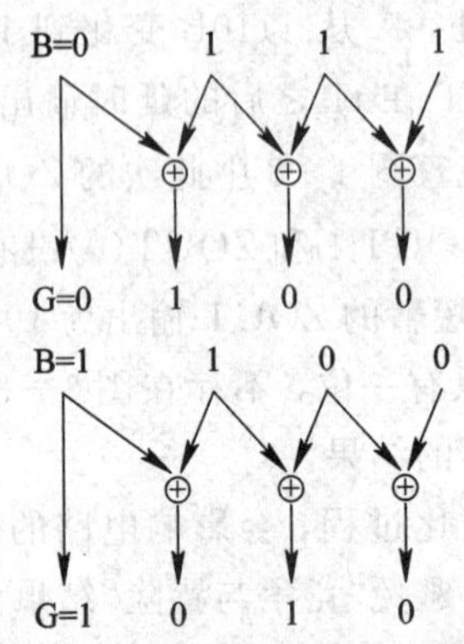

图 1-11 二进制码 0111、1100 分别转换为格雷码 0100、1010 的过程

反过来，如果已知格雷码，也可以用类似方法求出对应的二进制码，其方法如下：

$$B_n = G_n$$

$$B_i = B_{i+1} \oplus G_i \quad (i<n)$$

图 1-12 表示了格雷码 0100、1010 分别转换为二进制码 0111、1100 的过程。

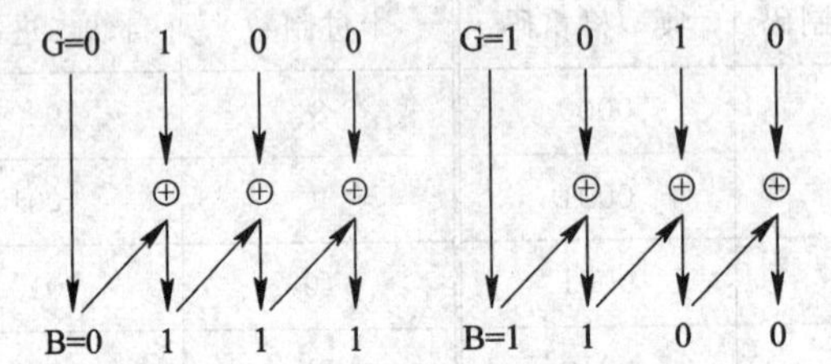

图 1-12 格雷码 0100、1010 分别转换为二进制码 0111、1100 的过程

格雷码可被用作二-十进制编码。表 1-5 给出了最常用十进制数的格雷码，称为余 3 格雷码。它是将 4 位典型格雷码的前三组码和后三组码去掉所组成的。它具有循环性，即十进制数码的头尾两个数(0 和 9)的格雷码也只有一位不同。

表 1-5 常用十进制数的格雷码

十进制数码	余 3 格雷码	十进制数码	余 3 格雷码
0	0010	5	1100
1	0110	6	1101
2	0111	7	1111
3	0101	8	1110
4	0100	9	1010

从表 1-5 可见，格雷码虽然能确保十进制输入信号从任意值开始，对应的 4 位格雷码按照顺序变化时，每次仅改变一位，如从十进制数 5 开始，对应 1100B，6 就对应 1101B，仅改变了最低位。但是图 1-5 作为一个加法电路，不能要求它的输入信号必须符合什么规

律。因此利用格雷码的特点避免出现“竞争与冒险”的结果，还要看应用场合，如叉车的挂挡总是按顺序进行的，此时可以把挡位设置为格雷码编码，当从高到低或从低到高进行挂挡时，就不会出现错误的编码结果。

除了格雷码外，还有各种差错检测码，如我们经常听说的奇偶校验码，还有五中取二码和六中取二码等，由于篇幅所限，这里不再展开介绍。

习　题

1. 什么是位权值？整数的权值和小数的权值如何表示？

2. 写出下列各数的按权展开式。

(1) $(101010110)_2$；(2) $(410.25)_8$；(3) $(4AB7.C)_{16}$。

3. 将下列二进制数转换为八进制数、十六进制数。

(1) $(1111011)_2$；(2) $(1011111.01101)_2$；(3) $(11010.01001)_2$；(4) $(100101.1101)_2$。

4. 将下列各数转换为二进制数。

(1) $(317.65)_8$；(2) $(17403)_8$；(3) $(AB3.E)_{16}$；(4) $(7E6A.5)_{16}$。

5. 将下列各数转换为十进制数。

(1) $(110110.101)_2$；(2) $(100101.1101)_2$；(3) $(17403.4)_8$；(4) $(8B3.A)_{16}$；(5) $(7E6A.5)_{16}$。

6. 将下列各数转换为二进制数和十六进制数。要求绝对误差小于$(0.002)_{10}$。

(1) $(317.65)_{10}$；(2) $(2730.585)_{10}$；(3) $(9990.859)_{10}$；(4) $(32000)_{10}$。

7. 将下列十进制数分别转换成 8421BCD 码和余 3 码。

(1) $(3890)_{10}$；(2) $(7863)_{10}$；(3) $(10952)_{10}$；(4) $(889.01)_{10}$。

8. 将下列 8421 码转换成十进制数和二进制数。

(1) $(1001001010000111)_{8421}$

(2) $(0010011010011000000000100)_{8421}$

(3) $(01010000000000100100)_{8421}$

9. 完成下列二-十进制代码的加法运算。

(1) $(0101)_{8421}+(0011)_{8421}$；(2) $(1010)_{余3码}+(0110)_{余3码}$；(3) $(1001)_{8421}+(0111)_{8421}$；(4) $(0100)_{2421}+(1110)_{2421}$。

10. 写出下列二进制数所对应的格雷码。

(1) $(1101)_2$；(2) $(01011)_2$；(3) $(100111)_2$。

11. 写出下列格雷码所对应的自然二进制码。

(1) $(1011)_{格雷码}$；(2) $(01001)_{格雷码}$；(3) $(110010)_{格雷码}$。

第2章　逻辑代数基础

逻辑代数又称布尔代数，是19世纪中叶英国数学家布尔首先提出来的。它是研究数字逻辑电路的数学工具。本章将从应用的角度来介绍逻辑代数的一些基本概念、基本理论及逻辑函数的化简，以便同学们掌握分析和设计数字逻辑电路所需的数学工具。

2.1　基本概念

2.1.1　逻辑变量和逻辑函数

逻辑代数是用来处理逻辑运算的代数。所谓逻辑运算，就是按照人们事先设计好的规则，进行逻辑推理和逻辑判断。参与逻辑运算的变量称为逻辑变量，用字母来表示。逻辑变量只有0、1两种取值，而且在逻辑运算中0和1不再表示具体数量的大小，而只是表示两种不同的状态，即命题的假和真，信号的无和有等。因而逻辑运算是按位进行，没有进位，也没有减法和除法。

逻辑函数是由若干逻辑变量A、B、C、D、…经过有限的逻辑运算所决定的输出F。若输入逻辑变量A、B、C、D…确定以后，F的值也就被惟一地确定了，则称F是A、B、C、D、…的逻辑函数，记作F=f(A、B、C、D、…)，即用一个逻辑函数式来表示。

2.1.2　基本逻辑运算

逻辑代数中的逻辑变量运算只有“与”、“或”、“非”三种基本逻辑运算，任何复杂的逻辑运算都可以通过这三种基本逻辑运算来实现。

1. “与”逻辑运算

“与”逻辑运算又称逻辑乘，其定义是：当且仅当决定事件F发生的各种条件A、B、C……均具备时，该事件才发生，这种因果关系称为“与”逻辑关系，即“与”逻辑运算。

“与”逻辑运算的符号即与门的符号，如图2-1所示，两个变量的与函数是：$F=A\cap B=AB$，读作“F等于A与B”，其中$\cap$是与运算符号，实现与运算的电路称为与门。

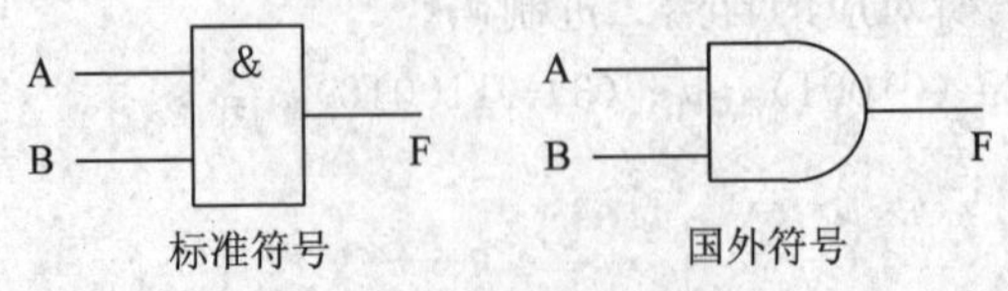

图2-1　与门的逻辑符号

“与”逻辑关系，还可以用输入逻辑变量的各种取值组合和对应函数值关系的表格形式表示，这种反映输入变量和输出函数值关系的表格称为函数的真值表。假设决定事件的条件具备用“1”表示，条件不具备用“0”表示，则“与”逻辑的真值表如表2-1所示。“与”逻辑关系还可以用条件和事件之间对应的波形图来表示，如图 2－2 所示。

表 2－1　“与”逻辑真值表

A	B	F
0	0	0
0	1	0
1	0	0
1	1	1

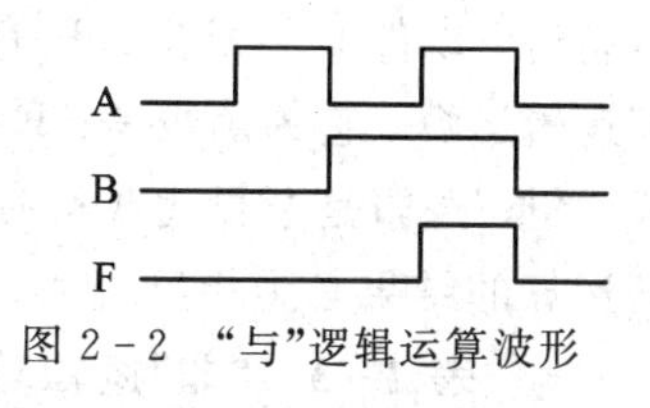

图 2－2　“与”逻辑运算波形

“与”逻辑真值表表示与门的输入信号是否有 0，有 0 时输出为 0，只有输入信号全为 1 时，输出才为 1。

“与”逻辑运算波形表示与门的输入信号是否有低电平，若有，则输出为低电平，只有输入信号全为高电平时，输出才为高电平。

在 VHDL 描述中，“与”逻辑用 and 表示，如“F＜＝A and B”;表示了表 2－1 的“与”逻辑关系。

2. “或”逻辑运算

“或”逻辑运算又称逻辑加，其定义是：在决定事件 F 发生的各种条件中只要有一个或一个以上条件具备时，该事件就发生，这种因果关系称为“或”逻辑运算。两个变量的或运算可以用函数式表示：$F=A\cup B=A+B$。

实现“或”逻辑运算的电路称为或门。“或”逻辑运算的逻辑符号(即或门的逻辑符号)如图 2－3 所示。它的真值表如表 2－2 所示。它的波形图如图 2－4 所示。

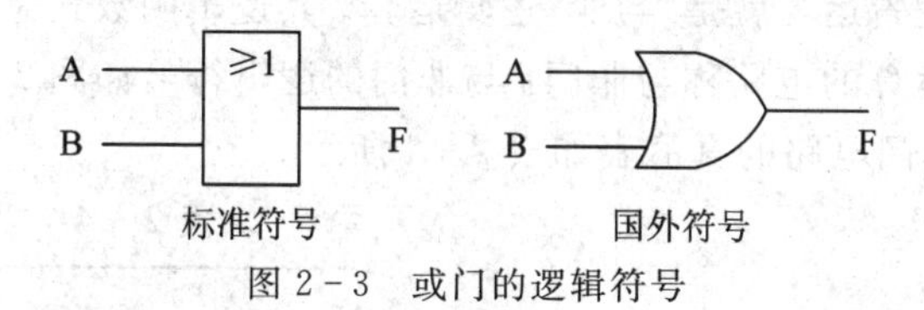

图 2－3　或门的逻辑符号

表 2－2　“或”逻辑真值表

A	B	F
0	0	0
0	1	1
1	0	1
1	1	1

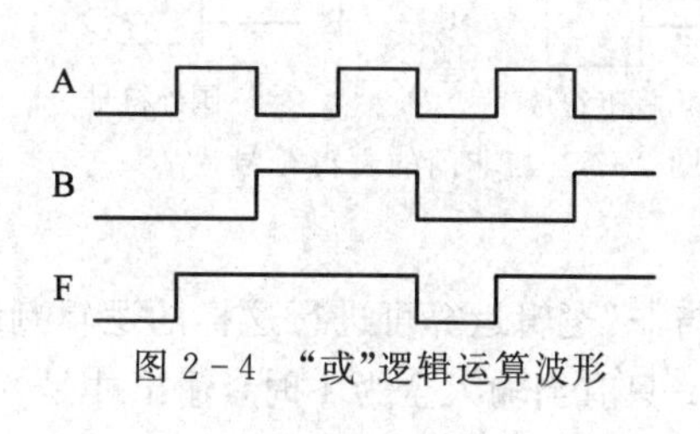

图 2－4　“或”逻辑运算波形

“或”逻辑真值表表示或门的输入信号是否有 1，若有，则输出为 1，只有输入信号全为 0 时，输出才为 0。

“或”逻辑运算波形表示或门的输入信号是否有高电平，若有，则输出为高电平，只有输入信号全为低电平时，输出才为低电平。

在 VHDL 描述中，“或”逻辑用 or 表示，如“F＜＝A or B;”表示了表 2－2 的或逻辑关系。

3. “非”逻辑运算

“非”逻辑运算又称“反相”运算，或称“求补”运算。其定义是：当决定事件发生的条件A具备时，事件F不发生；只有当条件A不具备时，事件F才发生。这种因果关系称为“非”逻辑运算。它的函数是：$F=\overline{A}$。式中A为原变量，$\overline{A}$为反变量，A和$\overline{A}$是变量的两种形式。“非”逻辑是逻辑代数特有的一种形式，它的功能是对变量求反，不论原变量为何值，“非”运算的结果必为相反之值。其真值表如表2-3所示。

表2-3　“非”逻辑真值表

A	F
0	1
1	0

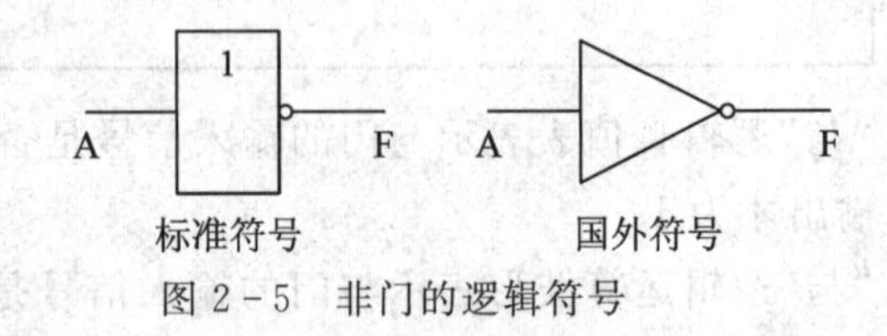

图2-5　非门的逻辑符号

连续两次进行非运算，与没有进行任何运算相等，即$\overline{\overline{A}}=A$。实现“非”逻辑运算的电路叫非门。其逻辑符号如图2-5所示。

在VHDL描述中，“非”逻辑用not表示，如“F＜＝not A；”表示了表2-3的“非”逻辑关系。

2.1.3　导出逻辑运算

将与运算、或运算和非运算结合起来，就得到其他几种导出逻辑运算。

1. “与非”逻辑运算

实现先与后非的逻辑运算就是“与非”逻辑运算。其逻辑函数式是$F=\overline{AB}$。

实现“与非”逻辑运算的电路称与非门。与非门的逻辑符号如图2-6所示。“与非”逻辑运算的真值表，即与非门电路的真值表如表2-4所示。

标准符号　国外符号

图2-6　与非门的逻辑符号

表2-4　“与非”逻辑真值表

A	B	F
0	0	1
0	1	1
1	0	1
1	1	0

“与非”逻辑运算可进行这样的逻辑判断：与非门输入信号中是否有0，输入有0，输出就是1；只有当输入全为1时，输出才是0。与表2-1的“与”逻辑真值表相比，在相同输入组合时表2-4的输出F和表2-1相反，即两表实现了相同的与，表2-4的输出再取非。

在VHDL描述中，“与非”逻辑用nand表示，如“F＜＝ A nand B；”表示了表2-4的“与非”逻辑关系，也可以表示为“F＜＝ not(A and B)；”体现了先与后非的运算关系。

2. “或非”逻辑运算

实现先或后非的逻辑运算就是“或非”逻辑运算。其逻辑函数式是$F=\overline{A+B}$。

实现“或非”逻辑运算的电路称为或非门。或非门的逻辑符号如图2-7所示。“或非”逻辑运算的真值表，即或非门电路的真值表如表2-5所示。

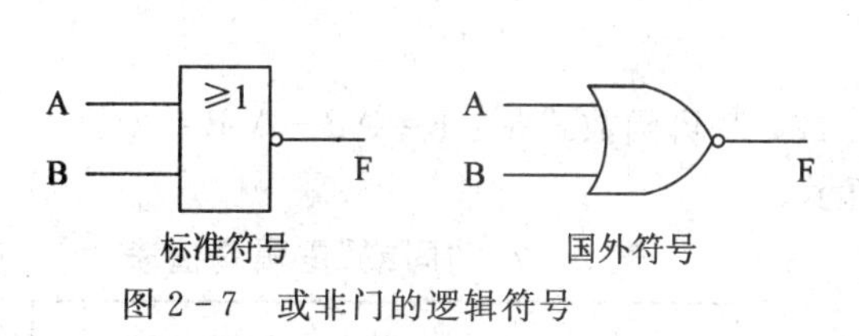

图 2－7　或非门的逻辑符号

表 2－5　“或非”逻辑真值表

A	B	F
0	0	1
0	1	0
1	0	0
1	1	0

在 VHDL 描述中，“或非”逻辑用 nor 表示，如“F<＝ A nor B；”表示了表 2－5 的“或非”逻辑关系，也可以表示为“F<＝ not(A or B)；”，体现了先或后非的运算关系。

3. “与或非”逻辑运算

“与或非”逻辑运算的先后顺序是：与、或、非，逻辑函数式是：$F=\overline{AB+CD}$，逻辑符号如图 2－8 所示。

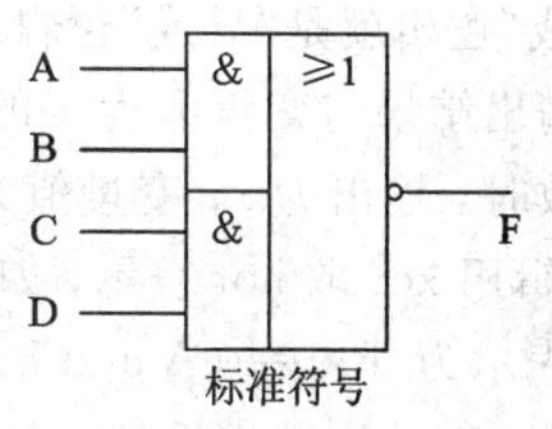

图 2－8　与或非门的逻辑符号

在 VHDL 描述中，“与或非”逻辑分别用 and、or、not 表示，如“F<＝ not((A and B) or(C and D))；”表示图 2－8 的“与或非”逻辑关系。

4. “异或”逻辑运算

“异或”逻辑运算的先后顺序是：非、与、或，逻辑函数式是：$F=A\overline{B}+\overline{A}B=A\oplus B$，逻辑符号如图 2－9 所示，真值表如表 2－6 所示。

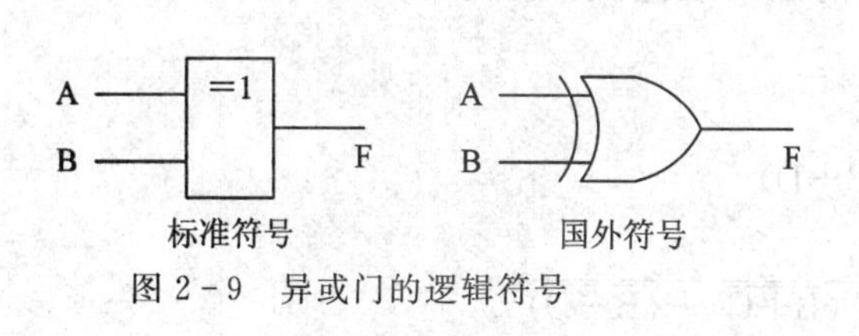

图 2－9　异或门的逻辑符号

表 2－6　“异或”逻辑真值表

A	B	F
0	0	0
0	1	1
1	0	1
1	1	0

“异或”逻辑运算可以进行这样的逻辑判断：异或门的两个输入信号是否相同，两个输入信号相同时，输出为 0；两个输入信号不相同时，输出为 1。

如果把“异或”逻辑运算的输入信号扩大到 3 个或以上，可知，“异或”逻辑运算的结果与输入变量取值为 0 的个数无关，与输入变量取值为 1 的个数有关。若变量取值为 1 的个数为奇数，则输出为 1；若变量取值为 1 的个数为偶数，则输出为 0。

在 VHDL 描述中，“异或”逻辑用 xor 表示，如“F<＝ A xor B；”表示了表 2－6 的“异或”逻辑关系，也可以表示为“F<＝(A and(not B)) or (not A and B)；”,加括号后可读性

较好。在 VHDL 语法中，逻辑运算符号的优先运算顺序是：not、and、or、nor、nand、xor，可以通过加括号改变运算优先权。

5. “同或”逻辑运算

“同或”逻辑运算的先后顺序是：非、与、或，逻辑函数式是：$F=AB+\overline{A}\,\overline{B}=A\odot B$，逻辑符号如图 2-10 所示，真值表如表 2-7 所示。

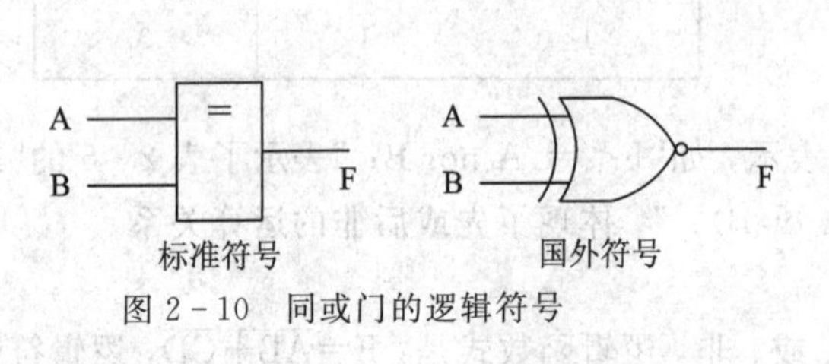

图 2-10 同或门的逻辑符号

表 2-7 “同或”逻辑真值表

A	B	F
0	0	1
0	1	0
1	0	0
1	1	1

对比表 2-6 和表 2-7，“同或”逻辑就是“异或”逻辑结果取非得到的，反之亦然。

对于“同或”逻辑来说，它的输出结果与变量值为 1 的个数无关，而与变量值为 0 的个数有关。变量值为 0 的个数为偶数时，输出为 1；变量值为 0 的个数为奇数时，输出为 0。

在 VHDL 描述中，“同或”逻辑用 xor 取 not 表示，如“F<=not(A xor B)；”表示了表 2-7 的“同或”逻辑关系，也可以表示为“F<= (A and B) or((not A) and (not B))；”。本段的两个表达式，前式必须加括号，表示先异或后非，后式的括号是为阅读方便。

2.1.4 逻辑函数的表示方法

逻辑函数的表示方法有多种：逻辑表达式、真值表、逻辑图、波形图和卡诺图，下面分别说明。

1. 逻辑表达式

逻辑表达式是由逻辑变量和“与”、“或”、“非”、“异或”及“同或”等几种逻辑运算符号构成的式子。同一个逻辑函数可以有不同的逻辑表达式，它们之间是可以相互转换的。例如：

与或式：$F=AB+CD$

或与式：$F=(A+C)(A+D)(B+C)(B+D)$

与非-与非式：$F=\overline{\overline{AB}\cdot\overline{CD}}$

或非-或非式：$F=\overline{(\overline{A+C})+(\overline{A+D})+(\overline{B+C})+(\overline{B+D})}$

可以证明这四个逻辑表达式是等价的，从表达结果看，与或式最简，但不是用门电路实现的最佳方案，最佳表达式是与非-与非式。因此，函数的逻辑表达式不是惟一的，推演变化的目的是用最简门电路实现。

下面用 VHDL 描述了上述的 4 个表达式：

F1<=(A AND B) OR (C AND D)；

F2<=(A OR C) AND (A OR D) AND (B OR C) AND (B OR D)；

F3<=NOT(NOT (A AND B) AND NOT (C AND D))；

F4<=NOT(NOT (A OR C) OR NOT (A OR D) OR NOT(B OR C) OR NOT (B

OR D))；

利用 EDA 软件的仿真功能，当输入变量 A～D 为 0000B～1111B 时，图 2－11 表示了 4 个表达式的输出波形 F1～F4 是一样的，说明 4 个表达式是等价的。

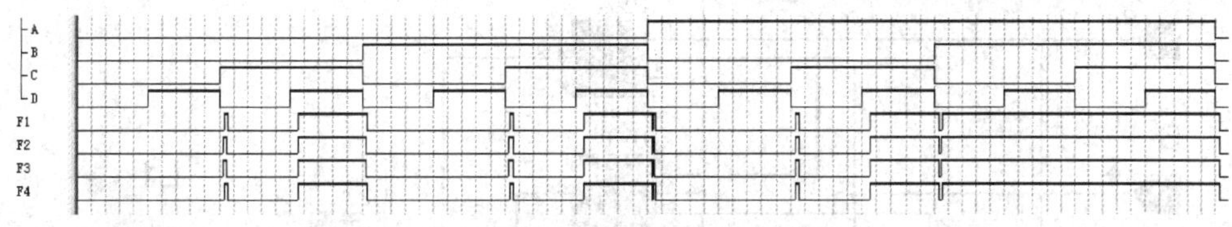

图 2－11　表示了 4 个表达式的输出波形 F1～F4

2. 真值表

真值表是由逻辑函数输入变量的所有可能取值组合及其对应的输出函数值所构成的表格。n 个输入变量有 2^n 种取值组合，在列真值表时，为避免遗漏和重复，变量取值按二制数递增规律排列。

真值表的特点是：直观明了地反映了变量取值组合和函数值的关系，便于把一个实际的逻辑问题抽象为一个数学问题。

【例 2－1】 学生自习有两个教室，大教室能容纳两个班学生，小教室能容纳一个班的学生。为节省能源，尽量少开灯，试列出三个不同的班级自习和有效使用教室的真值表。

解　设三个班分别用 A、B、C(输入变量)表示，大、小教室的灯分别用 L1、L2(输出函数值)表示。学生自习或灯亮为 1，否则为 0(正逻辑，反之就是负逻辑)。

一个班级自习应使用小教室，两个班级自习应使用大教室，只有三个班级都自习，才使用两个教室。由此，可列真值表如表 2－8 所示。

表 2－8　有效使用教室的真值表

A	B	C	L1	L2
0	0	0	0	0
0	0	1	0	1
0	1	0	0	1
0	1	1	1	0
1	0	0	0	1
1	0	1	1	0
1	1	0	1	0
1	1	1	1	1

一个逻辑函数的真值表是唯一的。如果两个函数的真值表完全相同，则这两个函数一定相等。因此，比较两个函数的真值表，可以证明两个逻辑函数是否相等。

3. 逻辑图

将逻辑表达式中的逻辑运算关系用对应的逻辑符号表示出来，就构成函数的逻辑图。

图 2－12 是用与非门，或非门设计的教室有效使用逻辑图，图中表示当 A、C 两个班级学生来自习时，开大教室。其中 U1 和 U2 是三输入或非门，U3 和 U4 是三输入与非门，

U5是四输入与非门，U6是非门，每一个U代表一片数字门电路芯片，每片芯片内有多个相同的逻辑门电路，如U3芯片有3个三输入与非门，编号为74LS10，即芯片名称。

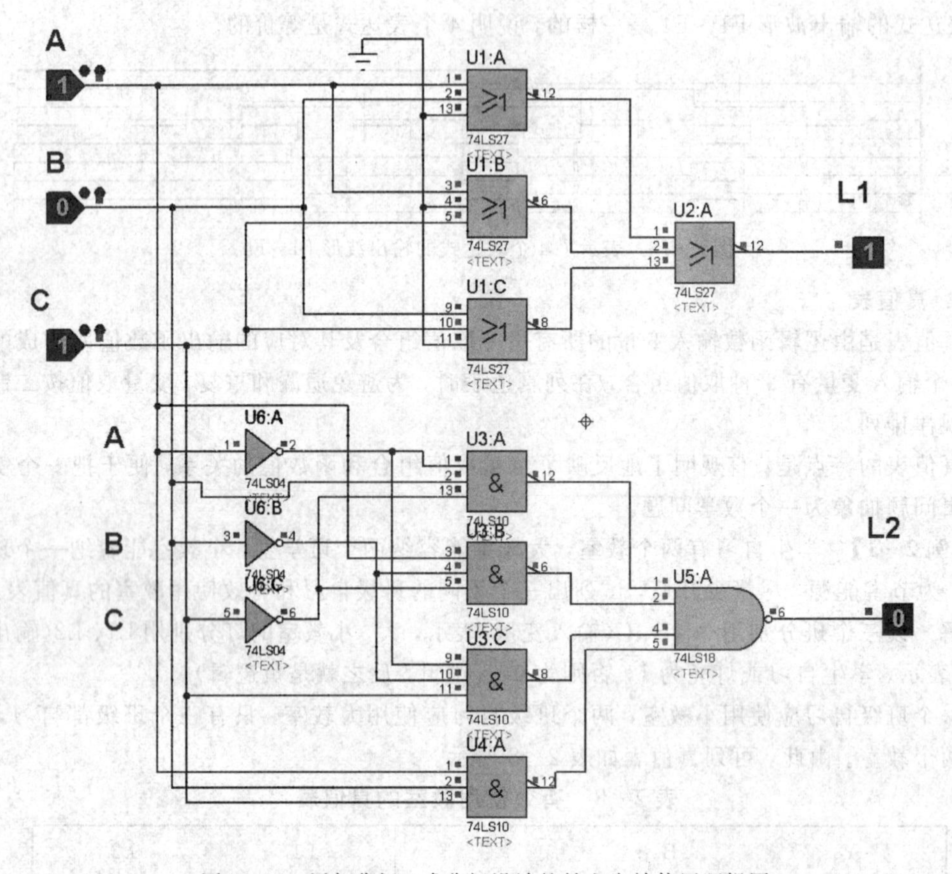

图2-12 用与非门、或非门设计的教室有效使用逻辑图

4. 波形图

用变量随时间变化的波形反映逻辑函数输入变量和输出函数之间变化的对应关系，称为逻辑函数的波形图，如图2-11所示。逻辑函数确定后，它的波形图就是确定的。波形图也是逻辑关系表示的一种方法。

5. 卡诺图

逻辑函数的卡诺图是真值表的图形表示法，它是将逻辑函数的逻辑变量分为行、列两组纵横排列，两组变量数最多差一个。每组变量的取值组合按循环码规律排列。这种反映变量取值组合与函数值关系的方格图，称为逻辑函数的卡诺图，如图2-13所示。

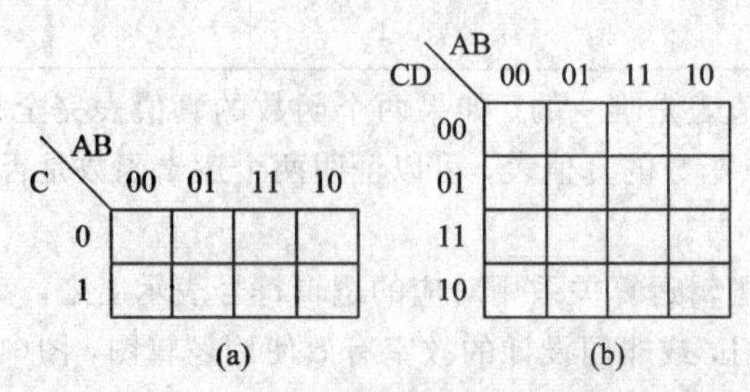

图2-13 三变量和四变量卡诺图

逻辑函数的各种表示方法之间是可以相互转换的，其转换关系如图 2-14 所示。

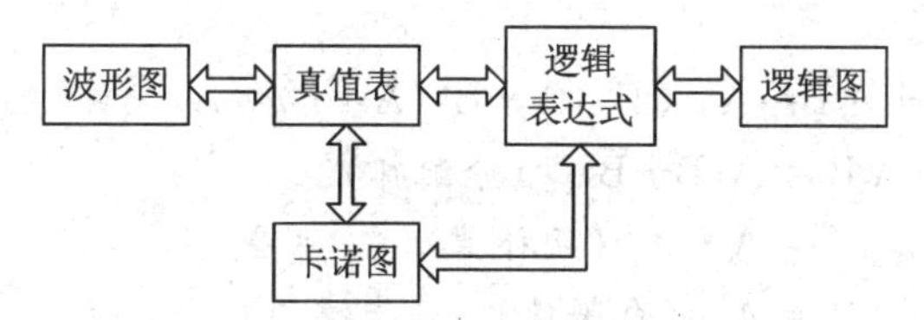

图 2-14　逻辑函数表示方法的转换

2.2　逻辑代数的定理和规则

进行数字逻辑电路设计时，需要掌握一些逻辑代数的定理和规则，但是，一般不采用通过定理和规则直接进行逻辑函数式推演化简。

2.2.1　逻辑代数的基本定律

如表 2-9 所示，列举了逻辑代数的基本定律。在这些基本定律中，有些是属于公理，如自等律、交换律等。公理是客观存在的抽象，无需证明。但这些定律都可用真值表法进行验证。逻辑代数的其他定理都能从这些公理和定律中导出。

表 2-9　逻辑代数的基本定律

定律名称	公　式	公　式
1. 0-1 律	$A\cdot 0=0$	$A+1=1$
2. 自等律	$A\cdot 1=A$	$A+0=A$
3. 重叠律	$A\cdot A=A$	$A+A=A$
4. 互补律	$A\cdot \overline{A}=0$	$A+\overline{A}=1$
5. 交换律	$A\cdot B=B\cdot A$	$A+B=B+A$
6. 结合律	$A(BC)=(AB)C$	$A+(B+C)=(A+B)+C$
7. 分配律	$A(B+C)=AB+AC$	$A+(BC)=(A+B)(A+C)$
8. 还原律	$\overline{\overline{A}}=A$	
9. 反演律	$\overline{AB}=\overline{A}+\overline{B}$	$\overline{A+B}=\overline{A}\,\overline{B}$

2.2.2　常用公式

以下常用公式，每个都写出两个对偶形式的公式。证明时，只证明其中的一个，另一个请同学们自己证明。

吸收律 1：(1) $A+AB=A$；(2) $A(A+B)=A$

证明　式(1) $A+AB=A\cdot 1+AB$　（自等律）

$=A(1+B)$　（分配律）

$=A\cdot 1$　（0-1 律）

$=A$　（自等律）

这个公式表明，两个逻辑项相或时，若其中的一项是另一项的组成部分，则另一项可以被吸收。

吸收律 2：(1) $AB+A\overline{B}=A$；(2) $(A+B)(A+\overline{B})=A$

证明 式(1) $AB+A\overline{B}=A(B+\overline{B})$ （分配律）

$=A\cdot 1$ （互补律）

$=A$ （自等律）

这个公式表明，两个逻辑项相或时，若这两项除了相同的部分外，其余部分彼此互补，则两项可以合并为一项，合并项就是它们的相同部分。

吸收律 3：(1) $A+\overline{A}B=A+B$；(2) $A\cdot(\overline{A}+B)=A\cdot B$

证明 式 (1) $A+\overline{A}B=(A+\overline{A})(A+B)$ （分配律）

$=1\cdot(A+B)$ （互补律）

$=A+B$ （自等律）

这个公式表明，两个逻辑项相或时，若其中一项的一部分是另一项之补，则这一部分可以被吸收。

吸收律 4(多余项定理)：(1) $AB+\overline{A}C+BC=AB+\overline{A}C$；

(2) $(A+B)(\overline{A}+C)(B+C)=(A+B)(\overline{A}+C)$

证明 式(1) $AB+\overline{A}C+BC=AB+\overline{A}C+BC\cdot 1$ （自等律）

$=AB+\overline{A}C+BC(A+\overline{A})$ （互补律）

$=AB+\overline{A}C+ABC+\overline{A}BC$ （分配律）

$=(AB+ABC)+(\overline{A}C+\overline{A}BC)$ （结合律）

$=AB+\overline{A}C$ （吸收律 1）

故

$$AB+\overline{A}C+BC=AB+\overline{A}C$$

由多余项定理可得下面的推论：

$$AB+\overline{A}C+BCD\cdots=AB+\overline{A}C$$

$$(A+B)(\overline{A}+C)(B+C+D+\cdots)=(A+B)(A+C)$$

同学们可以自己证明。

2.2.3 展开定理

根据：

$$A\cdot A=A\cdot 1=A;\quad A\cdot\overline{A}=A\cdot 0=0$$

$$A+A=A+0=A;\quad A+\overline{A}=A+1=1$$

任何一个逻辑函数，都可以对它的某个逻辑变量 X 展开成“与或”逻辑表达式，或展开成“或与”逻辑表达式。即

(1) $f(X_1, X_2, \cdots, X_i, \cdots, X_n)$

$=X_i f(X_1, X_2, \cdots, 1, \cdots, X_n)+\overline{X_i} f(X_1, X_2, \cdots, 0, \cdots, X_n)$

(2) $f(X_1, X_2, \cdots, X_i, \cdots, X_n)$

$=[X_i+f(X_1, X_2, \cdots, 0, \cdots, X_n)]\cdot[\overline{X_i}+f(X_1, X_2, \cdots, 1, \cdots, X_n)]$

证明 式 (1)：对于 X_i，只有等于 1 和等于 0 两种可能，将 $X_i=1$，$\overline{X_i}=0$ 代入式 (1)，得

$$f(X_1, X_2, \cdots, 1, \cdots, X_n) = 1 \cdot f(X_1, X_2, \cdots, 1, \cdots, X_n) + 0 \cdot f(X_1, X_2, \cdots, 0, \cdots, X_n)$$
$$= f(X_1, X_2, \cdots, 1, \cdots, X_n)$$

公式两边仍然相等，公式正确，同学们可以自己证明式(2)。

2.2.4 逻辑代数的三个规则

逻辑代数有三个重要规则，即代入规则、反演规则和对偶规则，现分别叙述如下。

1. 代入规则

任何一个含有逻辑变量 X 的逻辑函数式中，如果将函数式中所有出现 X 的位置，都代之以一个逻辑函数 F，则等式仍然成立。这个规则称为代入规则。

由于任何一个逻辑函数也和任何一个逻辑变量一样，只有 0 和 1 两种取值，显然，代入规则时成立。

【例 2-2】 已知等式$\overline{A+B}=\overline{A}\,\overline{B}$，函数 $F=B+C+D$，若用 F 代替等式中的 B，则有

$$\overline{A+(B+C+D)}=\overline{A}\;\overline{(B+C+D)}=\overline{A}\,\overline{B}\,\overline{C}\,\overline{D}$$

2. 反演规则

任何一个逻辑函数式 F，如果将 F 式中所有的“·”变为“+”，“ +”变为“·”，“1”变为“0”，“0” 变为“1”，原变量变为反变量，反变量变为原变量，运算顺序保持不变，即可得到函数 F 的反函数 $\overline{F}$。这就是反演规则。

【例 2-3】 已知 $F=\overline{A+\overline{\overline{B+C+\overline{D+E}}}}$，求它的反函数 $\overline{F}$。

解
$$\overline{F}=\overline{A}(B+C+\overline{D+E})=\overline{A}(B+C+\overline{DE})$$

需要注意的是，在利用反演规则求反函数时，要注意原来运算符号的顺序不能弄错。

如果函数 $\overline{F}$ 是某一函数 F 的反函数，那么 F 也就是 $\overline{F}$ 的反函数。

若有两个函数相等：$F_1=F_2$，则它们的反函数也相等$\overline{F_1}=\overline{F_2}$。

3. 对偶规则

将逻辑函数式 F 中所有逻辑符号“·”变 为“+”，“ +” 变 为“·”，逻辑常量“0”变为“1”，“1”变为“0”，而所有的逻辑变量和运算顺序保持不变，所得到的新的逻辑函数式称为 F 的对偶式，用 F^d 来表示。

【例 2-4】 已知 $F=A+B(C+D)(E+F)$，求 F^d 的表达式。

解
$$F^d=A(B+CD+EF)$$

如果 F^d 是 F 的对偶式，那么 F 也是 F^d 的对偶式，即函数是互为对偶的。

若有两个函数式相等：$F_1=F_2$，则它们的对偶式也相等：$F_1^d=F_2^d$。即等式的对偶式也相等，这就是对偶规则。

前面介绍的逻辑代数的定理中，每个公式的式(1)和式(2)都是互为对偶式，因此，证明了式(1)成立，式(2)也一定成立。所以，利用对偶规则可使需要证明和记忆的公式减半。

2.3 逻辑函数的标准表达式

逻辑函数的表达式可以有多种形式 ，但是每个逻辑函数的标准表达式是唯一的。标准表达式有两种形式：标准“与或”式及标准“或与”式。

2.3.1 标准与或式

1. 逻辑函数的展开式

任何一个逻辑函数运用展开定理，都可以展开为“与或”表达式。例如一个三变量函数 f(A, B, C)，可展开为

$$
\begin{aligned}
& f(A, B, C) \\
& = A \cdot f(1, B, C) + \overline{A} \cdot f(0, B, C) \\
& = ABf(1, 1, C) + A\overline{B}f(1, 0, C) + \overline{A}Bf(0, 1, C) + \overline{A}\,\overline{B}f(0, 0, C) \\
& = ABCf(1, 1, 1) + A\overline{B}Cf(1, 1, 0) + A\overline{B}Cf(1, 0, 1) + A\overline{B}\,\overline{C}f(1, 0, 0) \\
& \quad + \overline{A}BCf(0, 1, 1) + \overline{A}B\overline{C}f(0, 1, 0) + \overline{A}\,\overline{B}\,\overline{C}f(0, 0, 1) + \overline{A}\,\overline{B}\,\overline{C}f(0, 0, 0)
\end{aligned}
$$

对照表 2-8 的有效使用教室的真值表，式中的每一项都和真值表是一一对应的。

同理，对于一个 n 变量的逻辑函数 f(a, b, c, …, m, n)，也可以展开为 2^n 个“与”项之和。

2. 最小项

函数的展开式中的每一项都是由函数的全部变量组成的“与”项。由函数的全部变量以原变量或反变量的形式出现，且仅出现一次，所组成的“与”项，称为逻辑函数的最小项。

为了便于识别和书写，通常用 m_i 来表示最小项。其下标 i 是这样确定的：把最小项中的原变量记为 1，反变量记为 0，变量取值按顺序排列成二进制数，那么这个二进制数的等值十进制数就是下标 i。表 2-10 列出了三变量函数的所有最小项。

表 2-10 三变量函数的所有最小项

A	B	C	最小项	符号表示
0	0	0	$\overline{A}\,\overline{B}\,\overline{C}$	m_0
0	0	1	$\overline{A}\,\overline{B}C$	m_1
0	1	0	$\overline{A}B\overline{C}$	m_2
0	1	1	$\overline{A}BC$	m_3
1	0	0	$A\overline{B}\,\overline{C}$	m_4
1	0	1	$A\overline{B}C$	m_5
1	1	0	$AB\overline{C}$	m_6
1	1	1	ABC	m_7

最小项具有如下三个主要性质：

(1) 对于任意一个最小项，只有一组变量值使最小项取值为 1。

(2) 任意两个不同的最小项之积必为 0，即 $m_i \cdot m_j = 0$。

(3) n 个变量的所有 2^n 个最小项之和必为 1，即 $\sum_{i=0}^{2^n-1} m_i = 1$。

3. 标准"与或"式

全部由最小项之和组成的与或式，称为标准与或式，又叫标准积之和式或最小项表达。一个三变量函数的一般标准"与或"式为

$$F(A, B, C)=m_0D_0+m_1D_1+m_2D_2+m_3D_3+m_4D_4+m_5D_5+m_6D_6+m_7D_7$$

当式中的 $D_i=0$ 时，$m_iD_i=0$；当式中的 $D_i=1$ 时，$m_iD_i=m_i$。

可见，函数的标准"与或"式是由函数值为 1 的那些最小项相或组成的。

因此，表 2-8 中输出函数 L1 的标准"与或"式可以写为

$$\begin{aligned}L1 &= \overline{A}\,\overline{B}\,\overline{C}\cdot 0+\overline{A}\,\overline{B}C\cdot 0+\overline{A}B\overline{C}\cdot 0+\overline{A}BC\cdot 1+A\overline{B}\,\overline{C}\cdot 0+A\overline{B}C\cdot 1+AB\overline{C}\cdot 1+\\&\quad ABC\cdot 1\\&=\overline{A}BC+A\overline{B}C+AB\overline{C}+ABC=m_3+m_5+m_6+m_7=\sum m(3、5、6、7)\end{aligned}$$

由函数的展开式可知，任何一个函数都有一个且仅有一个最小项表达式，即标准"与或"式。非标准"与或"式可以通过例 2-5 的方法，转变为标准"与或"式。

【例 2-5】 已知逻辑函数的最简与或式 L1=AB+BC+AC，求其标准"与或"式。

解

$$\begin{aligned}L1&=AB(C+\overline{C})+(A+\overline{A})BC+A(B+\overline{B})C\\&=ABC+AB\overline{C}+ABC+\overline{A}BC+ABC+A\overline{B}C\\&=ABC+AB\overline{C}+\overline{A}BC+A\overline{B}C\end{aligned}$$

2.3.2 标准或与式

一个 n 变量的逻辑函数运用展开定理可以展开为 2^n 项的"或与"式。

1. 最大项

由逻辑函数的全部变量以原变量或反变量的形式出现，且仅出现一次所组成的"或"项称为函数的最大项，用 M_i 表示。M 的下标 i 是这样确定的：把最大项中的原变量记为 0，反变量记为 1，变量取值按顺序排列成二进制数，那么这个二进制数的等值十进制数就是下标 i。在由真值表写最大项时，变量取值为 0 写原变量，变量取值为 1 写反变量。

利用展开定理，得到表 2-8 中输出函数 L1 的"或与"式：

$$\begin{aligned}L1&=(A+B+C+f(0,0,0))\cdot(A+B+\overline{C}+f(0,0,1))\cdot\\&\quad(A+\overline{B}+C+f(0,1,0))\cdot(A+\overline{B}+\overline{C}+f(0,1,1))\cdot(\overline{A}+B+C+f(1,0,0))\cdot\\&\quad(\overline{A}+B+\overline{C}+f(1,0,1))\cdot(\overline{A}+\overline{B}+C+f(1,1,0))\cdot\\&\quad(\overline{A}+\overline{B}+\overline{C}+f(1,1,1))\\&=(A+B+C+0)\cdot(A+B+\overline{C}+0)\cdot(A+\overline{B}+C+0)\cdot(A+\overline{B}+\overline{C}+1)\cdot\\&\quad(\overline{A}+B+C+0)\cdot(\overline{A}+B+\overline{C}+1)\cdot(\overline{A}+\overline{B}+C+1)\cdot(\overline{A}+\overline{B}+\overline{C}+1)\\&=(A+B+C)\cdot(A+B+\overline{C})\cdot(A+\overline{B}+C)\cdot(\overline{A}+B+C)\\&=M_0\cdot M_1\cdot M_2\cdot M_4\\&=\prod M(0,1,2,4)\end{aligned}$$

最大项具有下列三个主要性质：

(1) 对于任意一个最大项，只有一组变量取值可使其值为 0。

(2) 任意两个最大项之和必为 1，即 $M_i+M_j=1(i\neq j)$。

(3) n 个变量的 2^n 个最大项之积必为 0。

2. 最小项和最大项的关系

由最小项和最大项的定义可知：

$$\overline{m_0}=\overline{\overline{A}\,\overline{B}\,\overline{C}}=A+B+C=M_0$$

$$\overline{m_7}=\overline{ABC}=\overline{A}+\overline{B}+\overline{C}=M_7$$

同样可得

$$\overline{M_0}=\overline{A+B+C}=\overline{A}\,\overline{B}\,\overline{C}=m_0$$

$$\overline{M_7}=\overline{\overline{A}\,\overline{B}\,\overline{C}}=ABC=m_7$$

推广到任意变量的函数，$\overline{m_i}=M_i$，$\overline{M_i}=m_i$，即下标相同的最小项和最大项互为反函数。

3. 标准或与式

全部由最大项之积组成的函数式称为标准“或与”式，又称标准“和之积”式，或称最大项表达式。在由真值表写最大项表达式时，是根据函数值为0的项来写的。例如表2－8所示的真值表中，L1写成标准“或与”式：

$$L1=(A+B+C)\cdot(A+B+\overline{C})\cdot(A+\overline{B}+C)\cdot(\overline{A}+B+C)$$

上述关于标准“与或”式和标准“或与”式的论述，可以得出两点结论：

(1) 同一逻辑函数既可以表示为标准“与或”式，也可以表示为标准“或与”式。例如表2-8所示的真值表中，L1写成标准“与或”式：$L1=\overline{A}BC+A\,\overline{B}C+AB\,\overline{C}+ABC$，写成标准“或与”式：$L1=(A+B+C)\cdot(A+B+\overline{C})\cdot(A+\overline{B}+C)\cdot(\overline{A}+B+C)$。

(2) 一个逻辑函数的最小项集合与它的最大项集合，互为补集。因此，已知函数的标准“与或”式，就可以很方便地写出它的标准“或与”式。例如：$L1=\sum m(3,5,6,7)$，则

$$L1=\prod M(0,1,2,4)。$$

2.3.3 不完全确定的逻辑函数

前面讨论的逻辑函数，它的每一组输入变量的取值，都能得到一个完全确定的函数值(0或1)，这种函数称为完全确定的逻辑函数。

在实际应用中，有时只要求某些最小项(或最大项)对应的函数有确定值，而对其余最小项(或最大项)的取值不感兴趣。这些最小项(或最大项)或不会出现、或不允许出现，它们所对应的函数值既可以是0，也可以是1，即可以取任意值，所以用d或X或Φ表示。例如，逻辑电路的输入是二-十进制代码，在二-十进制代码的16种组合中，它只有10种输入代码是允许的，有确定的输出值，其余6种为伪码，是不允许的，它们所对应的函数值是没有意义的，因而可以任意取值。通常，把这种函数值可以任意取值所对应的最小项(或最大项)称为任意项，或无关项，或约束项，记为d或X或Φ。这种含有任意项的逻辑函数称为不完全确定的逻辑函数。

【例2-6】 设电路输入为一位十进制数的8421BCD码，当输入代码中含有偶数个1时，输出为1，否则输出为0。试列出电路的真值表，写出最简“与或”式。

解 按照题目要求，列出真值表，如表2-11所示，输入信号用A、B、C、D表示，输出信号用F表示，$m_{10}\sim m_{15}$六个伪码是任意项。

$$F(A,B,C,D)=\sum m(0,3,5,6,9)+\sum d(10,11,12,13,14,15)$$

表 2-11　例 2-6 真值表

十进制数	A	B	C	D	F	十进制数	A	B	C	D	F	十进制数	A	B	C	D	F
0	0	0	0	0	1	5	0	1	0	1	1	10	1	0	1	0	d
1	0	0	0	1	0	6	0	1	1	0	1	11	1	0	1	1	d
2	0	0	1	0	0	7	0	1	1	1	0	12	1	1	0	0	d
3	0	0	1	1	1	8	1	0	0	0	0	13	1	1	0	1	d
4	0	1	0	0	0	9	1	0	0	1	1	14	1	1	1	0	d
												15	1	1	1	1	d

把输出为 1 和任意项 d 的结果填入四变量卡诺图中，如图 2-15 所示，按照画圈时的需要，得到卡诺图，其中 1100B、1010B 格的 d 没有用上，当作 0 看，其余被划入圈中，当作 1 看，得到最简"与或"式：$F=\overline{A}\,\overline{B}\,\overline{C}\,\overline{D}+B\overline{C}D+AD+\overline{B}CD+BC\overline{D}$，利用任意项 d，显然可以使得 F 更简。

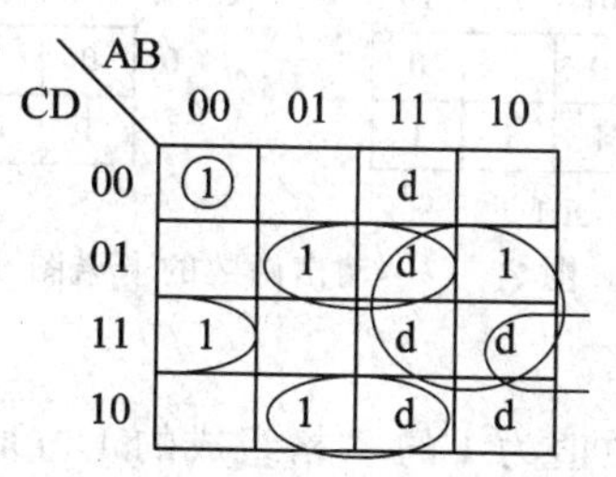

图 2-15　例 2-6 卡诺图

但是被画进圈中的 d，对应的当前输入信号是伪码，要求不可能出现，如 1101B 格的 d 虽然被两次画入圈中，但是它的作用仅仅是把 0101B、1001B 格的 1 表达式变得更简。因此设计的电路应该使得输入信号不出现伪码。

把任意项填入四变量卡诺图中，化简任意项，如图 2-16 所示，得到一个恒等于 0 的任意项表达式，称为约束条件 $AB+AC=0$，就表示任意项为 $\sum d(10, 11, 12, 13, 14, 15)$，这个约束条件确保输入信号不出现伪码。

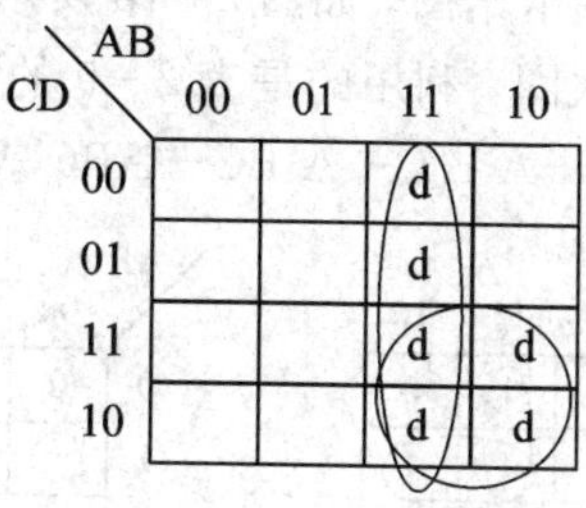

图 2-16　任意项约束条件

2.4 数字逻辑电路设计方法

数字逻辑电路的设计方法：根据输入、输出信号关系要求，按照正逻辑(或负逻辑)原则列出真值表；画出表示输出信号与输入信号关系的卡诺图；化简卡诺图；写出化简后的逻辑表达式；转变为与非-与非式、或非-或非式；根据式子画出逻辑电路图。

2.4.1 逻辑电路的设计

下面通过将表 2-8 经卡诺图设计成图 2-12 的过程来说明逻辑电路的设计方法：

(1) 根据题目要求，定出输入变量和输出函数。

(2) 按照事件发生为 1，不发生为 0，把逻辑关系进行正逻辑定义(反之就是负逻辑)。

(3) 列出真值表，如表 2-8 所示。

(4) 分别画出输出函数 L1、L2 的卡诺图，如图 2-17 所示，按照表 2-8 填写，如当 ABC＝110B 时，L1＝1、L2＝0，即图中第一行第三列的值。

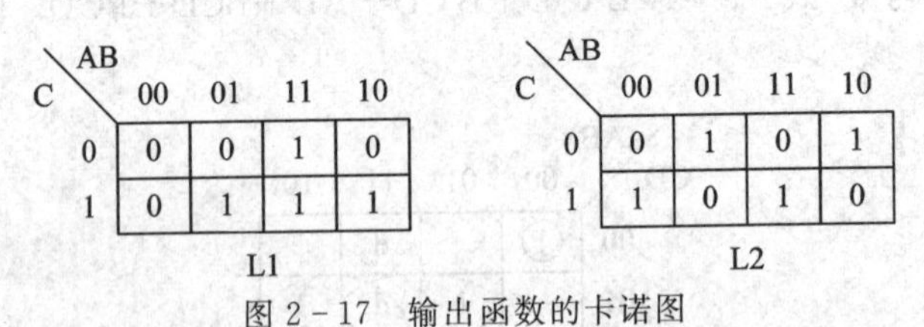

L1

C \ AB	00	01	11	10
0	0	0	1	0
1	0	1	1	1

L2

C \ AB	00	01	11	10
0	0	1	0	1
1	1	0	1	0

图 2-17 输出函数的卡诺图

(5) 化简卡诺图。

化简原则是：把相邻的函数值为 1 的 2^n 格组成的正方形或长方形组成一个大格。

如 L1 卡诺图的第 3 列 2 个 1 格可以组合在一起，因为它们的输入变量分别是 $AB\overline{C}$ 和 ABC，而 $AB\overline{C}+ABC=AB(\overline{C}+C)=AB$。

其中 $AB\overline{C}$ 表示 A、B 两班都来自习，两者当前取值为 11B，$\overline{C}$ 表示这个班没有来自习，取值为 0，当三者输入取值是 110B 时，表示只来 2 个班，因此开大教室 L1。

同理，ABC 表示三个班都来自习，取值 111B，因此也要开大教室 L1。

综合以上两种输入情况，只要 A、B 两班都来自习，不论 C 班来不来($\overline{C}+C=1$)，都要开大教室。

按照以上原则得到 L1、L2 的卡诺图，如图 2-18 所示，其中 L1＝AB＋BC＋AC，卡诺图中的第 111B 格被重复画了三次圈，利用的是表 2-9 的重叠律；L2 卡诺图中没有相邻的 1 格，不能化简，所以 $L2=\overline{A}B\,\overline{C}+A\,\overline{B}\,\overline{C}+\overline{A}\,\overline{B}C+ABC$ 表示为标准“与或”式。

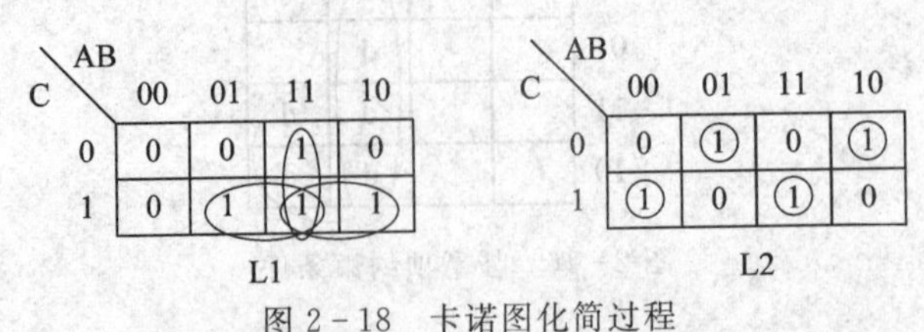

图 2-18 卡诺图化简过程

(6) 最简数字逻辑门电路设计时，不是把等式化为最简，应该是利用与非-与非式、或非-或非式，或者异或、同或逻辑。

把 L1 化简为与非-与非式：

$$L1=\overline{\overline{AB+BC+AC}}=\overline{\overline{AB}\cdot\overline{BC}\cdot\overline{AC}}\text{（还原、反演律）}$$

把 L2 化简为与非-与非式：

$$L2=\overline{\overline{\bar{A}B\bar{C}+A\bar{B}\bar{C}+\bar{A}\bar{B}C+ABC}}=\overline{\overline{\bar{A}B\bar{C}}\cdot\overline{A\bar{B}\bar{C}}\cdot\overline{\bar{A}\bar{B}C}\cdot\overline{ABC}}$$

图 2－12 的下半部，表示的就是 L2 的与非-与非逻辑电路图。

(7) 也可以把 L1 的卡诺图按照函数值为 0 进行画圈，如图 2－19 所示，得到或与式：L1＝(A＋C)(A＋B)(B＋C)，其中 000B、100B 格也是相邻的，化简为 B＋C。

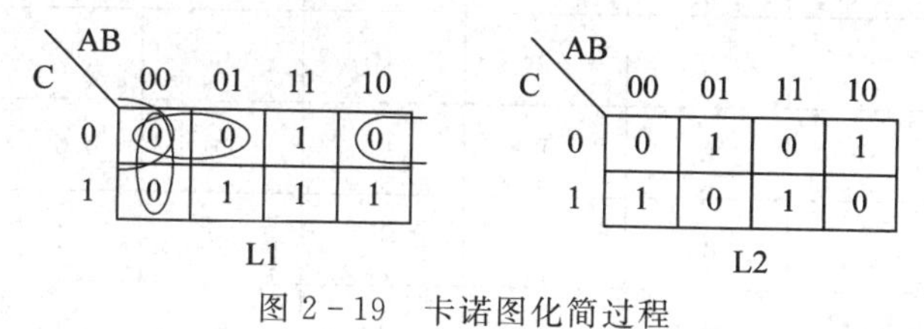

图 2－19　卡诺图化简过程

把 L1 化简为或非-或非式：

$$L1=\overline{\overline{(A+C)(A+B)(B+C)}}=\overline{\overline{(A+C)}+\overline{(A+B)}+\overline{(B+C)}}$$

图 2－12 的上半部，表示的就是 L1 的或非-或非逻辑电路图。

(8) 观察 L2 的输出函数可知，当输入信号 A、B、C 有奇数个 1 时，输出为 1，因此：$L2=A\oplus B\oplus C$，可以用一个三输入异或门实现 L2 电路，比用 5 个与非门电路 $L2=\overline{\overline{\bar{A}B\bar{C}}\cdot\overline{A\bar{B}\bar{C}}\cdot\overline{\bar{A}\bar{B}C}\cdot\overline{ABC}}$实现，显然简单得多，也说明两个 L2 等式是等效的。

通过推演：

$$\begin{aligned}L2&=A\oplus B\oplus C=(\bar{A}B+A\bar{B})\oplus C\\&=\overline{\bar{A}B+A\bar{B}}\cdot C+(\bar{A}B+A\bar{B})\bar{C}\\&=\overline{\bar{A}B}\cdot\overline{A\bar{B}}\cdot C+\bar{A}B\bar{C}+A\bar{B}\bar{C}\\&=(A+\bar{B})(\bar{A}+B)C+\bar{A}B\bar{C}+A\bar{B}\bar{C}\\&=\bar{A}\bar{B}C+ABC+\bar{A}B\bar{C}+A\bar{B}\bar{C}\end{aligned}$$

得知：3 输入异或门的最小项表达式与通过图 2－18 化简得到的 L2 最简与或式相同，当输入信号是 001、010、100、111 时，输出为 1，即输入信号中有奇数个 1 时输出为 1。

按照这个方法，例 2－6 的输出 F 与输入之间的关系，在不考虑任意项时(输出为 0)的表达式是 $F=A\odot B\odot C\odot D$。

2.4.2　两个 2421BCD 码相加和的调整电路设计

2421BCD 码加法调整电路的规则是：

(1) 没有伪码时不做调整。

(2) 有伪码时，相加结果有进位，和减去 6；相加结果无进位，和加上 6。

假设有两个 2421BCD 码相加后，产生了 5 位二进制和，如例 1－6～例 1－8，需要对伪码和进行调整，调整规则就是以上的逻辑关系，设计过程如下：

(1) 确定输入信号、输出信号。

输入信号：两组 4 位 2421BCD 码按二进制相加的和，考虑到有进位可能，和是 5 位的。

输出信号：按照逻辑关系，调整后的 5 为二进制数。

(2) 列出输入信号、输出信号的对应关系。

表 2-12 中的 E～A 是 5 位输入信号，F4～F0 是 5 位输出信号，按照输入信号从 00000B～11111B 的二进制递增规律，填写输入信号的 2^5 种输入组合，根据上述调整规则，一一填写对应输入信号的输出信号。

表 2-12　两组 4 位 2421BCD 码相加和调整规则真值表

E	D	C	B	A	F4	F3	F2	F1	F0
0	0	0	0	0	0	0	0	0	0
0	0	0	0	1	0	0	0	0	1
⋮	⋮	⋮	⋮	⋮	⋮	⋮	⋮	⋮	⋮
1	1	1	1	1	1	1	1	1	1

由于调整过程较复杂，以下将按照输入信号分区段说明：

(1) 如图 2-20 所示，当输入信号为 00000B～01010B 时，E 是相加和的进位，D～A 是相加和。00000B～00100B 区间，和没有伪码，无需调整，因此 F4～F0＝E～A；00101B～01000B 区间，和有伪码，无进位，需调整，因此 F4～F0＝(E～A)＋6。当输入信号为 01001B、01010 时，分析 2421 码的结构可知，两组 4 位 2421BCD 码不可能相加出这样的二进制和，因此这两组输入信号的输出可以视作任意项，虽然图 2-20 按照＋6 调整规则填写了输出 F4～F0。

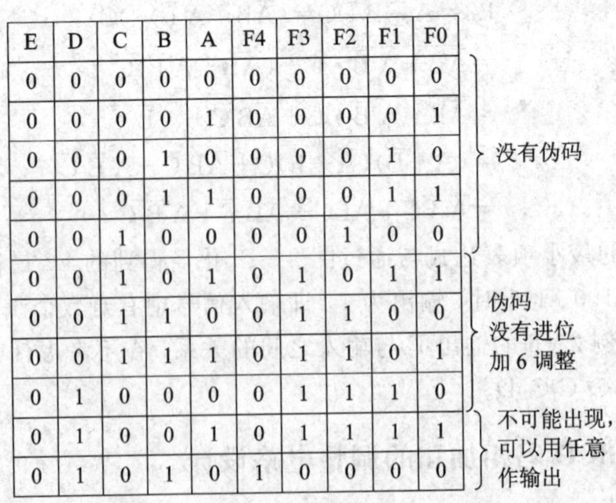

E	D	C	B	A	F4	F3	F2	F1	F0
0	0	0	0	0	0	0	0	0	0
0	0	0	0	1	0	0	0	0	1
0	0	0	1	0	0	0	0	1	0
0	0	0	1	1	0	0	0	1	1
0	0	1	0	0	0	0	1	0	0
0	0	1	0	1	0	1	0	1	1
0	0	1	1	0	0	1	1	0	0
0	0	1	1	1	0	1	1	0	1
0	1	0	0	0	0	1	1	1	0
0	1	0	0	1	0	1	1	1	1
0	1	0	1	0	1	0	0	0	0

图 2-20　输入信号在 00000B～01010B 区间

(2) 如图 2-21 所示，当输入信号为 01011B～10011B 时，相加和 D～A 没有伪码，无需调整，因此 F4～F0＝E～A；当输入信号为 10100B、10101 时，同理，两组 4 位 2421BCD 码不可能相加出这样的二进制和，因此这两组输入信号的输出可以视作任意项。

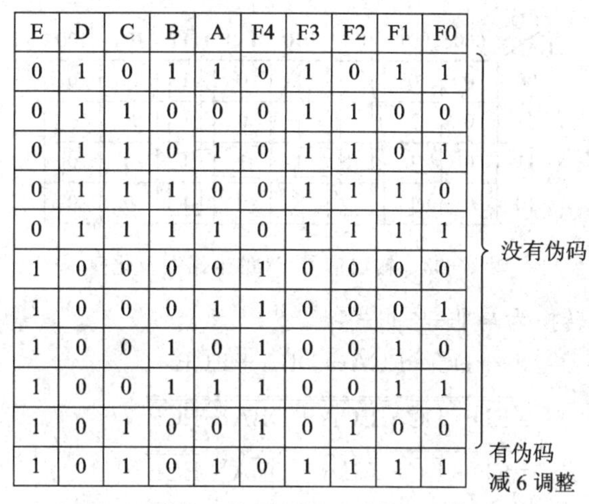

E	D	C	B	A	F4	F3	F2	F1	F0
0	1	0	1	1	0	1	0	1	1
0	1	1	0	0	0	1	1	0	0
0	1	1	0	1	0	1	1	0	1
0	1	1	1	0	0	1	1	1	0
0	1	1	1	1	0	1	1	1	1
1	0	0	0	0	1	0	0	0	0
1	0	0	0	1	1	0	0	0	1
1	0	0	1	0	1	0	0	1	0
1	0	0	1	1	1	0	0	1	1
1	0	1	0	0	1	0	1	0	0
1	0	1	0	1	0	1	1	1	1

图 2-21 输入信号在 01011B～10101B 区间

(3) 如图 2-22 所示，当输入信号为 10110B～11010B 时，和有伪码，有进位，需调整，因此 F4～F0＝(E～A)－6；当输入信号为 11011B～11111B 时，相加和 D～A 没有伪码，无需调整，因此 F4～F0＝E～A。

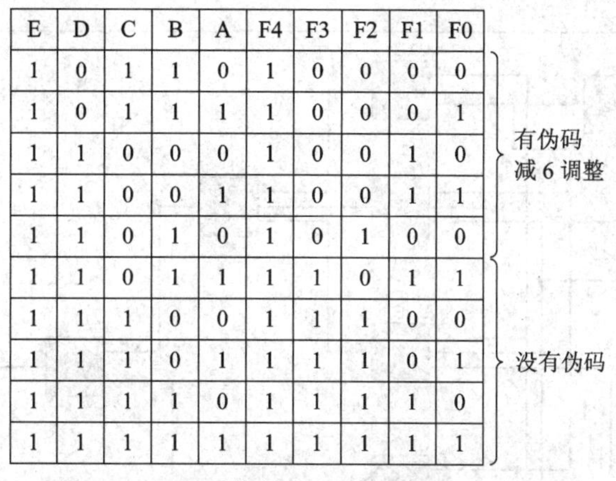

E	D	C	B	A	F4	F3	F2	F1	F0
1	0	1	1	0	1	0	0	0	0
1	0	1	1	1	1	0	0	0	1
1	1	0	0	0	1	0	0	1	0
1	1	0	0	1	1	0	0	1	1
1	1	0	1	0	1	0	1	0	0
1	1	0	1	1	1	1	0	1	1
1	1	1	0	0	1	1	1	0	0
1	1	1	0	1	1	1	1	0	1
1	1	1	1	0	1	1	1	1	0
1	1	1	1	1	1	1	1	1	1

图 2-22 输入信号在 10110B～11111B 区间

(4) 根据真值表画出 F4～F0 的卡诺图

① 观察图 2-20～图 2-22，考虑到任意项后，可以看出 F4＝E。

② 填写 F3 的卡诺图：由于本电路的输入信号有 5 个，因此卡诺图是 2^5 格，下面按照横轴是 EDC，纵轴是 BA，画出输入 5 变量的 F3 卡诺图，如图 2-23 所示。特别注意：横、纵轴仍然按照格雷码编码。图中的 4 个填入 X 的格是任意项，化简后的最简与或式为

$$F3=\overline{E}D+DC+\overline{E}CA+DBA+\overline{E}CB$$

这里，EDC＝011B 和 111B 两列的 8 个格视为同一个化简圈内，化简结果是 DC。

请同学们模仿 F3 的卡诺图填写方法、卡诺图化简方法直到写出最简与或式的过程，完成 F2～F0 的设计。

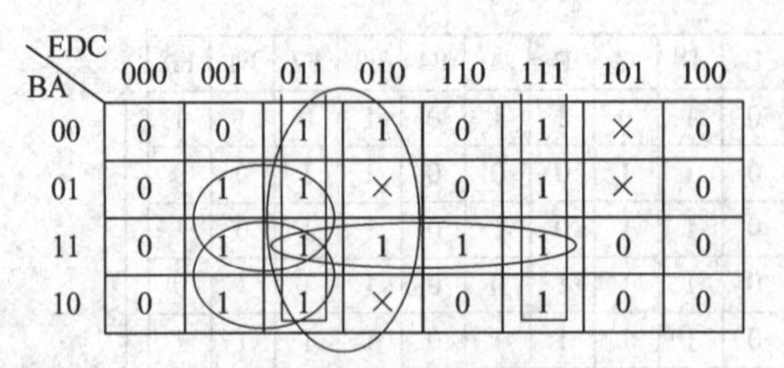

BA \ EDC	000	001	011	010	110	111	101	100
00	0	0	1	1	0	1	×	0
01	0	1	1	×	0	1	×	0
11	0	1	1	1	1	1	0	0
10	0	1	1	×	0	1	0	0

图 2-23　输出信号 F3 的卡诺图及化简

(5) 将 F3 表达式转换为与非-与非式：

$$
\begin{aligned}
F3 &= \bar{E}D+DC+\bar{E}CA+DBA+\bar{E}CB \\
&= \overline{\overline{\bar{E}D+DC+\bar{E}CA+DBA+\bar{E}CB}} \\
&= \overline{\overline{\bar{E}D}\cdot\overline{DC}\cdot\overline{\bar{E}CA}\cdot\overline{DBA}\cdot\overline{\bar{E}CB}} \\
&= \overline{\overline{\overline{\bar{E}D}\cdot\overline{DC}\cdot\overline{\bar{E}CA}}+\overline{\overline{DBA}\cdot\overline{\bar{E}CB}}}
\end{aligned}
$$

(6) 根据 F3 的与非-与非式，画出逻辑电路图，如图 2-24 所示。图中 E～A＝10111B，和有伪码及进位，调整结果是 10111B－0110B＝10001B，因此图中的运算结果 F4＝1，F3＝0。

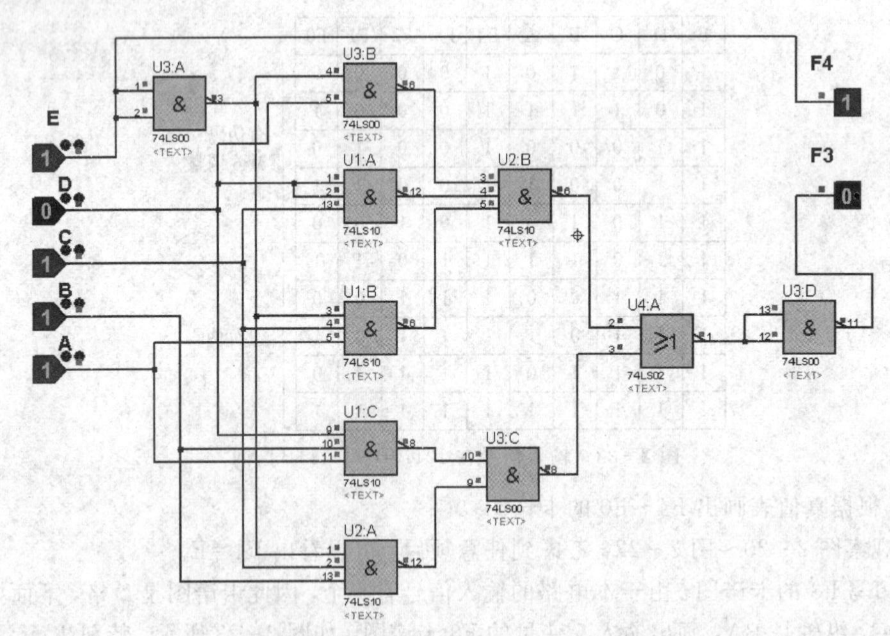

图 2-24　F4、F3 的与非-与非式逻辑电路图

请同学们模仿上述 F4、F3 设计过程，画出 F2～F0 的逻辑电路图。

上述设计过程可以实现电路的设计，但过程复杂，随着输入、输出信号数量的增加，会使设计的难度更大，此方法重在基本概念的学习掌握。要做电路设计，最好的方法还是第 1.2.3 小节中利用硬件描述语言的电路设计，将上述这些逻辑电路设计基础知识做支撑。

特别强调：没有逻辑电路设计基础知识做支撑，不可能写出符合电路设计要求的硬件描述语言，不能把硬件描述语言简单地等同于计算机语言，简单地认为掌握了语法就可以设计数字逻辑电路。计算机语言是给 CPU 运行用的，而用于数字逻辑电路的硬件描述语言是用来设计电路的，一旦下载到 EDA 芯片，就是一个特定设计功能的逻辑电路。

第 1.2.3 小节介绍了两个 2421BCD 码相加、和调整电路的 VHDL 描述，本小节也介绍了和调整电路的设计，两者有什么关系？都是设计电路？

回答是两者有关系，属于设计电路的不同方法。用 VHDL 描述设计电路，如图 1-7 所示的和调整电路，通过描述语言描述了电路功能，即 2421 码的调整规则，这是电路的性能描述，没有涉及用什么逻辑门，EDA 芯片即半导体芯片，基本单元就是逻辑门，因此图 1-7 所示的电路性能描述最终要转换为具体的逻辑门，这个转换任务由 EDA 设计软件帮我们完成；本小节的设计直接将输出信号 F4～F0 设计成逻辑门电路，无需 EDA 设计软件帮我们完成。

本课程的学习任务：基本逻辑门、简单逻辑功能芯片的学习及设计方法，从中学习数字逻辑电路的特点；在前者基础上学习基于 VHDL 描述的数字系统的设计。

通过对数字电路课程的学习，不但掌握了数字系统的设计能力，而且为后续的单片机及嵌入式系统学习打下基础。单片机的核心 CPU 及 CPU 外围的各种功能模块，它们的基本组成单元就是各种简单逻辑功能芯片。单片机及嵌入式系统的程序设计，就是基于 CPU 及其外围的各种功能模块的设计，即根据这些电路的结构特点进行。因此，掌握好本课程，将为后续的单片机及嵌入式系统学习打下重要的基础。

习　　题

1. 设 A、B、C 为函数的逻辑变量，试回答下列问题：

(1) 已知 $A+B=A+C$，则 $B=C$ 对吗？

(2) 已知 $A\cdot B=A\cdot C$，则 $B=C$ 对吗？

(3) 若 $A+B=A+C$，$A\cdot B=A\cdot C$，则 $B=C$ 对吗？

2. 根据下列文字描述建立真值表。

(1) F(A, B, C)为 三变量逻辑函数，当变量取值组合中出现偶数个 1 时，F=1，否则 F=0。

(2) 一个输入为 8421BCD 码四舍五入电路，当输入 8421BCD 码小于 4 时输出 Z=0，否则 Z=1。

(3) 一个一位二进制数加法电路有三个输入端 A、B、C，它们分别表示加数、被加数和低位来的进位数；有两个输出端 Y、Z，它们表示进位数及和数。

(4) 在一条走廊中想用四个开关去控制一盏灯，若奇数个开关闭合时灯亮，偶数个开关闭合时灯灭。

3. 已知逻辑函数如下，试说明逻辑变量取哪些取值组合时，函数值为 1。

(1) $F(A, B)=A\overline{B}+\overline{A}B$　　(2) $F(A, B, C)=A\overline{B}+BC+\overline{A}C$

(3) $F(A, B, C)=A\overline{C}+BC(\overline{A}+\overline{B}C)$　　(4) $F(A, B, C)=\overline{A}+AC+\overline{B}$

4. 用真值表证明下列等式成立。

(1) $AB+AB=(A+B)(A+B)$　　(2) $A\oplus B=\overline{A}\oplus\overline{B}$

(3) $A\oplus(\overline{A}\oplus B)=B$　　(4) $A+\overline{A}(B+C)=A+B+C$

5. 写出下列函数的反函数式 F 和对偶函数式 F^d。

(1) $F=AB+\overline{A}\,\overline{B}$　　(2) $F=[(A\overline{B}+C)D+E]B$

(3) $F=AB\overline{C}+(A+\overline{B}+D)(\overline{A}B\overline{D}+\overline{E})$　　(4) $F=[AB(C+D)][\overline{B}\,\overline{C}\,\overline{D}+B(C+D)]$

(5) $F=(A+\overline{B})(\overline{A}+C)(B+\overline{C})(\overline{A}+B)$

6. 某课题组由教师、研究生、大学生各一人组成，某人来到该组，想当然地认为：“A是研究生，B不是研究生，C不是大学生。”结果发现他只说对了一个人的身份，问A、B、C三个人各是什么身份？试用列真值表的方法来判别。

7. A、B、C、D四组做竞赛实验，A组说“C组第一，B组第二”；B组说“C组第二，D组第三”；C组说“A组第二，D组第四”。它们的说法都只有一个是正确的，另一个是错误的。问这次竞赛结果的名次是怎样的？

8. 已知逻辑函数的输入A、B、C和输出F、G之间的对应波形如图2-25所示，试列出此逻辑函数的真值表。

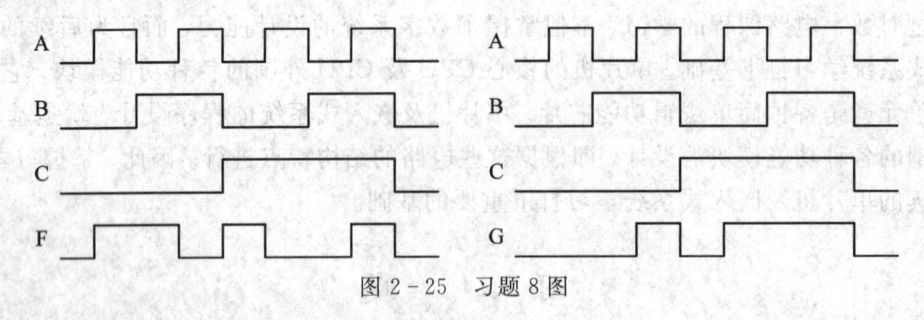

图2-25　习题8图

9. 用逻辑代数定律、定理证明下列等式成立。

(1) $\overline{A}\,\overline{B}+\overline{A}\,\overline{C}+BC+\overline{A}\,\overline{C}\,\overline{D}+ABC=\overline{A}+BC$

(2) $(A+B)(A+\overline{B})(\overline{A}+B)(\overline{A}+\overline{B})=0$

(3) $ABC+\overline{A}\,\overline{B}\,\overline{C}=(AB+\overline{B})+(B+\overline{C})(AC+\overline{A}\,\overline{B})$

(4) $A\overline{B}\,\overline{C}+\overline{A}B\overline{C}+\overline{A}\,\overline{B}C+ABC=A\oplus B\oplus C$

(5) $A\overline{B}+\overline{A}D+BD+CD=A\overline{B}+D$

(6) $BC+D+\overline{D}(\overline{B}+\overline{C})(AD+B)=B+D$

10. 证明：

(1) 若$A\overline{B}+\overline{A}B=C$，则$A\overline{C}+\overline{A}C=B$。反之亦成立。

(2) 若$\overline{A}\,\overline{B}+AB=0$，则$\overline{AX+BY}=A\overline{X}+B\overline{Y}$。

11. 用逻辑代数定律、定理、公式证明下列等式成立。

(1) $\overline{A}\oplus B=A\oplus\overline{B}$　　(2) $\overline{A\oplus B\oplus C}=(A\oplus B)\odot C$

(3) $A\oplus B\oplus C=A\odot B\odot C$　　(4) $\overline{A}\oplus B\oplus C=\overline{A\oplus B}\oplus C$

12. 将下列表达式展开为最小项之和的表达式。

(1) $F(A, B, C)=A+BC$　　(2) $F(A, B, C)=\overline{A}B+\overline{B}C+A\overline{C}$

(3) $F(A, B, C, D)=\overline{A\overline{B}+\overline{A}D+BC}$　　(4) $F=\overline{\overline{A}+A\overline{B}\,\overline{C}\,\overline{D}}$

13. 将下列表达式展开为标准“或与”式。

(1) $F=(A\oplus B)+AB$　　(2) $F=(A+B)(B+C)(A+C)$

(3) $F=AB+BC+AC$　　(4) $F=\overline{AB\overline{C}+AC\overline{D}+ABCD}$

14. 将下列表达式展开为标准“与或”式，并用$\sum m(\cdots)$形式表示。

(1) $F=AB+\overline{A}\,\overline{B}+CD$　　(2) $F=D+ABC$

(3) $F=\overline{A\,\overline{B}+C}+\overline{B}\,\overline{D}(\overline{A}+B)+\overline{BC+D}$

15. 已知逻辑函数 F 的标准表达式如下，试写出它的反函数式 F 及对偶函数式 F^d。

(1) $F(A, B, C, D)=\sum m(5, 6, 8, 9, 12, 13, 14)$

(2) $F(A, B, C, D)=\sum m(0, 4, 5, 6, 7, 10, 11)$

(3) $F(A, B, C, D)=\prod M(0, 1, 2, 4, 7, 10, 12, 15)$

16. 用代数法化简下列函数为最简“与或”式。

(1) $F=AB+A\,\overline{B}+\overline{A}B$

(2) $F=\overline{A}\,\overline{B}\,\overline{C}+\overline{A}\,\overline{B}C+A\,\overline{B}\,\overline{C}+A\,\overline{B}\,\overline{C}$

(3) $F=(X+Y)Z+\overline{X}\,\overline{Y}W+ZW$

(4) $F=B\,\overline{D}E+\overline{A}C\,\overline{E}+\overline{B}D(A\,\overline{D}+\overline{B}\,\overline{D}E)+\overline{D}E$

(5) $F=A\,\overline{B}+A+DE+\overline{A+\overline{B}+F}+(\overline{A}+D)\overline{(\overline{A}+B+E)\overline{D}}$

17. 用卡诺图法化简下列函数为最简“与或”式。

(1) $F(A, B, C, D)=\sum m(0, 4, 6, 10, 11, 13)$

(2) $F(A, B, C, D)=\sum m(3, 4, 6, 7, 11, 12, 13, 15)$

(3) $F(A, B, C, D)=\prod M(0, 4, 5, 7, 10, 12, 13, 14)$

(4) $F(A, B, C, D)=\prod M(3, 5, 7, 11, 13, 15)$

18. 用卡诺图法化简下列函数为最简“与或”式。

(1) $F=A\,\overline{B}+\overline{A}C+\overline{B}\,\overline{C}+\overline{A}BD$

(2) $F=\overline{A}\,\overline{B}\,\overline{C}+A\,\overline{B}\,\overline{C}+AC+B\,\overline{C}$

(3) $F=\overline{AB+\overline{A}\,\overline{B}+BCD+\overline{B}\,\overline{C}D}$

(4) $F=\overline{\overline{A}\,\overline{B}+ABD}(B+\overline{C}D)$

19. 用卡诺图法化简下列函数为最简“或与”式。

(1) $F(A, B, C, D)=\sum m(0, 2, 5, 7, 8, 10, 13, 15)$

(2) $F(A, B, C, D)=\prod M(0, 2, 3, 7, 8, 10, 11, 13, 15)$

(3) $F=\overline{A}\,\overline{B}C+A\,\overline{C}(B+\overline{D})+ABC$

(4) $F=AB+A\,\overline{C}D+\overline{A}\,\overline{B}+BC\,\overline{D}$

20. 用卡诺图法化简下列函数为最简“与或”式。

(1) $F(A, B, C, D)=\sum m(0, 1, 5, 7, 8, 11, 14)+\sum d(3, 9, 15)$

(2) $F(A, B, C, D)=\sum m(3, 5, 8, 9, 10, 12)+\sum d(0, 1, 2, 13)$

(3) $F(A, B, C, D)=\prod M(0, 1, 2, 5, 10)\cdot\prod d(3, 7, 8)$

(4) $F(A, B, C, D)=\prod M(0, 3, 5, 9, 11, 13)\cdot\prod d(7, 8, 15)$

(5) $F(A, B, C, D, E)=\sum m(1, 4, 7, 14, 17, 20, 21, 22, 23)+\sum d(0, 3, 6, 19, 30)$

21. 用卡诺图法化简如下函数：

$F_1(A, B, C, D)=F_1(A, B, C, D)\oplus F_2(A, B, C, D)$，其中：

$F_1(A, B, C, D)=\overline{A}D+BC+\overline{B}\,\overline{C}\,\overline{D}+\sum d(1, 2, 11, 13, 14, 15)$

$F_2(A, B, C, D)=\prod M(0, 2, 4, 8, 9, 10, 14)\cdot\prod d(1, 7, 13, 15)$

异或运算中如果出现任意项，则运算的公式是：$1\oplus d=0\oplus d=d$。

提示：两函数的"与""或""异或"逻辑运算，在用卡诺图表示函数时，就是在卡诺图中各对应小方格内各函数值进行"与""或""异或"逻辑运算。

22. 用卡诺图法化简下列多输出函数为最简"与或"式。

(1) $F_1(A, B, C)=\sum m(0, 1, 3, 5)$

$F_2(A, B, C)=\sum m(2, 3, 5, 6)$

$F_3(A, B, C)=\sum m(0, 1, 6)$

(2) $F_1(A, B, C)=\sum m(0, 2, 3, 7)$

$F_2(A, B, C)=\sum m(1, 2, 4, 5, 6)$

$F_3(A, B, C)=\sum m(0, 1, 5)+\sum d(3, 6, 7)$

(3) $F_1(A, B, C, D)=\sum m(0, 2, 4, 7, 8, 10, 15)$

$F_2(A, B, C, D)=\sum m(0, 1, 2, 5, 7, 8, 15)$

$F_3(A, B, C, D)=\sum m(2, 3, 4, 7)$

(4) $F_1(A, B, C, D)=\sum m(2, 3, 5, 7, 8, 9, 10, 11, 13, 15)$

$F_2(A, B, C, D)=\sum m(2, 3, 5, 6, 7, 10, 11, 14, 15)$

$F_3(A, B, C, D)=\sum m(6, 7, 8, 9, 13, 14, 15)$

(5) $F_1(A, B, C, D)=\sum m(5, 6, 8, 9, 12, 13, 14)$

$F_2(A, B, C, D)=\sum m(0, 4, 5, 6, 7, 10, 11)$

$F_3(A, B, C, D)=\sum m(0, 1, 2, 4, 5, 6, 10, 11, 14, 15)$

(6) $F_1(A, B, C, D)=\sum m(5, 7, 8, 9, 10, 11, 13)$

$F_2(A, B, C, D)=\sum m(1, 7, 11, 15)$

$F_3(A, B, C, D)=\sum m(1, 6, 7, 8, 9, 10, 11)$

(7) $F_1(A, B, C, D)=\sum m(0, 5, 7, 14, 15)+\sum d(1, 6, 9)$

$F_2(A, B, C, D)=\sum m(0, 1, 5, 7)+\sum d(9, 13, 14)$

$F_3(A, B, C, D)=\sum m(13, 14, 15)+\sum d(1, 6, 9)$

(8) $F_1(A, B, C, D)=\prod M(0, 2, 3, 6, 8, 9, 10, 12)\cdot\prod d(5, 7, 14)$

$F_2(A, B, C, D)=\prod M(2, 4, 8, 11, 15)\cdot\prod d(1, 10, 12, 13)$

$F_3(A, B, C, D)=\prod M(1, 3, 6, 12)\cdot\prod d(8, 9, 10, 11, 14, 15)$

第 3 章　集成逻辑门电路

在数字集成电路的发展过程中，同时存在着两种类型器件的发展，一种是由三极管组成的双极型集成电路，例如晶体管-晶体管逻辑电路（简称 TTL 电路）及射极耦合逻辑电路（简称 ECL 电路）；另一种是由 MOS 管组成的单极型集成电路，例如 N－MOS 逻辑电路和互补 MOS（简称 CMOS）逻辑电路。

TTL 系列逻辑电路出现在 20 世纪 60 年代，它在 20 世纪 90 年代以前占据了数字集成电路的主导地位。随着计算机技术和半导体技术的发展，20 世纪 80 年代中期出现了 CMOS 电路。虽然它出现晚一些，但因为它有效地克服了 TTL 和 ECL 集成电路中存在的单元电路结构复杂、器件之间需要外加电隔离，以及功耗大、影响电路集成密度提高的严重缺点，因而在向大规模和超大规模集成电路的发展中，CMOS 集成电路已占有统治地位。本章将介绍 CMOS 集成电路。

3.1　MOS 晶体管

MOS 晶体管是金属-氧化物-半导体场效应晶体管（Metal－Oxide－Semiconductor Field Effect Transistor）的简称。MOS 管可根据导电沟道的不同、形成沟道的工作方式不同进行分类。

3.1.1　MOS 晶体管的分类

1. NMOS 管

NMOS 管的导电沟道是 N 沟道，参与导电的多数载流子是电子。NMOS 管的结构如图 3－1 所示（在逻辑电路中，一般 MOS 管的源极和衬底是连接在一起的）。图中 G 称为栅极，D 称为漏极，S 称为源极，B 称为衬底。正常工作时，应在漏极 D 和源极 S 之间加 D 对 S 的正极性电压，即 $U_{DS}>0$，栅极 G 和源极 S 之间的电压 $U_{GS}>0$，才能形成导电沟道。NMOS 管的符号如图 3－2 所示。

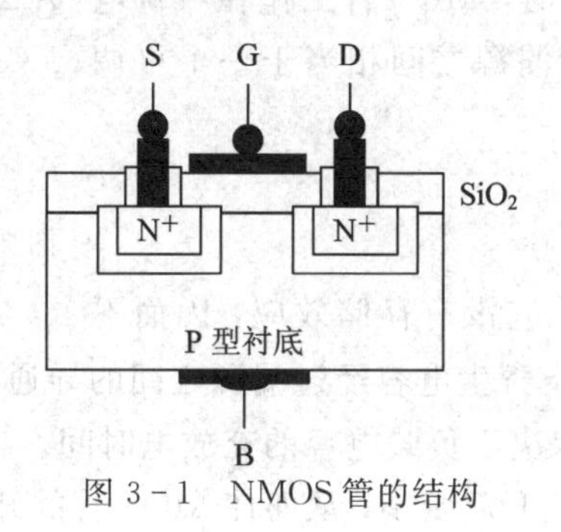

图 3－1　NMOS 管的结构

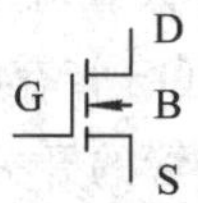

D
G
B
S

图 3－2　NMOS 管的符号

2. PMOS 管

PMOS 管的导电沟道是 P 沟道，参与导电的多数载流子是空穴。正常工作时，应在漏极 D 和源极 S 之间加 D 对 S 的负极性电压，即 $U_{DS}<0$，栅极 G 和源极 S 之间的电压 $U_{GS}<0$，才能形成导电沟道。PMOS 管的结构如图 3-3 所示。

MOS 管只有当栅极和衬底之间外加一定电压，且栅源电压 $|U_{GS}|$ 大于某一值时，才能在漏源之间形成沟道。使漏源之间形成沟道的最小外加栅源电压，称为 MOS 管的开起电压，又称阈电压，用 U_T 表示。

图 3-3 PMOS 管的符号

无论是 NMOS 管还是 PMOS 管，它们的栅极电阻都很大，$R_{GS}>10^{10}\ \Omega$。因此，它的栅极电流近似为 0，属于电压控制器件：用 U_{GS} 去控制 I_D 的大小。MOS 管由于它的结构特点，在 D 极、G 极、S 极之间，以及各极对衬底之间都形成了一些寄生电容，这些电容的存在无疑对器件的高频特性不可避免地产生影响。

3. 增强型 MOS 管和耗尽型 MOS 管

当 MOS 管栅源之间未加任何电压时，漏源之间的衬底表面无沟道形成。只有在栅源之间外加一定电压，即 $|U_{GS}|\geqslant|U_T|$ 时，才形成沟道，这种 MOS 管称为增强型 MOS 管；反之，当 MOS 管栅源之间未加电压，即 $U_{GS}=0$ 时，就已形成表面沟道的，则称为耗尽型 MOS 管。

在数字集成电路中，由于 MOS 管是作为开关运用的，因而多采用增强型 MOS 管。

3.1.2 MOS 管的三个工作区

和三极管一样，MOS 管也分为三个工作区：截止区、恒流区（类似于三极管的放大区）和可调电阻区(类似于三极管的饱和区)。

1. 截止区

当 $|U_{GS}|<|U_T|$ 时，MOS 管处于截止区，$I_D\approx 0$。处于截止区时，MOS 管可以等效为一个断开的开关，其等效电路如图 3-4 所示。图中 C_G 为栅极的等效寄生电容。

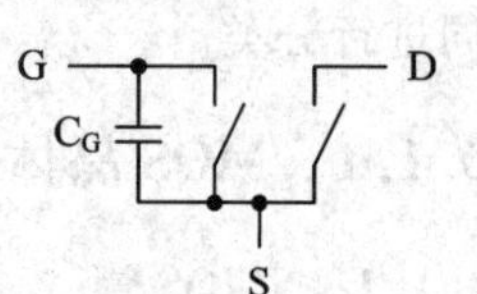

图 3-4 截止区等效电路

2. 恒流区

当 $|U_{GS}|>|U_T|$、$|U_{DS}|>|U_{GS}|-|U_T|$ 时，MOS 管工作在恒流区。此时 I_D 基本上不随 U_{DS} 变化。当 MOS 管作放大器用时，它工作在恒流区。而在数字集成电路中，MOS 管只有在过渡状态下才工作在恒流区。

3. 可调电阻区

当 $|U_{GS}|>|U_T|$、$|U_{DS}|<|U_{GS}|-|U_T|$ 时，MOS 管工作在可调电阻区。此时 I_D 随 U_{DS} 的变化而变化，MOS 管漏源之间相当于一个可调电阻 R_T。其等效电路如图 3-5 所示。

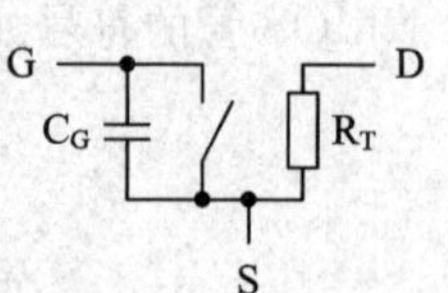

图 3-5 可调电阻区等效电路

3.1.3 MOS 管的开关时间

由于 MOS 管只有多数载流子参与导电，它没有存储效应，因而不存在存储时间。但是，MOS 管存在寄生电容，寄生电容经过漏源之间的导通电阻 R_T 的充放电需要时间。因此 MOS 管的开关时间主要取决于负载电容的充放电时间。

由于 MOS 管的载流子的迁移率随温度上升而变小，从而使 MOS 管的开关时间发生变化：高温时开关速度减慢，低温时开关速度加快。

3.2　CMOS 反相器

3.2.1　CMOS 反相器的结构和工作原理

标准的 CMOS 反相器是由 PMOS 负载管(VT_P)和 NMOS 驱动管(VT_N)串联组成的，如图 3-6(a)所示。下面结合图 3-6(b)的 NMOS 管输出特性和图 3-6(c)的 PMOS 管特性曲线，进行分析。

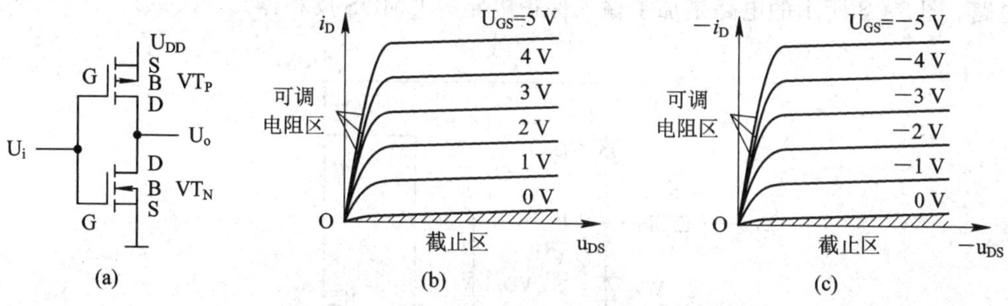

图 3-6　CMOS 反相器及 MOS 管输出曲线

(1) 当 $U_i=0$ V 时，VT_P 管的 $|U_{GS}|=|-U_{DD}|>|U_{TP}|$，$VT_N$ 管的 $U_{GS}=0\ V<U_{TN}$，故 VT_N 管截止，VT_P 管导通。等效电路如图 3-7(a)所示。

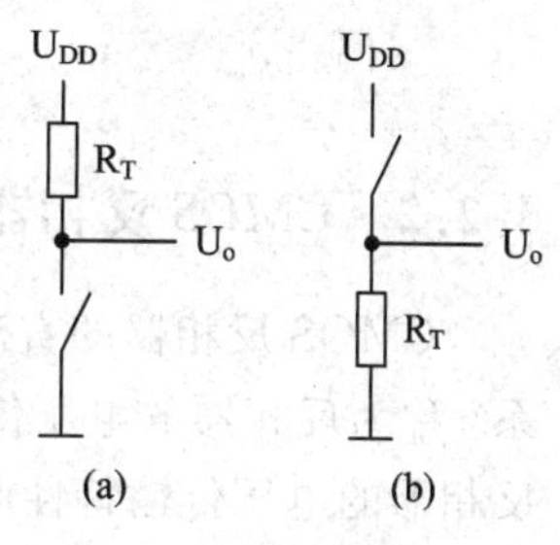

图 3-7　CMOS 反相器等效电路

(2) 当 $U_i=U_{DD}$ 时，VT_P 管的 $U_{GS}=0$ V，VT_P 管截止。VT_N 管的 $U_{GS}=U_{DD}$，$I_D\approx0$，故 VT_N 管处于可调电阻区，等效电路如图 3-7(b)所示。

(3) 当 $U_{TN}\leqslant U_i\leqslant U_{DD}-|U_{TP}|$ 时，VT_P、VT_N 管同时导通，产生从 U_{DD} 到地的直通电流，并在 $U_i=0.5U_{DD}$ 左右时电流达到最大值。

(4) 当 U_i 从 0 V 上升到 U_{DD} 时，设 $U_{DD}=5$ V：

U_i 上升前，由于 VT_N 管截止，工作点在图 3-6(b)的截止区，$U_{GS}=0$V，随着 U_i 的上升，此时 VT_N 管要从截止区经过恒流区变换到可调电阻区，而 VT_P 管要从可调电阻区经过恒流区变换到截止区。VT_N 管的 U_{GS} 从 0 V 上升到 5 V，经过恒流区后，此时 VT_P 管截止，VT_N 管由于没有导通通路，顺着图中 $U_{GS}=5$ V 的曲线，工作点向左直到原点。

同理，U_i 上升前，VT_N 管截止，由于没有导通通路，VT_P 管的 $I_D\approx0$，故 VT_P 管处于可调电阻区，工作点靠近图 3-6(c)的原点，$|U_{GS}|\approx5$ V。随着 U_i 上升，VT_P 管从原点顺着 $U_{GS}=-5$ V 的曲线上升，进入恒流区后。随着 $|U_{GS}|$ 的下降，直到 $|U_{GS}|=0$ V，即 $U_i=5$ V 时，VT_P 管才进入截止区。

上述过程在 $U_i=U_{DD}/2$ 附近时，分析同第(3)点。

(5) 当 U_i 从 U_{DD} 下降到 0 V 时，VT_N 管和 VT_P 管的工作过程与第(4)点相反，请同学们自己分析。

因此 CMOS 反相器的结构特点，使得 NMOS 管和 PMOS 管工作的两个区域 $I_D\approx0$，两管不能在两个区域间轻易转换，MOS管的开关状态是稳定的，即图3－6(a)的输出U_o不会因为输入信号U_i的微小变化，而在0和1间变换。

(6) 当图3－6(a)的CMOS反相器输出端U_o级联一个相同的CMOS反相器时，由于后级门电路的输入端是绝缘栅，无输入电流，前级CMOS反相器的VT_N管和VT_P管仍然保持$I_D \approx 0$。说明CMOS门电路级联后，开关状态还是稳定的。

(7) 由于CMOS反相器是从栅极输入，它的输入电阻很大，又有一个小的寄生电容，如果输入端没有保护电路，输入端可能会被静电感应充电至高压，造成绝缘栅击穿，使器件永久损坏。为避免造成栅极击穿，实际的CMOS集成电路的每一个输入端都设有输入保护电路。图3－8所示的电路是加了输入保护电路的CMOS反相器。

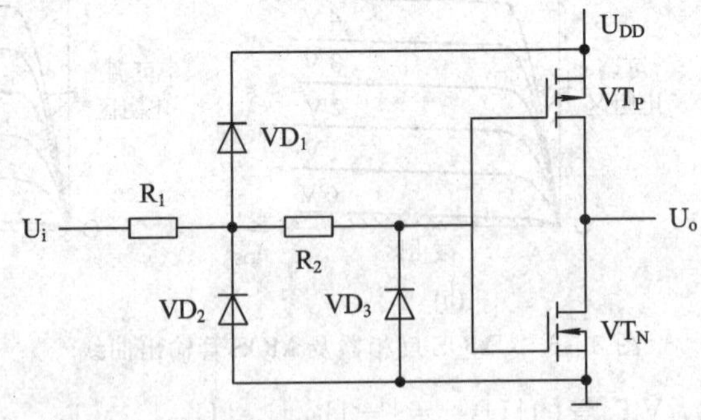

图3－8 有输入保护电路的CMOS反相器

3.2.2 CMOS反相器的电压传输特性

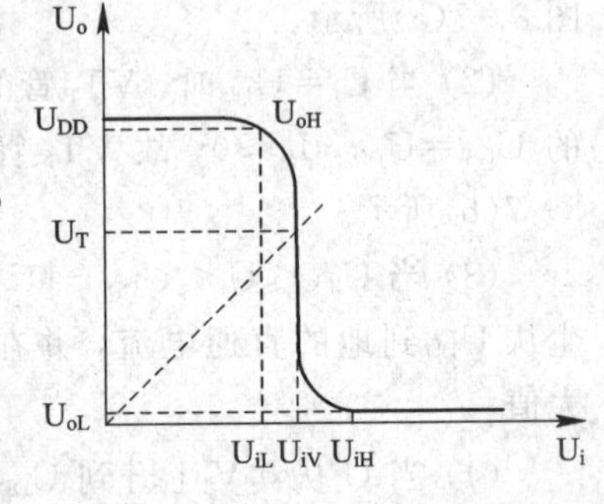

图3－9 电压传输特性曲线

CMOS反相器的直流输入电压和输出电压间的变化关系，称为反相器的电压传输特性，即$U_o = f(U_i)$。其CMOS反相器的电压传输特性曲线如图3－9所示。

在电压传输特性曲线上，当$U_i = 0 \sim U_{iL}$时，输出U_o为高电平；当$U_i = U_{iH} \sim U_{DD}$时，输出U_o为低电平；在$U_i = U_{iL} \sim U_{iH}$范围内，VT_P、VT_N管同时导通，称为传输特性过渡区。

从曲线上不但可以直接看出反相工作关系，而且可以从曲线上找出所有重要的直流参数。

1. 输入电平和输出电平

逻辑0的输入电平范围：$U_i = 0 \sim U_{iL}$；

逻辑1的输入电平范围：$U_i = U_{iH} \sim U_{DD}$。

图3－9中U_{iL}代表输入低电平时的最大输入电压值，U_{iH}代表输入高电平时的最小输入电压值。

CMOS反相器的典型输入逻辑电平变化范围是：低电平为$0 \sim 0.3U_{DD}$，高电平为$0.7U_{DD} \sim U_{DD}$。

根据上面定义的输入电压范围可得输出电平的变化范围：

逻辑0的输出电平范围：$U_o = 0 \sim U_{oL}$；

逻辑1的输出电平范围：$U_o = U_{oH} \sim U_{DD}$。

式中，$U_{oL} \approx 0.1$ V，$0.9U_{DD} \leqslant U_{oH} \leqslant U_{DD}$。可见，CMOS 反相器输出电平的振幅近似等于电源电压 U_{DD}，这说明 CMOS 集成电路电源的利用率高。

2. 反相器的门限电平

图 3-9 中 $U_{iV}(U_T)$为反相器的门限电平，即阈电压。它定义为输入电压 U_i与输出电压 U_o相等时的输入电压值，即 $U_T \approx U_{DD}/2$。

在集成电路中常以 U_T近似作为电路导通与截止的分界点。在 CMOS 反相器中，当 $U_i < U_T$时，输出为高电平；当 $U_i > U_T$时，输出为低电平。由于 CMOS 电路的输入电阻很大，当 CMOS 电路的输入端经电阻 R 接地时，只要 R 不是太大，该端就相当于接地电平。

3. 静态电压噪声容限

噪声是在逻辑电路输入端出现的任何有害的直流或交流电压，如果噪声足够大，即使信号电压不变，它也会使电路输出改变状态，产生错误动作。电压噪声容限又称抗干扰容限，就是反映电路对噪声的抑制能力。

静态电压噪声容限是电路能够经受而不改变状态的静态噪声电压最大值，用 U_N表示。

低电平噪声容限：被驱动器件的输入低电平最大值 U_{iL}和驱动器件的输出低电平的最大值 U_{oL}之间的电压差，即 $U_{NL} = U_{iL} - U_{oL} \approx 0.3U_{DD}$。

高电平噪声容限：驱动器件的输出高电平最小值 U_{oH}和被驱动器件的输入高电平的最小值 U_{iH}之间的电压差，即 $U_{NH} = U_{oH} - U_{iH} = U_{DD} - 0.7U_{DD} \approx 0.3U_{DD}$。

除了直流噪声电压以外，噪声也可能以瞬态电压脉冲出现在电路的输入端，通常把电路抵抗这种瞬态电压脉冲的能力，称为动态抗干扰能力，又称动态噪声容限。

动态噪声容限不仅和瞬态电压脉冲幅度 U_P有关，而且和瞬态电压的脉冲宽度 t_w(脉冲在 $U_P/2$ 处的持续时间)有关。t_w较小时 U_P要比较大才能使电路输出改变状态，产生错误动作。t_w较大时只要很小的脉冲幅度 U_P就会使电路产生错误动作。

4. 开关瞬态电流

当 CMOS 反相器输入电压信号改变状态时，无论从逻辑“0”变到逻辑“1”，还是从逻辑“1”变到逻辑“0”，都有一段短暂的过渡时间使 VT_P管和 VT_N管同时导通，在电源 U_{DD}和地之间建立起低阻通道。此时 CMOS 反相器的等效电路如图 3-10 所示。

在 $U_{TN} \leqslant U_i \leqslant U_{DD} - U_{TP}$传输特性曲线过渡区的范围内，流过的电源电流 I_{DD}和输入电压 U_i之间的关系曲线，称为电源电流特性曲线，如图 3-11 所示，它形成一个电流尖峰。可以看到，瞬态电源电流 I_{DD}在 $U_i \approx U_{DD}/2$ 处达到最大值，其值约为 10 mA 以下。此尖峰电流不仅增加了 CMOS 电路的功耗，而且也成为了 CMOS 电路的内部干扰源。

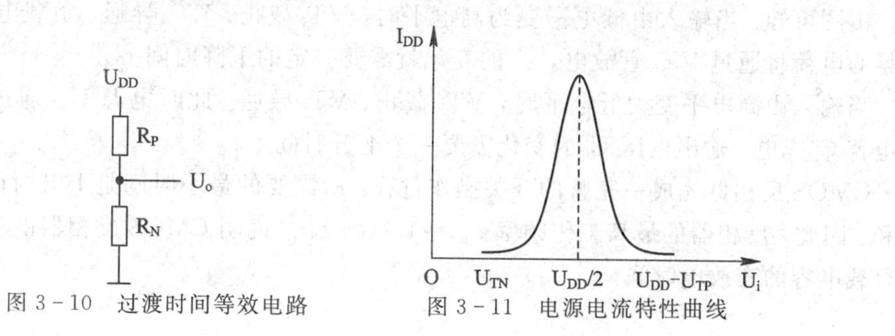

图 3-10　过渡时间等效电路　　图 3-11　电源电流特性曲线

因此，CMOS 门电路在输入信号发生 0 变 1、1 变 0 的变化时，产生较大的尖峰电流，即输入的方波信号频率越大，CMOS电路的功耗越大，产生的干扰信号越频繁，影响CMOS门电路工作的稳定性。

3.2.3 CMOS反相器功耗

CMOS集成电路的最大优点之一就是低功耗，但这只是一个粗略的说法，严格地说应该是很低的静态功耗。实际上由于电容的充放电和开关瞬态电流的存在，它还存在动态功耗，且动态功耗随着工作频率的提高而成正比增加。

1. 静态功耗

当CMOS反相器输入端加固定的高电平U_{DD}或加低电平0V时，由于PMOS管VT_P或NMOS管VT_N两者之中总有一个是完全截止的，从理论上讲在电源U_{DD}到地之间没有直流通路，因而电源电流$I_{DD}=0$。实际上由于CMOS集成电路中都有数目不同的PN结，在这些反相偏置的PN结上有很小的泄漏电流，这就形成了在电源和地之间流动的微小电源电流I_{DD}，此电源电流和电源电压的乘积就是静态功耗P_S，即$P_S=I_{DD}\cdot U_{DD}$。

I_{DD}的典型值只有几纳安(nA)，最大值也不超过几十纳安(nA)，静态功耗也只有几微瓦(μW)。

2. 动态功耗

CMOS集成电路的内、外寄生电容的充放电电流及开关瞬态电流所形成的功耗，称为CMOS电路的动态功耗。输入信号的频率(f_i)越高，电路在两个逻辑电平0和1之间变化的次数越多，动态功耗也就随之增大。

CMOS集成电路动态功耗的表达式为

$$P_D=C_{PD}\cdot U_{DD}^2\cdot f_i$$

功耗电容$C_{PD}\approx 20$ pF，总功耗$P=P_S+P_D$。

3.2.4 CMOS反相器的开关时间

1. CMOS反相器的上升时间t_r和下降时间t_f

CMOS反相器由于内、外都存在寄生电容，因而当输入由低电平变为高电平时，或由高电平变为低电平时，在输出作相应变化时必然存在着过渡过程。把各种电容的影响用一个负载电容来近似等效，如图3-12所示。

当CMOS反相器的输入端加一理想方波信号时，输出跟随输入信号的变化如图3-13所示。

由图可知：当输入由低电平变为高电平时，VT_P截止、VT_N导通。负载电容C_L上原来积累的电荷将通过VT_N管放电，U_o的变化就需要一定的下降时间t_f。

当输入由高电平变为低电平时，VT_N截止、VT_P导通。此时电源U_{DD}通过VT_P管向负载电容C_L充电，输出电压U_o的变化需要一个上升时间t_r。

CMOS反相器完成一完整的开关操作过程，所需要的最小时间是上升时间和下降时间之和。因此，反相器的最高工作频率$f_{max}=1/(t_f+t_r)$。说明CMOS反相器的工作速度取决于负载电容的充放电时间。

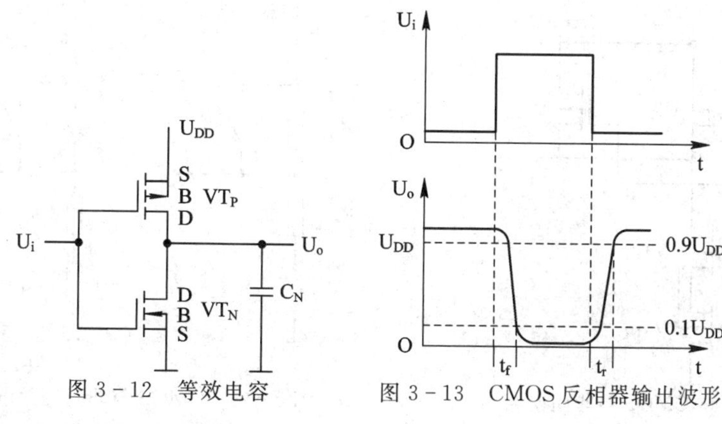

图 3-12 等效电容　　图 3-13 CMOS 反相器输出波形

2. CMOS 反相器的传输延时时间

CMOS 反相器的传输延迟时间用 t_{pd} 表示，它是指当输入信号产生变化时，CMOS 反相器输出响应到输入状态变化所需的平均延迟时间。当输入信号由低电平变为高电平时，从输入信号由 0 V 上升为幅度值的 50% 到输出由高电平 U_{DD} 下降为 $U_{DD}/2$ 时，所需的传输延时为 t_{pf}；当输入信号由高电平变为低电平时，从输入信号下降为幅度值的 50% 到输出由 0 V上升为 $U_{DD}/2$ 时，所需的传输延时为 t_{pr}，则平均传输延迟时间 $t_{pd}=(t_{pf}+t_{pr})/2$。

CMOS 门电路都具有一定的传输延时时间，如图 1-9 的 t1 处，当输入信号 A 从 0011B 变化到 0100B 时，B 保持 0010B 不变，输出 Z、ZOUT 延时一个虚格后才发生相应的变化。

3.3 CMOS 其他逻辑门电路

CMOS 其他逻辑门电路是在 CMOS 反相器的基础上适当组合而成。它是用 NMOS 管组成的逻辑块和 PMOS 管组成的逻辑块，分别代替反相器中的 NMOS 管和 PMOS 管的互补特性，使 NMOS 逻辑块和 PMOS 逻辑块轮流导通，实现逻辑操作。这种在 CMOS 反相器的基础上通过管子的串并联构成的 CMOS 逻辑门电路有以下特点：

(1) 执行带非的逻辑功能。若输入信号是 A、B、C、…，则输出 $\overline{F}$=f(A、B、C…)。

(2) 每个输入信号同时接一个 NMOS 管和一个 PMOS 管，即 NMOS 管和 PMOS 管永远成对出现。

(3) 输出函数决定于管子的连接关系。PMOS 逻辑块按“串或并与”的规律组成，NMOS 逻辑块按“串与并或”的规律组成。即 NMOS 管串联实现“与”逻辑，NMOS 管并联实现“或”逻辑。PMOS 管则刚好相反。

3.3.1 CMOS 与非门

一个具有 2 输入端的 CMOS 与非门电路如图 3-14 所示。图中两个负载管 VT_{P1} 和 VT_{P2} 是并联的，两个驱动管 VT_{N1} 和 VT_{N2} 是串联的。

当输入 A、B 中至少有一个为“0”时，驱动管 VT_{N1} 和 VT_{N2} 中至少有一个管子的 $U_{Gs}<U_T$，该管处于截止态，而负载管 VT_{P1} 和 VT_{P2} 中至少有一个管子的 $|U_{Gs}|>|U_T|$，且 $I_{DD}=0$，该管处于可调电阻区，CMOS 与非门的等效电路如图 3-15(a)所示 。此时输出 F=1。

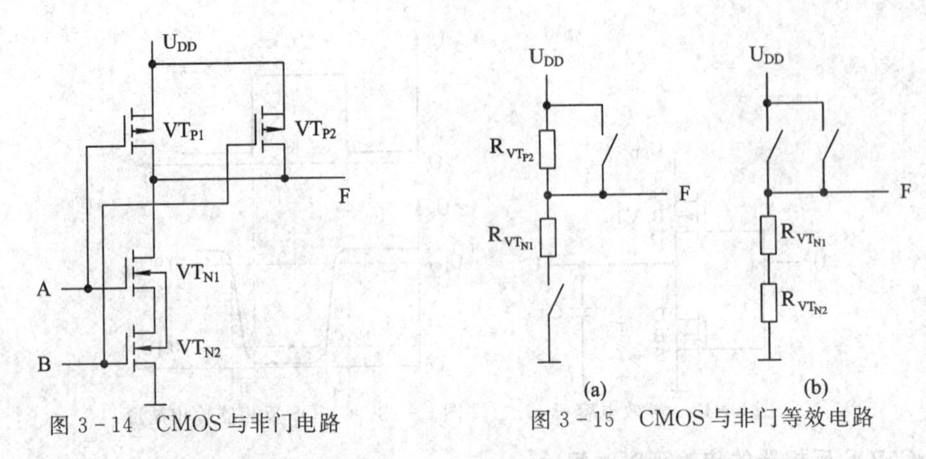

图 3-14 CMOS与非门电路　　图 3-15 CMOS与非门等效电路

当输入A、B全为“1”时，驱动管VT_{N1}和VT_{N2}均处于导通态，而负载管VT_{P1}和VT_{P2}均处于截止态，其等效电路如图3-16(b)所示。此时输出F=0。

可见，此电路完成$F=\overline{A\cdot B}$的逻辑功能。

在图3-14的基础上增加一只串联的驱动管VT_{N3}和并联的负载管VT_{P3}，就构成3输入与非门$F=\overline{A\cdot B\cdot C}$，第3只输入引脚C与$VT_{N3}$、$VT_{P3}$的栅极相连。

值得注意的是：驱动管VT_{N1}和VT_{N2}是串联接地，当输入A、B从全为“0”变为全为“1”时，两个管不可能同时从截止区变为可调电阻区，从而使CMOS与非门的两个输入端都接高电平时，传输特性的转折点向右移动，影响噪声容限，且输出低电平随与非门输入端数的增加而增大。

3.3.2 CMOS或非门

CMOS或非门由n个PMOS负载管串联、n个NMOS驱动管并联组成。一个具有2输入端的或非门电路如图3-16所示。

当输入A、B全为“0”时，驱动管VT_{N1}和VT_{N2}均处于截止态，而负载管VT_{P1}和VT_{P2}均处于可调电阻区，其等效电路如图3-17(a)所示。此时输出F=1。

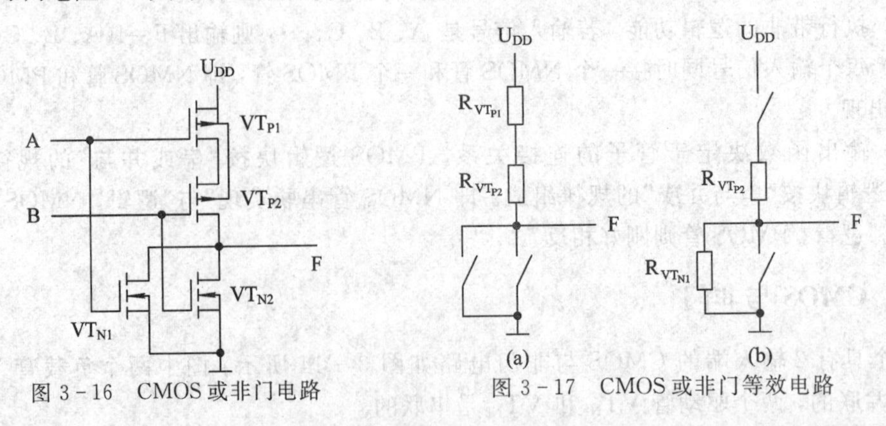

图 3-16 CMOS或非门电路　　图 3-17 CMOS或非门等效电路

当输入A、B至少有一个是“1”时，驱动管VT_{N1}和VT_{N2}至少有一个是处于可调电阻区，而负载管VT_{P1}和VT_{P2}至少有一个是处于截止状态，其等效电路如图3-17(b)所示。此时输出F=0。

可见，此电路完成 $F=\overline{A+B}$的逻辑功能。

在 CMOS 逻辑电路中，与非(NAND)门和或非(NOR)门都是非常容易实现的电路结构。由于并联连接电路具有多条导通电路存在，即在与非门电路中充电电路有多条，故负载电容的充电时间较快。而在或非门电路中，放电电路有多条通路，故负载电容的放电时较快。因此，无论是与非门还是或非门，串联连接的 MOS 管是限制开关时间的主要因素。但是，由于 NMOS 管的电子迁移比 PMOS 管的空穴迁移快，因此，通过 CMOS 与非门驱动管 VT_{N1} 和 VT_{N2} 的放电速度，要比通过 CMOS 或非门负载管 VT_{P1} 和 VT_{P2} 的充电速度快。即与非门的瞬态响应比或非门更好一些。

因此，进行门电路设计时，选择与非-与非式逻辑设计的电路，性能比或非-或非式逻辑设计的电路更好些，如图 2-24 中的 10 个门电路，其中 9 个是与非门。

3.3.3　门的输入端数的扩展

门的输入端数又称门的扇入系数，用 N_i 表示。要扩展门的输入端数，可以用两级门电路进行级连来得到。例如要将 4 输入与非门扩展为 8 输入与非门，可采用图 3-18 所示的电路来实现。

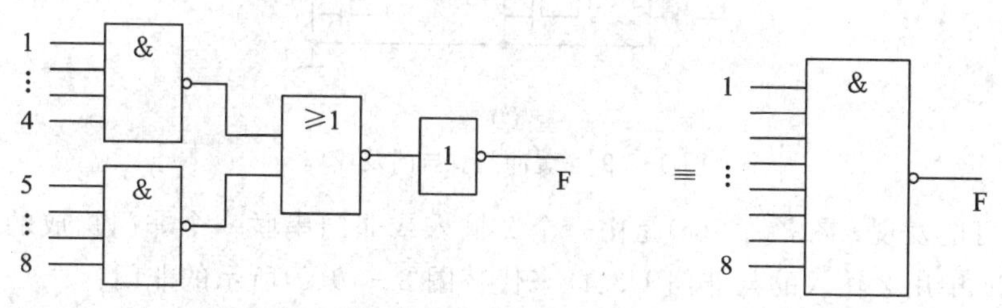

图 3-18　将 4 输入与非门扩展为 8 输入与非门

CMOS 门电路的输入端太多，会造成噪声容限及输出高、低电平的变化，使得门电路性能变差。如 2.4.2 小节设计 F3 时，把最简与或式转变成与非-与非式后，第二级的与非门需要 5 个输入端：

$$F3=\overline{E}D+DC+\overline{E}CA+DBA+\overline{E}CB=\overline{\overline{\overline{E}D}\cdot\overline{DC}\cdot\overline{\overline{E}CA}\cdot\overline{DBA}\cdot\overline{\overline{E}CB}}$$

通过反演后，转变成一个 3 输入与非门及一个 2 输入与非门，相或后输出：

$$F3=\overline{\overline{\overline{\overline{E}D}\cdot\overline{DC}\cdot\overline{\overline{E}CA}\cdot\overline{DBA}\cdot\overline{\overline{E}CB}}}=\overline{\overline{\overline{E}D}\cdot\overline{DC}\cdot\overline{\overline{E}CA}}+\overline{\overline{DBA}\cdot\overline{\overline{E}CB}}$$

另外，门电路的输出端，能正常连接同类门电路输入端数，称为扇出系数，体现了带载能力。由于 CMOS 门电路的输入端绝缘，因此，扇出系数较大。

3.3.4　缓冲门、与门及或门

缓冲门、与门及或门都是在非门、与非门及或非门之后再加一级非门得到的，如图 3-19所示。

可见，CMOS 门电路的结构特点使得非门、与非门、或非门成为最基本的门电路，与门及或门反而比与非门及或非门的结构复杂一些。因此，图 2-24 用 U4:A 和 U3:D 构成一个或门，电路内部关系如图 3-19(c)所示。

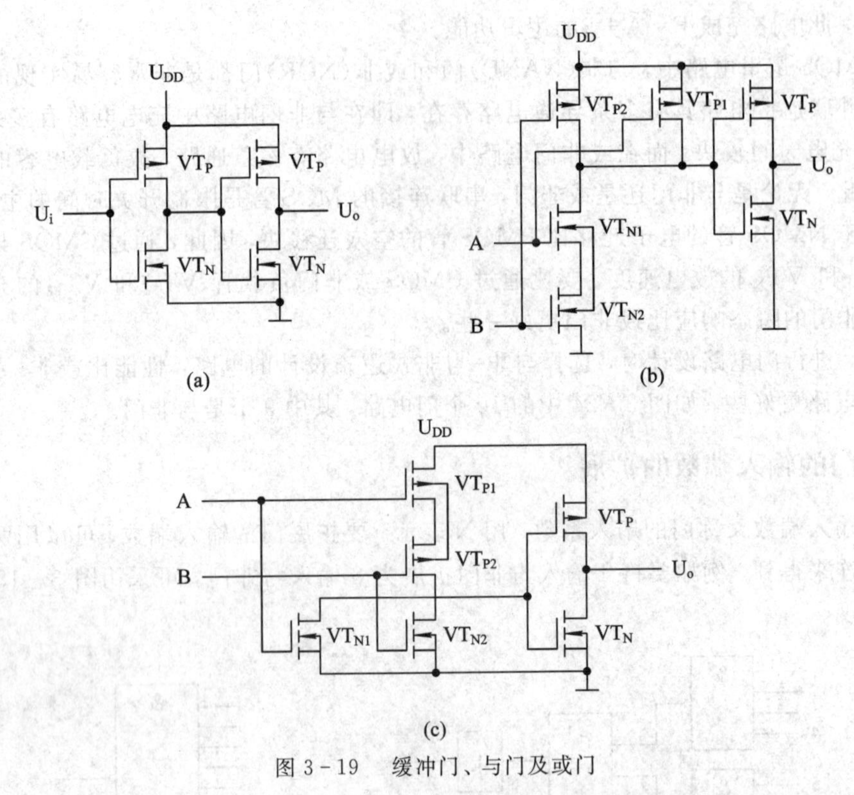

图 3-19　缓冲门、与门及或门

同学们可能发现，图 3-19(c)是由一个 2 输入或非门串联一个非门构成的或门，为什么在图 2-24 中用 2 输入的与非门 U3:D 来代替图 3-19(c)所示的非门?

那是因为集成门电路芯片的结构特点，每一片芯片内部有若干只相同的门电路，比如图 2-24 中的 U3 芯片 74LS00，内部有 4 只相同的 2 输入与非门，在设计到 U4:A 后，差一个非门，如果专门为此另取一片非门芯片，则不如把 U3 芯片 74LS00 剩下的一只 2 输入与非门当作非门使用。因此图 2-24 最终用了 U1～U4 共 4 片集成门电路芯片。

3.3.5　CMOS 与或非门和异或门

在构成 CMOS 复杂逻辑门时，可以把 NMOS 管“串与并或”和 PMOS 管“串或并与”的规律，推广到小逻辑块的串并联关系，这样一层层串并联叠加，可以实现任何复杂的“与或非”功能。其构成规则是：

CMOS 电路中，若 PMOS 逻辑块中各 PMOS 管串联，则对应的 NMOS 逻辑块中各 NMOS 管就是并联的；若 PMOS 逻辑块中各 PMOS 管并联，则对应的 NMOS 逻辑块中各 NMOS 管就是串联的。故 PMOS 阵列导通，则 NMOS 阵列就断开；反之亦然。

因此，CMOS 与或非门电路结构($F=\overline{AB+CD}$)如图 3-20(a)所示；一个二输入的“异或”逻辑为 $F=\overline{A}B+A\,\overline{B}$，因此，CMOS 异或门电路结构($F=\overline{\overline{A}\,\overline{B}+AB}=\overline{A}B+A\,\overline{B}$)如图 3-20(b)所示。

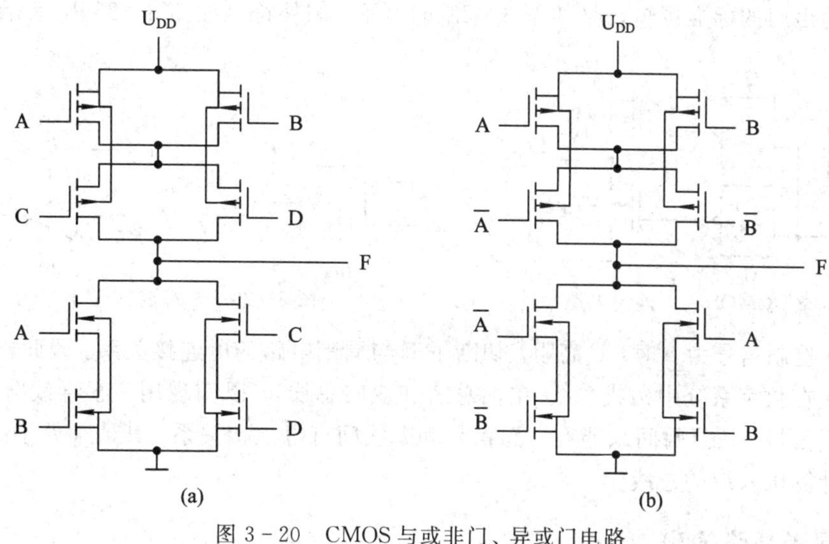

图 3-20　CMOS 与或非门、异或门电路

3.4　CMOS 集成电路的输出结构

在 CMOS 集成电路中有三种输出结构：推挽输出、三态输出和漏极开路输出。

3.4.1　推挽输出

典型的推挽输出级如图 3-21 所示，它就是普通的 CMOS 反相器。为了提高输出电路的驱动能力，输出级的 MOS 管都有较大的几何尺寸。这时 MOS 管漏级和衬底形成的寄生二极管 VD_1、VD_2就会发生作用，它们起静电放电保护作用。其最大直流电流极限值，标准输出为 25 mA，总线驱动器为 35 mA。

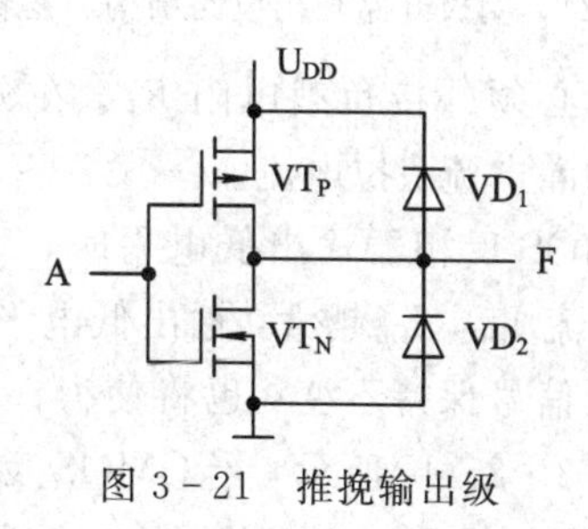

图 3-21　推挽输出级

3.4.2　三态输出

在实际应用中，连接到公共线或总线上的信号，在任何时候都只允许一个信号送到总线的输出端，这就要用到三态输出电路。CMOS 三态输出电路的结构如图 3-22 所示。

在此电路中，EN 为控制信号输入端，A 为输入信号。当 EN 控制信号为 0 时，G_1 门输出 1，G_2 门输出 0，使得 VT_P和 VT_N都截止，输出信号 F 高阻，即 F 既不与 U_{DD}也不与地连接；当 EN 控制信号为 1 时，G_1 门输出$\overline{A}$，G_2 门也输出$\overline{A}$，设此时$\overline{A}=1$，使得 VT_P截止、VT_N导通，输出信号 F=0，即 F=A。

三态输出门的标准逻辑符号如图 3－23(a)所示，国外符号如图 3－23(b)所示。

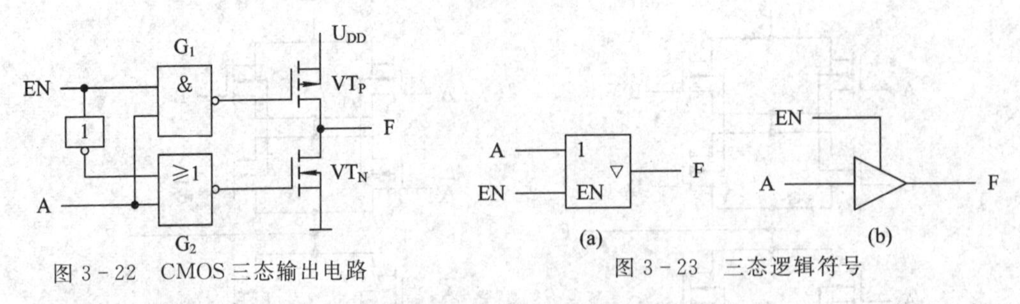

图 3－22 CMOS 三态输出电路　　图 3－23 三态逻辑符号

当 EN 控制信号为 0 时，F 高阻，切断了 F 与周围电路的电连接关系。因此，三态门的基本用途是在数字系统中构成总线(单向总线和双向总线)，以实现用一根导线分时传送多路不同数据信号，任意瞬间只能有一路信号和总线间有电连接关系，其他都处于高阻状态，通常用于计算机系统的总线中。

3.4.3 漏极开路输出

为了增强电路的逻辑功能，在 CMOS 电路中特别设置了漏极开路输出(简称 OD 门)。在漏极开路输出级中都没有 PMOS 负载管，其电路结构如图 3－24(a)所示，与非 OD 门的逻辑符号如图 3－24(b)所示。

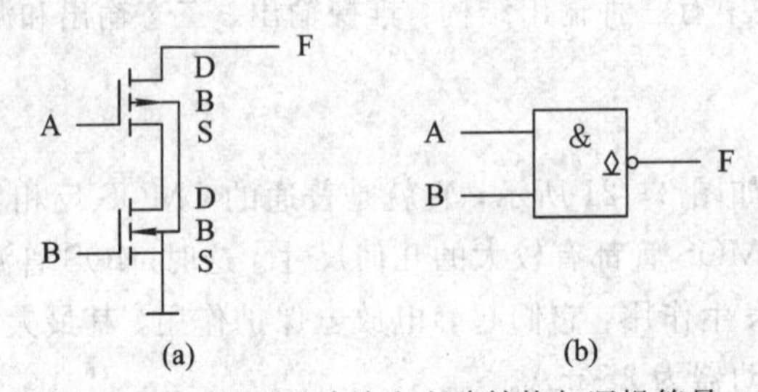

图 3－24 漏极开路输出电路结构与逻辑符号

漏极开路输出电路工作时，必须外接负载电阻 R_L。在分析负载电阻 R_L 的取值范围之前，先学习一下什么是门电路的灌电流、拉电流。

如图 3－25(a)所示，当 CMOS 反相器输出低电平时，VT_N 导通、VT_P 截止，电源 U_{DD} 通过负载电阻 R_L 向 VT_N 灌入电流 I_{OL}，I_{OL} 越大，输出低电平越高，门电路性能变差，当 I_{OL} 达到极限值时，即使门电路输入信号保持不变，也将使得 VT_N 状态发生变化，门电路输出发生不应该的翻转；同理，如图 3－25(b)所示，当 CMOS 反相器输出高电平时，VT_P 导通、VT_N 截止，电源 U_{DD}、VT_P、负载电阻 R_L，三者形成电流通路，VT_P 此时承受拉电流 I_{OH}，I_{OH} 越大，输出高电平越低，门电路性能变差，当 I_{OH} 达到极限值时，使得 VT_P 状态发生变化，门电路输出发生翻转。

如图 3－26 所示，漏极开路输出电路工作时，外接负载电阻 R_L 的大小应根据漏极开路门所并联门的个数 、灌电流负载和负载电容来决定。假设有 n 个 OD 与非门并联输出，后级有若干个门并联输入，因为 CMOS 门电路的输入电流极小，这些门的输入电流忽略不计。

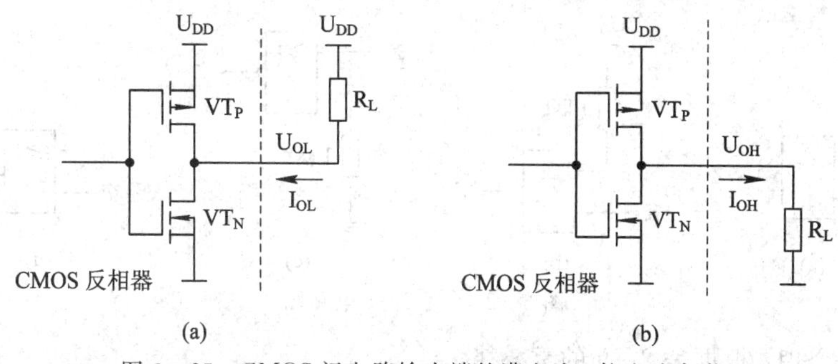

图 3-25 CMOS 门电路输出端的灌电流、拉电流负载

设定一个特殊情况，只有一个漏极开路门输出低电平，其余都是高电平时，这个输出低电平的门接受了所有的灌电流。

R_L 的最小值 R_{Lmin} 取决于输出低电平所允许的最大值 U_{oLmax} 和所允许的最大灌电流负载 I_{OLM}，即 $U_{oLmax}=U_{DD}-(I_{OLM}+KI_{OH})R_L$。其中 I_{OLM} 是图 3-26 中某个输出低电平的漏极开路门的最大灌电流，I_{OH} 是其余输出为高电平的漏极开路门的漏电流，即 U_{DD} 经过 R_L 流向截止的 VT_N 管的电流，与图 3-25(b)中的 I_{OH} 含义不同。

因此 $R_{Lmin}=(U_{DD}-U_{oLmax})/(I_{OLM}+KI_{OH})$，若图 3-26 中的 R_L 小于此值，将会在只有一个 OD 门输出低电平时，造成门电路输出端错误翻转，为了限流，要求 $R_L>R_{Lmin}$。

图 3-26 中，OD 门电路允许 U_{DD} 取值超过门电路芯片的电源电压，因此从 R_L 下方的输出节点，可以得到比芯片的电源电压高的输出电压，直接驱动小继电器、小电机等负载。

特别强调：图 3-26 把 n 个 OD 与非门并联输出，实现了“线与”功能，即这 n 个门的输出通过导线连接后，相当于通过一个 n 输入的与门输出。普通 CMOS 门电路不允许“线与”，设想一下，把 2 个非门的输出端直接相连，若其中一个输出 1、另一个输出 0，则形成了从 U_{DD}→输出 1 的门电路的 VT_P→输出 0 的门电路的 VT_N→地的直流通路，烧毁门电路。

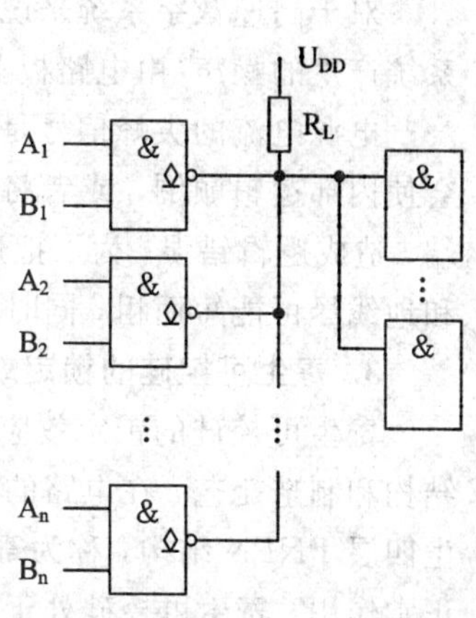

图 3-26 漏极开路门的连接

3.5 CMOS 电路使用中应该注意的问题

1. 不使用输入端的连接

由于 CMOS 电路的输入阻抗非常高，不用的输入端不能悬空。若输入端处于开路状态，则它的输入电平是随机的，有可能处于转换电平附近，这种情况会产生逻辑错误和产生不必要的直通电流。另外，开路的输入易受静电感应而损坏器件。因此，应把 CMOS 电路不使用的输入端根据逻辑功能要求都直接接到电源 U_{DD} 或地。

【例 3-1】 将 2 输入的 CMOS 逻辑门转换成 CMOS 反相器，其中的一个引脚多余，如图 3-27 所示，请分析以下 4 种处理方法的合理性。

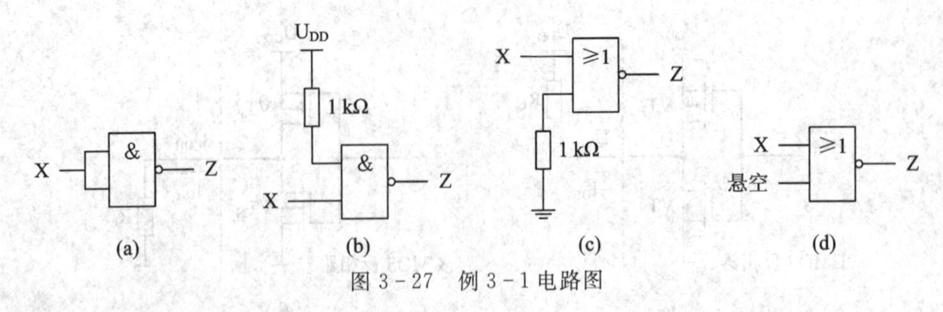

图 3-27 例 3-1 电路图

解 (a) 合理：根据表 2-9 的重叠律。

(b) 合理：根据表 2-9 的自等律。输入引脚接一个 1 kΩ 电阻接电源，相当于直接接电源，因为 CMOS 门电路输入阻抗极大。

(c) 合理：根据表 2-9 的 0-1 律。输入引脚接一个 1 kΩ 电阻接地，相当于直接接地。

(d) 不合理：CMOS 电路的输入阻抗非常高，不用的输入端不能悬空。可以如(c)图通过 1 kΩ 电阻接地，或如(a)图把 2 个输入端连接在一起使用。

2. 电源的分配和去耦

对于高速数字系统来说，一个关键问题就是要考虑系统的噪声。噪声按其来源可分为系统产生的噪声(由电路板上产生的)和集成器件产生的噪声。

电源电流的尖峰信号是产生系统噪声的主要来源。如果这一瞬变信号过大，由于压降会使内部逻辑颠倒，或者将瞬态尖峰电流通过公共电源线和地线馈入另一个器件的输入端，造成逻辑错误。为了把这种噪声减至最小，就需要设计良好的电源分配网络，使电源线和地线尽可能短而粗，同时在电源两端加去耦电容，以减小电源尖峰电流的影响。

3. 寄生可控硅的锁定效应

寄生可控硅的锁定效应是 CMOS 集成电路的一种失效模式。由于 CMOS 集成电路的结构和制造工艺，在电路的输入端、内部电路和输出端，形成了连接在电源和地之间的寄生四层 PNPN 结构，称为寄生可控硅结构。在 CMOS 集成电路处于常规条件下，电路发挥正常作用，寄生可控硅处于截止状态。

但是，由于人体感应形成静电放电的电火花，或者输入信号电平高于 U_{DD} 等原因，都将触发寄生可控硅导通，产生锁定效应。锁定效应发生后，在电源 U_{DD} 和地之间的寄生四层 PNPN 结构从高阻态变为低阻通道，产生的电流可以高达几百毫安，这么大的电流将使集成电路的温度迅速升高，如果及时关闭电源，器件功能尚可恢复，否则将造成永久性损坏。

随着 CMOS 工艺的发展，寄生可控硅产生锁定效应得到控制，甚至消除了锁定效应。但是，在使用 CMOS 集成电路时，仍应遵守如下规则，以预防锁定效应发生：

(1) 输入信号电平应限制在 0～U_{DD} 范围内。

(2) 电路工作时，应先接通电源，再接通输入信号。电路断开时，应先断开输入信号，再断开电源。

(3) 若是多电源电压系统，电源接通的顺序应是：从低电压至高电压逐个接通，且各源所用去耦电容应相等，以保证产生的过电压最小。

(4) 增加门的输出驱动能力。

当需要驱动大电容负载时，可以将同一封装内器件的各门输入端和输出端分别并联连接，当成一个门电路使用，以增加电路输出驱动能力。但是，不能用不同封装内的器件并联连接，来增加电路输出驱动能力。因为这些器件的转换电平可能不一致，它们将在输入信号波形的不同点改变状态，容易造成器件短路和产生不希望的输出波形。

3.6 TTL 逻辑门电路简介

三极管型门电路，如 74LS04 逻辑芯片，它的电压传输特性如图 3－28 所示。

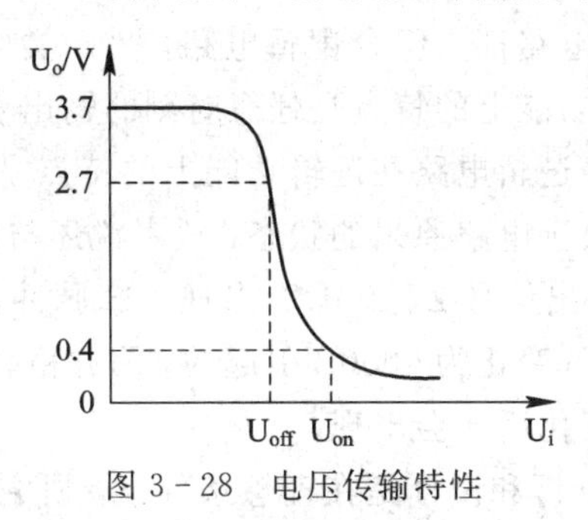

图 3－28　电压传输特性

输入电平范围：$U_{iHmin} \sim U_{iHmax} = 2 \sim 5$ V；$U_{iLmin} \sim U_{iLmax} = 0.2 \sim 0.8$ V；通常称输入低电平的最大值 U_{iLmax} 为门的关门电平，用 U_{off} 表示，$U_{off} \geqslant 0.8$ V；输入高电平的最小值 U_{iHmin} 为门的开门电平，用 U_{on} 表示，$U_{on} \leqslant 2$ V。

输出电平范围：$U_{oHmin} \sim U_{oHmax} = 2.7 \sim 3.7$ V；$U_{oLmin} \sim U_{oLmax} = 0.2 \sim 0.4$ V。

低端噪声容限：$U_{NL} = U_{iLmax} - U_{oLmax} = 0.8 - 0.4 = 0.4$ V。

高端噪声容限：$U_{NH} = U_{oHmin} - U_{iHmin} = 2.7 - 2 = 0.7$ V。

对比 COMS 门电路的电压输特性，TTL 电路的各项性能相对较差。因此 EDA 芯片，如现在常用来设计数字逻辑电路的现场可编程门阵列（Field-Programmable Gate Array，FPGA）芯片，基本结构是 CMOS 逻辑门。

另外，与 CMOS 门电路输入阻抗相比，TTL 门电路的输入阻抗小了很多，当它的输入端外接一个超过 2 kΩ 的电阻接地时，仍视该输入端输入高电平，同时由于它的内部结构特点，悬空的输入端相当于输入高电平。

特别强调：由于 CMOS、TTL 逻辑门的转折电压，输入、输出高低电平指标相差较大，不能在一个电路中混合使用这两种逻辑门电路；一定要混合使用时，应该考虑前后级之间的电平匹配问题；当前级是 CMOS 门电路，后级是 TTL 门电路时，还要考虑后级的输入电流驱动问题。

通过前 3 章的学习，我们知道了 CMOS 逻辑门电路、TTL 逻辑门电路、EDA 芯片（如 FPGA），这三者之间有什么区别呢？

（1）CMOS 逻辑门电路：基于 CMOS 管的半导体芯片，按照集成度属于小规模（SSI，门电路在 10 个以内）芯片，如 74HC00，芯片内部只有 4 只 2 输入与非门芯片。从第 4 章开始将学习中规模逻辑（MSI，门电路在 10～100 个）芯片。

（2）TTL 逻辑门电路：基于三极管的半导体芯片，也属于小规模芯片，如 74LS00 也是 4 只 2 输入与非门芯片。TTL 与 74HC00 的逻辑功能一样，但是性能指标不同。

（3）EDA 芯片（如 FPGA）：超大规模（VLSI，门电路在 1 万个以上）、特大规模（ULSI，门电路在 10 万个以上）的 CMOS 逻辑门阵列芯片，可以通过软件手段更改、配置器件内部连接结构和逻辑单元，完成既定设计功能的数字集成电路。按照集成度，规模越大，一片芯片内部的逻辑门阵列越多，能设计的数字电路越复杂，功能越强。

3.7 组合逻辑电路的竞争与冒险

数字电路根据逻辑功能的不同特点，可以分成两大类，一类叫作组合逻辑电路（简称组合电路），到目前为止学习的电路都是组合逻辑电路，另一类叫作时序逻辑电路（简称时序电路）。组合逻辑电路在逻辑功能上的特点是任意时刻的输出仅仅取决于该时刻的输入，与电路原来的状态无关。而时序逻辑电路在逻辑功能上的特点是任意时刻的输出不仅取决于当时的输入信号，而且还取决于电路原来的状态，或者说还与以前的输入有关。

图 1-8 中的 t3 时刻，输出信号 Z、ZOUT 出现了窄脉冲，称之为“竞争与冒险”结果，这是由于输入信号 A 从 1111B 变化为 0000B 引起的，因此稳态时不会发生输出信号的竞争与冒险，只有输入信号发生变化后才会出现。

如果对组合逻辑电路的分析和设计是在理想条件下，研究电路输出和输入间的稳态关系，这时既没有考虑器件的延迟时间，也没有考虑由于种种原因引起的信号失真。

实际上由于器件存在延迟时间，且各器件的延迟时间也不尽相同。各输入信号经过不同路径到达某一会合点的时间就会有先有后，这种现象称为电路产生了竞争。大多数组合逻辑电路均存在着竞争，有的竞争不会带来不良影响，有的竞争却会导致逻辑错误。由于竞争的存在，当输入信号发生变化时，在输出跟随输入信号变化的过程中，电路输出发生瞬间错误的现象称为组合逻辑电路产生了冒险。冒险现象表现为输出端出现了不按态规律变化的窄脉冲，常称为“毛刺”。此冒险信号的脉冲宽度仅为数十纳秒或更小。

为了说明冒险，可先讨论一个简单的模型，如图 3-29 所示，其中图 3-29(a)是或门输出，图 3-29(b)是与门输出。

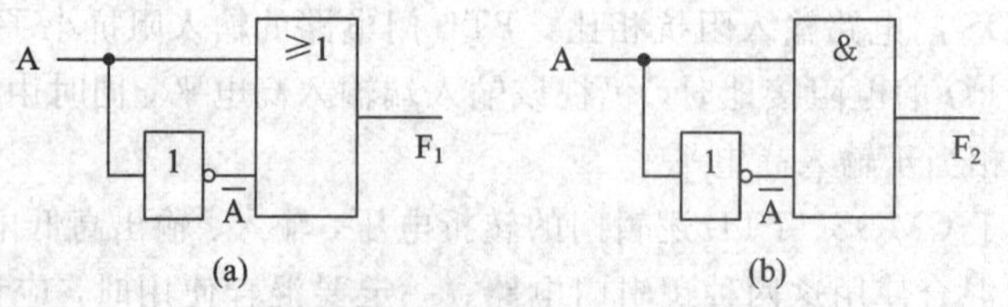

图 3-29 组合电路输出级模型

在图 3-29 所示的简单模型中，输入信号是由同一信号源提供的原变量 A 和反变量$\overline{A}$，设门的延迟时间为 t_{pd}。在不考虑门的延迟时间为 t_{pd}时，电路的输出函数为

$$F_1=A+\overline{A}=1,\ F_2=A\cdot\overline{A}=0$$

在考虑门的延迟时间 t_{pd}后，A 和$\overline{A}$ 不是同时发生变化的，因而 F_1不是恒为高电平，F_2不是恒为低电平。F_1、F_2随 A 和$\overline{A}$变化的理想波形如图 3-30 所示。

由图 3-30 可知，当输入信号 A 由 0 跃变到 1 时，由于延时的原因，$\overline{A}$在 t_{pd}时间内仍保持为 1，这时或门输出 $F_1=A+\overline{A}=1+1=1$，不会产生冒险；而与门输出 $F_2=A\cdot\overline{A}=1$，出现了与门输出不应有的 1 信号，即产生了冒险，这种冒险称为 1 型冒险。

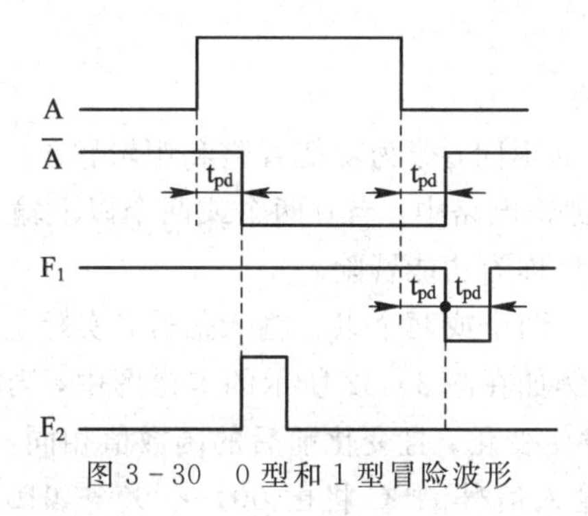

图 3-30　0 型和 1 型冒险波形

当输入信号 A 由 1 跃变到 0 时，由于延时的原因，$\overline{A}$在 t_{pd}时间内仍保持为 0，这时或门输出 $F_1=A+\overline{A}=0+0=0$，出现了或门输出不应有的 0 信号，即产生了冒险，这种冒险称为 0 型冒险；而与门输出 $F_2=A\cdot\overline{A}=0$，不会产生冒险。

应该注意，冒险信号的脉冲宽度很小，常常仅有数纳秒或数十纳秒，其频带宽度达数百兆赫量级或更宽。在示波器上限频率较低时，可能将幅度较大的毛刺显示为幅度较小，甚至不易被觉察。这是在实际工作中必须注意的问题。

3.7.1　冒险的分类

1. 静态冒险和动态冒险

冒险按产生形式的不同，分为静态冒险和动态冒险。

(1) 静态冒险：对于一个组合电路，如果输入有变化而输出不应发生变化的情况下，出现单个窄脉冲，称为电路产生了静态冒险。

(2) 动态冒险：输入信号产生变化时，输出也应有变化。但由于变化的输入信号通过三条或更多的、延迟时间不同的通路，以两种形式传送到输出级，因此在输入信号产生变化引起输出也产生变化时，可能交替产生 0 型和 1 型冒险，这种冒险称为动态冒险。

例如 $F=(A+\overline{A})A$ 的函数，当 A 产生变化时，F 就可能产生动态冒险，如图 3-31 所示。

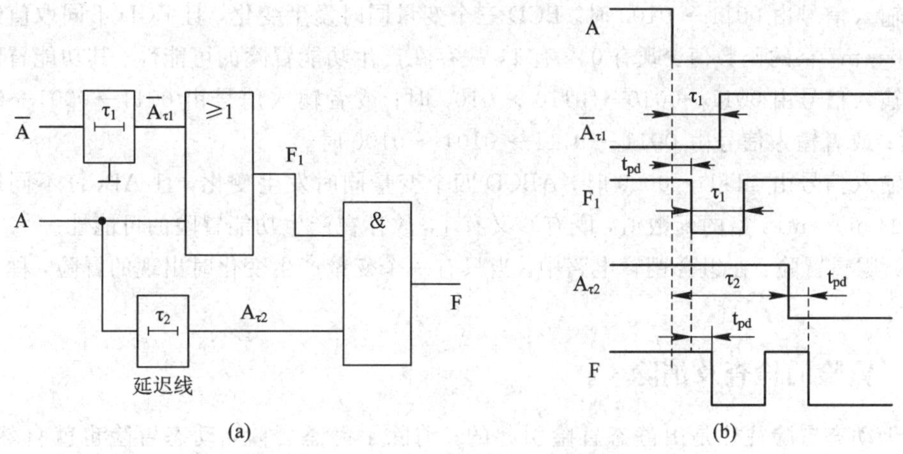

图 3-31　动态冒险模型及波形图

从波形图可知，动态冒险是由静态冒险引起的，因此，存在动态冒险的电路也存在静态冒险。

2. 功能冒险和逻辑冒险

静态冒险根据产生条件的不同，分为功能冒险和逻辑冒险。

(1) 功能冒险：在组合逻辑电路中，当有两个或两个以上输入信号同时产生变化时，在输出端产生了毛刺，这种冒险称为功能冒险。

产生功能冒险的原因是：两个或两个以上输入信号，实际上是不可能同时产生变化的，它们的变化总是有先有后。例如在图 3-32 所示的卡诺图中，当输入信号 ABC 由 001→010 时，B、C 两个变量要同时发生变化，且变化前后的函数值相同，都是 0。

若 C 先于 B 变化，则输入信号 ABC 将由 001→000→ 010，所经路径的函数值相同，不会发生错误。若 B 先于 C 变化，则输入信号 ABC 将由 001→ 011→010，所经路径的函数值不相同，输出就会发生错误。由于变量变化的先后顺序是随机的，因而可能产生功能冒险。

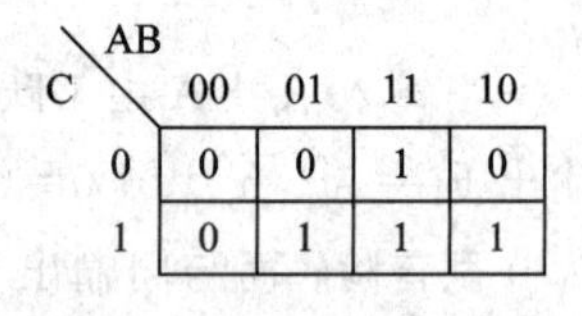

C \ AB	00	01	11	10
0	0	0	1	0
1	0	1	1	1

图 3-32　函数的卡诺图

由上面的分析可知，组合逻辑电路产生功能冒险的条件是：

① 输入信号中必须有两个或两个以上(即 $P \geqslant 2$)信号同时产生变化。

② 输入信号变化前后的输出函数值相同。

③ 在变化的 P 个变量的 2^P 个各种可能取值组合下，对应的输出函数值既有 0 又有 1。

【例 3-2】 判断图 3-33 所示卡诺图的逻辑函数，当输入变量取值按二进制数递增规律变化时，是否存在逻辑冒险。

解　分析图 3-33 所示的卡诺图可知，有两个或两个以上输入变量产生变化，且输出函数值在输入信号变化前后又相同的只有 0101→ 0110、0011→ 0100 和 1111→ 0000。

CD \ AB	00	01	11	10
00	0	1	1	1
01	1	1	0	1
11	1	0	0	0
10	0	1	1	0

图 3-33　例 3-2 卡诺图

当输入信号由 0101→ 0110 时，CD 两个变量同时发生变化，且 CD 不同取值组合对应的 m4～m7 格的函数值，既有 0 又有 1，故存在产生功能冒险的可能性。其功能冒险可能发生在输入信号由 0101→ 0111→ 0110 时。

当输入信号由 0011→ 0100 时，BCD 三个变量同时发生变化，且 BCD 不同取值组合对应的 m0～m7 格的函数值，既有 0 又有 1，故存在产生功能冒险的可能性。其功能冒险可能发生在输入信号由 0011→0010→ 0110→ 0100 时；或者输入信号由 0011→0001→0000→ 0100 时；或者输入信号由 0011→ 0111→ 0101→ 0100 时。

当输入信号由 1111→ 0000 时，ABCD 四个变量同时发生变化，且 ABCD 不同取值组合对应的 m0～m15 格的函数值，既有 0 又有 1，故存在产生功能冒险的可能性。

(2) 逻辑冒险：在组合逻辑电路中，当只有一个变量产生变化时出现的冒险，称为逻辑冒险。

3.7.2　冒险的检查及消除

由于动态冒险往往是由静态冒险引起的，消除了静态冒险，动态冒险也就自然消除，所以在此只介绍静态冒险的检查与消除。

1. 功能冒险的检查及消除

功能冒险是由电路的逻辑功能决定的，只要输入信号不是按循环码规律变化，电路就可能产生功能冒险。功能冒险不能通过修改设计加以消除，只能靠外加选通脉冲，使选通脉冲出现的时间和输入信号产生变化的时间错开。所加选通脉冲使电路已经进入稳定状态后才有输出，即利用抽样的方法输出信号。

2. 逻辑冒险的检查

检查电路是否可能产生逻辑冒险的方法有两种：代数法和卡诺图法。

(1) 代数法：如果一个组合逻辑函数式 F，在某些条件下能简化为 $F=A+\overline{A}$ 或 $F=A\cdot\overline{A}$ 的形式，在 A 产生变化时，就可能产生静态逻辑冒险。

【例 3-3】 判断函数 $F_1=AC+\overline{A}B+\overline{A}\,\overline{C}$ 是否可能产生冒险现象。

解 由函数式可知，变量 A 和 C 具有竞争能力。

当 B=C=1 时 $F_1=A+\overline{A}$，在 A 由 1 变 0 时，可能产生 0 型冒险。

当 A=1，B=X，$F_1=C$；A=0，B=0 时，$F_1=\overline{C}$。

可见，虽然 C 是具有竞争的变量，但始终不会产生冒险现象。

【例 3-4】 判断函数 $F_2=(A+C)(\overline{A}+B)(\overline{A}+\overline{C})$ 是否可能产生冒险现象。

解 在函数式中变量 A 和 C 是具有竞争的变量。

当 B=C=0 时，$F_2=A\cdot\overline{A}$，在 A 由 0 变 1 时，可能产生 1 型冒险。

当 A=0、B=X 时，$F_2=C$，在 A=1、B=1 时，$F_2=\overline{C}$，不可能产生冒险。

(2) 卡诺图法：将上述函数用卡诺图表示出来，如图 3-34 所示。

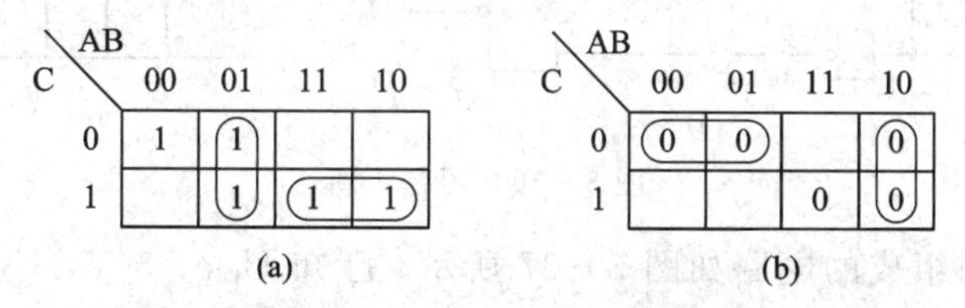

图 3-34　F_1 和 F_2 的卡诺图

由卡诺图可知，在 F_1 的卡诺图中，AC 和 $\overline{A}B$ 两个素项圈（通常把由 2^i 个彼此相邻的 1 格或 0 格可以组成的最大合并组）相切处，正是 B=C=1，A 由 1 变 0 时；在 F_2 的卡诺图中，(A+C) 和 $(\overline{A}+B)$ 两个素项圈相切处，正是 B=C=0，A 由 0 变 1 时。可见，在卡诺图中有素项圈相切，将可能产生逻辑冒险。

3. 逻辑冒险的消除

在有些系统中（如时序电路中）冒险将使系统产生误动作，所以应消除冒险现象。消除逻辑冒险的常用方法有以下几种：

(1) 修改逻辑设计，增加多余项。

在例 3-3 中，$F_1=AC+\overline{A}B+\overline{A}\,\overline{C}$，在 B=C=1 时，$F_1=A+\overline{A}$ 将产生 0 型冒险。若在 F_1 式中增加一个 BC 项，即 $F_1=AC+\overline{A}B+\overline{A}\,\overline{C}+BC$ 时，则当 B=C=1 时，F_1 恒为 1，因此消除了冒险。从卡诺图来看，就是在相切素项之间增加一个多余项，使逻辑相邻项都处于同一素项组中，就可以消除逻辑冒险，如图 3-35 所示。

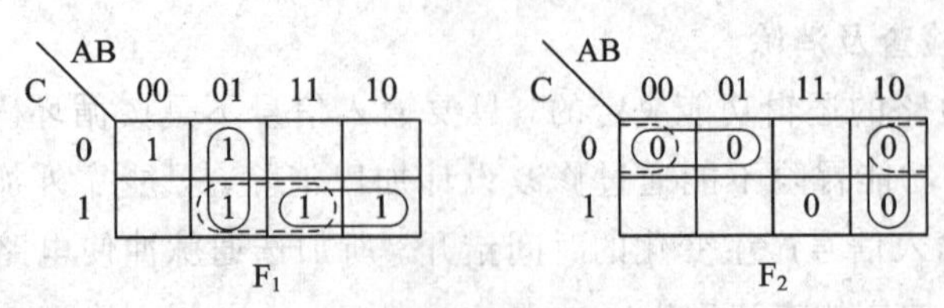

图 3-35 增加多余项消除逻辑冒险

此时 $F_1=AC+\overline{A}B+\overline{A}\ \overline{C}+BC$，$F_2=(A+C)(\overline{A}+B)(\overline{A}+\overline{C})(\overline{A}+\overline{C})$。

(2) 在电路输出端对地加小电容 C，利用电容 C 的积分效应，减小毛刺幅度及有效脉宽，从而把毛刺限制在无害状态。这种方法对所有冒险都是有效的，但其缺点是对有用信号也将使波形的边沿变坏，故只适用于低速逻辑电路。

(3) 加取样脉冲，冒险是发生在输入信号变化和输出变化的瞬间，所以可以等输出稳定之后，用"取样"的办法来消除冒险，这是行之有效的方法，将在第 4 章介绍。

习 题

1. 已知门电路及重复频率为 10 MHz 的输入信号波形如图 3-36 所示。试补画出下列两种情况下的输出信号波形。

(1) 不考虑非门的延迟时间；

(2) 设非门的延迟时间为 $t_{pd}=10$ ns。

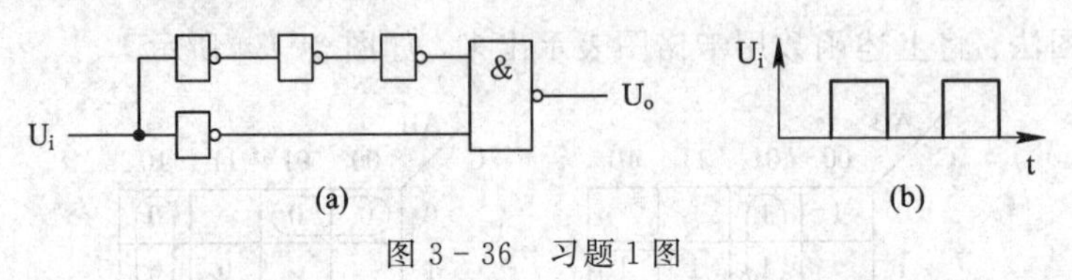

图 3-36 习题 1 图

2. 由 CMOS 门组成的电路如图 3-37 所示。已知 $U_{DD}=5$ V，$U_{oH}\geqslant 3.5$ V，$U_{oL}\leqslant 0.5$ V，门的驱动能力 $I_O=\pm 4$ mA。问某人根据给定电路写出的输出表达式是否正确？

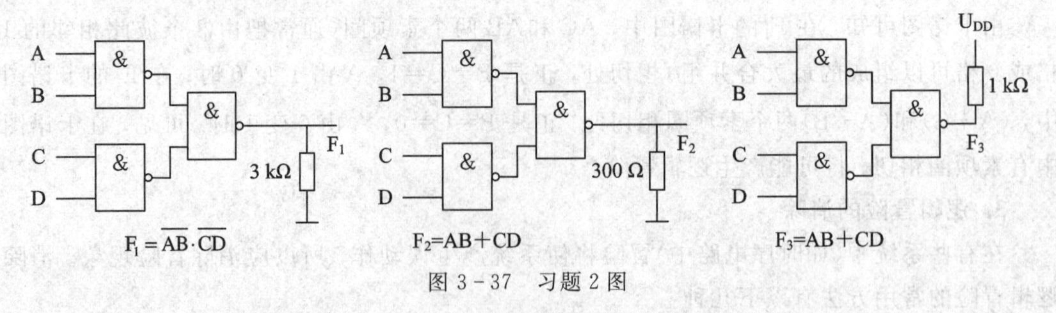

图 3-37 习题 2 图

3. CMOS 门电路如图 3-38 所示。分析此电路所完成的逻辑功能。

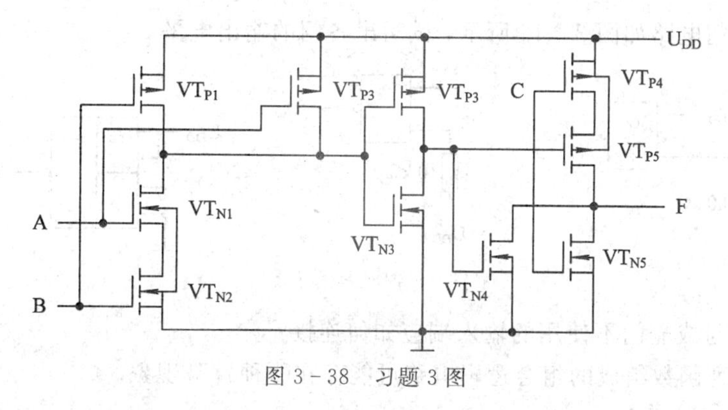

图 3-38　习题 3 图

4. CMOS 门电路如图 3-39 所示。已知输入 A、B 的波形，试补画出输出 F_1、F_2 和 F_3 的波形。

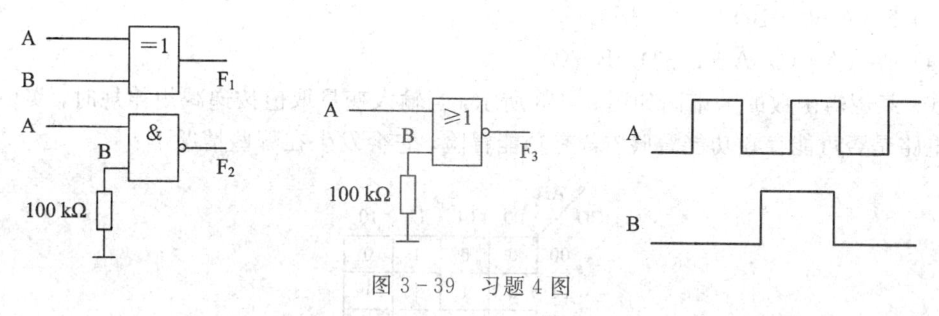

图 3-39　习题 4 图

5. 由 CMOS 门组成的电路如图 3-40 所示。已知输入 A、D 和 EN 的波形，试补画出输出 F_1、F_2 的波形。

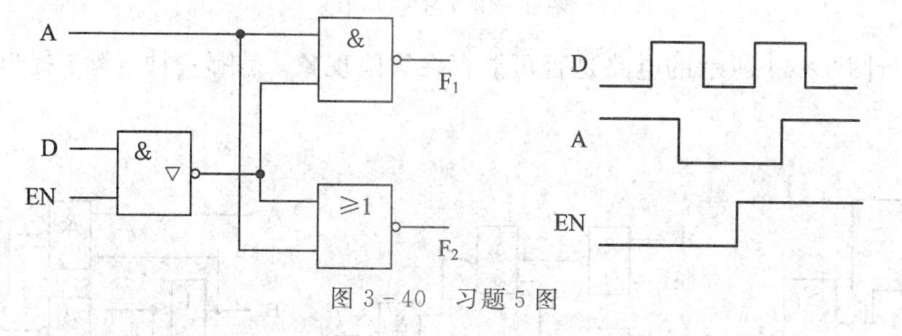

图 3-40　习题 5 图

6. 由 CMOS 门组成的电路如图 3-41 所示。试写出输出 F 的表达式，并对电路加以简化。

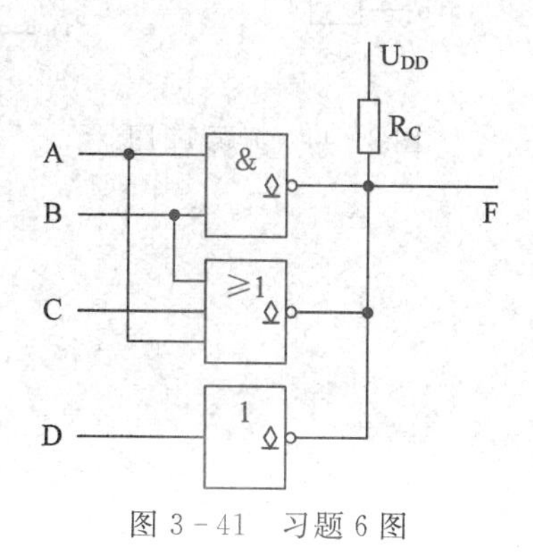

图 3-41　习题 6 图

7. CMOS 门电路如图 3-42 所示，试写出各门的输出电平。

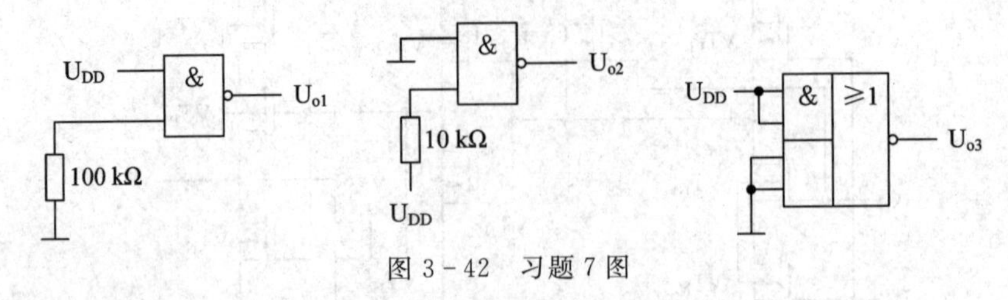

图 3-42　习题 7 图

8. CMOS 与或非门不使用的输入端应如何连接？

9. 判断下列函数组成的组合逻辑电路可能存在哪种冒险现象。

(1) $F=AB+A\overline{B}C$

(2) $F=\overline{ABC}C+A\overline{ABC}$

(3) $F=\overline{A\overline{BC}+\overline{BD}}$

(4) $F=(A+C)(\overline{A}+B+D)(\overline{B}+C)$

10. 某逻辑函数的卡诺图如图 3-43 所示，当输入变量取值按递减规律规时，实现该函数的电路是否可能存在功能冒险？若有功能冒险，它会发生在哪些情况下？

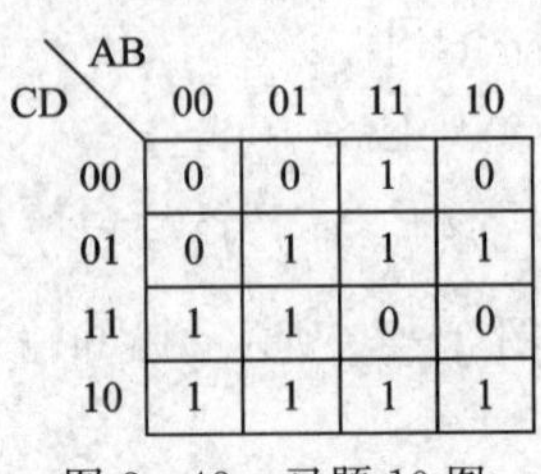

CD \ AB	00	01	11	10
00	0	0	1	0
01	0	1	1	1
11	1	1	0	0
10	1	1	1	1

图 3-43　习题 10 图

11. 分析图 3-44 所示的电路是否可能存在冒险现象，是哪一种冒险？提出消除冒险的同功能电路。

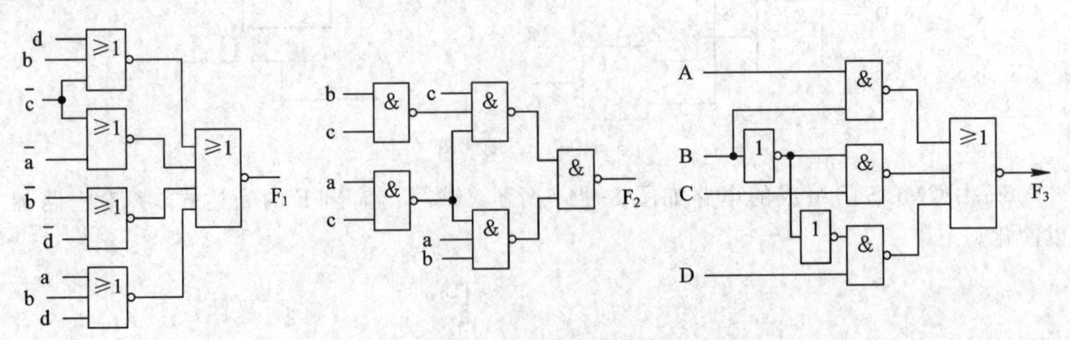

图 3-44　习题 11 图

第 4 章　中规模组合电路及 VHDL 描述设计

第 2 章我们学习了基于门电路的组合逻辑电路的设计，设计方法：根据功能要求列写输入与输出信号间的关系真值表，画出各个输出信号的卡诺图，化简卡诺图，写出各个输出与输入信号间的最简与或式，通过反演定律写出设计电路图的与非-与非式，画出电路图。

一些常用的组合逻辑电路功能，早已经以中规模组合逻辑(MSI，门电路在 10～100 个)电路芯片的形式存在，设计电路时可以基于这些芯片功能进行。好比盖房子，可以一砖一瓦地从地基开始盖，就是用第 2 章的电路设计方法，也可以直接购买一些工厂化制造的墙体、楼板到现场拼装，这里的墙体、楼板就是第 4 章将要学习的中规模组合逻辑芯片，因此设计方法与第 2 章将有区别。

本章还将学习常用的 VHDL 描述方法，以描述中规模组合逻辑芯片功能来学习常用的语法，及基于该语法基础上的电路设计描述方法。

4.1　常见组合电路结构

对于一个组合逻辑电路来说，实际应用中，输入、输出信号是非二进制编码信号，如第 2 章的 2421 码电路，输入信号是 0～9 的开关信号，输出也是 0～9 的显示信号，因此在输入开关信号与 2421 码的编码结果间应该有一个编码器电路，负责把 0～9 的开关信号按照 2421 码进行 4 位二进制编码；还应该有一个译码器电路把结果的 2421 码译码成输出的 0～9 显示信号；如果进行 2 个 2421 码相加运算，还应该有一个 4 位加法器电路。

根据以上要求，画出常见组合逻辑电路的结构框图，如图 4-1 所示，其中编码器输入信号和译码器输出信号是非二进制信号，除此之外的信号都是二进制信号。

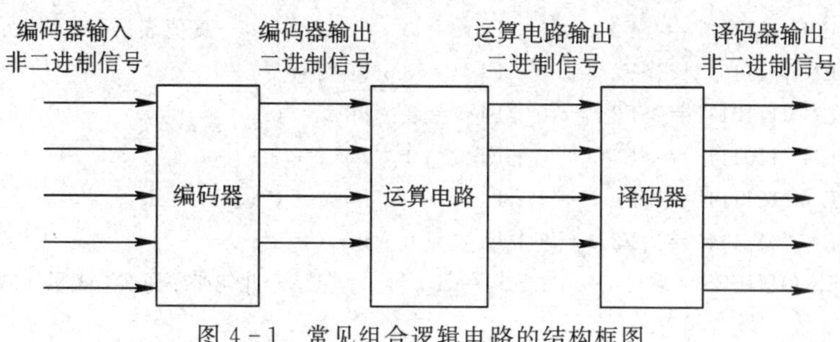

图 4-1　常见组合逻辑电路的结构框图

接下来，重点学习中规模编码器、译码器、运算电路及其功能表的 VHDL 描述方法。

4.2 编码器

编码器：把非二进制信号编码为二进制结果。如宿舍里有 6 个同学，需要给每个同学编制一个唯一的二进制代码，这时编码输入就是这 6 个同学，编码输出应该有 3 位二进制数，即必须满足 $2^3 \geqslant 6$，至于编码范围的选取可以根据需要设计，不一定是 000B～101B。

4.2.1 普通编码器的 VHDL 描述

在 VHDL 语法中，进程(PROCESS)中的 CASE 语句适合用于描述真值表语句，下面利用该语法描述宿舍里 6 个同学的普通编码器，文件名是 Common_Encoder，完整的代码如下(其中"--"是 VHDL 语法中的注释符号，和 C 语言的"//"意思一样)：

```
--****************************************
LIBRARY IEEE;
USE IEEE.STD_LOGIC_1164.ALL;
USE IEEE.STD_LOGIC_ARITH.ALL;
USE IEEE.STD_LOGIC_UNSIGNED.ALL; --调用库文件，相当于C语言中的头文件
--**************************************--分割符号，便于阅读
ENTITY  Common_Encoder   is
        PORT(A, B, C, D, E, F :in std_logic; --输入标准逻辑信号，代表 6 个同学
                    F2, F1, F0:OUT std_logic --输出标准逻辑信号，代表 3 位二进制编码输出
           );
END  Common_Encoder ; --芯片外观说明
--****************************************
ARCHITECTURE abc OF Common_Encoder  IS --芯片内部结构说明
signal INA :std_logic_vector( 5 downto 0); --电路内部设置一个总线式的中间信号
BEGIN
INA<=A&B&C&D&E&F; --用中间信号表示 6 个输入信号，进程前进行定义
PROCESS(INA)--进程的输入信号用 INA，其实就是 A、B、C、D、E、F
BEGIN -- CASE 语句必须放在进程中进行表达
   CASE INA IS -- CASE 语法判断输入信号时表达方式要用总线式
     WHEN "111110"=>F2<='0'; F1<='0'; F0<='0'; --真值表语句，输入信号低电平有效
     WHEN "111101"=>F2<='0'; F1<='0'; F0<='1';
     WHEN "111011"=>F2<='0'; F1<='1'; F0<='0';
     WHEN "110111"=>F2<='0'; F1<='1'; F0<='1';
     WHEN "101111"=>F2<='1'; F1<='0'; F0<='0';
     WHEN "011111"=>F2<='1'; F1<='0'; F0<='1';
     WHEN OTHERS=>F2<='1'; F1<='1'; F0<='1'; --此句必不可少，表示无效输入时输出也无
效
     END CASE;
END PROCESS;
end abc;
```

图 4-2 是仿真输出结果，从左到右分析如下：

(1) 起始时刻所有输入、输出信号都为 1，即执行语句：

WHEN OTHERS=>F2<='1'; F1<='1'; F0<='1';

(2) 当 A=0 时，稍微延时后，输出 F1 从 1 变 0，F2，F0 仍为 1，即执行语句：

WHEN "011111"=>F2<='1'; F1<='0'; F0<='1';

(3) A 从 0 变 1 后，所有输入信号都是 1，结果同(1)。

(4) C，D 同时为 0，不满足只有一个输入信号是 0 的要求，结果仍然同(1)。

(5) C，D 同时从 0 变 1 后，所有输入信号都是 1，结果同(1)。

(6) B 从 1 变 0，即执行语句：

WHEN "101111"=>F2<='1'; F1<='0'; F0<='0';

(7) 在 B 仍为 0 时，F 从 1 变 0，结果同(4)。

(8) B 从 0 变 1 后，只有 F 为 0，才执行语句：

WHEN "111110"=>F2<='0'; F1<='0'; F0<='0';

(9) F 从 0 变 1 后，所有输入信号都是 1，结果同(1)。

(10) E 从 1 变 0，即执行语句：

WHEN "111101"=>F2<='0'; F1<='0'; F0<='1';

(11) E 从 0 变 1 后，所有输入信号都是 1，结果同(1)。

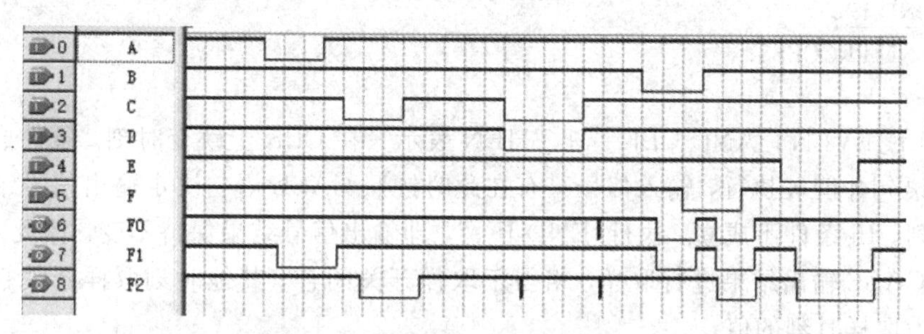

图 4-2 普通编码器仿真输出结果

从仿真波形图还可以看到输出信号 F0 和 F2 的竞争与冒险结果，这是组合逻辑电路设计时常见的结果，这种窄脉冲将会影响后续把 F0 到 F2 作为输入信号的电路的工作，因此有必要消除。根据取样定理，加入一个满足取样定理要求的取样周期信号 CLK，只有在 CLK 上跳变的短暂瞬间，对电路输出信号 F0 到 F2 进行取样输出，其他时刻输出信号保持上个取样周期时的输出不变。

加入取样功能后的代码如下(加下画线的语句是新增的，为实现取样功能)：

```
LIBRARY IEEE;
USE IEEE.STD_LOGIC_1164.ALL;
USE IEEE.STD_LOGIC_ARITH.ALL;
USE IEEE.STD_LOGIC_UNSIGNED.ALL;
--*****************************************
ENTITY  Common_Encoder  is
    PORT(     A, B, C, D, E, F, CLK:in std_logic; --输入信号，代表 6 个同学
                     F2, F1, F0:OUT std_logic --输出信号，代表 3 位二进制编码输出
        );
```

```
END  Common_Encoder ;
--*************************************
ARCHITECTURE abc OF Common_Encoder  IS
signal INA :std_logic_vector( 5 downto 0);
BEGIN
INA<=A&B&C&D&E&F;
PROCESS(INA, CLK)--增加一个取样周期输入信号
BEGIN
IF CLK'EVENT AND CLK='1'THEN--如果 CLK 信号不稳且之后为 1，即上跳变时刻
  CASE INA IS
    WHEN "111110"=>F2<='0'; F1<='0'; F0<='0';
    WHEN "111101"=>F2<='0'; F1<='0'; F0<='1';
    WHEN "111011"=>F2<='0'; F1<='1'; F0<='0';
    WHEN "110111"=>F2<='0'; F1<='1'; F0<='1';
    WHEN "101111"=>F2<='1'; F1<='0'; F0<='0';
    WHEN "011111"=>F2<='1'; F1<='0'; F0<='1';
    WHEN OTHERS=>F2<='1'; F1<='1'; F0<='1';
    END CASE;
END IF;
END PROCESS;
end abc;
```

其中 IF CLK'EVENT AND CLK='1'THEN 表示只在 CLK 上跳变时刻，条件成立，内嵌的 CASE 语句才能被执行，输入信号只有在此时按照 CASE 语句决定输出信号结果，CLK 的其他时刻，IF 条件不成立，执行“END IF;”，即输出信号结果保持不变。因此 CLK 上跳变时刻对 CASE 输出结果进行取样，相当于取样开关闭合，其他时刻取样开关打开，输出结果保持为取样时刻的值。

只要 CLK 的上跳变时刻和图 4-2 所示的冒险输出时刻不在同一时间发生，冒险信号就不会被取样，最终结果就不会有冒险输出。

图 4-3 是添加取样功能后没有冒险信号输出的仿真结果，起始时刻输出信号 F0 到 F2 变为 0，这是仿真软件的通常做法，默认输出从 0 开始。与图 4-2 的输出起始时刻为 1 不矛盾，因为没有取样功能的普通编码器只要输入信号全为 1，输出马上也全为 1。有取样周期信号参与后，要等一个取样周期过后，有了取样结果，才能输出，所以相对滞后一个 CLK 周期，这是加入取样消除冒险信号功能后的后遗症。

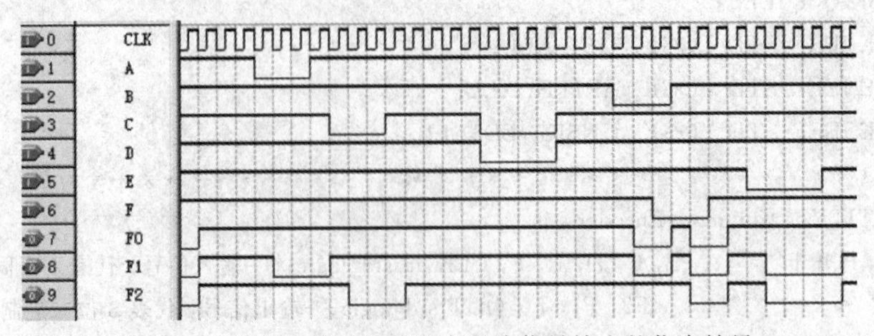

图 4-3 添加取样功能后没有冒险信号输出的仿真结果

以上设计的普通编码器当 2 个或 2 个以上输入信号同时为 0 时，换行语句“WHEN OTHERS=>F2<='1'；F1<='1'；F0<='1'；”，结果全为 1，表示无效输出。还有一种编码器，允许 2 个或 2 个以上输入信号同时为 0，这时按照事先定义的优先权顺序，决定优先权高的输入信号有对应的编码输出信号，优先权低的输入信号此时不被编码。

本节的 VHDL 描述中，“std_logic”是具有九值逻辑类型的标准逻辑信号：'U'表示初始值，'X'表示不定，'0'表示 0，'1'表示 1，'Z'表示高阻，'W'表示弱信号不定，'L'表示弱信号 0，'H'表示弱信号 1，'-'表示不可能的情况，说明信号的属性涵盖了数字电路可能出现的各种情况；“std_logic_vector”是标准逻辑矢量，定义的是长度大于 1 的标准逻辑信号变量，需要确定赋值方向 std_logic_vector(n downto 0)或 std_logic_vector(0 to n)。

因此，case 语句结构中，最后一句总是“WHEN OTHERS=>……”，表示未列举的剩下的各种组合，不仅仅是 0 和 1 的各种取值组合，还包括其他 7 种取值。

4.2.2　2421 码编码器的 VHDL 描述

按照 2421 码的编码规律，代码如下：

```
LIBRARY IEEE;
USE IEEE.STD_LOGIC_1164.ALL;
USE IEEE.STD_LOGIC_ARITH.ALL;
USE IEEE.STD_LOGIC_UNSIGNED.ALL;
--*************************************
ENTITY   encoder2421     is
   PORT(   clk:in std_logic; --用于去除冒险输出的取样信号
           I   :in std_logic_vector( 9 downto 0); -- 10 个非二进制输入信号
           F:OUT std_logic_vector( 3 downto 0)); -- 4 个二进制编码输出
END   encoder2421 ;
--*************************************
ARCHITECTURE abc OF encoder2421     IS
BEGIN
PROCESS(I)
BEGIN
if clk'event and clk='1' then
  CASE I IS
   WHEN "1111111110"=>F<="0000";
   WHEN "1111111101"=>F<="0001";
   WHEN "1111111011"=>F<="0010";
   WHEN "1111110111"=>F<="0011";
   WHEN "1111101111"=>F<="0100";
   WHEN "1111011111"=>F<="1011";
   WHEN "1110111111"=>F<="1100";
   WHEN "1101111111"=>F<="1101";
   WHEN "1011111111"=>F<="1110";
   WHEN "0111111111"=>F<="1111";
```

```
        WHEN OTHERS=>F<="ZZZZ"; --当出现非法输入信号时，输出高阻，Z必须大写
      END CASE;
    end if;
    END PROCESS;
    end abc;
```

与普通编码器相比，代码书写方式一致，这种书写方式可以应用于多数数字电路的VHDL描述，务必掌握。

4.2.3 优先编码器 74HC148

中规模编码器(如74HC148)可以对8个输入非二进制信号进行3位二进制编码输出，简称8-3编码器。编码过程还具有输入信号的优先编码权设计，即多个输入信号有效时，优先权最高的那个输入信号才有编码输出。74HC148芯片的引脚图如图4-4所示，它是一个16脚的芯片，图中只表示除电源和地以外的14个脚，框内符号表示引脚名称，如左边0～7脚是低电平有效输入的8个待编码信号，EI是低电平有效的使能端，只有EI接低电平，芯片才具有编码器功能，右边的A2～A0是对应的编码输出，GS和EO是输出使能端，用于芯片级联，框外编号即引脚号，如EI在第5脚上。

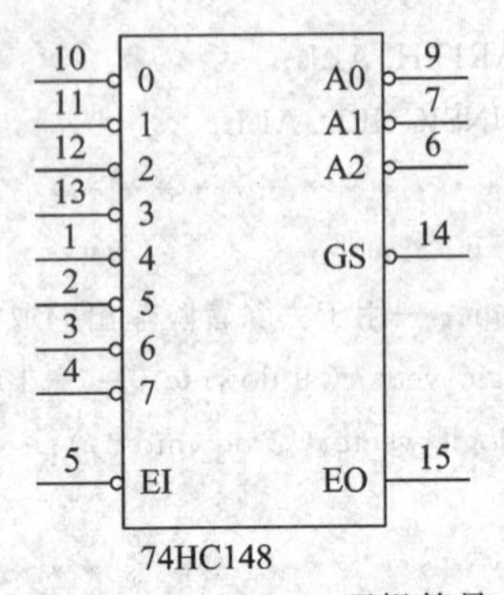

图4-4 74HC148逻辑符号

中规模芯片学习的重点在外部输入信号与输出信号的关系上，用功能表表示。我们不再关心如何用门电路实现这种关系，而是直接利用中规模芯片实现这种关系。但是这不意味着我们前面学习的基于门电路的设计方法已经没有用了，因为中规模芯片的种类功能有限，不是所有的电路都能找到匹配的芯片来设计，后续的学习将会发现，电路设计的常态应该是基于某些中规模芯片的门电路设计。

74HC148功能表如表4-1所示，当EI=1时，无论输入信号是高、低电平，编码输出都是1，即无效，输出使能端GS和EO也是1，使能无效，此时芯片不处在工作状态；当EI=0时，只要输入端口7为0，编码输出A2～A0即为000B，当输入端口7为1时，其他端口才可能有编码输出，这就是输入端口7的优先权概念；从表中可见，端口的优先权排列顺序为7～0；输出使能端EO只有在EI=0，输入端口7～0都高电平无效时才输出0，可以用于多片级联时前级芯片对后级芯片的EI控制信号；输出使能端GS只有在编码输出有效时才为0，其他情况都为1，作为多片级联时高位输出信号控制端使用。

表 4-1 74HC148 功能表

输入端									输出端				
EI	0	1	2	3	4	5	6	7	A2	A1	A0	GS	EO
1	X	X	X	X	X	X	X	X	1	1	1	1	1
0	1	1	1	1	1	1	1	1	1	1	1	1	0
0	X	X	X	X	X	X	X	0	0	0	0	0	1
0	X	X	X	X	X	X	0	1	0	0	1	0	1
0	X	X	X	X	X	0	1	1	0	1	0	0	1
0	X	X	X	X	0	1	1	1	0	1	1	0	1
0	X	X	X	0	1	1	1	1	1	0	0	0	1
0	X	X	0	1	1	1	1	1	1	0	1	0	1
0	X	0	1	1	1	1	1	1	1	1	0	0	1
0	0	1	1	1	1	1	1	1	1	1	1	0	1

【例 4-1】 利用 74HC148 设计一个 2421 码编码电路。

根据 2421 码的编码规律，当输入信号为 0～4 时，编码结果是 0000B～0100B；当输入信号为 5～9 时，编码结果是 1011B～1111B。因此一片 74HC148 显然不够，需利用 2 片 74HC148 进行级联设计。2421 码编码结果分为两 2 段，结果为 0000B～0100B 时，最高位是 0，利用本片 74HC148 的 GS 端输出，内部是 000B～100B，对应 74HC148 的输入端口 7～3；结果为 1011B～1111B 时，最高位为 1，内部是 011B～111B，对应 74HC148 的输入端口 4～0。两片 74HC148 轮流工作，由前一片的 EO 控制后一片的 EI 实现。

设计电路如图 4-5 所示，利用 U3:A-C 的 3 个与门，把轮流输出的 2 片 74HC148 的编码输出信号 A2～A0 综合成总电路的输出编码低 3 位，最高位取自 U1 的 GS。

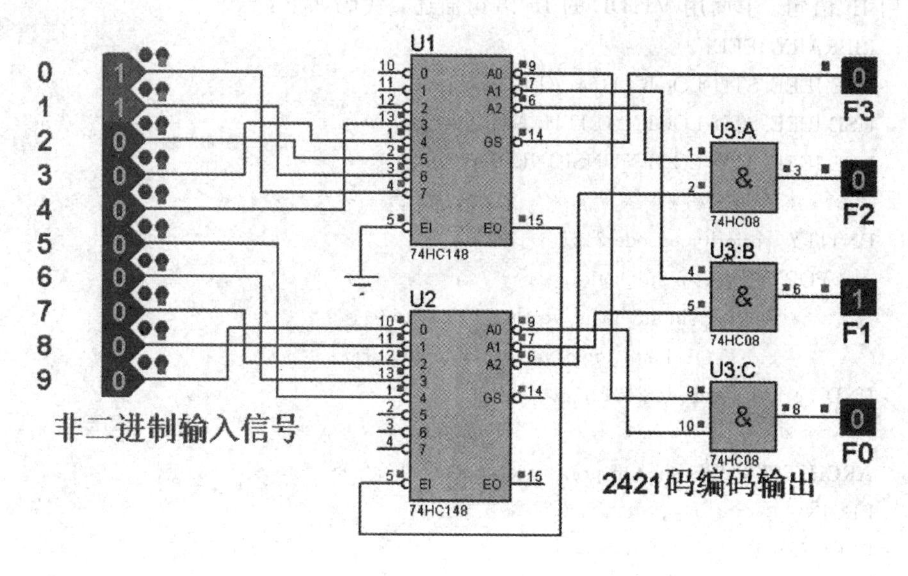

图 4-5 例 4-1 的设计仿真电路图

上例设计的方法与基于门电路设计方法的区别在于，首先利用 2 片 74HC148 实现 10 个非二进制输入信号的编码，再利用 3 个与门把轮流编码的结果进行综合，得到总的编码输出，此处仍然用到门电路设计，但是设计完成的功能仅在于输出编码的综合，即编码器不能完成的功能。

优先权编码功能体现在当输入信号端 0 和 1 都是高电平时，编码有效输入应该是端 2，此时端 3～9 虽然也是低电平，但没有对应编码输出。

与 74HC148 类似功能的芯片还有十进制优先编码器 74HC147，如图 4-6 所示，没有输入和输出使能端，输入端口 9 优先权最高，低电平输入有效，编码输出为 Q3～Q0，对应编码结果是 $\overline{1001}$B=0110B，只有端口 9～2 输入都是高电平时，当端口 1 输入低电平时，对应编码结果是 $\overline{1110}$B = 0001B，当端口 9～1 输入都是高电平时，输出 Q3～Q0 无效，为 1111B。

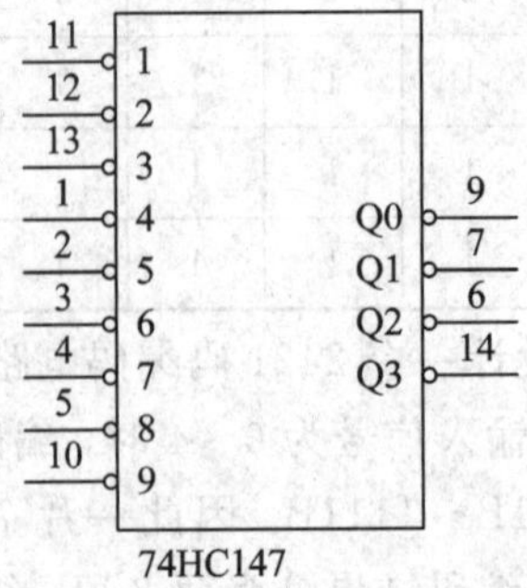

图 4-6　74HC147 逻辑符号

4.2.4　优先权编码器的 VHDL 描述

用 CASE 语句描述的电路，即真值表实现方式，如第 4.2.1 小节的普通编码器和第 4.2.2 小节的 2421 码编码器，都没有输入信号优先权的定义。要表达优先权概念，最好的方法是用 IF 语句。下面用 VHDL 的 IF 语句描述，代码如下：

```
LIBRARY IEEE;
USE IEEE.STD_LOGIC_1164.ALL;
USE IEEE.STD_LOGIC_ARITH.ALL;
USE IEEE.STD_LOGIC_UNSIGNED.ALL;
--*************************************
ENTITY  priority_encoder2421     is
    PORT(  clk:in std_logic;
           I   :in std_logic_vector( 9 downto 0);
           F:OUT std_logic_vector( 3 downto 0));
END  priority_encoder2421 ;
--*************************************
ARCHITECTURE abc OF priority_encoder2421      IS
BEGIN
PROCESS(I)
BEGIN
```

```
if clk'event and clk='1' then
  IF I(0)='0'THEN F<="0000"; --I(0)的优先权最高，只要该位为 0，输出 F<="0000";
  ELSIF I(1)='0'THEN F<="0001";
  ELSIF I(2)='0'THEN F<="0010";
  ELSIF I(3)='0'THEN F<="0011";
  ELSIF I(4)='0'THEN F<="0100";
  ELSIF I(5)='0'THEN F<="1011";
  ELSIF I(6)='0'THEN F<="1100";
  ELSIF I(7)='0'THEN F<="1101";
  ELSIF I(8)='0'THEN F<="1110";
  ELSIF I(9)='0'THEN F<="1111"; --I(9)的优先权最低，只有 I( 8 downto 0)都是 1 时，
才会执行
  ELSE F<="ZZZZ";
  END IF;
end if;
END PROCESS;
end abc;
```

用 VHDL 描述时，无需考虑芯片级联问题，直接把整个电路的功能作为一个整体进行描述。仿真结果如图 4-7 所示，当输入 I 只有一位是 0 时，输出对应的 2421 编码；当输入 I=1011011111B时，优先编码 I(5)的输出；当输入 I 全为 1 时，输出高阻 Z，图中用粗黑线表示，高度在高电平和低电平之间。

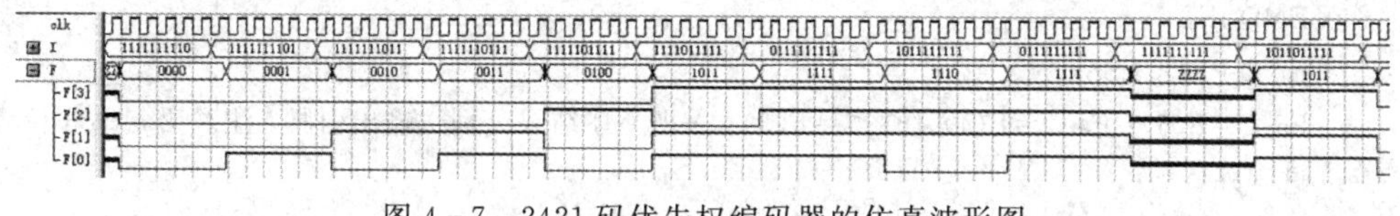

图 4-7　2421 码优先权编码器的仿真波形图

4.3　译　码　器

译码器用于把多位二进制信号译码为非二进制结果。如宿舍里有 6 个同学，已经给每个同学编制一个唯一的二进制代码，译码就是根据当前的二进制编码找出 6 个同学中对应编码的那个。

4.3.1　普通译码器的 VHDL 描述

以 3 位二进制译码为 6 个非二进制结果为例，译码结果低电平有效，代码如下：

```
LIBRARY IEEE;
USE IEEE. STD_LOGIC_1164. ALL;
USE IEEE. STD_LOGIC_ARITH. ALL;
USE IEEE. STD_LOGIC_UNSIGNED. ALL;
--*************************************
ENTITY    Common_decoder    is
```

```
    PORT(A, B, C, CLK:in std_logic; --输入信号，代表3位二进制编码6个同学
     F5, F4, F3, F2, F1, F0:OUT std_logic --输出信号，代表6个同学
        );
END  Common_decoder ;
--**************************************
ARCHITECTURE abc OF Common_decoder  IS
signal INA :std_logic_vector( 2 downto 0);
signal F :std_logic_vector( 5 downto 0); --设置一个中间信号，表达输出结果
BEGIN
INA<=A&B&C;
PROCESS(INA, CLK)
BEGIN
IF CLK'EVENT AND CLK='1'THEN
    CASE INA IS
    WHEN "000"=>F<="111110";
    WHEN "001"=>F<="111101";
    WHEN "010"=>F<="111011";
    WHEN "011"=>F<="110111";
    WHEN "100"=>F<="101111";
    WHEN "101"=>F<="011111";
    WHEN OTHERS=>F<="111111"; --无有效的二进制编码时，输出全1，即全无效
    END CASE;
END IF;
END PROCESS;
F5<=F(5); F4<=F(4); F3<=F(3); --把上述结果分别送输出引脚，注意语句书写位置在
进程外
F2<=F(2); F1<=F(1); F0<=F(0);
end abc;
```

仿真结果如图4-8所示，请模仿第4.2.1小节的普通编码器对图4-2结果进行分析。这样的译码器可以称为3-6译码器。

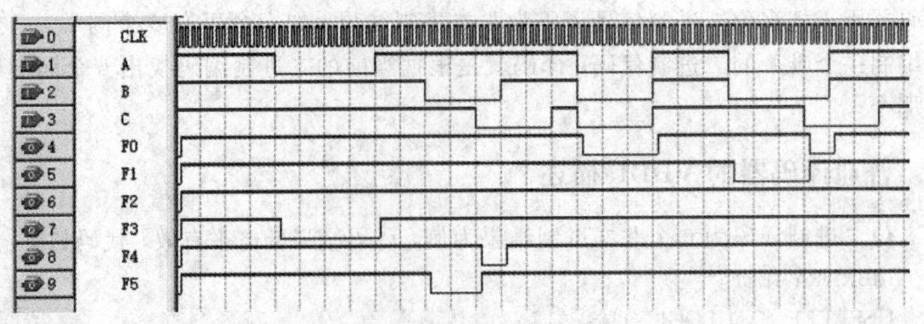

图4-8 普通译码器的仿真波形图

4.3.2 2421码译码器的VHDL描述

按照2421码的编码规律，代码如下：

```
LIBRARY IEEE;
USE IEEE.STD_LOGIC_1164.ALL;
USE IEEE.STD_LOGIC_ARITH.ALL;
USE IEEE.STD_LOGIC_UNSIGNED.ALL;
--*********************************************
ENTITY  decoder2421    is
     PORT(   clk:in std_logic;
             I   :in std_logic_vector( 3 downto 0);
             F:OUT std_logic_vector( 9 downto 0));
END  decoder2421 ;
--*********************************************
ARCHITECTURE abc OF decoder2421    IS
BEGIN
PROCESS(I)
BEGIN
if clk'event and clk='1' then
  CASE I IS
    WHEN "0000"=>F<="1111111110";
    WHEN "0001"=>F<="1111111101";
    WHEN "0010"=>F<="1111111011";
    WHEN "0011"=>F<="1111110111";
    WHEN "0100"=>F<="1111101111";
    WHEN "1011"=>F<="1111011111";
    WHEN "1100"=>F<="1110111111";
    WHEN "1101"=>F<="1101111111";
    WHEN "1110"=>F<="1011111111";
    WHEN "1111"=>F<="0111111111";
    WHEN OTHERS=>F<="1111111111";
  END CASE;
end if;
END PROCESS;
end abc;
```

对比第 4.2.2 小节的 2421 码编码器，可以看出，区别仅在于原来作为输入信号的 10 个非二进制输入信号此时变为输出信号，原来作为输出信号的 4 位二进制代码此时变为输入信号，而程序书写方式一样。这样的译码器可以称为 4-10 译码器。

4.3.3　中规模译码器 74HC139、74HC138、74HC154

中规模译码器 74HC139 是双 2-4 译码，74HC138 是单 3-8 译码，74HC154 是单 4-16 译码。电路符号即简单接线图如图 4-9 所示，输出的非二进制信号低电平有效，其中：

(1) U1 的 74HC154 使能端 E1、E2 低电平有效，被译码二进制信号从 D 到 A 是 1001B，因此译码结果输出端口 9 为 0，其他端口都为 1，即待译码的二进制值与输出低电平的端口编号一致。

(2) U3 的 74HC138 使能端 E3、E2 低电平有效，E1 高电平有效，被译码二进制信号从 C 到 A 是 001B，因此译码结果输出端口 Y1 为 0，其他端口都为 1，即待译码的二进制值与输出低电平的端口编号一致。

(3) U2 的 74HC139 使能端 E 低电平有效，被译码二进制信号从 B 到 A 是 00B，因此译码结果输出端口 Y0 为 0，其他端口都为 1，即待译码的二进制值与输出低电平的端口编号一致。

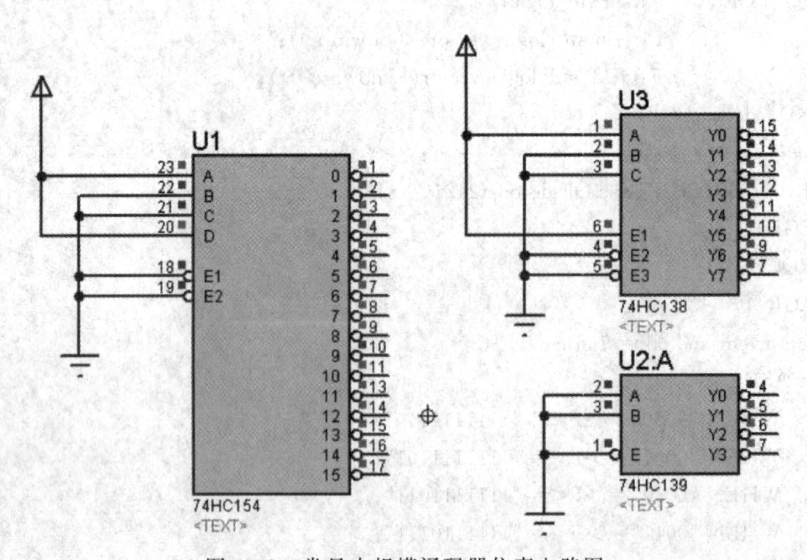

图 4-9 常见中规模译码器仿真电路图

与普通译码器相比，中规模译码器都具有使能端，以便进行多片级联，级联设计的原则是多片译码器轮流工作，一次只能有一片在工作。

【例 4-2】 利用 3 片 74HC138 级联设计出 5-24 译码器。

(1) 根据输入和输出关系列出表 4-2，把输入的 5 位二进制数分成 2 个部分，低 3 位就是 74HC138 的引脚 C、B、A，高 2 位 E、D 用于 3 片 74HC138 的片选；24 个输出结果分别对应 3 片 74HC138 的输出。

表 4-2 5-24 译码器输入和输出关系

输入 5 位二进制数		输出 24 个译码结果	3 片 74HC138 使能端								
ED	CBA	Y23～Y0	E11	E21	E31	E12	E22	E32	E13	E23	E33
00	000～111	Y7～Y0	1	0	0	0	X	X	0	X	X
01	000～111	Y15～Y8	1	X	1	1	0	0	0	X	X
10	000～111	Y23～Y16	1	1	X	0	X	X	1	0	0
			VDD	E	D	D	E	E	E	D	D

(2) 利用输入信号 E、D 作为 3 片 74HC138 使能端的控制信号，如表 4-2 所示，第一片 74HC138 的 E11 直接接电源，E21 接输入端 E，E31 接输入端 D。从分析结果看，无需添加其他电路芯片，即可设计出 5-24 译码器。

(3) 电路如图 4-10 所示，当前输入二进制代码是 10111B，根据表 4-2，应该是第 3

片的 74HC138 使能，且只有第 3 片的 Y7(Y23)输出低电平。

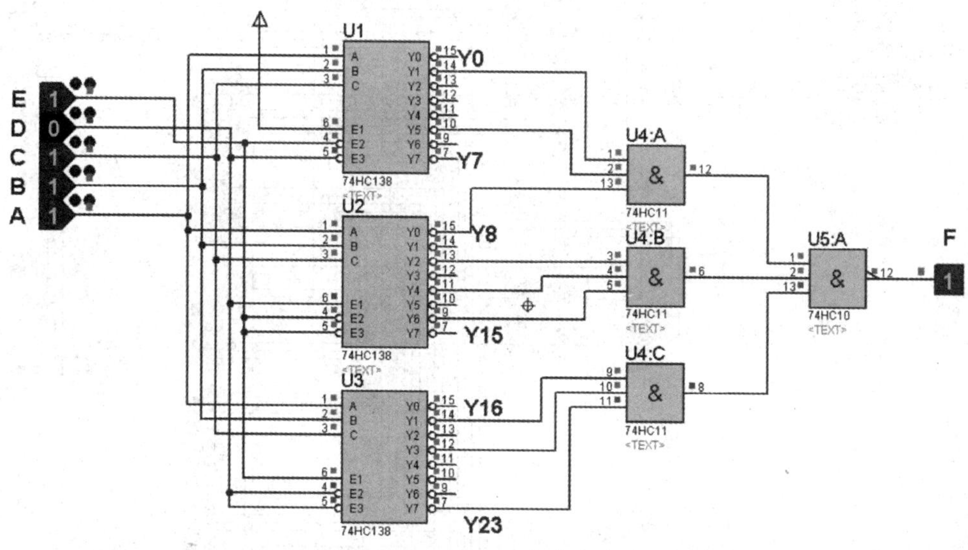

图 4-10　例 4-2 仿真电路图

利用译码器，可以方便地进行最小项表达式的设计，如例 4-2 中，当输入信号是 10111B 时对应的输出信号 Y23 为 0，这里 10111B=23，因此每一个输出端口都是一个最小项表达式的非项。

【例 4-3】　利用译码器设计 F(E, D, C, B, A)= $\sum$(1, 5, 8, 10, 12, 14, 17, 19, 23)。

(1) 根据题目要求，其中 1，5 在图 4-10(a)的 U1 中的 Y1 和 Y5。

(2) 8，10，12，14 各自都减 8 后分别是 0，2，4，6，在 U2 的 Y0，Y2，Y4，Y6。

(3) 17，19，23 各自都减 16 后分别是 1，3，7，在 U3 的 Y1，Y3，Y7。

(4) 由于每一个输出端口都是一个最小项表达式的非项，因此：

$$\begin{aligned} F &= \overline{Y1}+\overline{Y5}+\overline{Y8}+\overline{Y10}+\overline{Y12}+\overline{Y14}+\overline{Y17}+\overline{Y19}+\overline{Y23} \\ &= \overline{Y1Y5Y8 \cdot Y10Y12Y14 \cdot Y17Y19Y23} \end{aligned}$$

(5) 添加上述关系的与、与非门后，如图 4-10 右半部的门电路所示，当前输入信号是 10111B 时，对应的输出信号 Y23 为 0，因此 U4:C 输出为 0，最终 U5:A 输出为 1。

(6) 利用本例的设计方法，先把图 4-10 改为 4 片 74HC138 级联，能完成 5-32 译码功能；再进行第 2.4.2 小节中的两个 2421BCD 码加法和调整电路 F4～F0 的输出设计。只要一组 4 片 74HC138 级联的 5-32 译码器，就可以完成设计，如图 4-11 的 U1～U3、U6 所示；再选用多输入与非门 74HC30 的 U8～12、U4；经过两输入或门 74LS30 的 U5:A、U5:B、U6:C 后；分别输出 F3、F2、F1，从 U13 的 C4、S0 分别引入一条线路连接 F4 和 F0，从而完成图 2-20～图 2-22 的真值表设计。这样的设计方法只基于真值表，不用画卡诺图化简，换句话说，就是基于输出信号的最小项表达式。

(7) 图 4-11 中当前 U13 的相加和是 00111B，无进位有伪码，应该加 6 调整为 01101B。

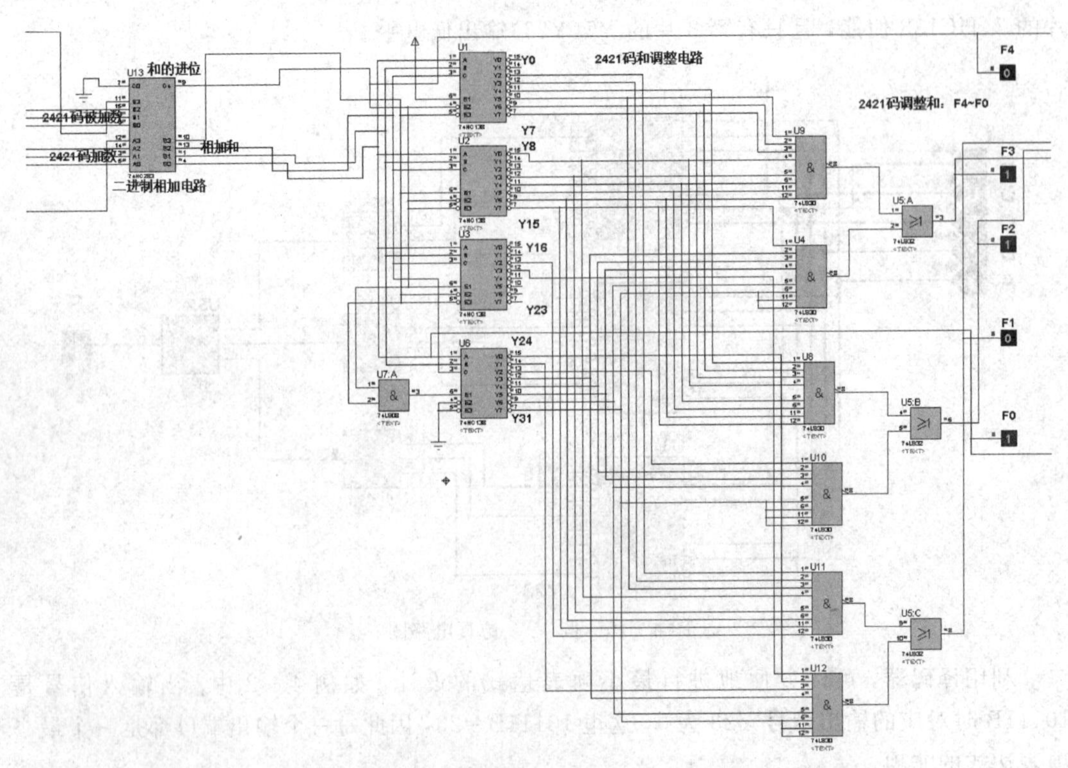

图 4-11 两个 2421BCD 码加法和调整电路 F4～F0 的输出设计仿真电路图

4.3.4 用 VHDL 描述中规模译码器 74HC138

根据 74HC138 的功能，代码如下：

```
LIBRARY IEEE;
USE IEEE. STD_LOGIC_1164. ALL;
USE IEEE. STD_LOGIC_ARITH. ALL;
USE IEEE. STD_LOGIC_UNSIGNED. ALL;
--*************************************
ENTITY decode_3to8 IS
PORT(a, b, c, G1, G2A, G2B: IN STD_LOGIC; --本例没有加取样脉冲，输出将会有竞争与冒险
            y: OUT STD_LOGIC_VECTOR(7 DOWNTO 0));
END decode_3to8;
--*************************************
ARCHITECTURE rtl OF decode_3to8 IS
SIGNAL indata: STD_LOGIC_VECTOR(2 DOWNTO 0);
BEGIN
indata<=c&b&a;
PROCESS(indata, G1, G2A, G2B)
  BEGIN
    IF(G1='1' AND G2A='0' AND G2B='0') THEN --当使能端有效时的写法
```

```
        CASE indata IS
          WHEN "000"=>y<="11111110";
          WHEN "001"=>y<="11111101";
          WHEN "010"=>y<="11111011";
          WHEN "011"=>y<="11110111";
          WHEN "100"=>y<="11101111";
          WHEN "101"=>y<="11011111";
          WHEN "110"=>y<="10111111";
          WHEN "111"=>y<="01111111";
          WHEN OTHERS=>y<="XXXXXXXX"; --使能端有效，输入信号无效时，输出未知
        END CASE;
      ELSE
          y<="11111111"; --使能端无效时，输出都是高电平
      END IF;
    END PROCESS;
  END rtl;
```

仿真结果如图 4－12 所示，当输入二进制编码结果是“ZZZ”时，执行语句“WHEN OTHERS=>y<="XXXXXXXX";”，输出为未知结果，图中用阴影表示，即电路不能预计输出电平。

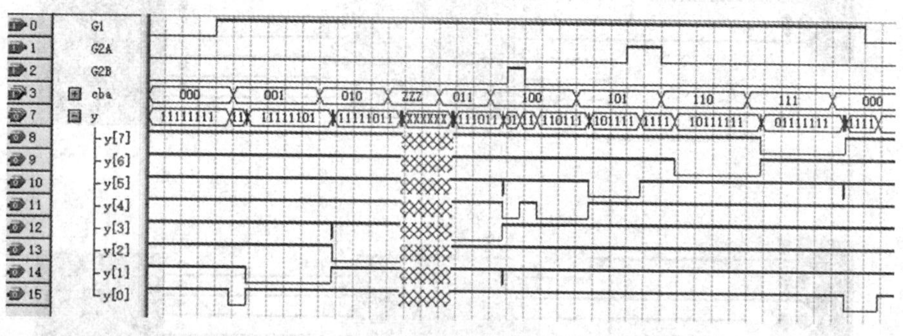

图 4－12　3－8 译码器的 VHDL 仿真波形图

4.3.5　显示译码器 74LS47、74LS48

为了用 4 位二进制驱动一个 8 字型的数码管，需要一种能把 0000B～1001B 的 10 种二进制组合译码成如图 4－13 所示的显示字形。字形内部由 8 只发光二极管组成，每只发光二极管负责一个笔段，如要显示 0，由笔段 fedcba 负责。发光二极管有共阴、共阳两种接法，共阴接法时，笔段 DPgfedcba＝00111111B，COM 端接地，显示 0；共阳接法时，笔段 DPgfedcba＝11000000B，COM 端接电源，显示 0。

图 4－14 分别用 74LS47 和 74LS48 驱动共阳、共阴极数码管显示 5，电路接法基本一致，输入二进制代码都是 0101B，但是 74LS47 的译码结果是 0010010B，74LS48 的译码结果是 1101101B。可见两种译码器芯片的译码结果相反，因此驱动的数码管也不一样，74LS47 用来驱动共阳极的数码管，74LS48 用来驱动共阴极的数码管。

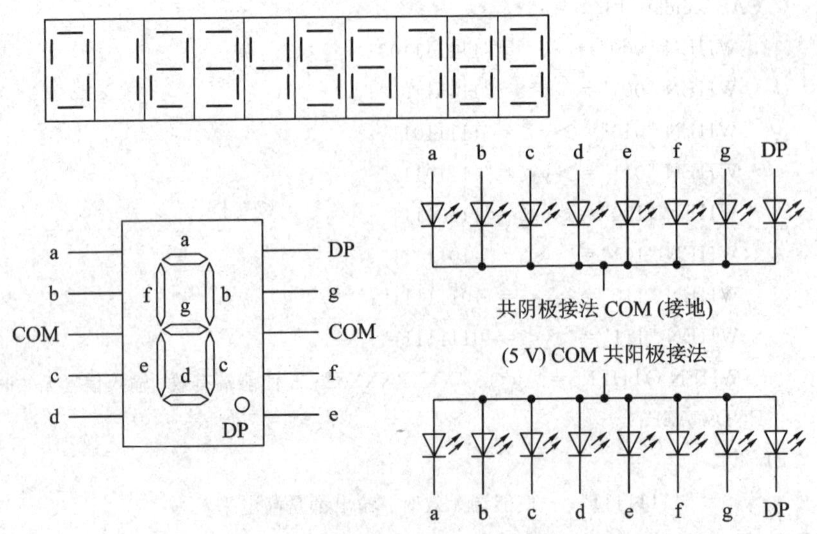

图 4-13　数码管字形、笔段图、共阴共阳内部电路

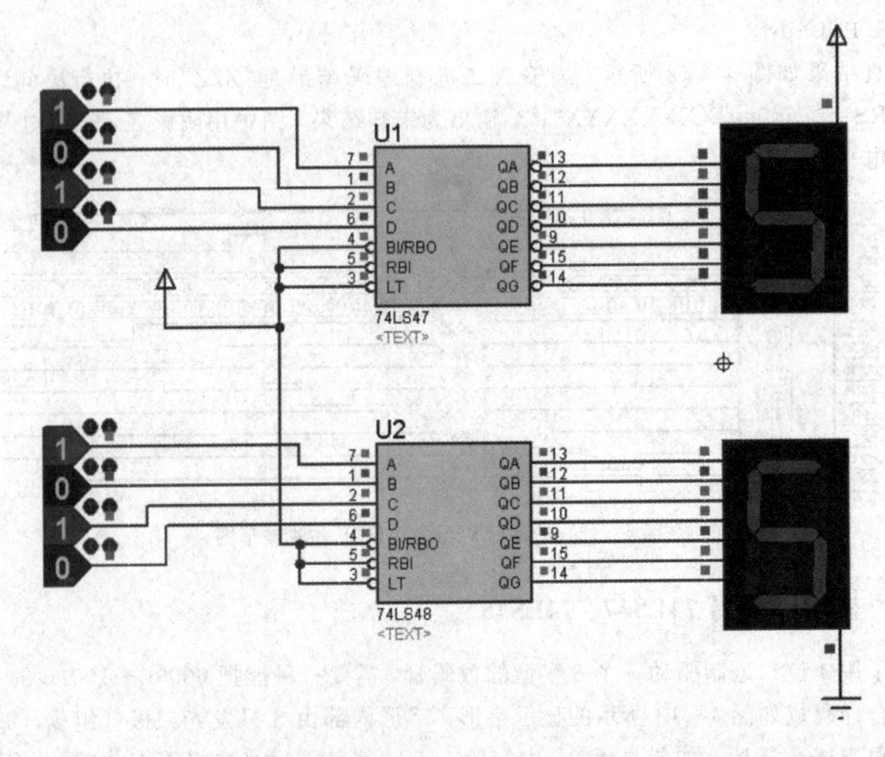

图 4-14　用 74LS47 和 74LS48 驱动共阳、共阴极数码管显示 5 的仿真电路图

其中 LT 是试灯输入信号，低电平有效，用来检查数码管的笔段是否都能亮；RBI 是灭 0 输入信号，低电平有效，当多个数码管成组显示时，有时无需显示 0 的数码管遇到 0 就熄灭；BI/RBO 是灭灯输入/灭 0 输出端，低电平有效，有时需要熄灭连续几个 0，通过此端口级联控制。

电路如图 4-15 所示，U3 的灭 0 控制端 RBI 接地，当输入 0000B 时，输出不会显示 0，把 BI/RBO 级联到 U4 的灭 0 输入控制端 RBI，当 U4 输入 0000B 时也不会显示 0，把 U4

的 BI/RBO 级联到 U5 的灭 0 输入控制端 RBI，当 U5 输入 0000B 时也不会显示 0，因此图中 3 个数码管都不会显示 0，但可以正常显示 1～9。

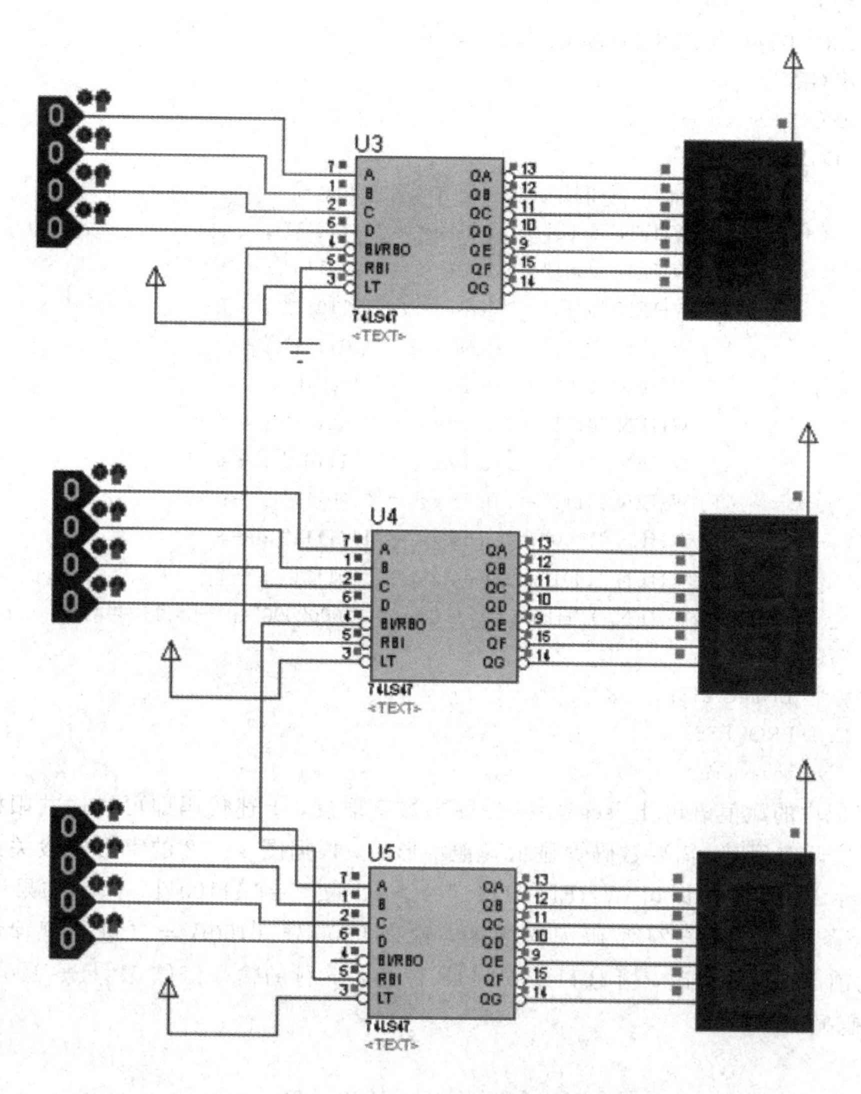

图 4－15　显示译码器的灭 0 功能的仿真电路图

4.3.6　用 VHDL 描述显示译码器

中规模显示译码器功能可以方便地用 VHDL 描述，如 74LS48 的共阴极译码器代码如下：

```
LIBRARY IEEE;
USE IEEE.STD_LOGIC_1164.ALL;
USE IEEE.STD_LOGIC_ARITH.ALL;
USE IEEE.STD_LOGIC_UNSIGNED.ALL;
--*************************************
ENTITY  bcd_7seg  IS
```

```
PORT ( bcd_led :  IN STD_LOGIC_VECTOR(3 DOWNTO 0); —4 位输入二进制代码
       ledseg :  OUT STD_LOGIC_VECTOR(6 DOWNTO 0)); —7 位输出的笔段码
END bcd_7seg;
ARCHITECTURE behavior OF bcd_7seg IS
BEGIN
PROCESS(bcd_led)
BEGIN
    CASE bcd_led IS  --利用真值表语句，列表描述
            WHEN "0000"=>ledseg<="0111111" ; —0
            WHEN "0001"=>ledseg<="0000110"; —1
            WHEN "0010"=>ledseg<="1011011" ; —2
            WHEN "0011"=>ledseg<="1001111" ; —3
            WHEN "0100"=>ledseg<="1100110"; —4
            WHEN "0101"=>ledseg<="1101101" ; —5
            WHEN "0110"=>ledseg<="1111101" ; —6
            WHEN "0111"=>ledseg<="0100111" ; —7
            WHEN "1000"=>ledseg<="1111111" ; —8
            WHEN "1001"=>ledseg<="1101111" ; —9
            WHEN OTHERS=>ledseg<="0000000" ; --因为是共阴极，所以无效码译
码输出 0
      END CASE;
END PROCESS;
END behavior;
```

把代码中的赋值语句“ledseg<=”后面的数字取反，上述代码即可描述共阳极的显示译码器。实际应用时，需要数码管显示其他字形时，根据图 4-12 的字形笔段关系添加语句，如显示 F 时，增加语句“WHEN "1111"=>ledseg<="1110011" ;”。如果设计 2421 码的显示译码器，根据 2421 码编码规律，输入 0000B～0100B 与二进制规律相同，即 CASE 的前 5 行不用修改，用 1011B～1111B 替换后 5 行的输入信号 0101B～1001B，就得到 2421 码显示译码器。

4.4 加 法 器

加法器的功能是对两组多位二进制数进行二进制相加，为了实现级联功能，一般都具有低位来的进位输入端和向高位的进位输出端。

4.4.1 中规模全加器 74LS83、74HC283

中规模全加器 74LS83、74HC283 是 4 位全加器，完成两组 4bit 的二进制数据相加，此处的“全加”是指加法运算时还能加上到 bit0 位的低位进位，相加结果输出和的 bit3 向 bit4 的进位信号。

如图 4-16 所示，利用 2 片全加器芯片级联做 01110101B+11001110B+0 的运算，和为 101000011B。因为电路能做低位(U1 的 C0)进位加，能产生向高位进位(U2 的 C4)输出，

因此是全加器功能；其中 U1 的 C4 与 U2 的 C0 相连(级联)，U1 做低 4 位全加，产生和的 bit3 向 bit4 的进位结果送到 U2，U2 做高 4 位全加，产生和的 bit7 向 bit8 的进位结果送到 U2 的 C4，作为和的 bit8。

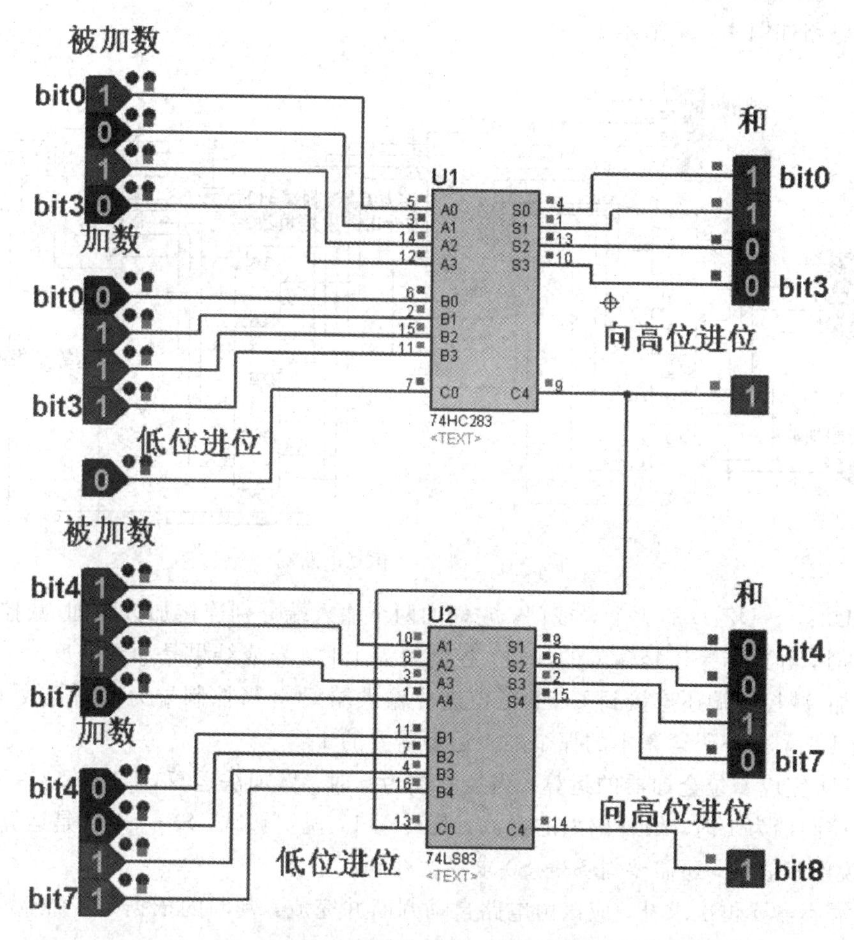

图 4-16　8 位全加器仿真电路图

从图 4-16 可知，虽然 74HC283、74LS83 都是 4 位全加器，引脚定义不同，如被加数的 bit0，74HC283 在 5 脚，74LS83 在 10 脚，使用时不能混淆。

实际应用时还需要进行减法运算，利用补码加的计算方法，全加器也能用来做全减器使用。

4.4.2　利用中规模全加器做全减器

设 4 位二进制全加器做 9+2 运算时，按照 1001B+0010B+0=1011B 做全加运算；当进行 9−2 运算时，按照 1001B−0010B=1001B+(−0010B)$_{补码}$=1001B+$\overline{0010}$B+1=1001B+1101B+1=10111B，结果取低 4 位即 0111B=7，由于补码加的过程发生进位，因此该结果是一个正数的差；当进行“2−9”运算时，按照 0010B−1001B=0010B+(−1001B)$_{补码}$=0010B+$\overline{1001}$B+1=0010B+0110B+1=01001B，结果取低 4 位即 1001B=9，由于补码加的过程无进位，因此该结果是一个负数，目前加法器得到的和是补码的差，还需要求一次补码，即$\overline{1001}$B+1=0110B+1=0111B=7，因此本次运算结果是−7。

从以上分析可知，用全加器做全减器时，先对输入全加器的加数进行取反加一，然后把被加数和加数相加，根据全加结果是否发生进位，决定是否对和再次求补。

【例 4-4】 利用 74HC283 设计一个可控 4 位加/减法器，当控制端为 0 时做加法运算，为 1 时做减法运算。

设计电路如图 4-17 所示。

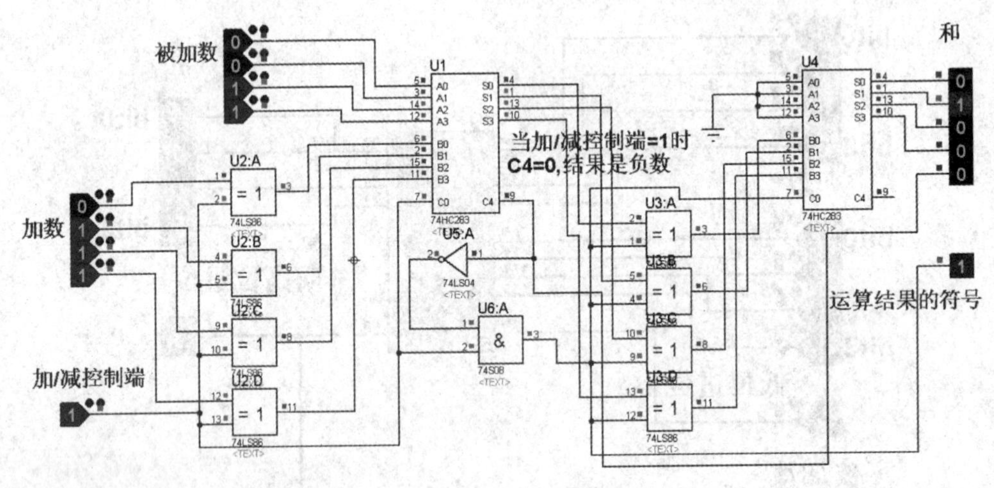

图 4-17　例 4-4 仿真电路图

(1) U2:A～U2:D 的 4 个异或门，它们的两个输入端分别连接加数和加/减控制端，控制端为 0 时，异或结果还是输入的加数，控制端为 1 时，异或结果是加数的反。

(2) 加/减控制端还连接到 U1 的低位进位输入端 C0，当控制端为 0 时，做加法运算，控制端为 1 时，做补码运算中的那个加 1 运算需要的 1。

(3) U1 完成 4 位全加器的运算，当控制端为 0 时，做加法运算，C4 和 S3～S0 就是运算的和；控制端为 1 时，做补码加的运算，若 C4＝1，说明够减，S3～S0 就是运算的差，若 C4＝0，说明不够减，还需要对 S3～S0 求一次补码。

(4) 需不需要再次求补，应该由电路自动判断并完成，判断的依据是：加/减控制端为 1，U1 的 C4＝0。求补电路设计可以模仿 U2 的电路。

(5) 图中 U5、U6 完成第(4)项功能，通过 U5:A 把 U1 的 C4 取反，通过 U6:A，得到高电平的求补控制信号，从 U6:A 的第 3 脚输出，因此 U3:A 到 D 把 U1 的和取反，同时 U6:A 的第 3 脚也连接到第二片全加器 U4 的 C0 端，U4 把取反后的和加 1，完成本次求补运算，补码差从 U4 的 S3～S0 输出。

(6) 如果 U1 的 C4＝1，后续的 U3、U4 会因为 U6:A 的第 3 脚输出 0，不起任何作用，因此，U4 的输出 S3～S0 即是本电路的输出，而 U1 的 C4 表达的意思比较丰富，做加法运算时，它是和的 bit4，做减法运算时，C4＝1 表示 U4 的 S3～S0 输出是个正数，C4＝0 表示 U4 的 S3～S0 输出是个负数。

(7) 把 U1 的 C4 送到图中右边和的部分，做两数相加和的 bit4 用，当两数相减差为正数时，该位也会为 1，这时的 1 仅仅表示差为正数，真正的差在 U4 S3～S0 上。如果把 U6:A 的第 3 脚输出送到图中右边做运算结果的符号表示，输出 1，表示当前结果是负数，输出 0 表示当前结果是正数。

(8) 当前电路完成 1100B－1110B＝1100B＋$\overline{1110}$B＋1＝01110B，$\overline{1110}$B＋1＝0001B＋1＝

0010B的运算，即 12－14＝－2。

把图 4－17 的 4 位全加/减法器级联，设计为 8 位，电路如图 4－18 所示，级联时特别注意 U1、U4、U6 的 C4 接法，图中做 01110110B－10111001B＝01110110B＋$\overline{10111001}$B＋1＝01110110B＋01000110B＋1＝010111101B，由于加法结果 U6 的 C4＝0，说明本次补码加的和还是补码，需要再次求补，由电路 U3、U4、U5、U6、U8、U9 完成，因此电路右边和的部分显示$\overline{10111101}$B＋1＝01000010B＋1＝01000011B，符号为 1，即负数。

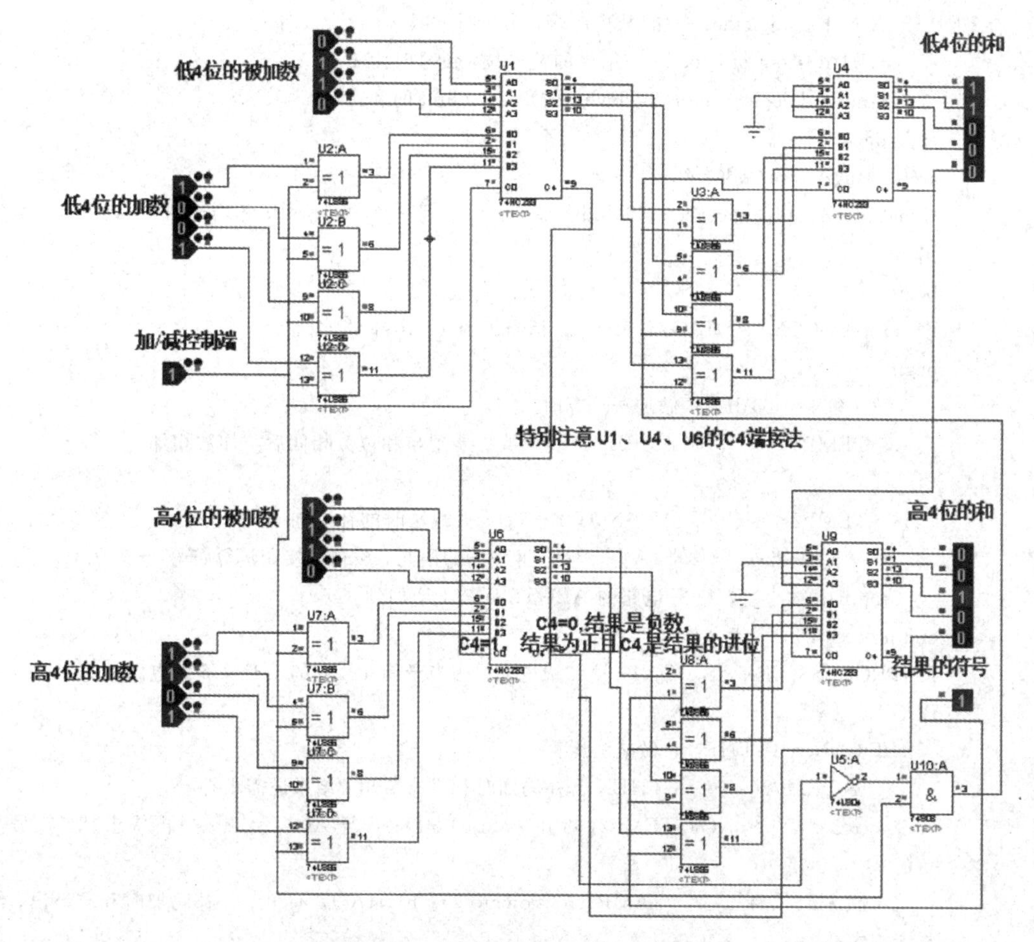

图 4－18　8 位全加/减法器仿真电路图

还可以利用 8 位全加/减法器电路级联出 16 位电路，但是电路结果将会更加庞大，因此学习中规模电路设计方法，目的应该是根据这个设计方法进行 VHDL 描述，而只有基于电路设计思想的 VHDL 描述，才能得到较佳的电路设计结果。

4.4.3　利用 VHDL 描述加/减法器

描述思路：先判断是否对输入全加器的加数进行取反加一，然后把被加数和加数相加，根据全加结果是否发生进位，决定是否对和再次求补。按照该思路，以下代码能完成 64bit 的加/减法器功能：

```
LIBRARY IEEE;
USE IEEE.STD_LOGIC_1164.ALL;
USE IEEE.STD_LOGIC_ARITH.ALL;
USE IEEE.STD_LOGIC_UNSIGNED.ALL;
--**********************************
entity add64bit is
port(A, B:in std_logic_vector(63 downto 0); -- 64bit 的被加数、加数
    CON:IN std_logic; --加/减控制端，为 1 时做减法
    FUHAO: out std_logic; --结果的符号位，负号时为 1
    S:out std_logic_vector(64 downto 0)); -- 65bit 的和
end add64bit;
architecture rtl of add64bit is
signal temp2:std_logic_vector(64 downto 0); --设置一个中间信号，相当于图 4-16 中 U1 的输出
begin
P1:process(CON, A, B)--第一级电路相当于图 4-16 中的 U1、U2
begin
    if(CON='0')then --做加法运算时
      TEMP2<=('0'& A)+B; 把被加数扩展到与和位数相同后与加数相加
    elsE
      TEMP2<=('0'& A)+NOT B+1; --做减法时的补码加 运算
      -- TEMP2<=('0'& A)- B; --屏蔽掉的语句，该句直接用运算符号"-"
    end if;                --电路的 ALUTS 从 261 增加到 327
end process P1;
P2:PROCESS(TEMP2, CON)--第二级电路，相当于图 4-16 的 U3～U6 的电路
BEGIN
    IF CON='1' THEN --做减法运算
      IF TEMP2(64)='0'THEN --补码加时和没有溢出，结果还需求补
      S<= '0' & NOT TEMP2(63 downto 0) +1; FUHAO<='1'; --再次求补，符号是负的
      ELSE S<='0' & TEMP2(63 downto 0); FUHAO<='0'; --补码加时和有溢出，结果无需求补
      END IF;
    ELSE S<=TEMP2; FUHAO<='0'; --做加法运算，直接送结果
    END IF;
END PROCESS P2;
end rtl;
```

仿真结果如图 4-19 所示，如 CON=1，A=76H，B=B9H 时，做减法运算，结果是－43H。

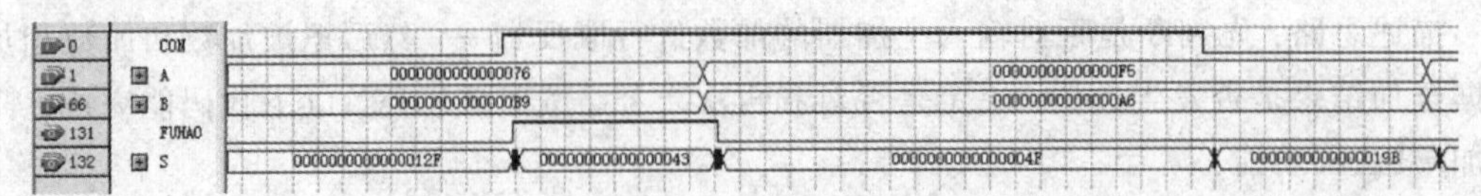

图 4-19 64bit 加/减法器电路仿真波形图

由于“S<= '0' & NOT TEMP2(63 downto 0) +1;”语句的关系，本加法器和不能超过 64 位。如果设计要求和超过 64 位，比如 65 位，程序该如何修改呢？请同学们思考并在上述程序代码基础上修改。

4.4.4　中规模电路设计

利用中规模芯片及适当的门电路，进行组合逻辑电路的设计方法，与第 2 章利用门电路设计有些不同。因为基于一定功能的中规模芯片，所以设计时根据要求选择中规模芯片，按照需要进行适当的级联，同时利用门电路做一些局部信号的设计；而利用 VHDL 描述组合电路时，设计思路基于电路设计的基础。

【例 4-5】 4 位 2421 码信号的加法运算电路设计。

1. 利用中规模数字逻辑芯片设计电路

(1) 做 2 组 4 位 2421 码信号相加，利用一片 74283，如图 4-20 中 U2 所示。

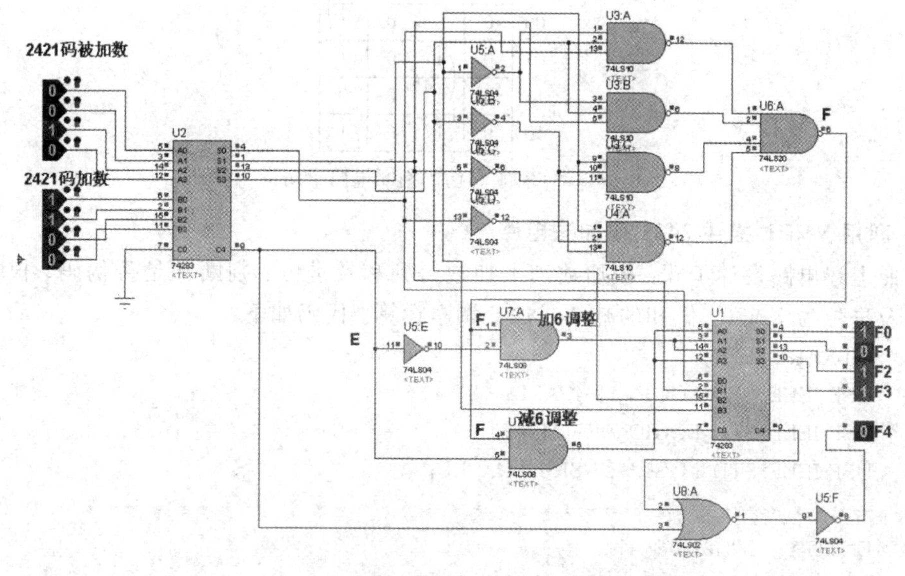

图 4-20　例 4-5 仿真电路图

(2) 根据相加和及 2421 码和的调整规则：和有伪码及有进位时减 6 调整；和有伪码及无进位时加 6 调整。这里的进位就是(1)的 74283 的 C4 端结果，还需要设计一个电路，判断和是否伪码。

(3) 画出如图 4-21 所示的 2421 码伪码判断电路卡诺图，其中填 0 格代表不是伪码，填 1 格代表是伪码，设卡诺图输出信号是 F，化简后得到 F 表达式：

$$F=\overline{S3}S2S0+\overline{S3}S2S1+S3\,\overline{S2S1}+S3\,\overline{S2S0}$$

$$=\overline{\overline{\overline{S3}S2S0+\overline{S3}S2S1+S3\,\overline{S2S1}+S3\,\overline{S2S0}}}$$

$$=\overline{\overline{\overline{S3}S2S0}\cdot\overline{\overline{S3}S2S1}\cdot\overline{S3\,\overline{S2S1}}\cdot\overline{S3\,\overline{S2S0}}}$$

根据表达式画出图 4-20 中 U5、U3、U6，其中 U6:A 的输出端 F=1，就是和为伪码的结果。

(4) 设计电路，根据当前和是否进位及和是否伪码，决定是加 6 或减 6。此电路输入信号在 U2 的 C4 和 U6：A 的输出端 F，用正逻辑设计有伪码及有进位时的表达式是 F·C4，即图 4-20 中的 U7：B；设计有伪码及无进位时的表达式是 F·$\overline{C4}$，即图 4-20 中的 U5：E 和 U7：A。因此，图 4-20 中 U7：A 输出为 1 时加 6 调整，U7：B 输出为 1 时减 6 调整。

（5）设计一个加 6 或减 6 电路，如图 4-20 的 U1。由于 U7：A 输出及 U7：B 输出不会同时为 1，所以把 U7：A 输出连接到 U1 的 A2～A1 端，把 U7：B 输出连接到 U1 的 A3、A0 端，当 U7：A 输出为 1 时加 6 调整，U1 的 A2～A1 端输入 11，U1 的 A3、A0 端输入 00，在 U1 的 A3～A0 出现待加的 6，同时 U7：B 输出还连接到 U1 的 C0 端，此时也是 0，因此利用 U1 实现了把当前 2421 码相加和（U2 的 S3～S0）加上 6 的功能。当电路需要减 6 调整时，按照加$\overline{0110}$B+1 计算方法也由 U1 实现。

（6）最后利用 U8：A 和 U5：F 把 U2 的 C4 和 U1 的 C4 相或，结果作为 2421 码和的最高位。

当前电路进行 4+3 的运算，即 0100B+0011B=0111B，和是伪码，无进位，因此 F=1，需要加 6 调整，0111B+0110B=1101B，即 4+3=7。

S1S0 \ S3S2	00	01	11	10
00	0	0	0	1
01	0	1	0	1
11	0	1	0	0
10	0	1	0	1

图 4-21　2421 码伪码判断电路卡诺图

2. 利用 VHDL 描述 2421 码加法电路

按照上述电路设计步骤：被加数加上加数得到和及进位、判断和是否伪码、根据和是伪码以及进位为 1 或 0，做和的减 6 或加 6 调整运算。代码如下：

```
LIBRARY IEEE;
USE IEEE.STD_LOGIC_1164.ALL;
USE IEEE.STD_LOGIC_ARITH.ALL;
USE IEEE.STD_LOGIC_UNSIGNED.ALL;
--*****************************************
ENTITY    V2421add    is
      PORT(cin        :in std_logic; --低位进位
           op1, op2   :in std_logic_vector( 3 downto 0); --被加数、加数
           Co         :OUT std_logic; --和的进位
           Sum        :OUT std_logic_vector( 3 downto 0)--相加调整后的和
           );
END V2421add;
--*****************************************
ARCHITECTURE abc OF V2421add      IS
signal binadd, res :std_logic_vector( 4 downto 0); --中间信号
BEGIN
binadd<=('0'&op1)+op2+cin; --中间信号，用于表示图 4-20 中 U2 的和及进位
process(binadd)
  begin
```

```
    if    binadd ( 3 downto 0)="0101"or --和是否伪码
          binadd ( 3 downto 0)="0110"or
          binadd ( 3 downto 0)="0111"or
          binadd ( 3 downto 0)="1000"or
          binadd ( 3 downto 0)="1001"or
          binadd ( 3 downto 0)="1010"then
       if  binadd (4)='1'then res<=binadd-6; --和是伪码且相加后有进位，做减 6 调整
       else res<=binadd+6; --和是伪码且相加后无进位，做加 6 调整
       end if; -- res 用于表示图 4-20 中 U1 的和及进位
    else res<=binadd; --和不是伪码，无需调整
    end if;
    end process;
    sum<=res( 3 downto 0); co<=res(4) or binadd (4); --送最终结果
  end abc;
```

4.5　数据选择器

数据选择器相当于一种多路开关，如中规模数据选择器 74HC151，是数字信号的八路选择器，哪怕是模拟输入信号，经过该器件后，输出仍为数字信号；74HC4051 是模拟信号的八路选择器，输出信号与当前的输入信号相同。如图 4-22 所示，同样的输入模拟信号(如示波器 A 通道所示)，经过 74HC151 数据选择器从 X0 进入 Y 输出到示波器的 B 通道，结果是同频率的方波；经过 74HC4051 模拟选择器从 X0 进入 X 输出到示波器的 C 通道，结果还是同频率的正弦波。

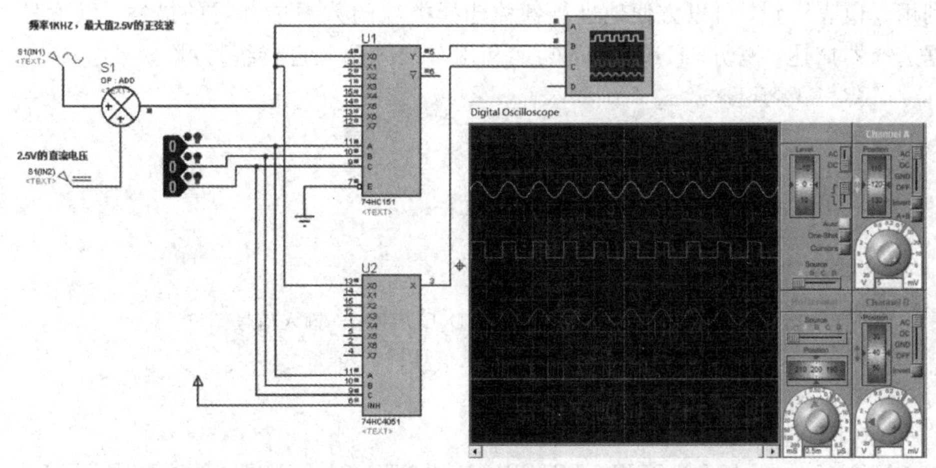

图 4-22　74HC151、74HC4051 电路工作对比仿真电路图

74HC151 的 E 端是低电平输入使能端，CBA 是通道选择端，当 CBA=000B 时选择通道 X0 的信号输出到 Y，$\overline{Y}$ 的输出与 Y 相反；当 CBA=001B 时选择通道 X1 的信号输出到 Y；依此类推，当 CBA=111B 时选择通道 X7 的信号输出到 Y。

虽然 74HC4051 不是数据选择器，因为功能与之类似，也在本节介绍。它的 INH 端是高电平输入使能端，CBA 是通道选择端，当 CBA=000B 时选择通道 X0 的信号输出到 X；

当 CBA＝001B 时选择通道 X1 的信号输出到 X；依此类推，当 CBA＝111B 时选择通道 X7 的信号输出到 X。

常见的数据选择器还有 74HC157、74HC153，如图 4－23 所示。74HC157 片内有 4 组 2 选 1 的数据选择器，E 是 4 组共用的芯片输入使能端，低电平有效；$\overline{A}$/B 是 4 组共用的地址选择输入端，为 0 时选择 A 通道信号送到 Y，为 1 时选择 B 通道信号送到 Y。74HC153 片内有 2 组 4 选 1 的数据选择器，1E、2E 是 2 组选择器独立的芯片输入使能端，低电平有效；B、A 是 2 组共用的地址选择输入端，为 00 时选择 X0 通道信号送到 Y，为 01 时选择 X1 通道信号送到 Y，为 10 时选择 X2 通道信号送到 Y，为 11 时选择 X3 通道信号送到 Y。

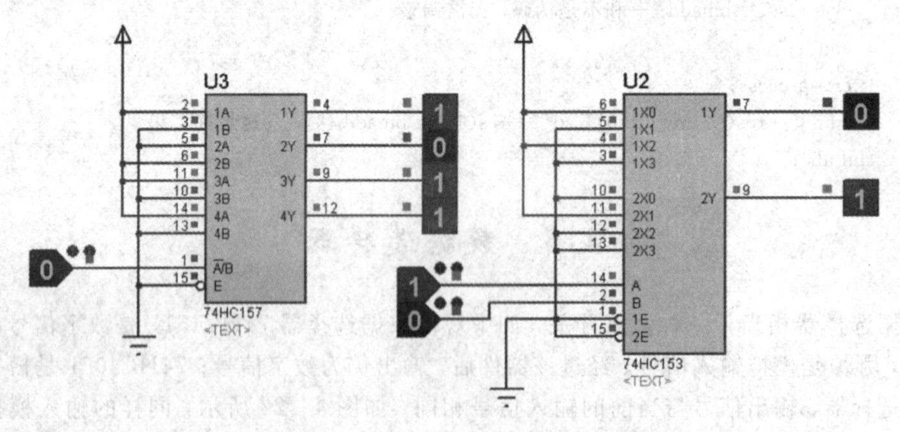

图 4－23　74HC157、74HC153 仿真电路图

4.5.1　用 VHDL 描述数据选择器

利用真值表语句，可以方便地进行各种选择类型的数据选择器的描述，以下是 4 选 1 的数据选择器描述，模仿 74HC153 的功能利用 CASE 语句进行编写：

```
LIBRARY IEEE;
USE IEEE.STD_LOGIC_1164.ALL;
USE IEEE.STD_LOGIC_ARITH.ALL;
USE IEEE.STD_LOGIC_UNSIGNED.ALL;
--*************************************
ENTITY mux4 IS
PORT(X0, X1, X2, X3, A, B, E: IN STD_LOGIC; --输入信号
        Y :  OUT STD_LOGIC); --输出信号
END mux4;
ARCHITECTURE behavior OF  mux4 IS
SIGNAL  sel: STD_LOGIC_VECTOR(2 DOWNTO 0) ; --设置一个中间信号，用于表达输入组合
BEGIN
  sel<=E&B&A; --把使能端和地址选择端并置成总线，方便描述
PROCESS(X0, X1, X2, X3, SEL)
BEGIN
    CASE SEL IS
```

```
        WHEN "000"=>Y<=X0; --使能端有效，且地址选择 00 时，通道选择 X0
        WHEN "001"=>Y<=X1;
        WHEN "010"=>Y<=X2;
        WHEN "011"=>Y<=X3;
        WHEN OTHERS=>Y<='Z'; --除了以上 4 种输入组合外，输出'Z'，代表"高阻"
        END CASE;
    END PROCESS;
    END behavior;
```

仿真结果如图 4-24 所示，当 E=1 时，输出 Y 高阻，当 E=0 时，Y 与当前由 BA 选择的通道输入信号电平一致，输出稍延时于输入的变化，如图中当 BA=00B 时，X0 从 0 变 1 又变 0，Y 也从 0 变 1 又变 0，但是延时了图中一个虚格的宽度。

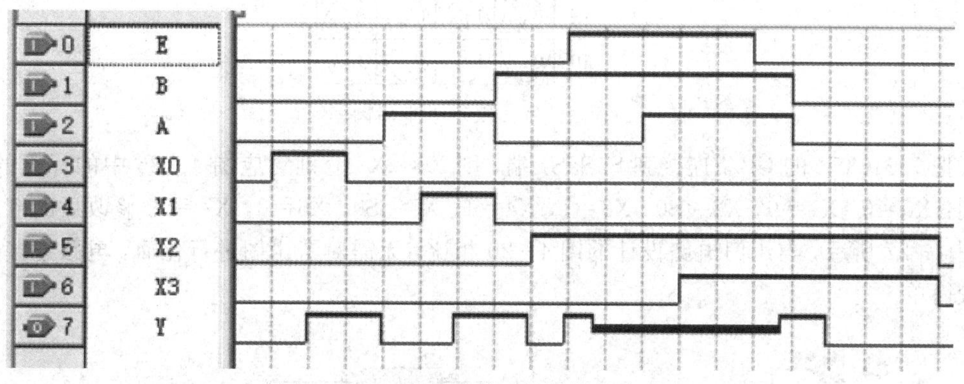

图 4-24　4 选 1 数据选择器仿真波形图

增加地址输入端个数及输入通道数，模仿上述代码，可以写出各种不同的数据选择器。

4.5.2　利用中规模数据选择器设计电路

数据选择器的特点是根据当前地址值选中一个通道输出，与卡诺图中输入输出信号关系一致。以 74HC151 和 3 变量卡诺图为例，如图 4-25 所示，$F=\overline{C}BA+C\overline{B}A+CB\overline{A}$，也可以理解为：当 CBA=011B、101B、110B 时，输出为 1，其他输入组合输出为 0。

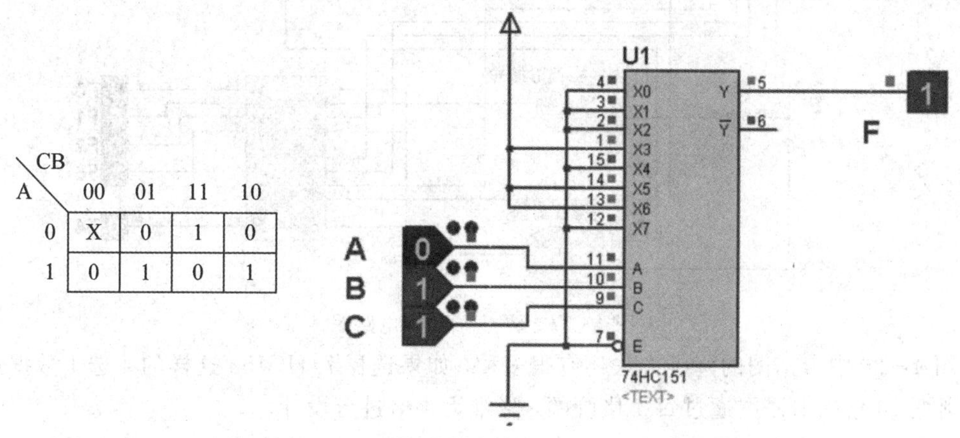

图 4-25　用 74HC151 设计卡诺图输出的仿真电路图

【例 4-6】 用 74HC151 设计例 4-5 中 4 位 2421 码信号的加法和的伪码判断电路。

把图 4-20 中 U2 的输出信号 S3～S0 作为本例的输入信号，画出如图 4-26 所示的卡诺图，按照 2421 码编码规则，输入凡是伪码组合，对应格填 1，其他填 0。因为有 4 位输入信号，大于 74HC151 的地址选择范围，因此，把 16 格的卡诺图通过两两画圈，降维为 8 格，如第一行，左第一个圈，地址选择信号是 $\overline{S3S2S1}$，通道地址是 000B，圈内都是 0，通道输入 0。

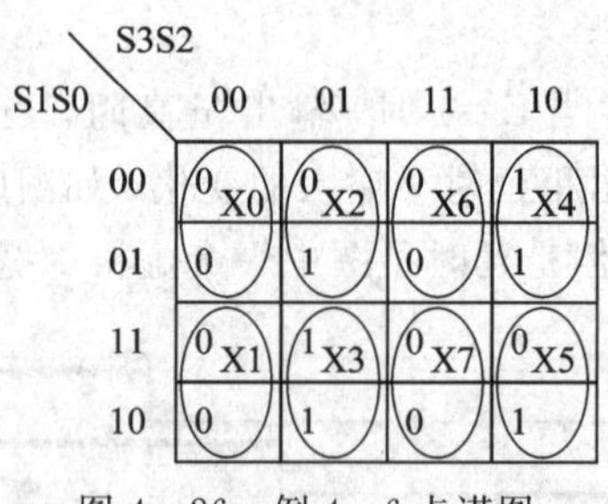

图 4-26　例 4-6 卡诺图

把 74HC151 的 CBA 连接到 S3S2S1 端，则 X0～X7 分别对应图 4-26 中的标识的圈，得到：X0＝0，X1＝0，X2＝S0，X3＝1，X4＝1，X5＝$\overline{S0}$，X6＝0，X7＝0。修改后的电路图如图 4-27 所示，与用门电路设计的图 4-20 相比，无需对卡诺图进行化简，电路连接也相对较简单。

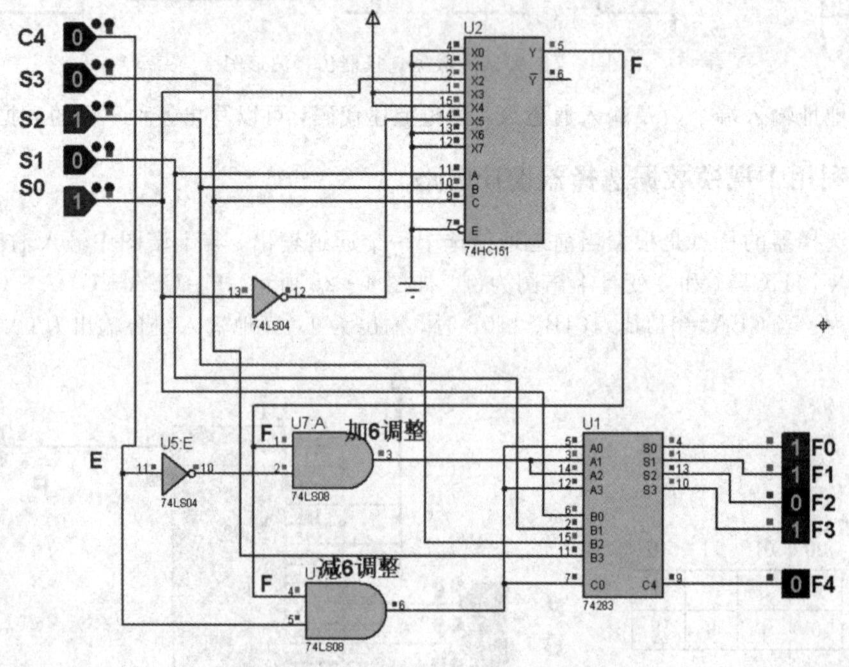

图 4-27　例 4-6 仿真电路图

图 4-26 中卡诺图的降维方法还有很多种，如果选择 74HC153 这样的 4 选 1 数据选择器，则把 16 格的卡诺图通过每 4 格画圈，降维为 4 格进行设计。

【例 4-7】 设计一个数字日历用的日计数控制器，在大月计满 31 天，小月计满 30 天，闰月计满 28 天时，日计数控制器输出 1，否则输出 0。

1. 电路图设计方法

(1) 设月和日用 4 位 BCD 码表示，月：Q1Q2Q3Q4Q5；日：Q6Q7Q8Q9Q10Q11，如 1 月 31 日，Q1Q2Q3Q4Q5＝00001B，Q6Q7Q8Q9Q10Q11＝110001B。

(2) 本电路有 11 个输入信号，一个输出信号，按照第 2 章的电路设计方法，应该画出一张 11 个输入、1 个输出的卡诺图，这张卡诺图将有 2^{11} 格，显然不能用这种方法直接设计电路。

(3) 一年 12 个月，其实就是 3 种月进位方法，所以本电路可以分成 2 级进行设计，先设计电路把 12 个月判决为 3 种输出，即大月 W1、小月 W2、闰月 W3。画出月份和月判断结果关系卡诺图，如图 4－28 所示，如 Q1Q2Q3Q4Q5＝01001B，即 9 月是小月，因此 W1W2W3＝X10B，小月输出 W2＝1，闰月输出 W3＝0，而大月输出 W1 可以是任意，原因是日历是从小到大变化的，当出现 9 月 30 日时，日计数控制器输出 1，日历改为 10 月 1 日，9 月不再出现 31 日，该月不可能出现 W1＝1，为简化电路，因此此处 W1 可以取任意值。

Q4Q5 \ Q1Q2Q3	000	001	011	010	110	111	101	100
00	—	×10	—	100	—	—	—	100
01	100	100	—	×10	—	—	—	×10
11	100	100	—	—	—	—	—	—
10	××1	×10	—	—	—	—	—	100

W1W2W3

图 4－28　例 4－7 的月份卡诺图

(4) 按照卡诺图化简方法，分别化简 W1、W2、W3，观察图 4－28 发现 W1＝1，即除了闰月和小月的月份早于 31 日前已经输出 W2 或 W3 的有效输出，剩下的都是大月或无效组合，都可以当 W1＝1。

(5) 化简卡诺图得到 $W2=Q3\,\overline{Q5}+Q2Q5+Q1Q5$，当前 2 个与项少去掉一个同类项时，也可以是 $W2=\overline{Q1}Q3\,\overline{Q5}+\overline{Q1}Q2Q5+Q1Q5$。

(6) 化简卡诺图得到 $W3=Q\overline{1}\ Q\overline{3}Q4\ \overline{Q5}$。

(7) 闰月 28 日可以表示为 W3Q6Q8，这是因为日期从 1 开始按照加 1 计数的规律逐日增加，从 Q6Q7Q8Q9Q10Q11＝000001B 到 Q6Q7Q8Q9Q10Q11＝101000B 的递增过程中，只要出现 Q6Q8＝11B，就是唯一表示 28 日这一天，因此无需再用 $Q6\,\overline{Q7}Q8\ Q\overline{9}\ Q1\overline{0}\ Q1\overline{1}$ 来表示，虽然表示 29 日也会出现 Q6Q8＝11B，但闰月不会有 29 日。

(8) 小月 30 日可以表示为 W2Q6Q7，大月 31 日用 W1Q6Q7Q11＝Q6Q7Q11 表示。

(9) 设日计数控制器输出用 F 表示，综上所述，输出方程是

$$
\begin{aligned}
F&=Q6Q7Q11+W2Q6Q7+W3Q6Q8\\
&=Q6Q7Q11+(\overline{Q1}Q3\,\overline{Q5}+\overline{Q1}Q2Q5+Q1Q5)Q6Q7+(Q\overline{1}\ Q\overline{3}Q4\,\overline{Q5})Q6Q8\\
&=\overline{\overline{Q6Q7Q11}\cdot\overline{(\overline{Q1}Q3\,\overline{Q5}+\overline{Q1}Q2Q5+Q1Q5)Q6Q7}\cdot\overline{(\overline{Q1Q3}Q4\,\overline{Q5})Q6Q8}}
\end{aligned}
$$

(10) 利用一片 74HC153，设计实现 W2 和 W3，再利用 4 个 3 输入与非门，设计出 F 的电路，如图 4－29 所示。这是一个完整的日历计数电路中的日计数控制电路部分，完整的电路待学习时序电路时学习。

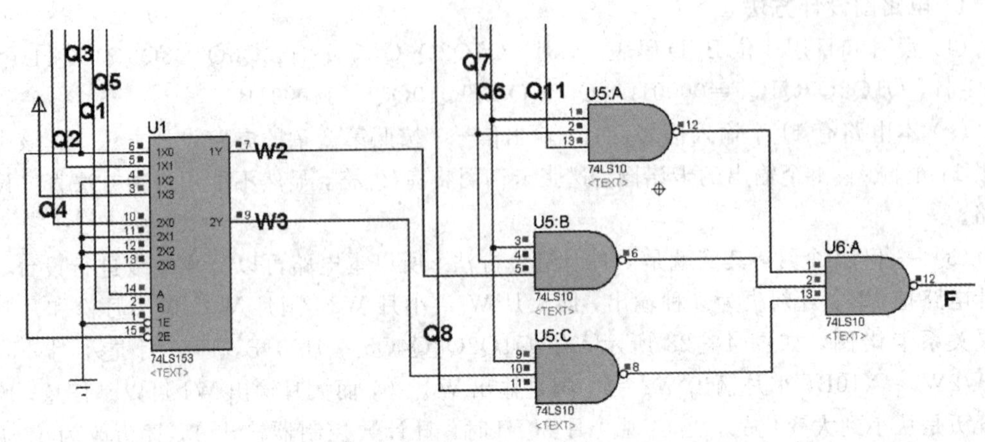

图 4-29 例 4-7 的仿真电路图

(11) 图中用标号包围线条的方式标注输入信号，如 Q1 连线至 U1 的 B，Q2 连线至 U1 的 1X1。

(12) 由于 W2 和 W3 中都有 Q1Q5 项，作为 74HC153 的地址选择输入，根据 $W2=\overline{Q1}Q3\overline{Q5}+\overline{Q1}Q2Q5+Q1Q5$，Q3 应该连接 U1 的 1X0；Q2 应该连接 U1 的 1X1；无 $Q1\overline{Q5}$ 项，因此 U1 的 1X2 接地；U1 的 1X3 接高电平。

(13) 根据 $W3=\overline{Q1}\,\overline{Q3}Q4\overline{Q5}$，利用 $\overline{Q3}$ 作为使能端，接 U1 的 2E，Q4 接 U1 的 2X0。

2. 用 VHDL 性能描述方法进行电路设计

性能描述是指程序说明了输出信号与输入信号之间的关系，但不是用逻辑关系表达，其中一种性能描述方法就是利用真值表语句，直接表达 Q1～Q11 与 F 的关系，代码如下：

```
LIBRARY IEEE;
USE IEEE.STD_LOGIC_1164.ALL;
USE IEEE.STD_LOGIC_ARITH.ALL;
USE IEEE.STD_LOGIC_UNSIGNED.ALL;
--*****************************************
ENTITY   li4_6_2   is
      PORT(   Q    :in std_logic_vector( 1 to 11);
              F:OUT std_logic);
END li4_6_2   ;
ARCHITECTURE abc OF li4_6_2 IS
BEGIN
PROCESS(Q)
  BEGIN
    CASE Q IS
    WHEN "00001110001"=>F<='1';
    WHEN "00010101000"=>F<='1';
    WHEN "00011110001"=>F<='1';
    WHEN "00100110000"=>F<='1';
    WHEN "00101110001"=>F<='1';
    WHEN "00110110000"=>F<='1';
```

```
        WHEN "00111110001"=>F<='1';
        WHEN "01000110001"=>F<='1';
        WHEN "01001110000"=>F<='1';
        WHEN "10001110001"=>F<='1';
        WHEN "10001110000"=>F<='1';
        WHEN "10010110001"=>F<='1';
        WHEN OTHERS =>F<='0';
        END CASE;
    END PROCESS;
    end abc;
```

仿真波形图如图 4-30 所示，只有出现 2 月 28 日及 4 月 30 日时，F=1，其他仿真输入时 F=0，符合设计要求，还可以设置其他月份进行波形仿真。

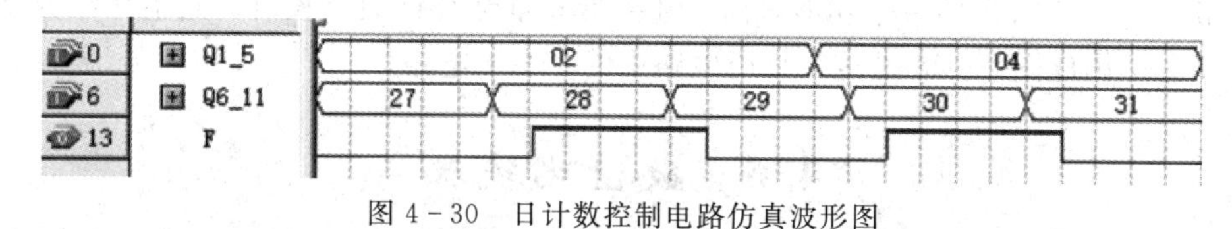

图 4-30　日计数控制电路仿真波形图

3. 用 VHDL 的数据流描述方法进行电路设计

数据流描述方法是指用与电路逻辑关系有关的语句，类似于电路图设计，代码最接近实际电路，因此设计出来的电路效率最好，以下代码根据式子：

$F=Q6Q7Q11+(\overline{Q1}Q3\overline{Q5}+\overline{Q1}Q2Q5+Q1Q5)Q6Q7+(Q\overline{1}\ Q\overline{3}Q4\overline{Q5})Q6Q8$

进行设计。

```
LIBRARY IEEE;
USE IEEE.STD_LOGIC_1164.ALL;
USE IEEE.STD_LOGIC_ARITH.ALL;
USE IEEE.STD_LOGIC_UNSIGNED.ALL;
--**************************************
ENTITY  li4_6_2  is
    PORT(  Q1, Q2, Q3, Q4, Q5, Q6, Q7, Q8, Q9, Q10, Q11
            :in std_logic;
          F:OUT std_logic);
END li4_6_2   ;
ARCHITECTURE abc OF li4_6_2  IS
signal W2, W3 :std_logic;
BEGIN
W2<=((NOT Q1) AND Q3 AND (NOT Q5)) OR((NOT Q1) AND Q2 AND  Q5)OR( Q1
AND Q5);
W3<=((NOT Q1) AND (NOT Q3)AND Q3 AND (NOT Q5));
F<=(Q6 AND Q7 AND Q11) OR (Q6 AND Q7 AND W2) OR (Q6 AND Q8 AND W3);
end abc;
```

通过本例的三种设计方法介绍，学习了组合逻辑电路的电路图设计方法、用 VHDL 性能描述设计方法、用 VHDL 的数据流描述设计方法。

其中电路图设计是基于小、中规模芯片基础上进行，但是前期的设计即本例第 1 点的(1)～(9)是数字电路的一般设计步骤，(10)～(13)才涉及所用芯片的性能，不同的芯片，后 3 点的设计方法不同；VHDL 性能描述设计方法，可以直接根据输出信号和输入信号关系书写代码，但是，不是所有的电路都可以方便地用这种方法写出代码，而且基于性能描述的电路，只能通过 EDA 软件自动转换到 FPGA 芯片的门阵列上，电路设计的性能和芯片的利用率都不是最好的；用 VHDL 的数据流描述设计，根据本例第 1 点的(1)～(9)设计结果，直接用表达式方式写出 VHDL 代码，设计结果落实到 FPGA 芯片的门阵列上，效果比性能描述好。

基于小、中规模芯片进行的电路设计，如图 4-28 所示，用了 3 块芯片，制作电路板时不方便，电路的功能越强，需要的芯片也越多。如果利用 VHDL 描述，只要下载到一片 FPGA 芯片即可，而且小、中规模芯片的工作频率不能和 FPGA 相比。

本例作为数字日历的一个功能电路，将在第 6 章结合计数器设计，完整介绍数字日历的设计方法，因此图 4-28 是数字日历电路中的一个子电路。

4.6 数值比较器

数值比较器对输入的 2 组多位二进制信号进行结果为大、相等、小的比较，如图 4-31 的 U2 所示，中规模数值比较器 74HC85，信号高电平有效，当前比较的 2 组 4 位二进制数相等，分别是 A:1011B、B:1011B，低位的比较结果也是相等，A<B、A>B 都是低电平无效，A=B 是高电平有效表示两者相等，因此 U2 的比较结果相等，QA=B 是高电平、QA<B、QA>B 都是低电平无效。

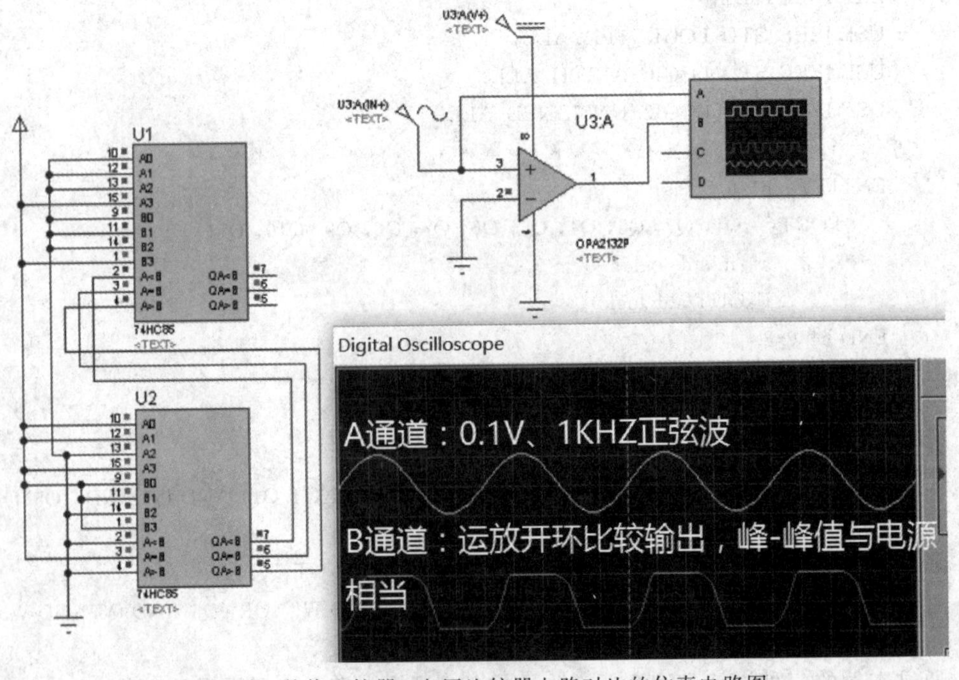

图 4-31 数值比较器、电压比较器电路对比的仿真电路图

把 2 片 74HC85 级联，能做 2 组 8 位二进制数的比较，如图 4－31 中级联时把低 4 位的比较芯片 U2 的比较结果 QA＝B、QA<B、QA>B 分别连接到高 4 位比较芯片 U1 的输入端 A＝B、A<B、A>B，作为 U1 的低位输入信号参与比较，图 4－31 中 U1 当前比较的 2 组 4 位二进制数也相等，分别是 A：1000B、B：1000B，因此 U1 比较结果相等，即QA＝B是高电平、QA<B、QA>B 都是低电平无效。

容易与数值比较器功能混淆的一个概念是电压比较器，如图 4－31 中的运算放大器，2 个比较电压从 2、3 脚输入，其中 2 脚接地，3 脚接一个 0.1 V、1 kHz 的正弦波信号，比较结果从 1 脚输出，由于 8 脚外接的直流电源是 10 V，因此 1 脚输出信号的峰-峰值也是 10 V。

数值比较器比较 2 组二进制值，电压比较器比较 2 个模拟电压值，是两者的区别。

【例 4－8】 设计电路，完成 2 个 4 位 BCD 码数据的加法运算。

1. 利用中规模芯片设计电路

（1）BCD 码加法运算既是十进制的加法，当和出现大于 9 即 1001B 时，进行和的加 6 调整。

（2）当 2 个 4 位 BCD 码相加出现进位时也需要加 6 调整，不可能出现和既大于 9 又同时发生进位的情况。

（3）利用 74HC283 做 2 个 4 位 BCD 码数据的加法运算，运算和再利用 74HC85 与 1001B 比较大小，只要结果为大，就进行加 6 调整，或者 74HC283 的进位输出 C4＝1 也做加 6 调整。

（4）设计电路如图 4－32 所示，其中 U4：B 把两次加法运算的进位相或作为结果的 bit4，如图中做 1000B＋0101B 的运算，经过 U1 相加后，进位是 0，和是 1101B，大于 1001B，经过 U3 比较后，输出结果 QA>B 为 1，或门 U4：A 输出 1，因此 U2 当前的 B3～B0＝0110B，U2 把当前 U1 的和 1101B 加上 U2 当前的 B3～B0＝0110B，结果是 0011B，进位 C4＝1。因此电路完成的是 8＋5＝13 的运算。

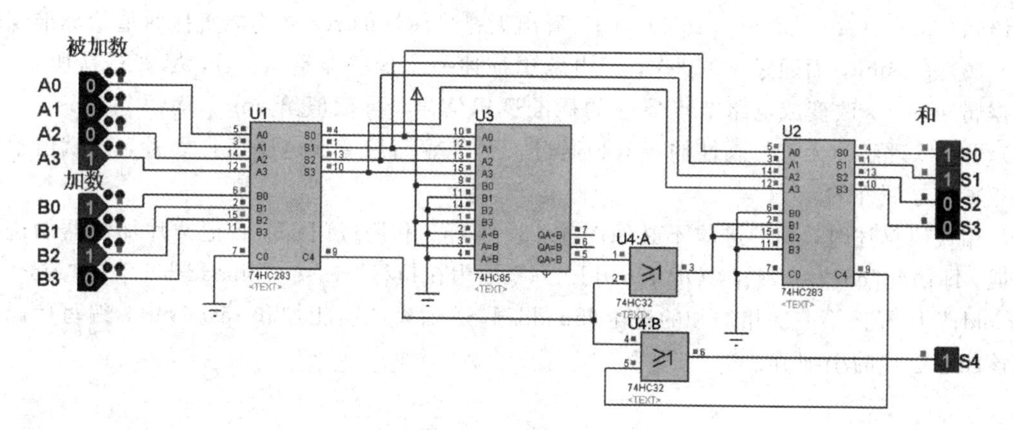

图 4－32　例 4－8 设计的仿真电路图

2. 利用 VHDL 描述电路

```
LIBRARY IEEE;
USE IEEE.STD_LOGIC_1164.ALL;
USE IEEE.STD_LOGIC_ARITH.ALL;
USE IEEE.STD_LOGIC_UNSIGNED.ALL;
--*************************************
```

```
ENTITY  V8421bcdadd   is
    PORT(cin      :in std_logic; --低位进位，如图 4-31 中 U1 的 C0
        op1, op2      :in unsigned( 3 downto 0); --被加数和加数信号属性是无符号数
        co:OUT std_logic; --向高位的进位，如图 4-31 中 U2 的 C4
        sum:OUT std_logic_vector( 3 downto 0)--和的信号属性是标准逻辑信号
        );
END V8421bcdadd   ;
ARCHITECTURE abc OF V8421bcdadd     IS
signal binadd, res :unsigned( 4 downto 0); --和的中间信号
BEGIN
binadd<=('0' & op1)+op2+cin; --被加数加上加数，如图 4-31 的 U1 所示
process(binadd)
  begin
    if  binadd >9 then res<=binadd+6; --和大于 9 做加 6 调整，如图 4-31 的 U3、U2 所示
    else res<=binadd; --和不大于 9 不调整
    end if;
end process;
  sum<=res( 3 downto 0)+0; co<=res(4) ; --中间信号输出
end abc; --此处不写+0，语法将报错，即不能直接赋值
```

代码中的“op1，op2 :in unsigned(3 downto 0);”代表输入被加数和加数都是无符号数，数据范围为0～15，中间信号“signal binadd，res :unsigned(4 downto 0);”也定义做无符号数，执行“binadd<=('0' & op1)+op2+cin;”时，由于等号两边数据宽度不一致，因此通过在被加数 op1 前并置一个 0 的方法，把被加数扩展为 5 位，这里的 cin 默认加在 bit0 位置上。

代码中“sum:OUT std_logic_vector(3 downto 0);”代表输出信号是标准逻辑信号，从语句“sum<=res(3 downto 0)+0;”看出无符号属性的 res 并不能直接赋值给标准逻辑信号属性的 sum，而通过+0 动作，即电路中描述一个加法器给 res 后，尽管只是加 0，把数据属性的 res 改变成电路节点属性的标准逻辑信号，再赋值给 sum。而语句“co<=res(4);”可以理解为无符号属性的 res(4)通过一个传输门后变成电路节点属性，再赋值给标准逻辑信号属性的 co。

用代码描述时，和的进位不必像图 4-31 那样，利用或门 U4:B 把两片加法器的进位相或，即语句“co<=res(4) OR binadd(4);”因为在执行“res<=binadd+6;”或“res<=binadd;”已经把第一次相加和的进位 binadd(4)送到第二次相加和 res(4)中，编写代码时应该注意这样的小细节。

4.7 综合设计

本节将利用第 1、2、4 章学习的知识，完成 2 个 5421 码数据的加法运算，分别用中规模电路及门电路设计和用 VHDL 描述设计。

5421 码编码规律：0～4 编码规律与二进制相同，5～9 的编码比二进制大 3。因此当 2 个 4 位 5421 码相加时，和出现 0101、0110、0111、1101、1110、1111，就是 5421 码的伪码，需要进行加 3 调整，详细的调整规则如表 4-3 所示。

表 4-3　5421 码编码和的调整规则

和	和的十位	和的个位	调整规则
0	0	0000	不调整
1	0	0001	不调整
2	0	0010	不调整
3	0	0011	不调整
4	0	0100	不调整
伪码	0	0101 0110 0111	加 3 调整
5	0	1000	做 4+4=8 时，即 0100B+0100B=1000B 时加 3 调整，其余不调整
6	0	1001	不调整
7	0	1010	不调整
8	0	1011	不调整
9	0	1100	不调整
伪码	0	1101 1110 1111	加 3 调整
10	1	0000	做 10000B=1100B+0100B，即 4+9=13，需要加 3 调整，其余不调整
11 12 13 14	1 1 1 1	0001 0010 0011 0100	和大于 10001B 时，两个参与加法的数据都会大于 5，即 1000B，两数相加和比二进制多出 6，刚好弥补了用二进制表示十进制加法有进位时多出的 6。因此，有进位无伪码，不调整
伪码	1	0101 0110 0111	加 3 调整
15	1	1000	做 11000B=1100B+1100B，即 9+9=18，需要加 3 调整，其余不调整
16 17 18 19	1	1001 1010 1011 1100	不调整

调整规则：和出现伪码加 3 调整；当执行 4+4、4+9、9+4、9+9 时，和虽然不是伪码，也加 3 调整，判断条件是被加数和加数的低 3 位同为 100B。

4.7.1 用中规模电路及门电路设计

设计仿真软件是Proteus7.2，该软件是英国Lab Center Electronics公司出版的EDA工具软件，它不仅具有其他EDA工具软件的仿真功能，还能仿真单片机及外围器件，受到相关专业科技工作者的青睐。

2个4位5421码相加的电路框图如图4-33所示，输入部分用2组74148编码器做十进制到5421码的编码，输出部分用一组74138做5421码到十进制输出的译码，都需要级联设计。

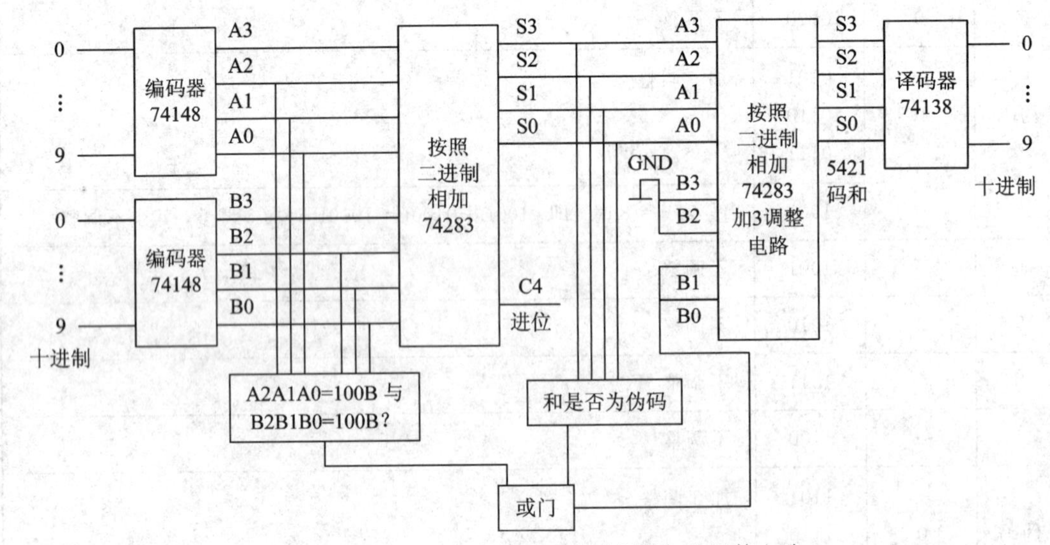

图4-33 利用5421码的2个十进制数加法运算电路

利用2个加法器分别完成2个5421码相加、5421码和的加3调整，其中加3调整电路利用正逻辑输出的或门信号组成3。

和的伪码判断电路输入信号是2个5421码相加和，画出卡诺图，化简后得到逻辑表达式是S2S0+S2S1，根据表达式得出的电路图如图4-34所示。

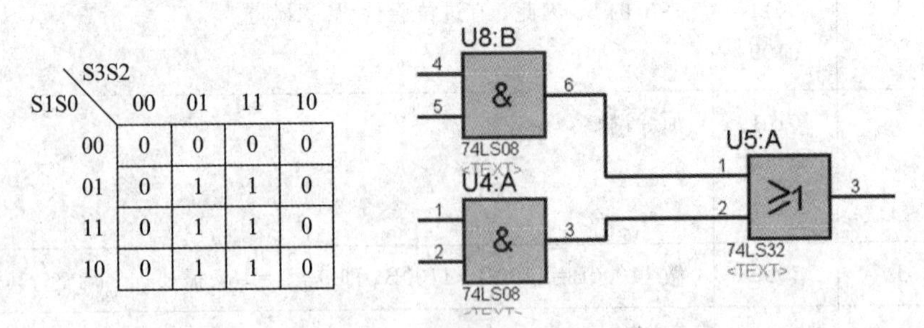

图4-34 和的伪码判断电路

输入信号是否低3位都是100B的判断电路表达式是

$$A2\ \overline{A1A0}\cdot B2\ \overline{B1B0}=A2\ \overline{A1+A0}\cdot B2\ \overline{B1+B0}$$

电路如图4-35所示。

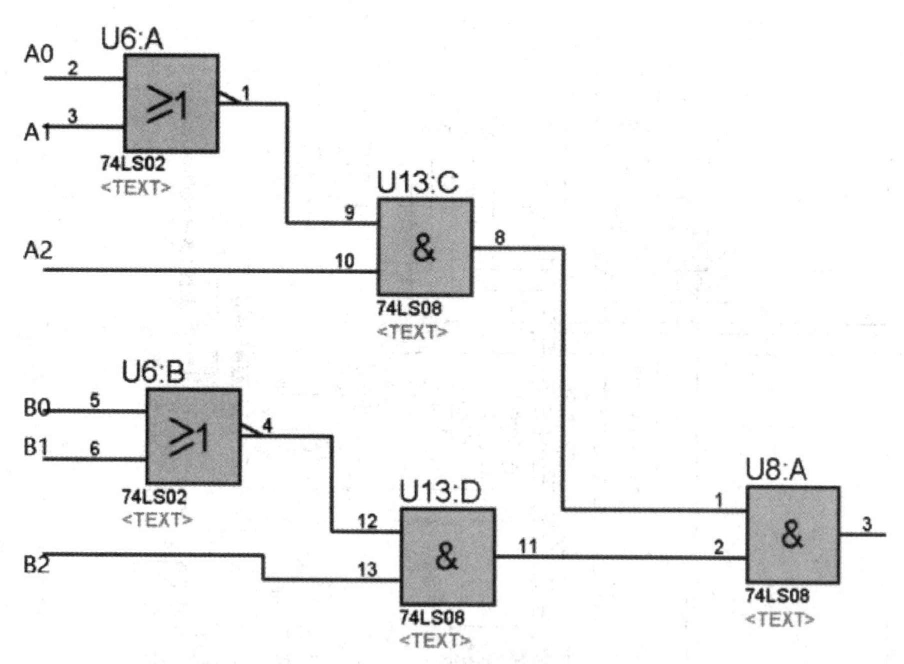

图 4-35　输入信号是否低 3 位都是 100B 判断电路

按照图 4-33 设计的总电路图如图 4-36 所示，输入输出值都以图中左侧 LOGIC 模块的 0 有效，当前执行 2+9=11，加法和是 01110B，需要加 3 调整，“伪码判断电路”输出 U5:A 的 3 脚为 1，但是“输入信号是否低 3 位都是 100B 判断电路”输出 U8:A 的 3 脚为 0，通过或门 U5:B 后 6 脚输出 1，因此加 3 调整电路 U1 的 B1B0=11B，做加 3 调整，因此图中右侧逻辑模块输出 10001B，是 5421 码的 11。本电路学习编码(U14～U17)、相加(U2)、伪码(U8B，U4A，U5A 及 U5B)输入有 100B(U6A，U13C，U6B，U13D，U8A)时加 3 调整(U1，U3)、译码电路(U7，U9)的设计。

4.7.2　用 VHDL 设计

设计应用软件是 Altera(阿尔特拉)公司的 Quartus Ⅱ 9.0，是 Altera 公司的综合性 CPLD/FPGA 开发软件，具有原理图、VHDL、VerilogHDL 等多种设计输入形式，内嵌自有的综合器以及仿真器，可以完成从设计输入到硬件配置的完整 PLD 设计流程。

如图 4-36 所示，设计思路如下：

(1) 输入信号是 2 组十位低电平有效的信号，分别表示被加数和加数的 0～9，如图中左半部。

(2) 经过编码电路后输出 2 组 5421 码的被加数和加数，如图中的 A3～A0 和 B3～B0。

(3) 判断 2 组数据是否低 3 位都是 100B，如图中右下部的门电路。

(4) 以上 2 组数据相加，如图中的 U2 芯片。

(5) 根据相加结果判断是否需要加 3 调整，如图右上部的门电路。

(6) 对 U2 的和进行加 3 调整，如图中的 U1、U3。

(7) 把经过调整后的和译码输出，如图中左上部和的结果。

下面按照以上 7 点进行 VHDL 描述设计。

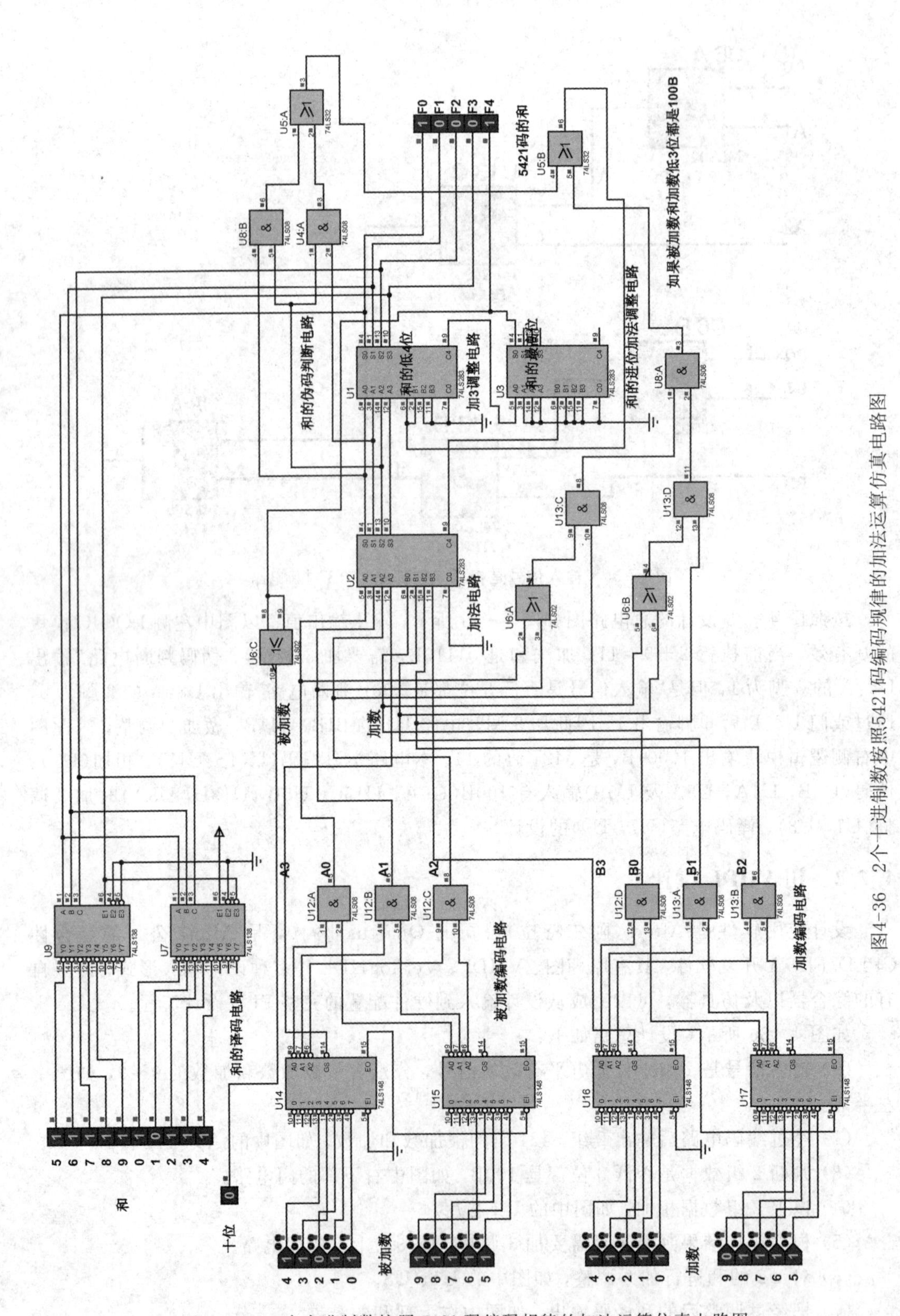

图 4-36 2 个十进制数按照 5421 码编码规律的加法运算仿真电路图

1. 编码电路设计

```
LIBRARY IEEE;
USE IEEE.STD_LOGIC_1164.ALL;
USE IEEE.STD_LOGIC_ARITH.ALL;
USE IEEE.STD_LOGIC_UNSIGNED.ALL;
--*************************************
ENTITY V5421 is
  PORT( I:in std_logic_vector(9 downto 0); --输入的10位低电平有效的信号
        F:OUT std_logic_vector(3 downto 0)); --输出的4位二进制编码结果
END V5421;
--*************************************
ARCHITECTURE abc OF V5421 IS
BEGIN
PROCESS(I)
  begin
   CASE I IS--CASE语句必须放在进程中，因此是顺序语句，用来描述真值表
    WHEN "1111111110"=>F<="0000";
    WHEN "1111111101"=>F<="0001";
    WHEN "1111111011"=>F<="0010";
    WHEN "1111110111"=>F<="0011";
    WHEN "1111101111"=>F<="0100";
    WHEN "1111011111"=>F<="1000";
    WHEN "1110111111"=>F<="1001";
    WHEN "1101111111"=>F<="1010";
    WHEN "1011111111"=>F<="1011";
    WHEN "0111111111"=>F<="1100";
    WHEN OTHERS=>F<="ZZZZ";
   END CASE;
  END PROCESS;
end abc;
```

2. 相加、和的调整电路描述

```
LIBRARY IEEE;
USE IEEE.STD_LOGIC_1164.ALL;
USE IEEE.STD_LOGIC_ARITH.ALL;
USE IEEE.STD_LOGIC_UNSIGNED.ALL;
--*************************************
ENTITY v is
 PORT( A:IN std_logic_vector(4 downto 0); --被加数，设为5位
       B:IN std_logic_vector(4 downto 0); --加数，设为5位
       I:OUT std_logic_vector(4 downto 0); --按照二进制规则相加的和，设为5位
       F:OUT std_logic_vector(4 downto 0)); --调整以后的和
END v;
--*************************************
```

```
ARCHITECTURE abc OF v IS
signal ITEMP, FTEMP:std_logic_vector( 4 downto 0);
BEGIN
PROCESS(ITEMP)
 begin
  ITEMP<=A+B; --2个5421码相加，和在ITEMP中，此时结果中会有伪码
  CASE ITEMP IS
--判断和是否有伪码，及做加3调整，但是本CASE语句不包含输入信号低3位都是100B时的加3调整功能
   WHEN "00000"=>FTEMP<="00000";
   WHEN "00001"=>FTEMP<="00001";
   WHEN "00010"=>FTEMP<="00010";
   WHEN "00011"=>FTEMP<="00011";
   WHEN "00100"=>FTEMP<="00100";
   WHEN "00101"=>FTEMP<="01000"; --伪码，加3
   WHEN "00110"=>FTEMP<="01001"; --伪码，加3
   WHEN "00111"=>FTEMP<="01010"; --伪码，加3
   WHEN "01000"=>FTEMP<="01000";
   WHEN "01001"=>FTEMP<="01001";
   WHEN "01010"=>FTEMP<="01010";
   WHEN "01011"=>FTEMP<="01011";
   WHEN "01100"=>FTEMP<="01100";
   WHEN "01101"=>FTEMP<="10000"; --伪码，加3
   WHEN "01110"=>FTEMP<="10001"; --伪码，加3
   WHEN "01111"=>FTEMP<="10010"; --伪码，加3
   WHEN "10000"=>FTEMP<="10000";
   WHEN "10001"=>FTEMP<="10001";
   WHEN "10010"=>FTEMP<="10010";
   WHEN "10011"=>FTEMP<="10011";
   WHEN "10100"=>FTEMP<="10100";
   WHEN "10101"=>FTEMP<="11000"; --伪码，加3
   WHEN "10110"=>FTEMP<="11001"; --伪码，加3
   WHEN "10111"=>FTEMP<="11010"; --伪码，加3
   WHEN "11000"=>FTEMP<="11000";
   WHEN "11001"=>FTEMP<="11001";
   WHEN "11010"=>FTEMP<="11010";
   WHEN "11011"=>FTEMP<="11011";
   WHEN "11100"=>FTEMP<="11100";
   WHEN "11101"=>FTEMP<="11101"; --伪码，加3
   WHEN "11110"=>FTEMP<="11110"; --伪码，加3
   WHEN "11111"=>FTEMP<="11111"; --伪码，加3
   WHEN OTHERS=>FTEMP<="ZZZZZ";
  END CASE;
```

```
--利用以下的 IF 语句，判断输入信号低 3 位都是 100B 时的加 3 调整功能，如当前进行 9+9=18 的运算，在以上 CASE 语句中和是 11000B，因为不是伪码，所以不做加 3，FTEMP<="11000"的结果仍是 11000B，经过以下 IF 语句后执行 F<=FTEMP+"00011"，结果进行了加 3 调整
  IF A(2 DOWNTO 0)="100"AND B(2 downto 0)="100"  THEN
     F<=FTEMP+"00011";
     ELSE F<=FTEMP;
  end IF;
  I<=ITEMP;
  END PROCESS;
end abc;
```

3. 和的译码电路设计

```
LIBRARY IEEE;
USE IEEE.STD_LOGIC_1164.ALL;
USE IEEE.STD_LOGIC_ARITH.ALL;
USE IEEE.STD_LOGIC_UNSIGNED.ALL;
--***************************************
ENTITY V5421yima is
 PORT( I:in std_logic_vector(3 downto 0);
        I1: in std_logic;
         F:OUT std_logic_vector(9 downto 0);
        F1:OUT std_logic);
END V5421yima;
--***************************************
ARCHITECTURE abc OF V5421yima IS
BEGIN
PROCESS(I)
 begin
  CASE I IS --图 4-36 电路中 U9、U7 的作用
  WHEN "0000"=>F<="1111111110";
  WHEN "0001"=>F<="1111111101";
  WHEN "0010"=>F<="1111111011";
  WHEN "0011"=>F<="1111110111";
  WHEN "0100"=>F<="1111101111";
  WHEN "1000"=>F<="1111011111";
  WHEN "1001"=>F<="1110111111";
  WHEN "1010"=>F<="1101111111";
  WHEN "1011"=>F<="1011111111";
  WHEN "1100"=>F<="0111111111";
  WHEN OTHERS=>F<="ZZZZZZZZZZ";
  END CASE;
  F1<=NOT I1; --图 4-36 电路中 U6:C 的作用
 END PROCESS;
```

```
end abc;
```

4. 把以上分模块组合成完整的 VHDL 描述电路

设计框图如图 4-37 所示，分为 4 个 PROCESS 书写：

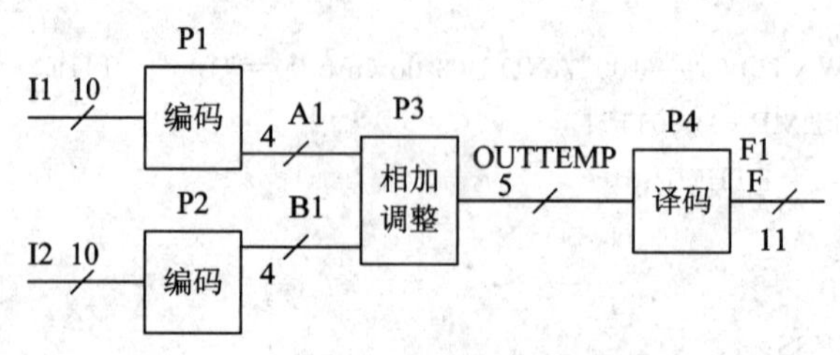

图 4-37 电路描述框图

```
LIBRARY IEEE;
USE IEEE.STD_LOGIC_1164.ALL;
USE IEEE.STD_LOGIC_ARITH.ALL;
USE IEEE.STD_LOGIC_UNSIGNED.ALL;
--**************************************
ENTITY V5421FULL is
 PORT( I1, I2:in std_logic_vector(9 downto 0); --2 组输入信号
        X, X1:OUT std_logic_vector(4 downto 0); --二进制和、调整后的和，作为中间信号
观察输出
          F:OUT std_logic_vector(9 downto 0);
          F1:OUT std_logic); --1 组输出信号
END V5421FULL;
--**************************************
ARCHITECTURE abc OF V5421FULL IS
signal A1, B1:std_logic_vector( 3 downto 0); --2 组编码输出的中间信号
signal A, B, ITEMP, FTEMP, OUTTEMP:std_logic_vector( 4 downto 0);
BEGIN
P1:PROCESS(I1)--被加数编码
 begin
  CASE I1 IS
    WHEN "1111111110"=>A1<="0000";
    WHEN "1111111101"=>A1<="0001";
    WHEN "1111111011"=>A1<="0010";
    WHEN "1111110111"=>A1<="0011";
    WHEN "1111101111"=>A1<="0100";
    WHEN "1111011111"=>A1<="1000";
    WHEN "1110111111"=>A1<="1001";
    WHEN "1101111111"=>A1<="1010";
    WHEN "1011111111"=>A1<="1011";
    WHEN "0111111111"=>A1<="1100";
    WHEN OTHERS=>A1<="ZZZZ";
  END CASE;
```

```
END PROCESS P1;
--============================
P2:PROCESS(I2)--加数编码
 begin
  CASE I2 IS
    WHEN "1111111110"=>B1<="0000";
    WHEN "1111111101"=>B1<="0001";
    WHEN "1111111011"=>B1<="0010";
    WHEN "1111110111"=>B1<="0011";
    WHEN "1111101111"=>B1<="0100";
    WHEN "1111011111"=>B1<="1000";
    WHEN "1110111111"=>B1<="1001";
    WHEN "1101111111"=>B1<="1010";
    WHEN "1011111111"=>B1<="1011";
    WHEN "0111111111"=>B1<="1100";
    WHEN OTHERS=>B1<="ZZZZ";
  END CASE;
END PROCESS P2;
--============================
P3:PROCESS(A1, B1)--相加、和的调整
 begin
  A<='0' & A1; B<='0' & B1;
  ITEMP<=A+B; X<=ITEMP;
  CASE ITEMP IS
    WHEN "00000"=>FTEMP<="00000";
    WHEN "00001"=>FTEMP<="00001";
    WHEN "00010"=>FTEMP<="00010";
    WHEN "00011"=>FTEMP<="00011";
    WHEN "00100"=>FTEMP<="00100";
    WHEN "00101"=>FTEMP<="01000";
    WHEN "00110"=>FTEMP<="01001";
    WHEN "00111"=>FTEMP<="01010";
    WHEN "01000"=>FTEMP<="01000";
    WHEN "01001"=>FTEMP<="01001";
    WHEN "01010"=>FTEMP<="01010";
    WHEN "01011"=>FTEMP<="01011";
    WHEN "01100"=>FTEMP<="01100";
    WHEN "01101"=>FTEMP<="10000";
    WHEN "01110"=>FTEMP<="10001";
    WHEN "01111"=>FTEMP<="10010";
    WHEN "10000"=>FTEMP<="10000";
    WHEN "10001"=>FTEMP<="10001";
    WHEN "10010"=>FTEMP<="10010";
```

```
      WHEN "10011"=>FTEMP<="10011";
      WHEN "10100"=>FTEMP<="10100";
      WHEN "10101"=>FTEMP<="11000";
      WHEN "10110"=>FTEMP<="11001";
      WHEN "10111"=>FTEMP<="11010";
      WHEN "11000"=>FTEMP<="11000";
      WHEN "11001"=>FTEMP<="11001";
      WHEN "11010"=>FTEMP<="11010";
      WHEN "11011"=>FTEMP<="11011";
      WHEN "11100"=>FTEMP<="11100";
      WHEN "11101"=>FTEMP<="11101";
      WHEN "11110"=>FTEMP<="11110";
      WHEN "11111"=>FTEMP<="11111";
      WHEN OTHERS=>FTEMP<="ZZZZZ";
    END CASE;
    IF A1(2 DOWNTO 0)="100"AND B1(2 downto 0)="100"   THEN
      OUTTEMP<=FTEMP+"00011";
    ELSE OUTTEMP<=FTEMP;
    end if;
  X1<=OUTTEMP;
    END PROCESS P3;
  --=========================
  P4:PROCESS(OUTTEMP)--译码电路
  begin
    CASE OUTTEMP(3 downto  0) IS --图 4-36 电路中 U9、U7 的作用
      WHEN "0000"=>F<="1111111110";
      WHEN "0001"=>F<="1111111101";
      WHEN "0010"=>F<="1111111011";
      WHEN "0011"=>F<="1111110111";
      WHEN "0100"=>F<="1111101111";
      WHEN "1000"=>F<="1111011111";
      WHEN "1001"=>F<="1110111111";
      WHEN "1010"=>F<="1101111111";
      WHEN "1011"=>F<="1011111111";
      WHEN "1100"=>F<="0111111111";
      WHEN OTHERS=>F<="ZZZZZZZZZZ";
    END CASE;
    F1<=NOT OUTTEMP(4); --图 4-36 电路中 U6:C 的作用
  END PROCESS P4;
  --=========================
  end abc;
```

仿真波形如图 4-38 所示，当 I1、I2=1111111011B 时，输入 2+2，因此输出二进制和 X=00100B，调整和 X1=00100B，译码输出 F=1111101111B，即输出 4。

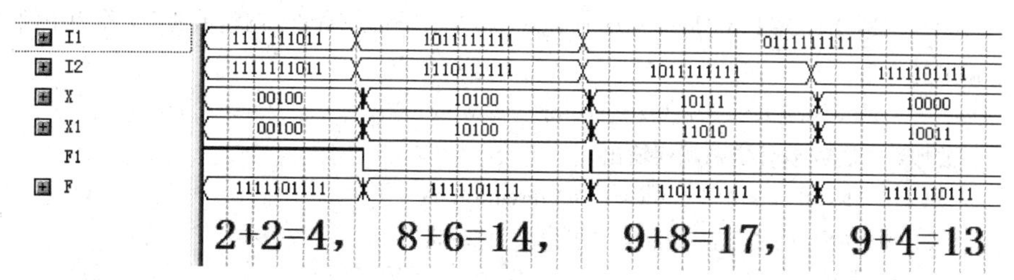

图 4－38　2 个 5421 码相加电路仿真波形图

本设计用一个 VHDL 文件实现所有电路模块，按照设计框图分成 4 个 PROCESS。这种设计的优点是只要建立一个工程，缺点是 PROCESS 之间的信号联系一定不能错。还有一种设计方法是为每个子电路(如前述的 1、2、3 点的 3 个电路就是子电路)都建立一个工程，并创建子电路芯片，最后将所有的子电路芯片按照电路框图要求连接成总电路。这样做的缺点是需建立很多工程；优点是电路内部的中间信号用连线的方法连接，无需考虑名称是否一样。

本设计主要用真值表语句 CASE，只要提出电路功能要求，列出输入和输出之间的真值表关系，就可以用以上方法完成 VHDL 描述；适当加入 IF 语句，以及灵活应用嵌套语句，可以完成大部分电路的描述，这些掌握起来并不困难，关键是要掌握在 QuartusⅡ软件中的应用，以及学习排错及仿真方法。

通过本设计可以看出，只要有输出、输入信号间的关系，就能利用性能描述设计出电路图。但是，如果本例不是分成 4 个子电路，则很难直接写出 I1、I2 与 F 的关系。因此，掌握数字电路的基本设计方法，是 FPGA 设计的基础。

5. 修改编码电路

使用一套输入节点和一个编码器电路完成的输入译码电路框图如图 4－39 所示。

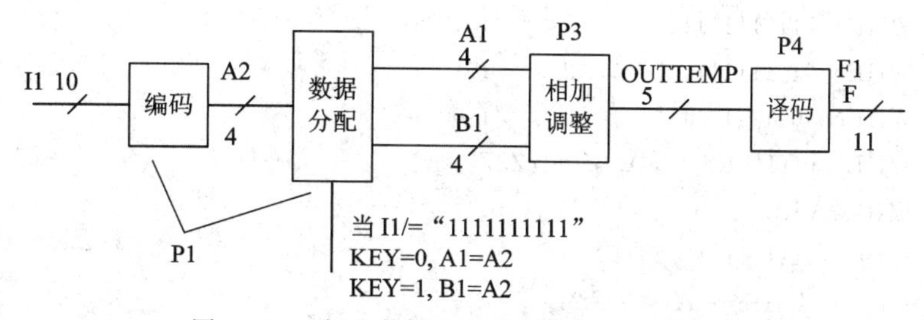

图 4－39　加入数据分配器设计输入译码电路

编码电路修改如下：

```
LIBRARY IEEE;
USE IEEE. STD_LOGIC_1164. ALL;
USE IEEE. STD_LOGIC_ARITH. ALL;
USE IEEE. STD_LOGIC_UNSIGNED. ALL;
--* * * * * * * * * * * * * * * * * * * * * * * * * * * * * * * * * * * * * * * * * * *
ENTITY V5421FULL is
 PORT( KEY:in std_logic;
--当 KEY='0'时，输入被加数，KEY='1'时输入加数，此时结果才是和
        I1:in std_logic_vector(9 downto 0); --1 组输入信号
```

```
        X, X1:OUT std_logic_vector(4 downto 0); --二进制和、调整后的和，作为中间信号观察
输出
        X3, X4:OUT std_logic_vector(3 downto 0);
--被加数、加数编码结果观察输出
         F:OUT std_logic_vector(6 downto 0);
         F1:OUT std_logic); --1 组输出信号
END V5421FULL;
--* * * * * * * * * * * * * * * * * * * * * * * * * * * * * * * * * * * * * * * *
ARCHITECTURE abc OF V5421FULL IS
signal A1, B1, A2:std_logic_vector( 3 downto 0); --2 组编码输出的中间信号
signal A, B, ITEMP, FTEMP, OUTTEMP:std_logic_vector( 4 downto 0);
BEGIN
--=========================
P1:PROCESS(I1, KEY)--被加数、加数编码电路，结果分别在保存在 A1、B1 中，具有记忆
功能
 begin
  CASE I1 IS
    WHEN "1111111110"=>A2<="0000";
    WHEN "1111111101"=>A2<="0001";
    WHEN "1111111011"=>A2<="0010";
    WHEN "1111110111"=>A2<="0011";
    WHEN "1111101111"=>A2<="0100";
    WHEN "1111011111"=>A2<="1000";
    WHEN "1110111111"=>A2<="1001";
    WHEN "1101111111"=>A2<="1010";
    WHEN "1011111111"=>A2<="1011";
    WHEN "0111111111"=>A2<="1100";
    WHEN OTHERS=>A2<="ZZZZ";
    END CASE;
 IF (I1 /="1111111111")THEN
 IF KEY='0' THEN   A1<=A2;
 ELSE B1<=A2;
 END IF; --这是一个数据分配器的设计，控制信号是 KEY，输入是 A2，分配输出是 A1、B1
 END IF; --这是一个不完整的 IF 语句，只说明(I1 /="1111111111")时的执行结果，其他条件
没有说明，表示保持不变
 X3<=A1;
 X4<=B1;
 END PROCESS P1;
 --=========================
```

以下接上述第 4 点的 P3:PROCESS。

6. 把译码输出改为个位并用共阴极数码管输出

输出信号的十位仍采用发光二极管来显示，为高电平有效，如图 4-40 所示。

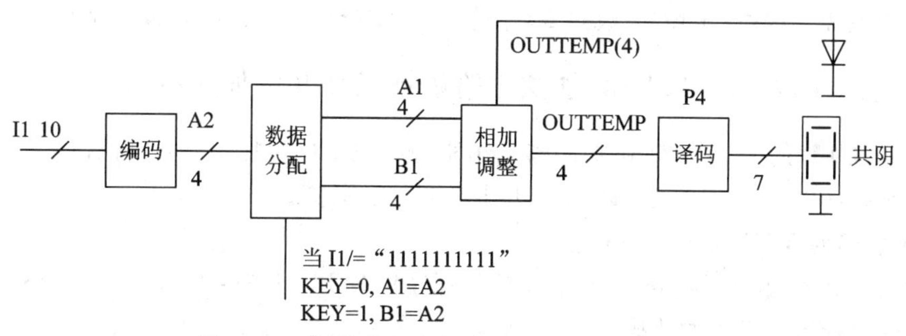

图 4－40　用数码管表示输出信号时的电路框图

7. 修改 PORT 输出信号 F

把上述第 4 点的代码 PORT 部分输出信号 F 改为

```
F:OUT std_logic_vector(6 downto 0);
```

8. 修改进程 4 的代码

把进程 4 改为以下代码：

```
P4:PROCESS(OUTTEMP)--译码电路
begin
  CASE OUTTEMP(3downto 0) IS--图 4-36 电路中 U9、U7 的作用
    WHEN "0000"=>F<="0111111"; --"1111111110";
    WHEN "0001"=>F<="0000110"; --"1111111101";
    WHEN "0010"=>F<="1011011"; --"1111111011";
    WHEN "0011"=>F<="1001111"; --"1111110111";
    WHEN "0100"=>F<="1100110"; --"1111101111";
    WHEN "1000"=>F<="1101101"; --"1111011111";
    WHEN "1001"=>F<="1111101"; --"1110111111";
    WHEN "1010"=>F<="0000111"; --"1101111111";
    WHEN "1011"=>F<="1111111"; --"1011111111";
    WHEN "1100"=>F<="1101111"; --"0111111111";
    WHEN OTHERS=>F<="0000000"; --"ZZZZZZZZZZ";
  END CASE;
  F1<=OUTTEMP(4); --图 4-36 电路中 U6:C 的作用
END PROCESS P4;
```

修改后的仿真波形图如图 4－41 所示。

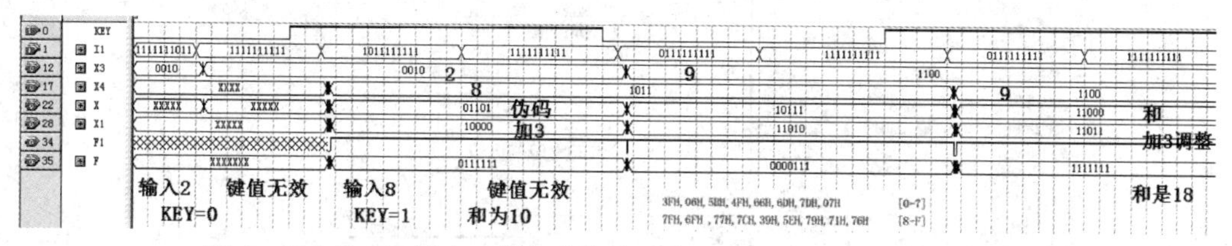

图 4－41　输入、输出工作方式修改后的 2 个 5421 码加法电路波形图

通过以上设计可见，通过使用 CASE 语句和 IF 语句，配合所设计的电路真值表，以及信号之间的逻辑关系，可以方便地设计组合逻辑电路。在完成本书第 7 章的实验(三)、(四)及学习芯片下载后，可以尝试对本设计进行引脚分配，将输入信号分配给开关，输出

信号分配给发光二极管(十位)、数码管(个位)，在实验板上验证电路设计结果。

4.7.3　利用4位V5421FULL加法电路扩展设计8位加法电路

V5421FULL的4位5421码加法器用于实现一位十进制加法，可以把该电路作为电路单元，扩展设计成8位、12位、16位…的十进制加法运算。

1. 扩展前对V5421FULL进行修改

下面以扩展为8位加法电路为例，在扩展前需对V5421FULL输入信号的锁存电路进行修改。

(1) 修改端口定义中的代码：

```
KEY:in std_logic_vector(1 downto 0); --当KEY='10'时，输入被加数；当KEY='01'时，输入加数
C0:in std_logic; --5421码加法运算时低位送来的进位
```

(2) 屏蔽端口定义中原来的X、X1、X3、X4，这些中间信号作为已经验证正确的子电路，无需观察这些中间信号的结果。

(3) 把原进程1中的输入信号锁存语句修改为

```
IF (I1 /="1111111111")THEN --如果输入信号有键按下
IF KEY="10"THEN   A1<=A2; --当控制端KEY="10"时，输入信号锁存到被加数单元
ELSIF KEY="01" THEN B1<=A2; --当控制端KEY="01"时，输入信号锁存到加数单元
END IF; --当KEY="10"或KEY="01"时，不锁存
END IF; --如果输入信号无键按下，则不锁存
```

2. 生成电路符号

把修改后的V5421FULL生成电路符号。

3. 画出8位5421码加法器电路

画出8位5421码加法器电路，如图4-42所示。其中inst、inst6是经过修改后的4位5421码加法器，利用第4.3.4小节中的VHDL文件decode_3to8生成图4-41中的inst1电路，作为输入信号锁存选择器，选择定义如图中所示。因此inst1的输出Y[1..0]作为个位加法器选择控制端，Y[3..2]作为十位加法器选择控制端；个位加法器的低位进位输入端C0接地，十位加法器的低位进位输入端C0接个位加法器的最高位进位输出端F1，加法和以共阴极数码管的显示码从F2、F1、F0输出。

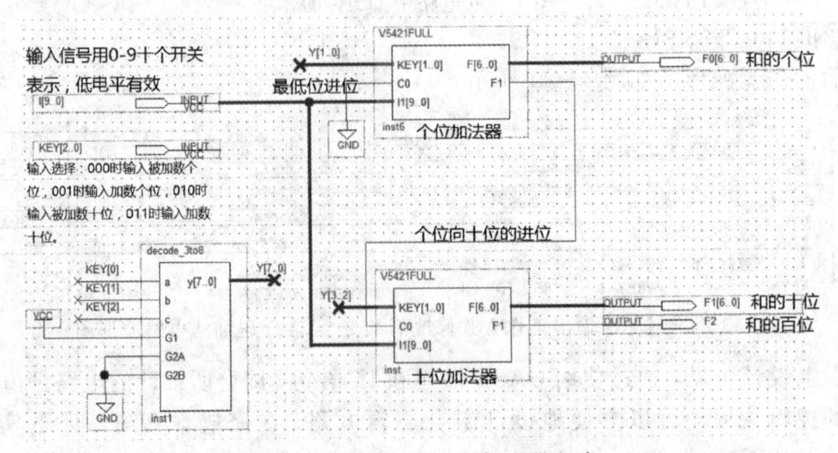

图4-42　8位5421码加法器电路

4. 生成仿真波形

电路仿真波形如图 4 - 43 所示。

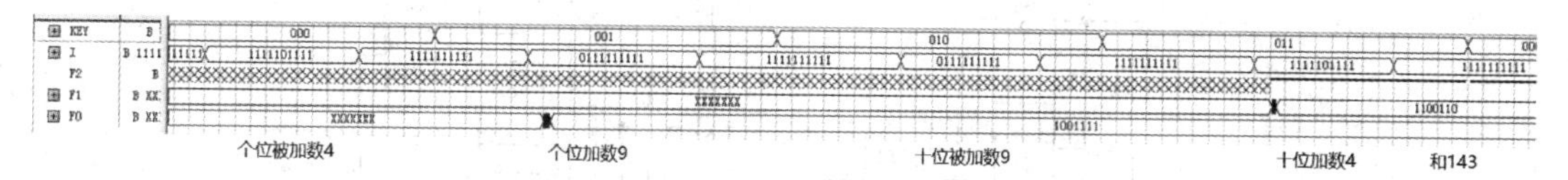

图 4 - 43　8 位 5421 码加法器电路仿真波形图

硬件描述语言(Hardware Description Language，HDL)是一种对于数字电路和系统进行性能描述和模拟的语言，于 20 世纪 70 年代已经在学术界开始使用。硬件描述语言用于在数字系统的设计阶段对系统的性能进行描述和模拟，可缩短硬件设计的时间，减少硬件设计的成本，是一种很有价值的设计方法。但当时硬件描述语言的品种相当多，相互之间都不能通用，语言本身的性能也不够完善，影响了这种设计工具的推广使用。

这种情况一直持续到 VHDL 语言开始研究和应用后才逐渐改变。VHDL 是美国国防部在 20 世纪 80 年代中期开始推出的一种通用的硬件描述语言。当时他们的一个主要研究项目是超高速集成电路 (Very High Speed Integrated Circuits)，需要研究一种新的硬件描述语言，所以取这个项目名称的第一个字母 V，将这种硬件描述语言命名为 VHDL。

VHDL 语言原来只是美国国防部的一种标准，于 1987 年被 IEEE 协会接受为硬件描述语言的标准，即 IEEE 的 VHDL - 87，1993 年又被 IEEE 协会进一步修改并发布为新的标准：VHDL - 93。这样，VHDL 开始在世界范围内得到推广和使用。

除了 VHDL 语言外，还有一种硬件描述语言也被普遍使用，这就是 Verilog HDL，一般称为 Verilog。从学习的角度来说，本书以 VHDL 语言入手，在今后使用时，如果要转换到 Verilog 语言，将不是困难的事情。

硬件描述语言的语法严谨，相对复杂。本书只涉及 CASE、IF 语句，进行数字系统设计，其他硬件描述语言的语法，可以参考相关书籍进行学习。

习　题

1. 分析如图 4 - 44 所示组合逻辑电路，写出输出函数式。若能化简函数式，则写出最简函数式。

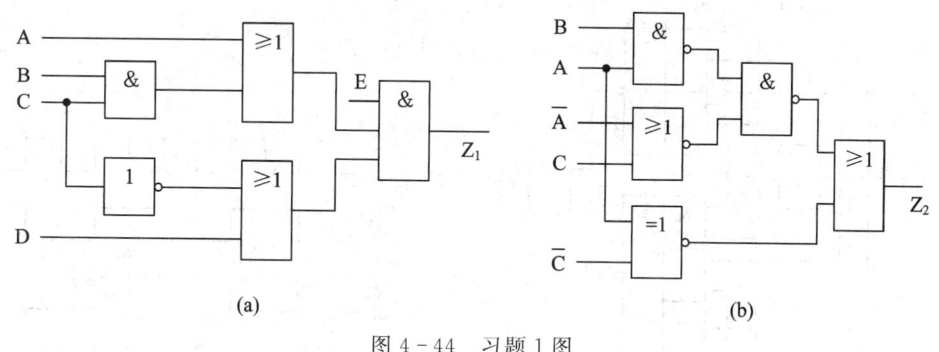

图 4 - 44　习题 1 图

2. 分析如图 4 - 45 所示组合逻辑电路，写出输出函数式。若能化简函数式，则写出最简函式。

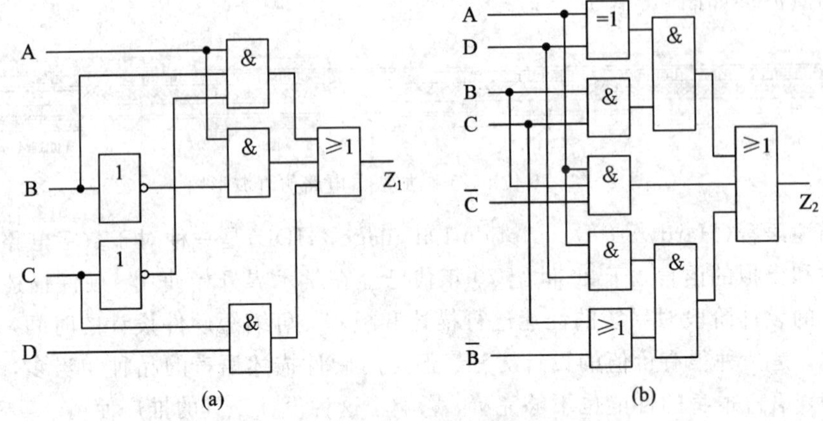

图 4-45 习题 2 图

3. 已知组合逻辑电路如图 4-46(a)所示，电路的输入波形如图 4-46(b)所示。试写出组合逻辑电路的输出函数式，补画出输出信号 Z 的波形。

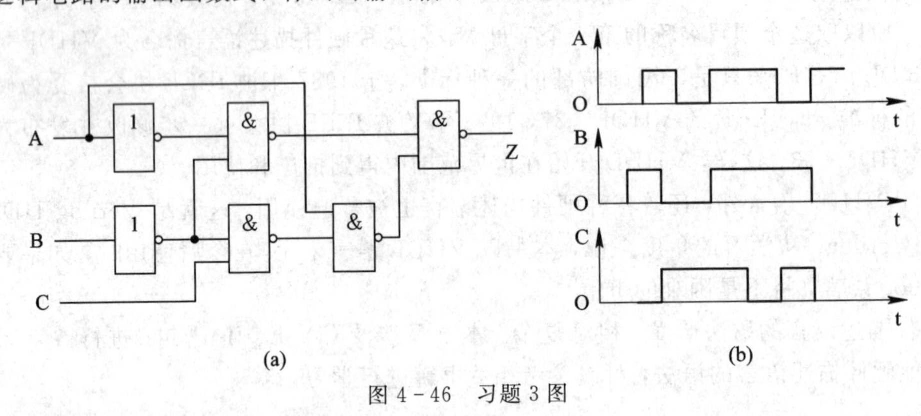

图 4-46 习题 3 图

4. 分析如图 4-47 所示多功能组合逻辑电路，图中 $S_3 \sim S_0$ 为控制输入，A、B 为输入信号。试写出输出 F 的逻辑表达式，列出功能表，说明 A、B 和 F 的关系。

5. 已知组合逻辑电路的输入信号 A、B、C 和输出函数 F 之间对应的波形图如图 4-48 所示。试分析输入信号 A、B、C 和输出函数 F 之间的关系，写出输出函数 F 的逻辑表达式。

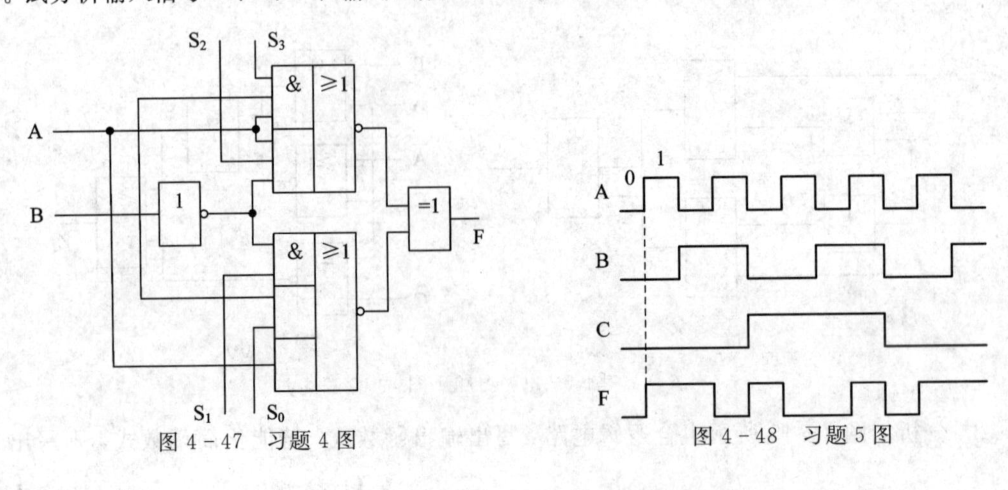

图 4-47 习题 4 图　　图 4-48 习题 5 图

6. 分析如图 4-49 所示组合逻辑电路，已知图中的 M 为控制信号，试写出输出 S 和 CO 的函数式，列出真值表，并说明该电路所完成的逻辑功能。

7. 用 4 选 1 数据选择器组成的电路如图 4-50 所示，试写出电路的输出函数式。

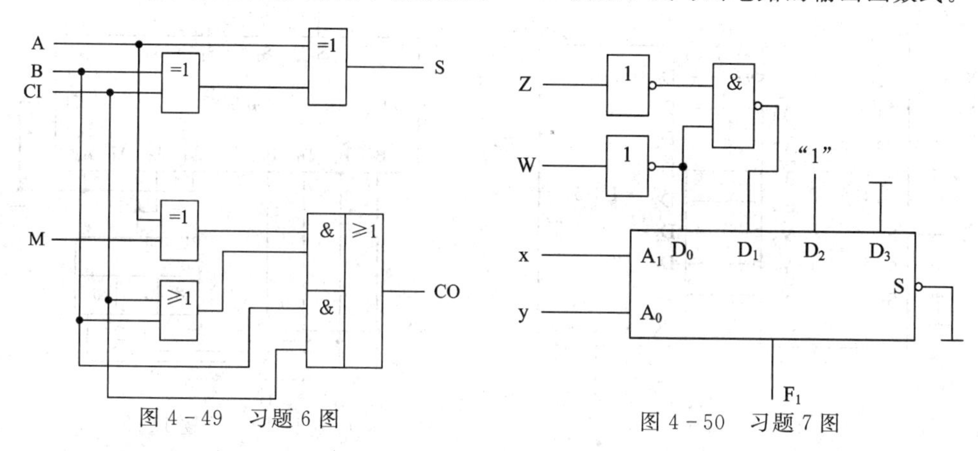

图 4-49　习题 6 图　　图 4-50　习题 7 图

8. 用双 4 选 1 数据选择器组成的电路如图 4-51 所示，试写出电路的输出函数式。

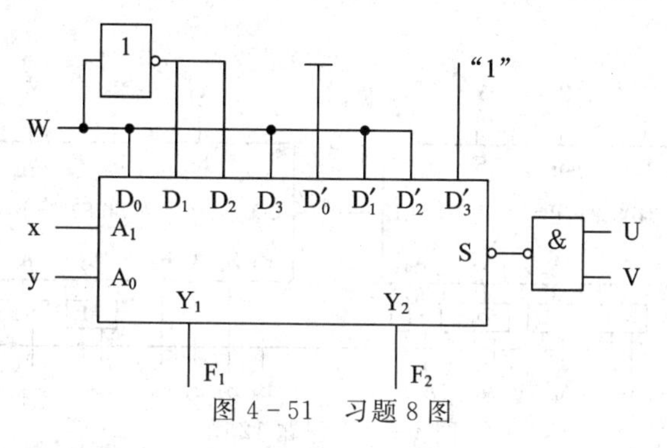

图 4-51　习题 8 图

9. 用 8 选 1 数据选择器组成的电路如图 4-52 所示，已知图中的 G_1、G_0 是控制信号，X、Z 是输入信号。试写出电路的输出函数式，列出电路在 G_1、G_0 控制下，输入 X、Z 和输出 Y 之间关系的功能表。

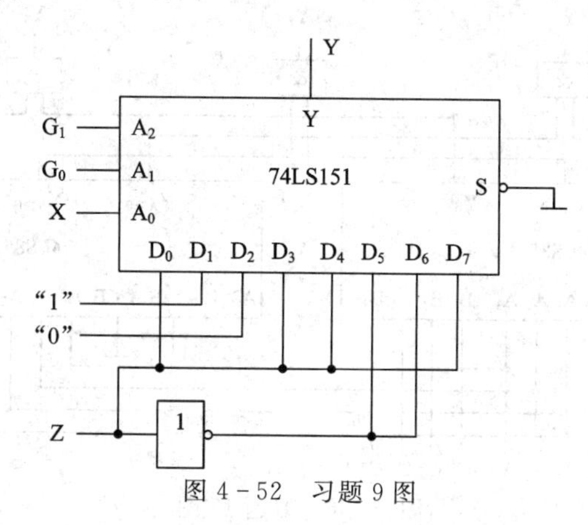

图 4-52　习题 9 图

10. 由 3 线-8 线译码器和 8 选 1 数据选择器组成的电路如图 4-53 所示，图中 $X_2X_1X_0$ 和 $Z_2Z_1Z_0$ 为两个 3 位二进制数。试分析此电路的逻辑功能。

11. 由四位超前进位加法器和门电路组成的电路如图 4－54 所示，输入 ABCD 为 8421BCD 码，试分析此电路所完成的逻辑功能。

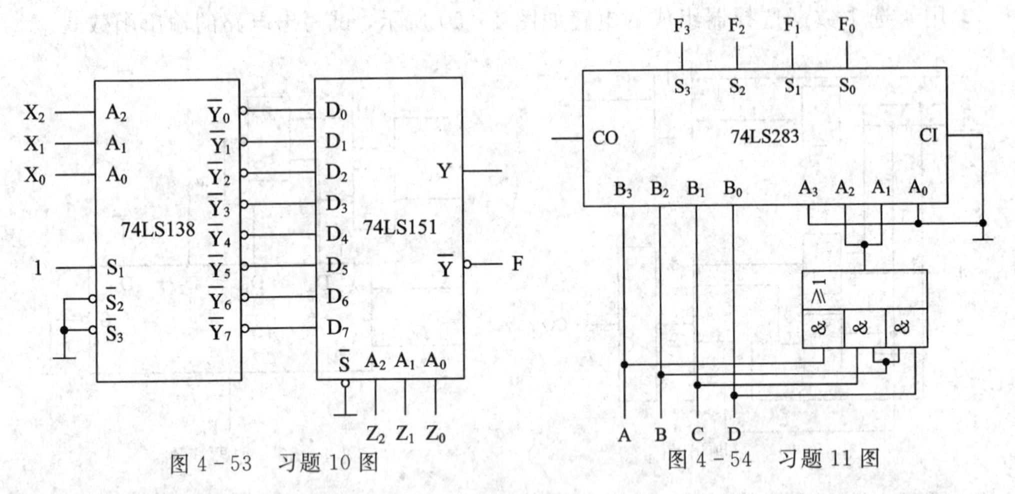

图 4－53　习题 10 图　　　图 4－54　习题 11 图

12. 由四位超前进位加法器和门电路组成的运算电路如图 4－55 所示。试分析此电路所完成的逻辑功能。

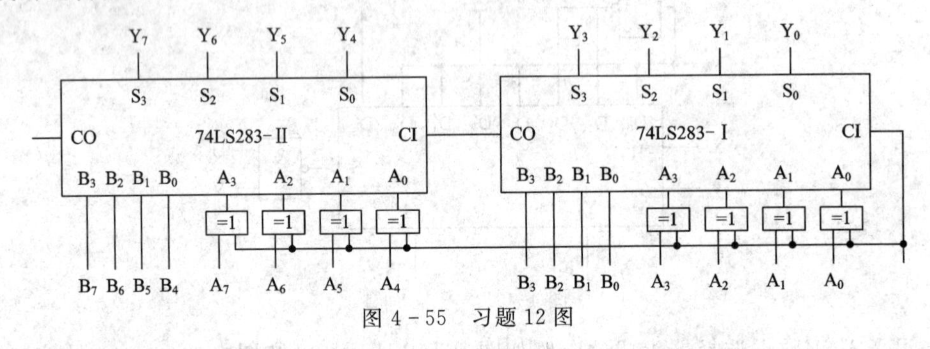

图 4－55　习题 12 图

13. 由四位数值比较器和门电路组成的电路如图 4－56 所示。试分析此电路所完成的逻辑功能。

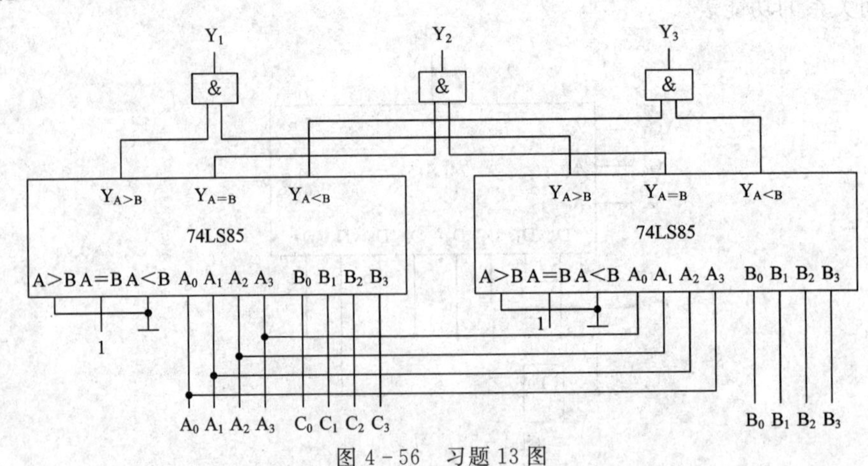

图 4－56　习题 13 图

14. 图 4－57 是某人设计的代码转换器，当 K＝1 时，把输入的三位二进制代码转换为三位循环码；当 K＝0 时，把输入的三位循环码转换为二进制代码。

（1）由给定逻辑图写出各输出函数的逻辑函数式。

（2）根据设计要求检查给定电路有无错误，若有错误请改正。

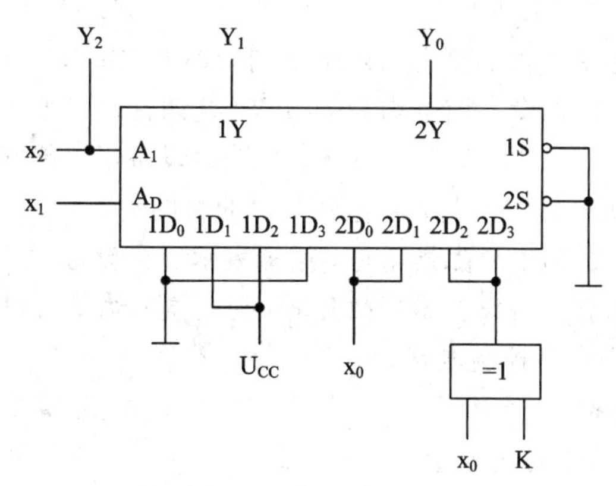

图 4-57　习题 14 图

15. 试用门电路设计一个一位二进制数全减器电路。

16. 试分别用门电路设计能实现如下逻辑功能的组合电路：

（1）四变量的判偶电路（四个变量中偶数个变量为 1 时，其输出为 1）。

（2）三变量的非一致电路（当变量取值完全相同时输出为 0，否则为 1）。

（3）两个两位二进制数 $A=A_1A_0$、$B=B_1B_0$ 的比较大小电路，当 $A\geqslant B$ 时电路输出为 1，否则为 0。

17. 试设计一个 8421 码判别电路，当输入 N_{10} 为：$8<N_{10}\leqslant 13$ 时，输出 $F_1=1$；$2\leqslant N_{10}<10$ 时，输出 $F_2=1$。

18. 用译码器和最少的门电路实现函数：

$$F_1=A\overline{B}+B\overline{C}+\overline{A}B$$

$$F_2=A\overline{C}+\overline{A}BC+C\overline{B}+A\overline{B}C$$

$$F_3=\sum(2,3,4,5,7)$$

19. 已知电路的输出函数 F 和输入信号 ABC 的关系如图 4-58 所示，试用一片 4 选 1 数据选择器实现此电路。

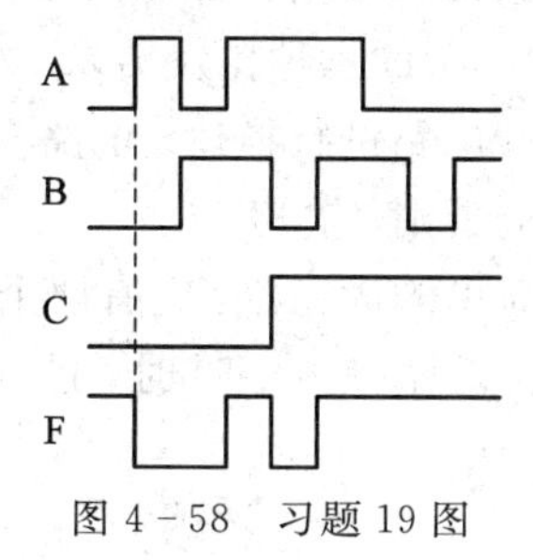

图 4-58　习题 19 图

20. 试用 8 选 1 数据选择器实现下列函数：

（1）$F=AB+BC+AC$；

（2）$F=A\oplus B\oplus AC\oplus BC$；

（3）$F(A,B,C)=\sum m(0,2,3,6,7)$；

(4) $F(A, B, C, D)=\sum m(0, 4, 5, 8, 12, 13, 14)$；

(5) $F(A, B, C, D)=\sum m(0, 3, 5, 8, 11, 14)+\sum d(1, 6, 12, 13)$。

21. 设计一个路灯控制电路，要求在四个不同的地方都能独立地控制路灯的亮灭。

22. 现有四台设备，每台设备用电均为10 kW。这四台设备由F_1、F_2两台发电机供电，其中F_1的功率为10 kW，F_2的功率为20 kW。这四台设备不可能同时工作，但至少有一台设备工作，试设计一个供电控制电路，以达到节电的目的。

23. 某车间设有红、黄两个故障指示灯，用来表示三台设备的运行情况，当有一台设备出现故障时，黄灯亮；当有两台设备出现故障时，红灯亮；当三台设备都出现故障时，黄灯和红灯都亮，试设计一个灯亮控制电路。

24. 试用8选1数据选择器构成一个16选1数据选择器，并把输入的并行码1101010001110010转换为串行码输出。

25. 试用8选1数据选择器和4选1数据选择器构成一个32选1数据选择器。

26. 用一块4选1数据选择器和最少的门电路构成一个2421码检测电路，当输入不是2421码时输出为1，否则输出为0。

27. 有一电子密码锁，锁上有A、B、C、D四个键孔，当按下A和D、或A和C、或B和D时，再插上钥匙，锁即打开。若按错了键孔，则当插上钥匙时，锁打不开，并发出报警信号。试自选最少块数的标准逻辑器件设计该电子密码锁的控制电路。

28. 试用四位加法器设计一个代码转换器，把8421码转换为2421码。

29. 试用四位加法器设计一个四位数等值比较器。

30. 完全按照74HC138的输入、输出引脚，对这个译码器进行VHDL的数据流描述。

31. 对74HC138译码器完成VHDL的性能描述。

32. 对一个8路三态缓冲器进行VHDL的性能描述。缓冲器有8个输入和8个输出，一个使能输入EN。使能输入EN是低电平有效。在使能信号有效时，输出等于输入的反相，否则，输出保持高阻抗。

33. 用VHDL的数据流描述完成第32题中电路的描述。

34. 用IF语句对优先编码器74HC148进行描述。可以是数据流描述或者性能描述。

35. 用VHDL语言对两位数据比较器进行性能描述。比较器有两组两位数据输入，有三个输出，分别表示相等、大于和小于的三种比较结果。

36. 用VHDL语言对奇偶校验电路进行描述。电路有8位输入，一位输出，校验采用奇校验，如果数据不正确，输出0，否则，输出1。

37. 用VHDL语言设计一个简单的运算器，它有两个控制输入：a和b，输入00时，进行加法运算；输入01时，进行减法运算；输入10时，进行逻辑或运算；输入11时，进行逻辑与运算。

第 5 章　集成触发器

在第 4.7.2 小节的第 5 点中，为了只用一套输入节点和一个编码器电路完成被加数、加数输入编码，用到以下 VHDL 描述方法：

```
IF (I1 /="1111111111")THEN
IF KEY='0' THEN   A1<=A2;
ELSE B1<=A2;
END IF; --是一个数据分配器的设计，控制信号是 KEY，输入是 A2，分配输出是 A1、B1；
END IF; --是一个不完整的 IF 语句，只说明(I1 /="1111111111")时的执行结果，其他条件没
有说明，表示保持不变
```

上述代码中，里层的 IF 语句通过判断 KEY 是否为 0 得到两个结果，把 KEY 的两种取值可能都进行了罗列，并得到相应的两种输出结果，因此这个 IF 语句描述设计了一个组合逻辑电路；外层的 IF 语句判断条件没有完全罗列，只说明(I1 /="1111111111")时的执行结果，在 VHDL 语法中，当没有说明的条件发生时，输出保持不变，即记忆了之前的输出结果，因此这个 IF 语句描述设计了一个时序逻辑电路。

从这一章开始，我们将学习时序逻辑电路(Sequential Logic Circuits)的分析和设计。我们已经知道，组合电路的特征是电路的输出只取决于当前的输入。只要输入信号确定，一定有唯一对应的输出信号。

时序逻辑电路的特征则是电路的输出不仅和当前的输入有关，也和以前的输入有关。只看输入信号，并不一定能完全决定输出是什么。或者说，即使输入信号相同，时序电路的输出也可能不同。

时序电路有时也称为时序机 (Sequential Machine)。

许多生活和工作中的实例都符合时序电路的特征。例如，在自动饮料出售机上获得一罐饮料的价格是 2 元，饮料机可以接受 1 元和 5 角的硬币。如果要问："这次投入一枚 1 元的硬币能否得到一罐饮料？"回答只能是："不一定，要看你以前投了多少硬币。"这就是说，只知道当前投入了 1 元硬币是不能决定饮料机的输出的，还要知道以前的投币情况。这样的机器实质上就是一台时序机。

这样的例子还有很多。又如空调机的遥控器上有两个按钮，一个是"升温"按钮，一个是"降温"按钮。每按一次按钮，温度变化 1℃。那么，现在按了一次"升温"按钮，房间内的温度是多少？显然，这个问题的答案要看房间原来的温度是多少。如果空调机一直开着，就要看以前将温度调到了多少摄氏度。调温的结果不仅取决于现在的输入(按"升温"还是"降温"按钮)，还取决于以前是如何输入的 (按了多少次"升温"和"降温"按钮)。这样的装置，显然也符合时序机的特征。

时序电路性能上的特征，导致了时序电路在电路结构上和电路描述上的特点。时序电路在结构上的特征是有反馈。反馈是将电路输出或输出的一部分加到电路的输入端，作为

电路输入的一部分作用到时序电路上。

电路的输出包含了以前输入作用的结果，将以前输入的结果再作为下一次的输入，就可以在下一次的输出中包含以前输入的效果。

时序电路在描述上的特征是增加了一组参数：状态。时序电路的输出和现在的输入、过去的输入都有关系，而且很难确定过去的输入要回溯多久远。例如，空调机遥控器的控制结果不仅和上一次是按“升温”还是“降温”有关，甚至和以前的 n 次按钮动作都有关。在这种情况下，如果还只用表示输入和输出关系的表格来进行描述就很困难。状态的引入，可以解决这个描述上的困难。

时序电路的状态应该能反映过去输入作用的效果。对于空调机的遥控器来说，当前的温度就是这种状态。例如，当前是 20℃，这个温度状态就是以前所有按钮动作的结果。在这个状态下，按一次“升温”按钮，就可以到 21℃；按一次“降温”按钮，就到 19℃。根据当前的状态，再结合输入的值，就可以完全确定时序电路的输出结果。

对于一般的时序机来说，状态数总是有限的。如果空调机的遥控器温度控制范围是 10～30℃，温度状态的数目也就是 21 个。同学们可以考虑如何来定义自动饮料机的状态，状态的数目大概是多少个。由于时序电路的状态是有限的，所以时序电路有时也称为有限状态机(Finite-State Machine)。

这一章开始介绍最基本的时序电路：触发器。触发器是组成大多数时序电路的基本部件，使用十分广泛。通过本章的学习，同学们应该掌握各种触发器的特性和应用，并且通过触发器的学习，掌握时序电路的一些最基本的概念和使用方法，为学习更复杂的时序电路打下良好的基础。

5.1 触发器的基本特性及其记忆作用

现在所说的触发器是双稳态触发器的简称。另外，还有单稳态触发器等。但是，单稳态触发器是一种脉冲电路，不是时序电路的基本部件。

双稳态触发器都应该具有以下的特性：

(1) 有两个互补的输出 Q 和 $\overline{Q}$。当一个输出 Q=0 时，另一个输出 $\overline{Q}=1$；而当 Q=1 时，$\overline{Q}=0$。有时，触发器的两个输出会出现都等于 1(或都等于 0)，这属于触发器的不正常工作状态。一般，可以控制触发器的输入来避免出现这种情况。

(2) 有两个稳定的输出状态：状态 0 和状态 1。一般 Q=0，$\overline{Q}=1$，称为状态 0；Q=1，$\overline{Q}=0$，称为状态 1。只要输入不发生变化，触发器一定处于这两个状态中的一个。这里所说触发器的状态，也就是触发器作为时序电路的状态。

(3) 触发器的状态是以前输入作用结果的积累。触发器的状态可以因为输入的变化而变化。但是，在不同的状态下，即使触发器的输入相同，也可能得到不同的结果。

我们将输入信号没有发生变化到输入信号发生变化前的触发器状态称为电路的现在状态，用 Q^n 和 $\overline{Q^n}$ 表示；而将输入信号发生变化后的触发器所进入的状态称为电路的下一状态，用 Q^{n+1} 和 $\overline{Q^{n+1}}$ 表示。若用 X 表示触发器的输入信号的集合，则触发器的下一状态是它的现在状态和输入信号的函数：$Q^{n+1}=f(Q^n, X)$。

这个式子称为触发器的下一状态方程，简称为状态方程。状态方程表示下一状态和现在状态及输入之间的关系。只要知道了电路的状态方程，就可以从电路的现在状态和输入，确定电路的下一状态。状态方程是描述时序电路的最基本的方程式。触发器有许多具体的形式，不同的触发器都有自己的状态方程。这些状态方程是由触发器本身的特性所决定的，所以又称为特征方程。也就是说，每一种特定的触发器都有自己的特征方程。在这一章中，将介绍各种触发器的特征方程。

由于触发器有两个稳定状态，因此它就有一定的记忆能力：可以记忆外部事件的两种状态。对于投币饮料机来说，可以用触发器的 0 状态表示还没有投币，用触发器的 1 状态表示已经投了 5 角硬币。如果再用一个触发器，使两个触发器适当连接，两个触发器就有 4 个状态。通过这两个触发器，就可以记忆 4 个投币的状态：0 元、5 角、1 元、1.5 元。当投入一个 5 角硬币时，只要饮料机是处于“1.5 元”的状态，就可以得到一罐饮料。

由于一位二进制数也只有 0 和 1 两个状态，所以，通常也认为一个触发器可以记忆一位二进制数。增加触发器的数目，就可以增加记忆二进制数的位数。

5.2　电位型触发器

触发器可以分为电位型触发器和钟控型触发器。电位型触发器的输出是受输入信号直接控制的，只要输入信号有变化，输出就可能变化，如第 4.7.2 小节第 5 点所提到的外层 IF 语句描述的电路。而钟控型触发器的工作首先是由时钟控制的，只有在时钟的有效控制下，输出才会随其他输入信号的变化而变化。每输入一次时钟，触发器的输出只能变化一次(当然，也可以不变化)。如果没有有效时钟的输入，即使其他输入信号有变化，输出也不会变化。如图 4-3 所示的添加取样功能后没有冒险信号输出的仿真结果，就是在 CLK 的钟控下完成的。

本节介绍的都是电位型触发器。

5.2.1　基本 RS 触发器

RS 触发器是最基本的触发器，又称为置位-复位(Set-Reset)触发器。它可以由两个或非门或者两个与非门首尾相连而构成，因此时序电路的基本单元仍然是逻辑门电路。图 5-1 是由两个或非门构成的基本 RS 触发器。

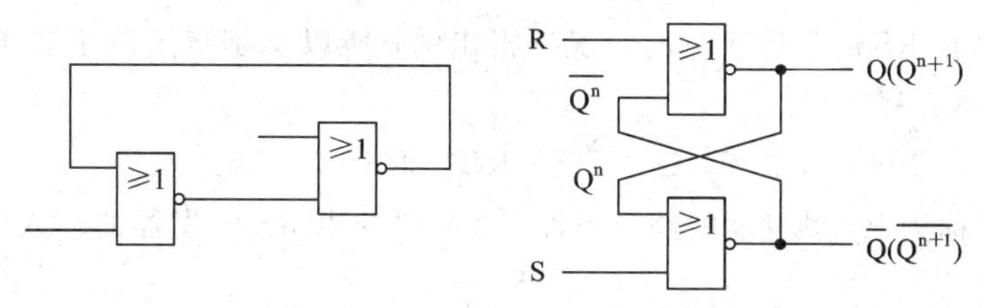

图 5-1　由两个或非门构成的基本 RS 触发器

基本 RS 触发器是最简单的时序电路。它的分析方法应该和一般时序电路的分析方法相同。前面已经说明，时序电路要通过状态方程来描述。所以，时序电路分析的核心包括以下两点：

(1) 由给定的时序电路逻辑图求出电路的状态方程。

(2) 根据状态方程对电路的特性进行分析。

在图 5-1 中，输出端是 Q 和 $\overline{Q}$。在书写电路的状态方程时，作为输出信号要写成 Q^{n+1} 和 $\overline{Q^{n+1}}$，作为反馈到输入的信号要写成 Q^n 和 $\overline{Q^n}$。这是从电路写状态方程的关键，也符合时序电路描述的特征：电路的下一状态是电路的输入和现在状态的函数。

由图 5-1 写出状态方程：

$$Q^{n+1}=\overline{R+\overline{Q^n}}=\overline{R+\overline{\overline{Q^n+S}}}=\overline{R}(Q^n+S)=S\,\overline{R}+\overline{R}Q^n$$

类似地，可以得到

$$\overline{Q^{n+1}}=\overline{S}R+\overline{S}\,\overline{Q^n}$$

从这两个方程可以得到 RS 触发器的功能表，如表 5-1 所示，总结出 Q^{n+1} 的输出口诀是：SR 双 0 不变，互异同 S，双 1 不允许。

表 5-1 RS 触发器的功能表

SR	$S\overline{R}$	$\overline{R}Q^n$	Q^{n+1}	$\overline{S}R$	$\overline{S}\,\overline{Q^n}$	$\overline{Q^{n+1}}$
00	0	Q^n	Q^n	0	$\overline{Q^n}$	$\overline{Q^n}$
01	0	0	0	1	$\overline{Q^n}$	1
10	1	Q^n	1	0	0	0
11	0	0	0	0	0	0

(1) 输入 RS=00 时，触发器维持原来状态不变，即 $Q^{n+1}=Q^n$，可以为状态 0，也可以为状态 1。由于触发器的状态和输出是一致的，也就是在同样地输入 00 时，输出可能不同。这正是时序电路的特征。

(2) 输入 RS=10 时，使触发器置为 0 状态；输入 RS=01 时，使触发器置为 1 状态。这些和原来的状态均无关，$Q^{n+1}=S$。

(3) 输入 RS=11 时，触发器的两个输出都是 0，这不是触发器的正常工作状态。因此这种输入组合应该避免。

由于 RS=11 是不允许出现的输入组合，因此可以当作任意项加入状态方程中：

$$Q^{n+1}=S\,\overline{R}+\overline{R}Q^n+RS=S+\overline{R}Q^n$$

这个式子是在 RS 的积等于 0 的情况下得出的，所以总是将这两个式子写在一起，为 RS 触发器的状态方程：

$$Q^{n+1}=S+\overline{R}Q^n,\ RS=0$$

其中，RS=0 也称为 RS 触发器的约束条件，就是要约束 RS 触发器的输入组合不出现 RS=11 的情况。

RS 触发器的功能也可以通过电路的引脚命名来判断：R、S 都是高电平有效的输入端，不能同时有效，当 R=1 时清 0(reset)，当 S=1 时置 1(set)，两者都无效时输出不变。

由与非门组成的 $\overline{RS}$ 触发器如图 5-2 所示，注意触发器的输入端定义与图 5-1 不同。

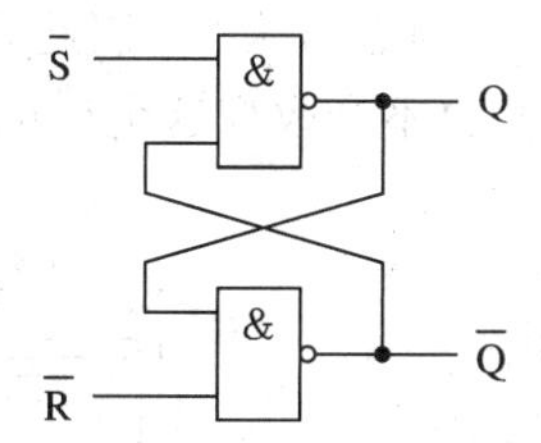

图 5 - 2　由与非门组成的$\overline{RS}$触发器

$\overline{RS}$触发器状态方程是：$Q^{n+1}=S+\overline{R}Q^n$，$\overline{R}+\overline{S}=1$。

Q^{n+1}的输出口诀是：$\overline{RS}$双 1 不变，互异同$\overline{R}$，双 0 不允许。

由于以上两种触发器各自有不允许出现的输入组合，因此 RS、$\overline{RS}$触发器不能作为时序电路的基本单元。

$\overline{RS}$触发器的功能也可以通过电路的引脚命名来判断：$\overline{R}$、$\overline{S}$都是低电平有效的输入端，不能同时有效，当$\overline{R}=0$时清 0(reset)，当$\overline{S}=0$时置 1(set)，两者都无效时输出不变。

RS 触发器的输出对输入也有一定的延迟。设每个或非门(与非门)的平均延迟时间为 t_{pd}，如图 5 - 3(a)所示是带延迟的或非门触发器输入和输出的波形图。当 S 由 0 变为 1 时，经过一个 t_{pd}的延迟，输出$\overline{Q}$才变化，要再经过一个 t_{pd}的延迟，输出 Q 才变化。类似地，也可以画出与非门构成的触发器波形图，如图 5 - 3(b)所示。

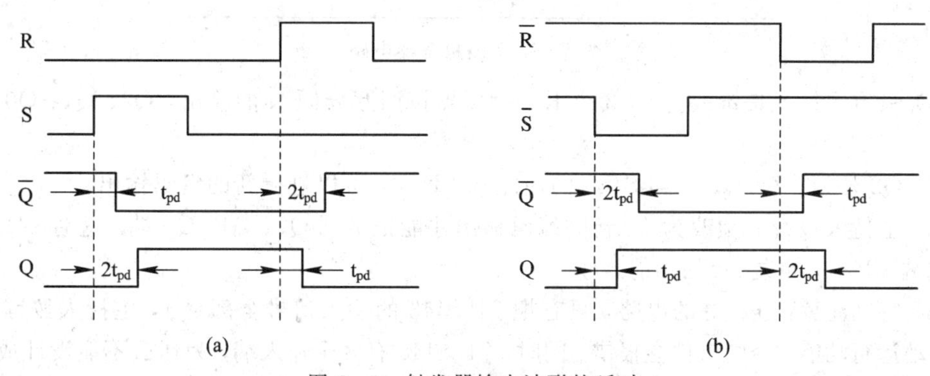

图 5 - 3　触发器输出波形的延时

无论在哪种情况下，输入到输出的最大延迟是 $2t_{pd}$的延迟。为了保证触发器的稳定工作，基本 RS(或$\overline{RS}$)触发器的输入信号持续的时间，也就是信号的宽度，应该大于 $2t_{pd}$。

【例 5 - 1】　利用门电路、74LS148 优先编码器和 74LS48 显示译码器，设计 7 路抢答器。

解　(1) 利用 U1:C、D，U2:A、B，U2:C、D，设计 3 个$\overline{R}\,\overline{S}$触发器，作为 7 路抢答器抢答结果记忆单元 Q2、Q1、Q0，记忆队伍编码 001B～111B，如图 5 - 4 所示。当前记忆 110B、队伍 6、Q2 是最高位。

(2) 7 个抢答队伍通过 74LS148 优先编码器进行队号的二进制编码，编码结果从 A2、A1、A0 输出，分别送到$\overline{RS}$触发器的$\overline{S}$端。主持人按键连接到每个触发器的$\overline{R}$端。

(3) 3 个$\overline{R}\,\overline{S}$触发器的输出端 Q2、Q1、Q0 送到 74LS48 显示译码器的二进制编码输入端的低 3 位 CBA，最高位 D 接地，因为译码输入信号只有 001B～111B。

(4) 通过 U4:B、C 的 2 只或门，完成 Q2+Q1+Q0 送到 74LS148 的使能端 EI，只要有队伍抢答，编码结果一定使 EI=1，74LS148 的输出 CBA=111B，如果此时主持人按键也是1，则3个$\overline{RS}$触发器处在双1不变的输出状态。因此只要有队伍抢答，就会把队号记忆在触发器输出端，即使其他队伍抢答也不会改变这个记忆结果。

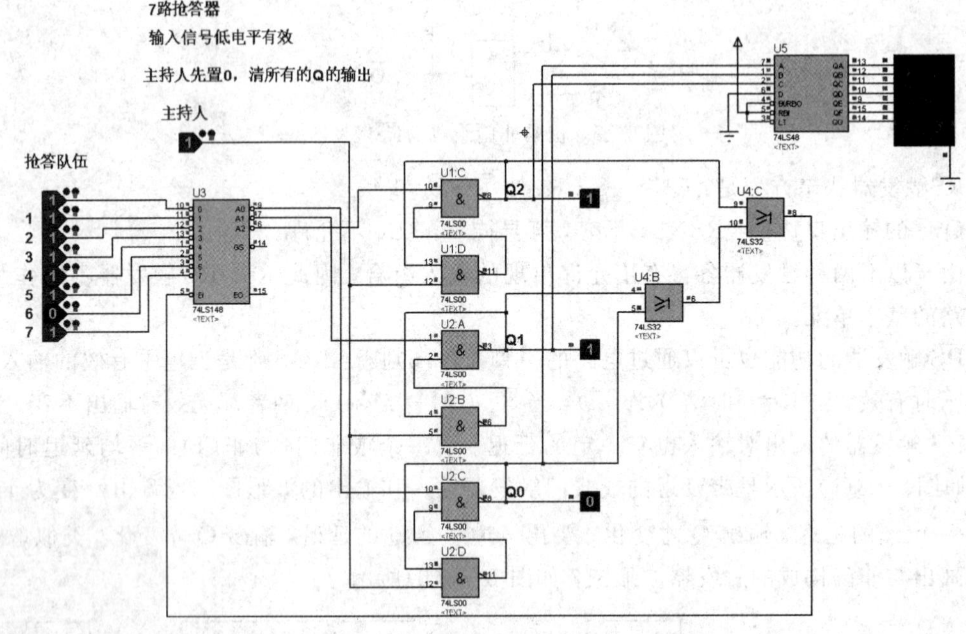

图5-4　7路抢答器电路

(5) 只有主持人按键改为0，3个$\overline{R}\,\overline{S}$触发器按照互异同$\overline{R}$的输出，Q2、Q1、Q0全部被清0。

(6) Q2＋Q1＋Q0＝0，74LS148的使能端EI＝0，可以进行新的编码输出。

(7) 主持人按键必须改为1，新的编码输出才能记忆到Q2、Q1、Q0端。这时74LS148的使能端EI＝1，重复(4)的功能。

(8) 特别注意：连接好的电路，只有把74LS148的输入信号全部置1，主持人按键置0，才能启动运行功能，否则软件会报错。同时，74LS148有8个输入端，为什么不能设计成8路抢答器？74LS148是优先编码器，对7个队伍的抢答优先权有什么影响？请同学们思考。

【例5-2】 利用VHDL描述例5-1的7路抢答器。

解 (1) 利用第4.2.1小节中的普通编码器程序，修改为8线-3线编码器，增加图5-4中U3的EI功能，写出P1:PROCESS。

(2) 利用第4.3.6小节中的7448共阴极译码器代码，写出P3:PROCESS。

(3) 利用$\overline{R}\,\overline{S}$触发器口诀，写出P2:PROCESS，修改口诀为：互异同$\overline{R}$，其余组合输出不变。

(4) 根据图5-4编写的VHDL代码如下：

```
--*************************************
LIBRARY IEEE;
USE IEEE.STD_LOGIC_1164.ALL;
USE IEEE.STD_LOGIC_ARITH.ALL;
USE IEEE.STD_LOGIC_UNSIGNED.ALL; --调用库文件，相当于C语言中头文件
--*********************************--分割符号，便于阅读
```

```
ENTITY   li5_2   is
  PORT(      I     :in std_logic_vector( 7 downto 0); --其中 I( 7 downto 1)是 7 个队伍，I(0)
是图 5-4 中 U3 的 0 号引脚
                host: in std_logic; --主持人输入信号
                AOUT, QRSOUT: OUT std_logic_vector( 2 downto 0); --输出观察信号
                Q:OUT std_logic_vector( 6 downto 0)--显示译码器译码信号
        );
END  li5_2 ; --芯片外观说明
--********************************
ARCHITECTURE abc OF li5_2  IS --芯片内部结构说明
signal EI :std_logic;
signal A :std_logic_vector( 2 downto 0); --编码结果中间信号
signal QRS :std_logic_vector( 2 downto 0):"000"; 一记忆单元的结果，初值设为 000B
signal bcd_led :std_logic_vector( 3 downto 0); --显示译码器输入信号
BEGIN
bcd_led<='0' & QRS; --把 3 位记忆单元结果最高位补 0 扩展成 4 位
P1:PROCESS(I)-- 8 线-3 线译码器描述
BEGIN
  IF EI='0' THEN
    CASE I IS -- CASE 语法判断输入信号时表达方式要用总线式
    WHEN "11111110"=>A<="111"; --真值表语句，输入信号低电平有效
    WHEN "11111101"=>A<="110";
    WHEN "11111011"=>A<="101";
    WHEN "11110111"=>A<="100";
    WHEN "11101111"=>A<="011";
    WHEN "11011111"=>A<="010";
    WHEN "10111111"=>A<="001";
    WHEN "01111111"=>A<="000";
    WHEN OTHERS=>A<="111"; --此句必不可少，表示无效输入时输出也无效
    END CASE;
  ELSE A<="111";
  END IF;
END PROCESS P1;
AOUT<=A;
-------------------------------------------------

P2:PROCESS(A, host)-- 3 只 RS 触发器描述，通过不完整 IF 语句设计成双 0、1 输出都保持
BEGIN
        IF A(2)/=host then QRS(2)<=host; END IF;
        IF A(1)/=host then QRS(1)<=host; END IF;
        IF A(0)/=host then QRS(0)<=host; END IF;
END PROCESS P2;
EI<=QRS(2) OR QRS(1) OR QRS(0); --得到 8 线-3 线译码器使能信号
QRSOUT<=QRS;
```

```
P3:PROCESS(bcd_led)--共阴极显示译码器
BEGIN
    CASE bcd_led IS  --利用真值表语句，列表描述
            WHEN "0000"=>Q<="0111111" ;--0
            WHEN "0001"=>Q<="0000110";--1
            WHEN "0010"=>Q<="1011011" ;--2
            WHEN "0011"=>Q<="1001111" ;--3
            WHEN "0100"=>Q<="1100110";--4
            WHEN "0101"=>Q<="1101101" ;--5
            WHEN "0110"=>Q<="1111101" ;--6
            WHEN "0111"=>Q<="0100111" ;--7
            WHEN "1000"=>Q<="1111111" ;--8
            WHEN "1001"=>Q<="1101111" ;--9
            WHEN OTHERS=>Q<="0000000" ;--因为是共阴极，所以无效码译码输
出 0
    END CASE;
END PROCESS P3;
end abc;
```

(5) 本段代码利用 3 个进程描述图 5-4 中的 3 个电路部分：74148、$\overline{R}\,\overline{S}$ 触发器、7448，通过中间信号的关系，描述 3 个电路部分的信号连接。

(6) 通过 VHDL 描述，去掉图 5-4 中的 74148 优先权功能，增加了仅有一个队伍抢答时才有编码输出的功能，2 个或 2 个以上队伍同时抢答时编码无效，因此这个编码器更加接近抢答器的要求。

(7) 利用 VHDL 描述的灵活性，把 $\overline{RS}$ 触发器的双 0 不允许功能改为双 0 保持不变，符合本例设计要求。

(8) 通过本例的 VHDL 描述可以看出，只有在图 5-4 的电路设计基础上才能写出相关的 VHDL 代码，直接根据本例要求写出输入和输出的关系，难度很大。

(9) 图 5-5 是本例的仿真结果，800 ns 之后的波形图与 1.12～1.28 μs 一样。

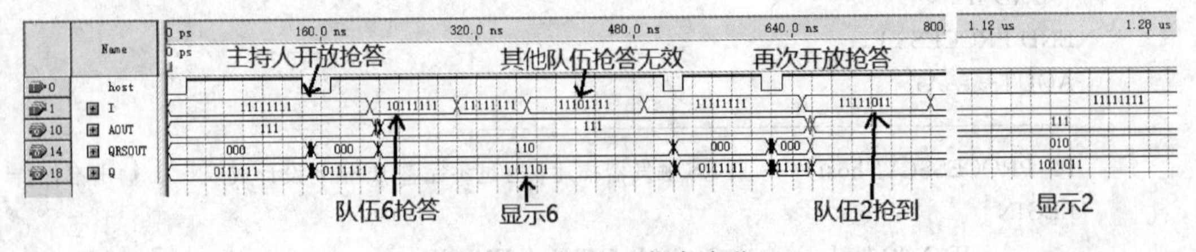

图 5-5　例 5-2 仿真波形

(10) 本例的 3 个进程内的语句按照顺序执行，进程间及进程外的语句都是并行运行的。

(11) signal QRS :std_logic_vector(2 downto 0)="000"; 的初值设为 000B，因为 $\overline{RS}$ 触发器电路的上个状态的输出是作为本状态的输入信号，仿真软件的起始要求有确定的起

始状态，或者直接置 1、0。

(12) VHDL 描述灵活方便，适当修改 3 个进程的输入、输出信号的个数，可以设计出更多路的抢答器，建议同学们练习掌握。

5.2.2　带使能端的 RS 触发器

基本 RS(或 $\overline{RS}$)触发器的输出将随着输入的变化而变化。这当然是电位型触发器的特点。有时，希望触发器的输出变化是可控制的，只有需要它变的时候，才随输入而变化；当不希望它变化的时候，就能够处于保持状态，而不受输入变化的影响。

为了实现上述的控制功能，可以在基本触发器的输入一侧加一组控制门和门控信号，如图 5-6 所示。

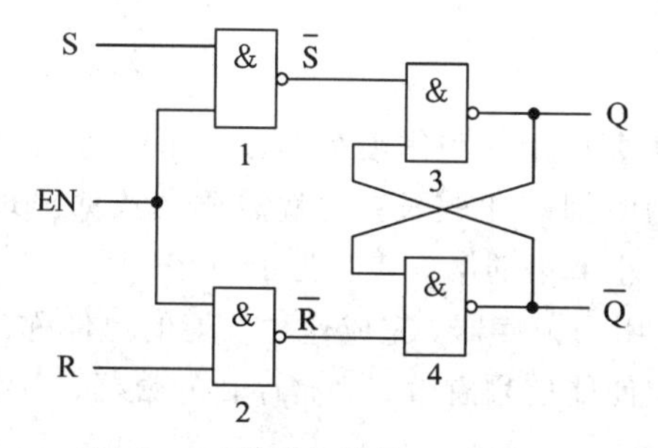

图 5-6　带使能端的 RS 触发器

$\overline{R}\,\overline{S}$ 触发器的输入加到两个输入与非门，由信号 EN 进行控制：当 EN=0 时，与非门 1 和 2 都输出高电位，使得 $\overline{RS}$ 触发器处于保持状态，输出不变；当 EN=1 时，允许 RS 输入通过输入与非门加到 $\overline{RS}$ 触发器，实现一般 RS 触发器的功能，从而达到了对于触发器工作进行控制的目的。

控制信号 EN 也称为使能(Enable)信号，相应的输入端就是使能端。

状态方程是：

$$Q^{n+1} = EN(S+\overline{R}Q^n)+\overline{EN}Q^n。$$

Q^{n+1} 的输出口诀是：EN=0 时，输出保持不变；EN=1 时，输出同 RS 触发器。

有的资料上称这里的控制信号 EN 为“时钟”。但是 EN 从 0 变为 1 后，触发器的输出可以变化多次；而时钟对触发器的控制应该是每输入一次时钟，输出只能变化一次，所以 EN 还是称为使能信号比较合适。

5.2.3　D 触发器

不论是 RS 触发器还是 $\overline{RS}$ 触发器，在正常工作时，总有一组输入信号是不允许出现的，这给使用带来不便。D 触发器可以解决这个问题。

D 触发器只有一个数据输入端 D，这个信号经过反相器再加到触发器的另一个输入门，从而保证了触发器的两个输入始终保持相反的状态。实际使用的 D 触发器总是带有使能端的。图 5-7 是带使能端的 D 触发器逻辑图，其实就是在图 5-6 的输入部分增加一个非门得到的。

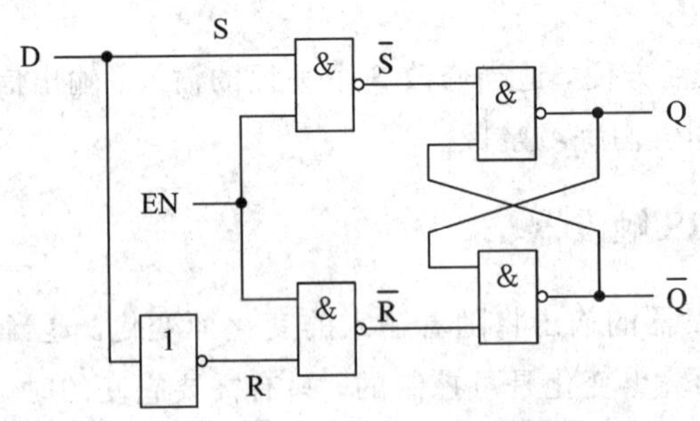

图 5-7 带使能端的 D 触发器逻辑图

状态方程是：$Q^{n+1}=S+\overline{R}Q^n=D+\overline{\overline{D}}Q^n=D$。

Q^{n+1}的输出口诀是：EN=0 时，输出保持不变；EN=1 时，输出同 D 触发器。

5.2.4 锁存器

电位型触发器的一个主要应用是用作锁存器(Latch)。在实际的应用系统中，有些数据出现的时间很短，但使用的时间却比较长。这就需要在数据出现的时候将数据储存起来，以便以后使用，如第 4.7.2 小节中的第 5 点，为了只用一套输入节点和一个编码器电路完成被加数、加数输入编码，用到锁存器。完成这种功能的部件称为锁存器。锁存器实际上就是带有使能端的触发器。在使能信号有效时，储存新的数据；当使能信号无效时，使用已经存入的数据。

一般都是用 D 触发器来构成锁存器，因为 D 触发器有直接存储数据的功能。但是实际的锁存器进一步考虑了实际应用的需要。锁存器和带使能端的触发器至少有两点不同：

(1) 锁存器不是一位触发器，而是多位触发器的组合。现在常用的锁存器都是 8 位锁存器，由 8 个触发器组成，但是由同一个使能端控制。

(2) 锁存器一般还有输出的三态控制，使得输出具有 0、1 和高阻三个状态。

有许多集成电路芯片提供锁存器的功能。74LS373 是由 D 触发器构成的 8 位锁存器。它有两个控制端：$\overline{OE}$和 LE。$\overline{OE}$是输出控制，当$\overline{OE}$=0 时，锁存器正常工作；当$\overline{OE}$=1 时，所有触发器的输出都是高阻状态。LE 是存储控制，也就是使能控制，当 LE=0 时，输出保持原来状态；当 LE=1 时，将数据 D 写入到锁存器，如图 5-8 所示。

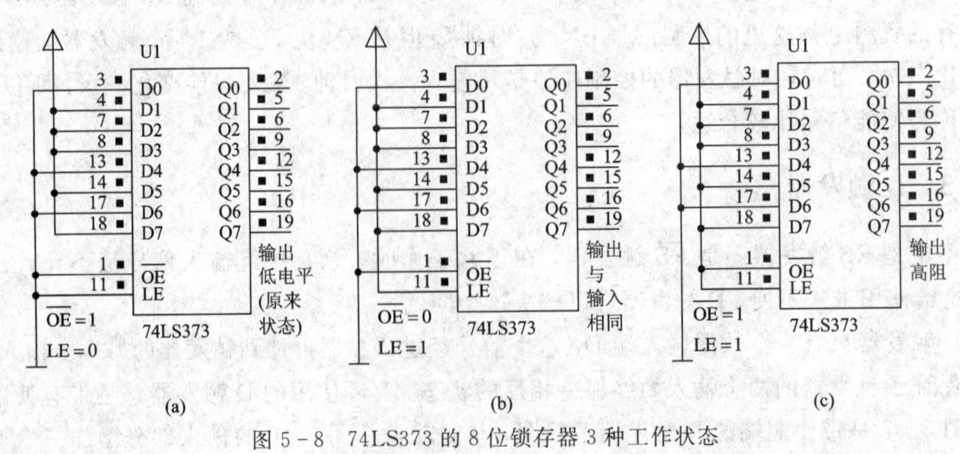

图 5-8 74LS373 的 8 位锁存器 3 种工作状态

由电位型触发器构成的锁存器在数字系统和计算机系统中有着广泛的应用。但是电位型触发器不能在数字系统中构成计数器等大量使用的时序部件。这些时序部件需要用时钟控制的集成触发器来构成。

5.3　时钟控制的集成触发器

现在实际应用的时序系统大多数都是同步时序系统。整个系统的工作由统一的时钟控制。各个时序部件都是在时钟的同一个边沿一起动作，所以称为同步系统。在同步系统中，不论触发器的输入如何变化，要求触发器在一个时钟周期中只能翻转一次。也就是说，触发器翻转的时间完全由时钟控制，这类触发器称为时钟控制的集成触发器，简称钟控触发器。具体的翻转时间可以是时钟的上升沿，也可以是时钟的下降沿。

5.3.1　主从触发器

主从触发器由两个带使能端的基本触发器构成，可以是两个 RS 触发器，也可以是两个 D 触发器。但是在构成主从触发器时，增加了从输出到输入的反馈，结果得到的触发器不是 RS 触发器，而是一种具有新的功能的 JK 触发器。

1. JK 触发器的功能

JK 触发器是由 $\overline{RS}$ 触发器中增加了从输出到输入的反馈而构成的。图 5-9 是 JK 触发器的原理图。

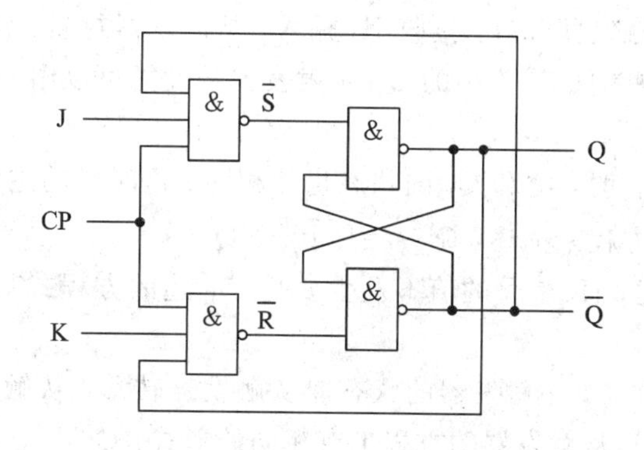

图 5-9　JK 触发器的原理图

$\overline{RS}$ 触发器的状态方程是：

$$Q^{n+1}=S+\overline{R}Q^n，\overline{R}+\overline{S}=1$$

根据图 5-9 得到 JK 触发器的特征方程是：

$$Q^{n+1}=S+\overline{R}Q^n=J\,\overline{Q^n}+\overline{KQ^n}Q^n=J\,\overline{Q^n}+\overline{K}Q^n$$

Q^{n+1} 的输出口诀是：JK 双 0 不变，互异同 J，双 1 翻转($Q^{n+1}=\overline{Q^n}$)。

与 RS 触发器相比，JK 触发器消除了不允许出现的组合，有更广泛的应用。

2. 主从 JK 触发器

主从 JK 触发器由两个带使能端的 RS 触发器组成，靠近输入的称为主触发器，靠近输出的是从触发器，并且输出 Q 和 $\overline{Q}$ 反馈到输入端。另外，有一个外加的时钟信号 CP，要注意加到两个触发器的时钟信号是反相的，通过一个反相器来实现。主从 JK 触发器的逻辑图见图 5－10。

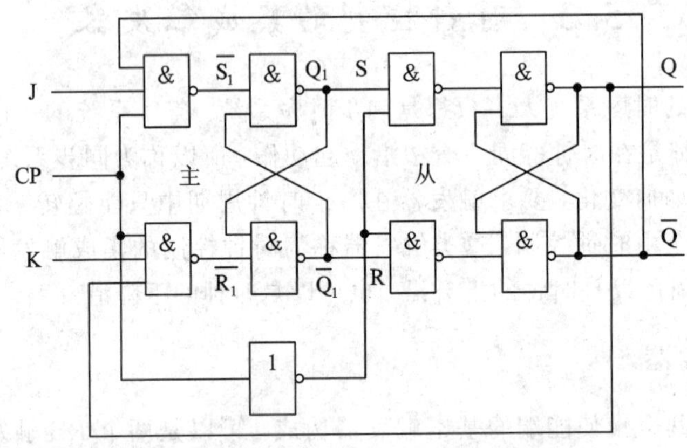

图 5－10 主从 JK 触发器的逻辑图

主从 JK 触发器的工作，可以分为三个阶段：

(1) CP＝0 时，主触发器封锁，不接收输入信号。从触发器的 CP＝1，从触发器状态和主触发器的状态相同，因为主触发器的状态不变，结果是两个触发器状态都不会改变。

把从触发器的输入 S、R 代入到 RS 触发器的特征方程：

$$Q^{n+1}=S+\overline{R}Q^n=Q_1^n+\overline{\overline{Q_1^n}}Q^n=Q_1^n$$

(2) CP＝1 时，主触发器开放，接收 JK 输入；从触发器封锁，状态不变。

把图 5－10 中 Q_1 视为图 5－9 中的 Q，主触发器的性能可以用 JK 触发器的特征方程来描述。

在 CP 由 0 到 1 变化时，Q 和 Q_1 的状态仍然相同。这时候的主触发器的工作，可以直接用 JK 触发器的特征方程来描述：$Q^{n+1}=J\,\overline{Q^n}+\overline{K}Q^n$。

如果在 CP＝1 期间，JK 信号的值不发生变化，上述的方程式就会一直有效，直到 CP 由 1 变化到 0。

(3) CP 由 1 变到 0 时，主触发器的状态向从触发器转移，从触发器的状态按 JK 触发器的功能发生变化，使得从触发器的方程也有相同的形式：$Q^{n+1}=J\,\overline{Q^n}+\overline{K}Q^n$。

由此可见，主从 JK 触发器确实实现了 JK 触发器的功能，并且也实现了时钟对触发器翻转的控制：只有在时钟的下降沿，触发器才会发生翻转；在时钟的其他状态，触发器的输出都不改变。

图 5－11 中给出了主从 JK 触发器输入和输出的波形图。设初始状态是 Q＝0。

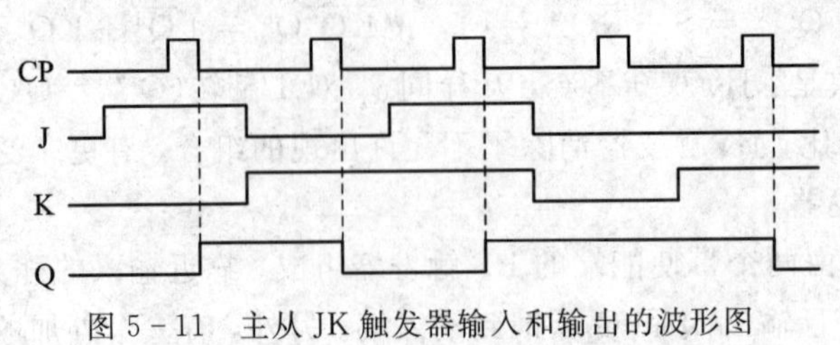

图 5－11 主从 JK 触发器输入和输出的波形图

只要在 CP=1 期间 JK 就没有变化，画出 JK 触发器输出波形就很简单：根据 CP 从 1 到 0 的时刻的 JK 值以及当前的触发器输出，就可以确定输出的变化。

3. 主从触发器的一次翻转

上述分析的前提是：在 CP=1 期间，JK 信号的值不发生变化，如果在 CP=1 期间，JK 输入发生了变化，就不一定可以按照 CP 下降沿时的 JK 值来决定输出的变化。

例如在图 5-12 中，CP 下降沿时的 JK=01，按照 JK 触发器的口诀：互异同 J，输出应该是 0 状态，但是图中画出的结果是 Q=1，这是为什么？

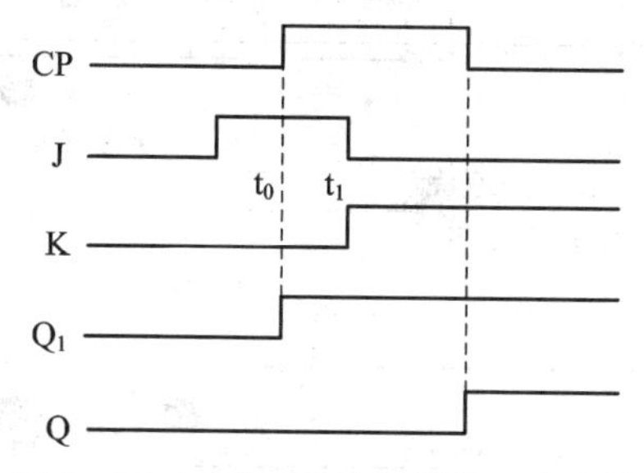

图 5-12　主从 JK 触发器的一次翻转

原因是 JK 在 CP=1 的期间发生了变化。在 t_0 时刻，JK=10，使得主触发器输出 Q_1 由 0 变为 1。到了 t_1 时刻，JK 变为 01，主触发器输出 Q_1 应该由 1 变为 0，但是，在图 5-12 中，Q_1 仍然保持为 1。这就是说，主触发器在 CP=1 期间，状态只会变化一次，也就是所谓的一次翻转。

一次翻转的原因是因为加到主触发器输入的不仅是 JK，还有来自从触发器输出的反馈信号。主触发器的实际输入是 $S_1=J\overline{Q^n}$，$R_1=KQ^n$。JK 可以变，反馈信号是不会变的。

在 $Q^n=0$ 的情况下，JK 的变化只能使 S_1R_1 是 10 或者 00，按照 RS 触发器口诀，主触发器的输出 Q_1 只能变为 1 或保持 1，而不能变为 1 后再变为 0。

在 $Q^n=1$ 的情况下，JK 的变化只能使 S_1R_1 是 01 或者 00，按照 RS 触发器口诀，主触发器的输出 Q_1 只能变为 0 或保持 0，而不能变为 0 后再变为 1。

当 $Q^n=0$，CP=1 时，JK 出现 10 或 11 组合，不论 CP 下降沿时 JK 是什么值，输出 Q^{n+1} 只能变为 1 态；当 $Q^n=1$，CP=1 时，JK 出现 01 或 11 组合，输出 Q^{n+1} 只能变为 0 态。

可见，图 5-12 就是因为 $Q^n=0$，CP=1 时，JK 出现 10，输出 CP 从 1 变 0 后，Q^{n+1} 为 1。

4. 异步置 1/置 0 输入

对于钟控型触发器，状态的翻转时刻除了由时钟控制外，还可以受异步置 1/置 0 输入的控制。异步置 1 端是 S_D，异步置 0 端是 R_D，这里异步是指发生的置 1/置 0 动作与时钟无关。

如图 5-13(a)所示，图中在从触发器上增加了 S_D 和 R_D 端，电路运行前先置 $S_D=0$，$R_D=1$，运行后，电路把 JK 触发器输出 Q、Q_1 置 1。完成触发器初值预置后，要把 S_D 置 1，否则 Q、Q_1 会一直置 1，因为 S_D 的电路控制优先权比 JK 等输入信号高。

如图 5-13(b)所示，置 CP=1，从触发器封锁，输出 Q 仍为 1，主触发器打开，由于 JK=11，双 1 翻转，Q_1 从 1 变 0，只变化一次，而不会因为 JK=11，Q 不断翻转。

如图 5-13(c)所示，置 CP=0，主触发器封锁，从触发器打开，Q 跟随 Q_1 的值输出，Q 从 1 变 0。

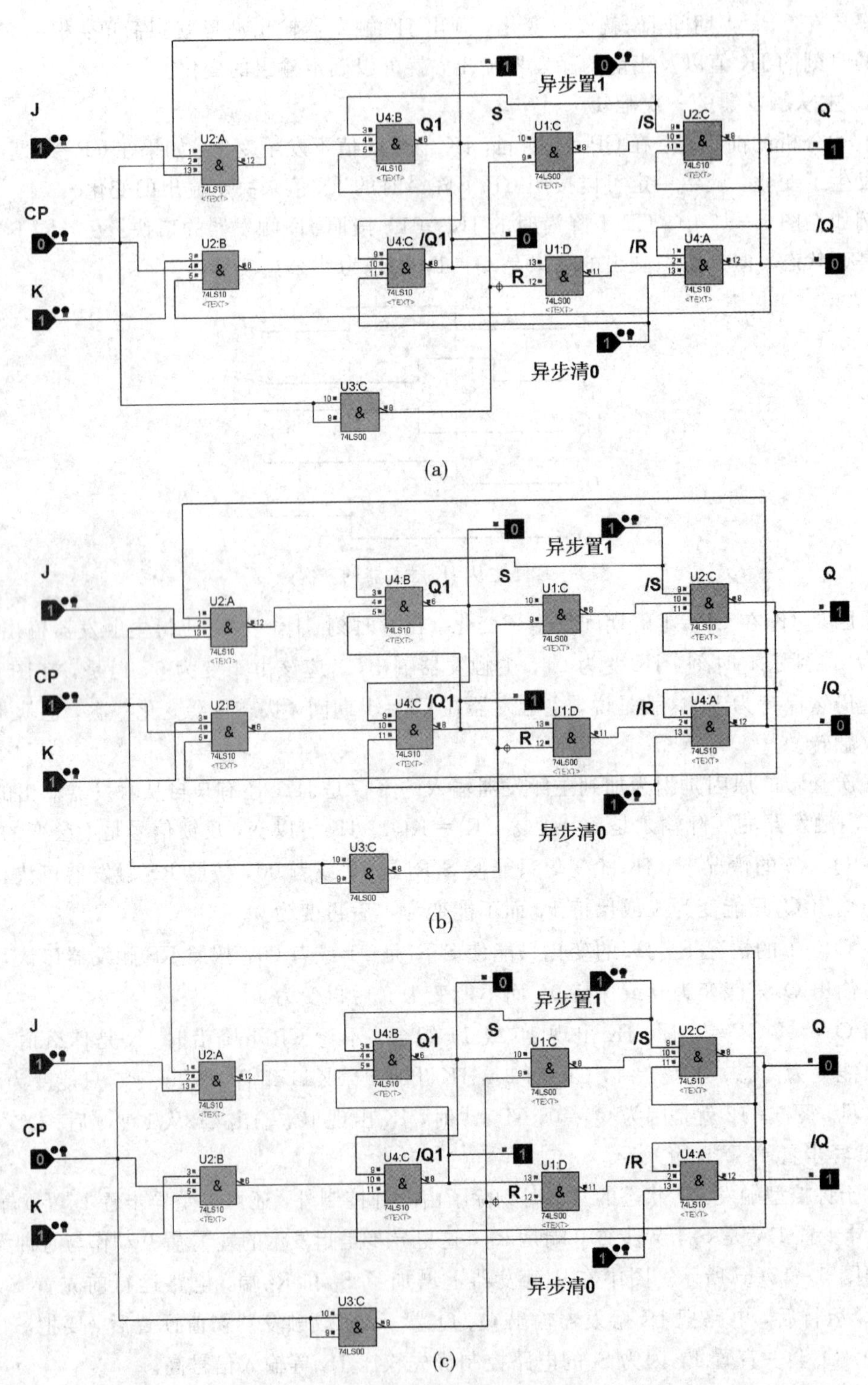

图 5－13　带置 1 清 0 端的主从触发器工作过程

图 5－14 是带有异步置 1/置 0 输入的 JK 触发器的波形图。图中 R_D的负脉冲使得输出 Q 立即进入 0 状态。而 S_D再次出现负脉冲时，因为触发器已经处于 1 状态，所以没有改变触发器的输出状态。S_DR_D＝11 时的波形，则和一般 JK 触发器没有区别。

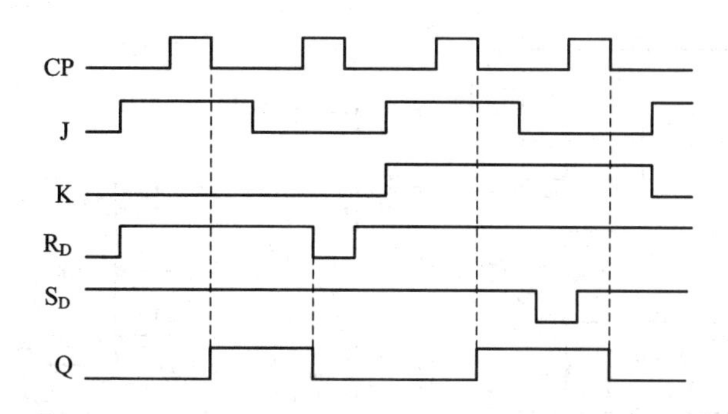

图 5-14　带置 1/置 0 输入的 JK 触发器工作波形图

5.3.2　T 触发器

将 JK 触发器的两个输入端连接到一起作为触发器的唯一输入，就构成了另外一种类型的触发器：T 触发器。

从 JK 触发器的特征方程可以直接导出 T 触发器的特征方程：

$$Q^{n+1}=J\,\overline{Q^n}+\overline{K}Q^n=T\,\overline{Q^n}+\overline{T}Q^n$$

Q^{n+1}的输出口诀可以套用 JK 触发器：T=0 时不变，T=1 时翻转。

5.3.3　边沿触发器

主从 JK 触发器只能在时钟的下降沿发生状态变化，从而实现了时钟控制触发器翻转的要求。但是主从 JK 触发器在 CP=1 期间，主触发器对外是开放的。下降沿时刻触发器状态的变化和整个 CP=1 期间的输入都有关系。从电路性能的角度来说，这样的电路比较容易接收干扰信号，CP=1 期间作用于输入端的信号都会对状态翻转有影响，也包括干扰信号，或者说，在 CP=1 期间，触发器都有可能接收干扰。在使用时，应该减少 CP=1 宽度，缩短触发器可能接收干扰的时间。

边沿触发器也是在时钟的某个边沿发生状态的翻转，也属于钟控触发器。边沿触发器状态的变化只和时钟边沿时刻的输入及当时的状态有关，和其他时钟状态下的输入无关。因此，边沿触发器比主从 JK 触发器有更好的抗干扰能力，工作更加可靠。

必须指出，主从触发器是对触发器的结构而言的，边沿触发器是对从触发器性能而言的。主从 JK 触发器不属于边沿触发器 。但是，有些主从结构的触发器，也可以具有边沿触发器的性能：状态的翻转也只取决于时钟边沿时刻的输入及当时的状态。

1. 负边沿 JK 触发器

负边沿 JK 触发器是利用门的延迟，将时钟边沿时刻的输入传送到触发器的输入，实现边沿触发的性能。

图 5-15(a)是负边沿 JK 触发器的逻辑图。它是由两个与或非门构成基本 RS 触发器，通过两个与非门来接收输入的 JK 信号。图 5-15(b)是负边沿 JK 触发器 74LS112，其中 CLK 是时钟信号，“>”表示边沿触发器，“o”表示负边沿；S、R 是低电平有效的异步直接置1、置0 端。

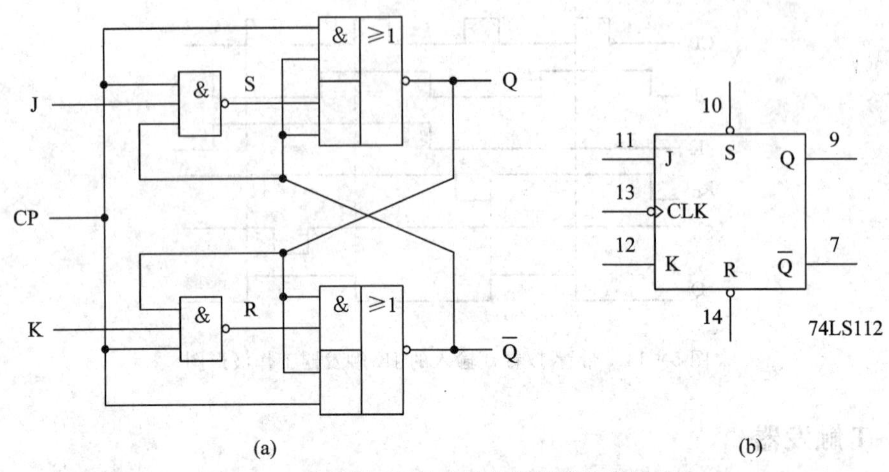

图 5-15 负边沿 JK 触发器的逻辑图及逻辑符号

可以直接写出这个电路的输出方程：$Q^{n+1}=\overline{\overline{Q^n}CP+\overline{Q^n}S}$，$\overline{Q^{n+1}}=\overline{Q^nCP+Q^nR}$。

负边沿触发器的输出完全由时钟信号下降沿时刻的JK及当前Q状态决定，口诀仍是：双0不变，互异同J，双1翻转。

根据口诀可以写出负边沿JK触发器的VHDL代码：

```
--* * * * * * * * * * * * * * * * * * * * * * * * * * * * * * * * * * *
LIBRARY IEEE;
USE IEEE.STD_LOGIC_1164.ALL;
USE IEEE.STD_LOGIC_ARITH.ALL;
USE IEEE.STD_LOGIC_UNSIGNED.ALL; --调用库文件，相当于C语言中的头文件
--* * * * * * * * * * * * * * * * * * * * * * * * * * * * * * * * * * --分割符号，便于阅读
ENTITY  JKFF_trigger is
     PORT(     J, K, SD, RD, CLK:in std_logic;
               Q, QN: OUT std_logic
                    );
END  JKFF_trigger ; --芯片外观说明
--* * * * * * * * * * * * * * * * * * * * * * * * * * * * * * * * * * *
ARCHITECTURE abc OF JKFF_trigger  IS --芯片内部结构说明
signal QTEMP :std_logic; --时序电路的状态信号都要设置一个中间信号与之对应
BEGIN
  PROCESS(J, K, SD, RD, CLK)
  BEGIN
    IF SD='0' AND RD='1' THEN QTEMP<='1'; --置1信号有效
    ELSIF SD='1' AND RD='0' THEN QTEMP<='0'; --置0信号有效
    ELSIF CLK'EVENT AND CLK='0' THEN --异步JK触发器，时钟下降沿有效
      IF J/=K THEN QTEMP<=J; --互异同J
      ELSIF J='1' AND K='1' THEN QTEMP<=NOT QTEMP; --双1翻转
      END IF;
    END IF;
  END PROCESS;
```

```
    Q<=QTEMP; QN<=NOT QTEMP; --输出状态信号最终由中间信号赋值
  END abc;
```

特别强调：

(1) 时序电路的状态信号都要设置一个中间信号与之对应，如上述程序中的 QTEMP，作为输出信号 Q 的中间信号。因为 Q 既表达上个状态的信号(作为输入)也表达下个状态的信号(作为输出)。但是，在 port 定义时，Q 是输出信号，在电路描述时就不能写在等式的右边。如"QTEMP<=NOT QTEMP;"才能满足对"翻转"的描述，而"Q<=NOT Q;"是错误的。在电路描述完成后，再执行"Q<=QTEMP; QN<=NOT QTEMP;"对输出信号进行赋值。

(2) "CLK'EVENT AND CLK='0'"描述了时钟信号的下降沿，即负边沿。

(3) 先判断 SD、RD 信号是否有效，后判断时钟边沿是否有效，这是异步描述方法，即 SD、RD 的判断条件优先于时钟边沿。

(4) QuartusⅡ软件本身包含了一些例程，当我们设计的文件名与某例程名称一样时，编译结果也将报错，同学们可以把上述代码的文件名设为 JKFF.vhd，创建工程编译体会一下。和 C 语言一样，我们定义的信号名称也不能与 VHDL 的关键词一样。为了避免这种情况发生，最好把文件名、信号名称等用拼音命名，命名时第一个字符必须是字母。

仿真波形图如图 5-16(a)所示，图中对 SD、RD、CLK 下降沿处的输出 Q 做了说明。

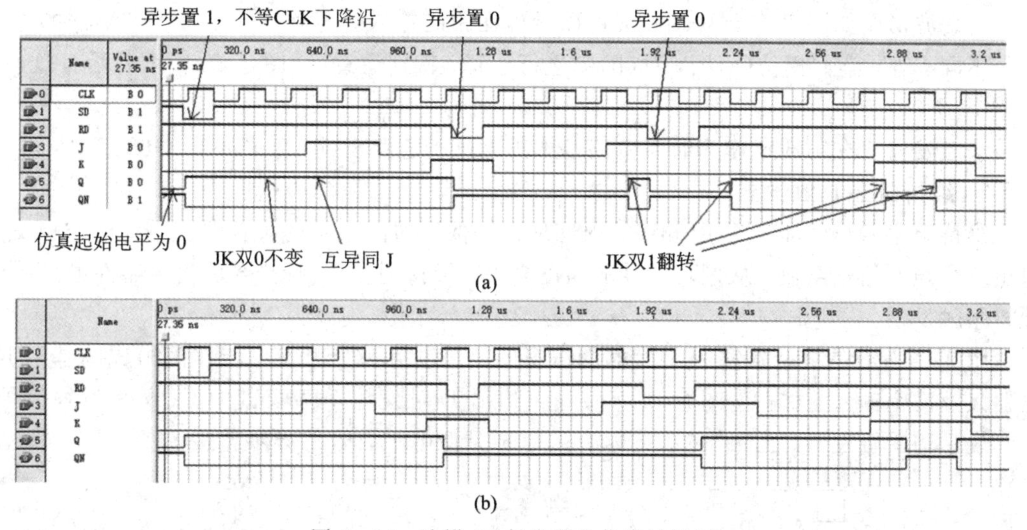

图 5-16　边沿 JK 触发器的仿真波形图

我们可以方便地把上述 VHDL 代码修改为同步置 1/置 0 的 JK 触发器，上升沿有效：

```
  --************************************
  LIBRARY IEEE;
  USE IEEE.STD_LOGIC_1164.ALL;
  USE IEEE.STD_LOGIC_ARITH.ALL;
  USE IEEE.STD_LOGIC_UNSIGNED.ALL; --调用库文件，相当于 C 语言中的头文件
  --********************************--分割符号，便于阅读
  ENTITY  JKFF_trigger1 is
      PORT(    J, K, SD, RD, CLK:in std_logic;
```

```
                Q, QN: OUT std_logic
                    );
    END  JKFF_trigger1 ; --芯片外观说明
    --************************************
    ARCHITECTURE abc OF JKFF_trigger1. IS --芯片内部结构说明
    signal QTEMP ;std_logic;
    BEGIN
      PROCESS(J, K, SD, RD, CLK)
      BEGIN
        IF CLK'EVENT AND CLK='1' THEN --上升沿有效
          IF SD='1' AND RD='0' THEN QTEMP<='0'; --同步置1/置0
          ELSIF SD='0' AND RD='1' THEN QTEMP<='1';
          ELSIF J/=K THEN QTEMP<=J;
          ELSIF J='1' AND K='1' THEN QTEMP<=NOT QTEMP;
          END IF;
        END IF;
      END PROCESS;
      Q<=QTEMP; QN<=NOT QTEMP;
    END abc;
```

仿真波形图如图 5-16(b)所示，可以看出在相同输入信号作用下，两张波形图的输出信号不同。请同学们模仿(a)图，对(b)图进行注释，特别注意(b)图是 CLK 上升沿有效，同步置 1/置 0。

该触发器将在第 6 章作为时序电路基本单元进行电路设计，本章不再举例。

2. 维持阻塞 D 触发器

维持阻塞 D 触发器是利用电路的内部反馈来保证边沿触发的钟控触发器。整个触发器只由 6 个与非门来组成。从逻辑设计的角度来说，维持阻塞 D 触发器是使用器件最少的时钟控制触发器。

图 5-17(a)是维持阻塞 D 触发器的逻辑图。它包括一个由 4 个与非门组成的基本 RS 触器以及两个输入与非门。图 5-17(b)是正边沿 D 触发器 7474，其中 CLK 是时钟信号，“>”表示边沿触发器，无“o”表示正边沿；S、R 是低电平有效的异步直接置 1、置 0 端。

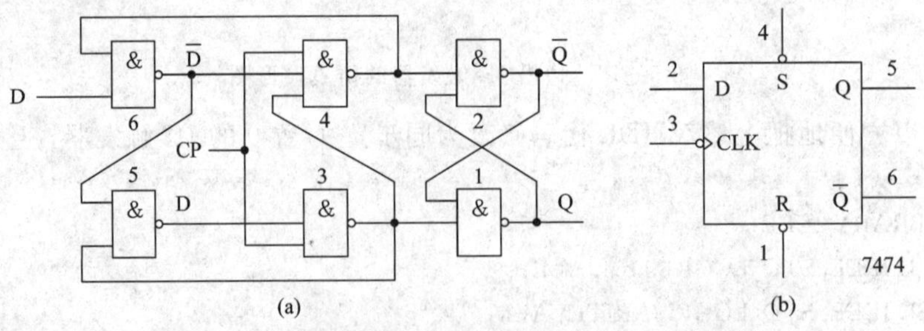

图 5-17 维持阻塞 D 触发器的逻辑图及逻辑符号

电路的输出方程是：$Q^{n+1}=S+\overline{R}Q^n=D+DQ^n=D$。

正边沿触发器的输出完全由时钟信号上升沿时刻的 D 及当前 Q 状态决定，口诀仍是：输出同 D。

对负、正边沿 JK 触发器的 VHDL 代码进行如下修改，就是负、正边沿 D 触发器的 VHDL 描述。

(1) 在端口定义 port 中，去掉 J、K，加入 D。

(2)
```
IF J/=K THEN QTEMP<=J; --互异同 J
    ELSIF J='1' AND K='1' THEN QTEMP<=NOT QTEMP; --双 1 翻转
    END IF;
```

修改为

```
    QTEMP<=D;
```

该触发器将在第 6 章作为时序电路基本单元进行电路设计，本章不再举例。

图 5-16 和图 5-17 介绍的边沿触发器是 TTL 触发器，CMOS 边沿触发器结构与之不同，本书不再进行介绍，关键是理解时钟边沿、置 1、置 0、状态保持、状态翻转、同步、异步等概念，为时序电路的学习及逻辑设计打下基础。对 CMOS 逻辑电路感兴趣的同学可以参考相关书籍进行学习。

5.4　集成触发器的时间参数

集成触发器的参数应包括直流参数和时间参数。它们的直流参数和门电路的直流参数的定义是相同的，特别是输入、输出电平的定义和指标，都没有什么差别。在电流指标方面，差别在于触发器的每个输入端会对前级形成较大的电流负载，而且负载的大小会随着输入端的不同而不同。因为每个输入端所连接的内部晶体管的数目是不同的。例如，异步置 1/置 0 的输入，为了要保证在触发器的任何状态下，都能够立即实现异步置位的功能，异步输入要连接到许多晶体管上。在主从触发器的情况下，既要连接到主触发器，也要连接到从触发器，如图 5-12 所示，因而对前级形成了较大的负载；而 JK 或 D 的输入，只连接到触发器的输入级，对前级的负载就小一些。通过手册查触发器的电流指标时，注意这些差别。

触发器的时间参数比门电路的时间参数要复杂，也更重要。因为它们将影响触发器是否可以正常、可靠地工作。

5.4.1　建立时间和保持时间

建立时间和保持时间是对于触发器的输入信号(J、K、D 等)而言的。前面在介绍电位型基本 RS 触发器时，已经说明电路的稳定翻转需要 2 倍的与非门延迟时间。也就是说，在这段时间里，输入信号应该保持不变，否则，就会影响电路翻转状态的确定，影响电路的工作。这种对于输入信号时间上的要求，属于保持时间的范畴，但并不是这里所说的保持时间。

保持时间和建立时间是表示触发器的输入信号(J、K、D 等)和控制信号(使能信号、时钟)之间的时间关系。触发器输入信号必须在控制信号的有效边沿到来之前就有效，目的是使得输入信号能够稳定地存入触发器的内部电路。建立时间 t_{su} 就是输入信号必须在时钟(或使能信号)有效边沿之前提前到来的时间。保持时间 t_h 则是输入信号必须在时钟有效边沿之后继续保持的时间。在建立时间和保持时间内，输入信号必须保持不变，和时钟边沿时刻的值相同。

图 5-18 中表示了正边沿触发 D 触发器的建立时间和保持时间的含义。对于负沿触发

的触发器，这两个时间的含义也是相同的。

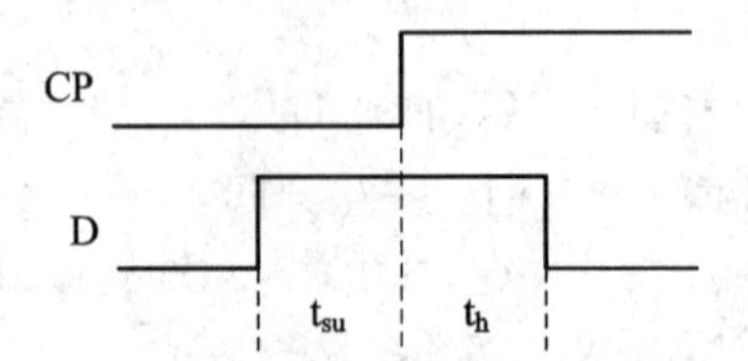

图 5-18　D 触发器的建立时间和保持时间

触发器的类型对于这两个时间参数的长短有很大的影响。例如：有的负边沿触发 JK 触发器的保持时间可以等于 0，即不要求输入信号在时钟的负边沿以后继续保持。这也是这种边沿触发型触发器的一个特点。

5.4.2　时钟信号的时间参数

时钟信号的时间参数也有两个：时钟高电平宽度和时钟低电平宽度。

时钟高电平宽度 t_{WH}：时钟信号保持为高电平的最小持续时间。

时钟低电平宽度 t_{WL}：时钟信号保持为低电平的最小持续时间。

时钟的这两个参数和建立时间及保持时间有密切的关系。对于正边沿触发的触发器来说，时钟低电平宽度不能小于建立时间，时钟高电平宽度不能小于保持时间。但是两者不一定是相等的关系。总的目的都是为了保证触发器的稳定工作。在保持时间可以等于 0 的情况下，时钟的某一部分(高电平或低电平)的宽度也不可能等于 0。

和时钟宽度有关的另一个时间参数是触发器的最高工作频率。时钟低电平宽度和高电平宽度之和就是时钟的最小周期，也就不难得到最高工作频率：

$$f_{max} \leqslant \frac{1}{t_{WH} + t_{WL}}$$

例如：74ALS114 负边沿 JK 触发器的时间参数为：$t_{su}=25$ ns，$t_h=0$，$t_{WH}=25$ ns，$t_{WL}=5$ ns，$f_{max}=30$ MHz。

习　　题

1. 由或非门构成的触发器电路如图 5-19 所示，请写出触发器输出 Q 的特征方程。图中也给出了输入信号 a、b、c 的波形，设触发器的初始状态为 1，画出输出 Q 的波形。

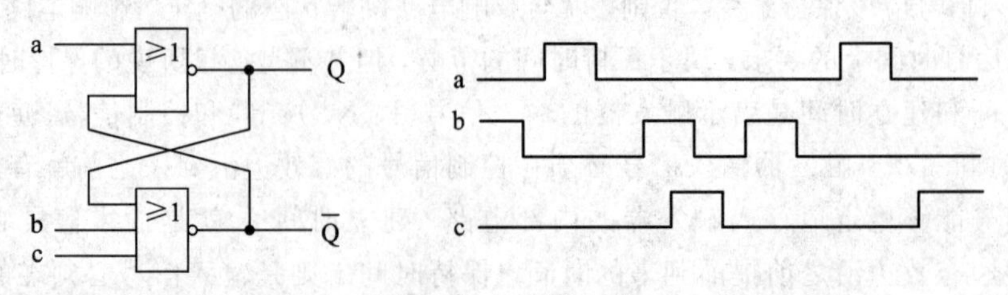

图 5-19　习题 1 图

2. 由与非门构成的触发器电路如图 5-20 所示，请写出触发器的下一状态方程(用 a、b、c 和 Q^n 表示)，并根据已给波形画出输出 Q 的波形，设初始状态 Q=1。

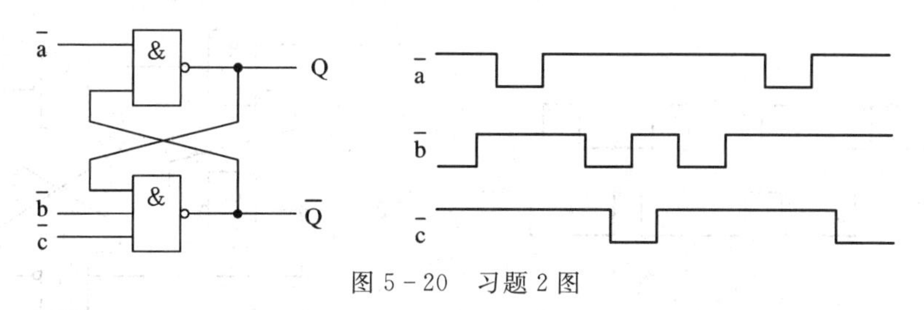

图 5-20　习题 2 图

3. 由与或非门构成的触发器如图 5-21 所示，请写出触发器的特征方程，做出触发器的功能表，试问：

(1) 当 G=1 时，触发器处于什么状态？

(2) 当 G=0 时，触发器的功能等效于哪一种触发器？

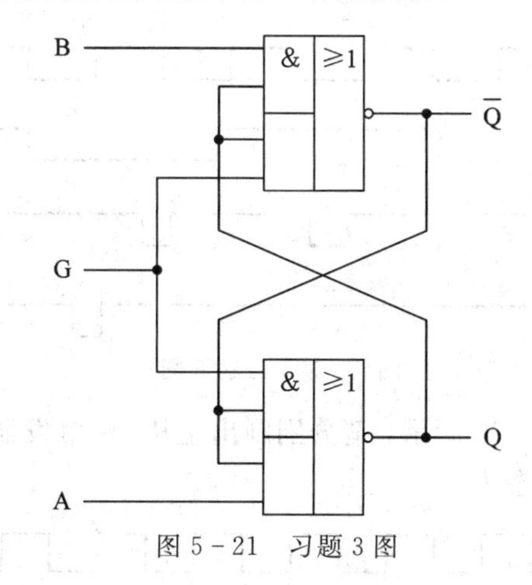

图 5-21　习题 3 图

4. 按钮开关在转换的时候，由于簧片的颤动，使信号也出现抖动，因此实际使用时往往要加上防抖动电路。RS 触发器是常用的电路之一，其连接如图 5-22 所示。请说明其工作原理，并画出对应于图中输入波形的输出波形。

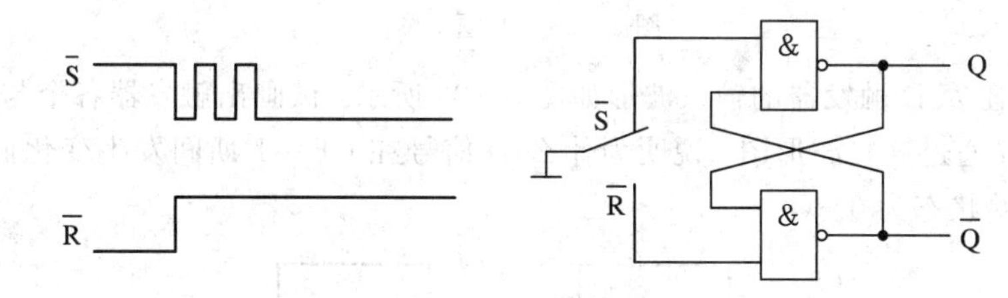

图 5-22　习题 4 图

5. 写出图 5-23 钟控触发器的状态方程和功能表（以 CP 和 U_i 作为外部输入变量），说明其逻辑功能。设初始状态 Q=0，画出在如图 5-23 所示输入波形作用下的输出波形。

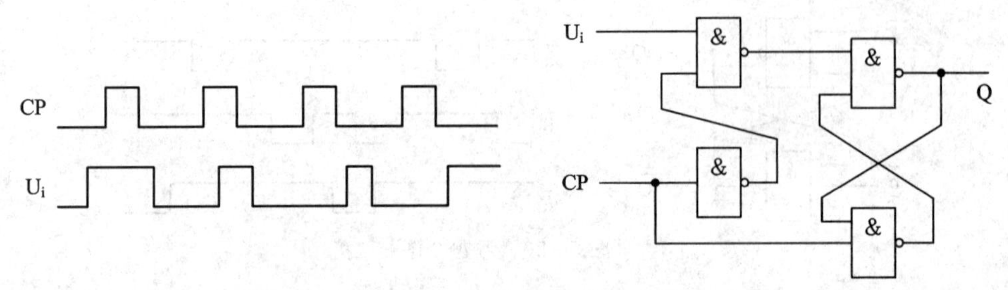

图 5-23　习题 5 图

6. 主从 JK 触发器的输入波形如图 5-24 所示，试画出触发器的输出波形。

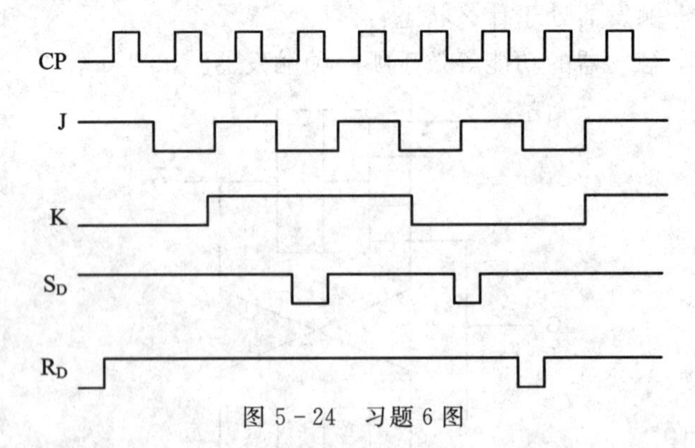

图 5-24　习题 6 图

7. 已知 JK 信号如图 5-25 所示，请分别画出主从 JK 触发器和负边沿 JK 触发器的输出波形。设触发器的初始状态为 0。

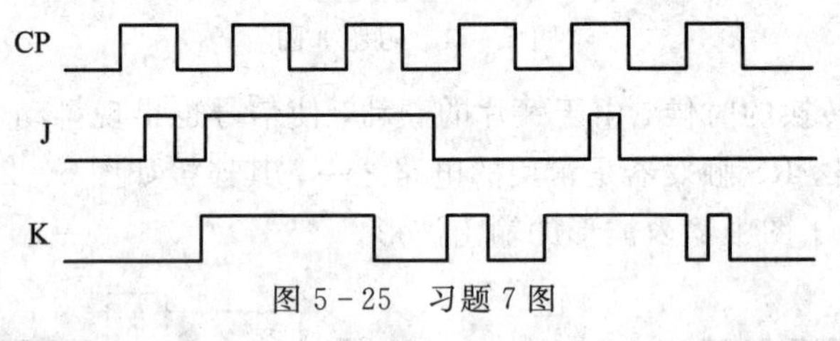

图 5-25　习题 7 图

8. 若维持阻塞 D 触发器的输入波形如图 5-26 所示。试画出触发器各个与非门所对应的输出波形，并通过这些波形图，说明为什么 D 信号在 CP＝1 期间发生变化而输出不变。设触发器的原始状态为 0。

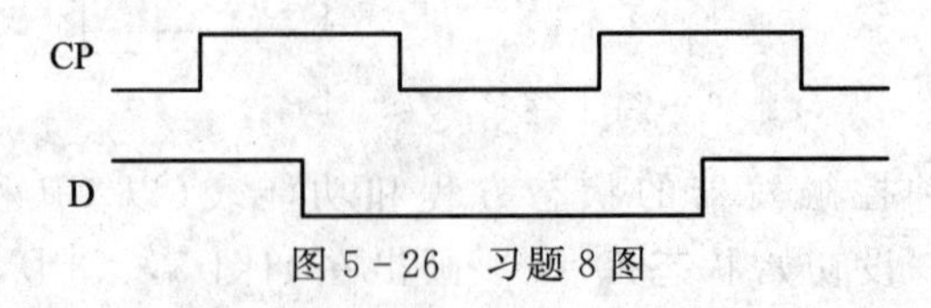

图 5-26　习题 8 图

9. 在数字设备中常需要一种所谓单脉冲发生器的装置。用一个按钮来控制脉冲的产生，每按一次按钮就输出一个宽度一定的脉冲。图 5-27 就是一种单脉冲发生器。按钮 S_i 每按下一次（不论时间长短），就在 Q_1 输出一个脉冲，试根据给定的 U_i 和 J_1 的波形，画出 Q_1 和 Q_2 的波形。

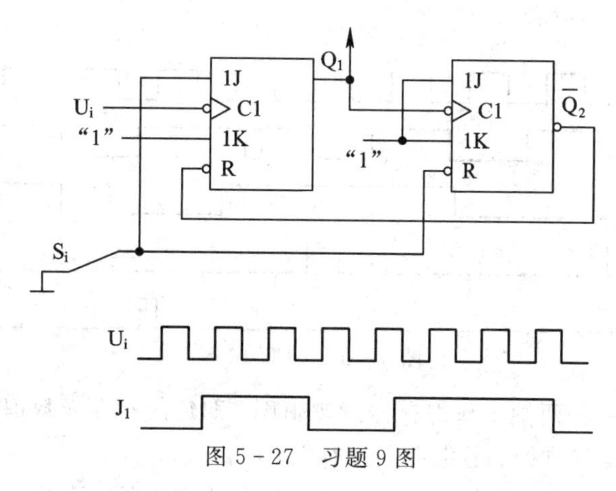

图 5-27　习题 9 图

10. 写出图 5-28 中各个触发器的下一状态方程，并按照所给的 CP 信号，画出各个触发器的输出波形（设初始状态为 0）。

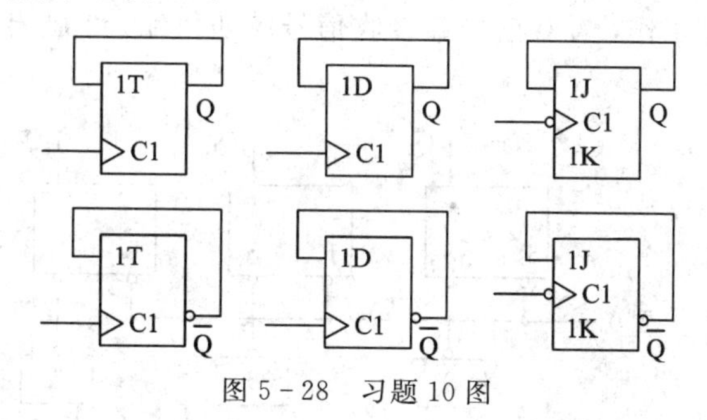

图 5-28　习题 10 图

11. 带有与或输入门电路的 JK 触发器 74H101 的逻辑示意如图 5-29 所示，图中标明了外加输出信号的连接。请写出图中触发器的下一状态方程，并根据所给的输入波形，画出输出波形。初始状态设为 0。

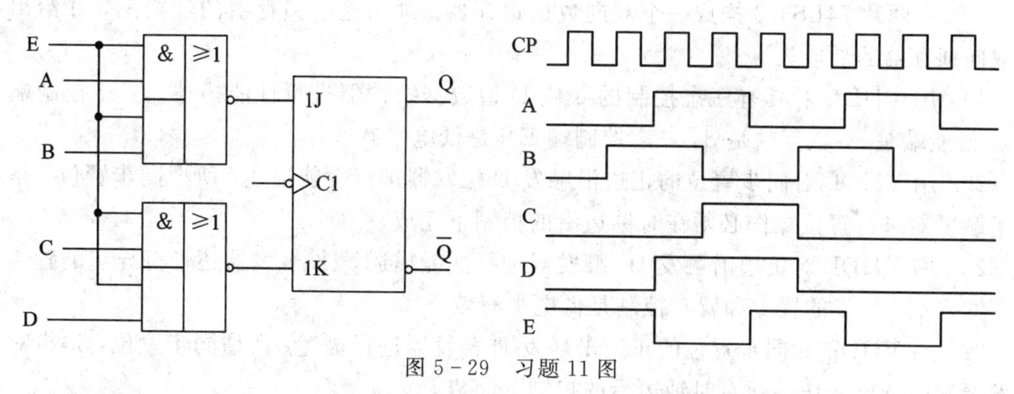

图 5-29　习题 11 图

12. 列表总结 RS、D、JK 和 T 触发器的状态方程、状态表以及功能表。

13. 如何用 JK 触发器实现 D 和 T 触发器的功能？画出相应的逻辑图。

14. 如何用 D 触发器实现 JK 和 T 触发器的功能？画出相应的逻辑图。

15. 如何用 T 触发器实现 JK 和 D 触发器的功能？画出相应的逻辑图。提示：方法之一是分别作出 Qn、J、K→T 以及 Qn、D→T 的真值表，并求解 T。

16. CMOS JK 触发器的输入波形如图 5-30 所示，请画出其相应的输出波形。设触发器的初始状态为 0。

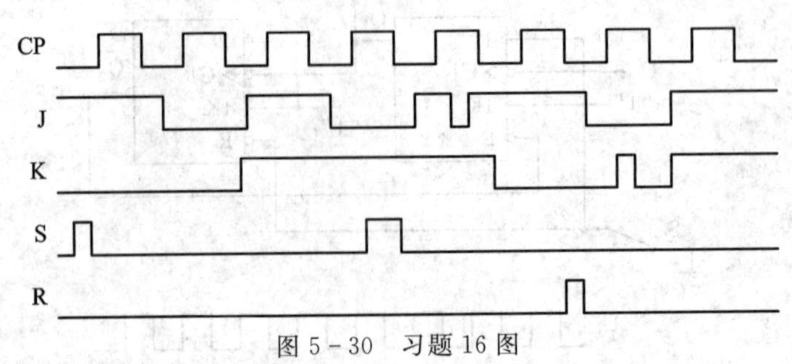

图 5 - 30 习题 16 图

17. 图 5 - 31 是一种两拍工作寄存器的逻辑图，即每次在存入数据之前，必须先加入置 0 信号，然后"接收"信号有效，数据存入寄存器。

(1) 若不按两拍工作方式来工作，即置 0 信号始终无效，则当输入数据为 $D_2D_1D_0$ = 100→001→ 010 时，输出数据 $Q_2Q_1Q_0$ 将如何变化？

(2) 为使电路正常工作，置 0 信号和接收信号应如何配合？画出这两种信号的正确时间关系。

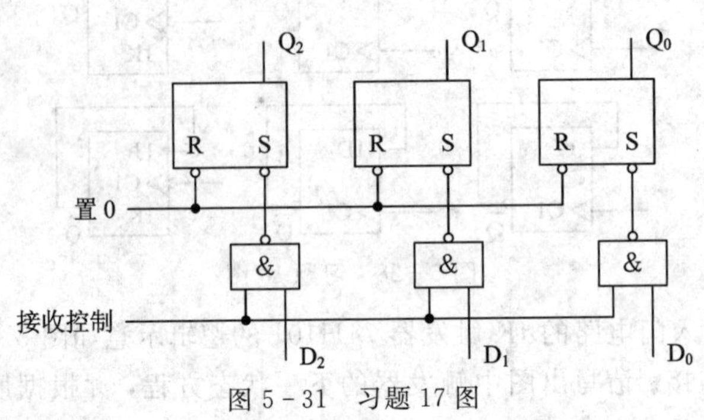

图 5 - 31 习题 17 图

18. 用两片 74LS373 构成一个双向数据锁存器。画出这个锁存器的连接图，并给出这个双向锁存器的功能表。

19. 用 VHDL 对具有三态控制的 8 位 D 型数据缓冲器进行性能描述。三态控制端是 EN，使能端是 c，数据端是 d。三态控制端 EN 是低电平有效。

20. 用 VHDL 对同步置位的正边沿触发 D 触发器进行性能描述。所谓同步置位，是指对于触发器进行置位操作必须在时钟边沿的控制下完成。

21. 用 VHDL 对负边沿触发 JK 触发器进行性能描述。JK 触发器还带有异步的置 1 和置 0 输入端，异步的置 1 和置 0 控制是低电平有效。

22. 用 VHDL 对同步置位的正边沿触发 D 触发器进行描述。所谓同步置位，是指对于触发器进行置位操作必须在时钟边沿的控制下完成。

第 6 章　时序逻辑电路的分析、设计和描述

触发器是最基本的时序逻辑电路。使用触发器和组合逻辑电路可以构成各种类型的时序逻辑电路。其中最常用的是寄存器、移位寄存器、计数器等，本章将介绍它们的基本原理、逻辑功能、分析和设计方法。

6.1　时序电路基础

触发器有电位型触发器和钟控型触发器。一般的时序逻辑电路也可以分类为电位型时序电路和钟控型时序电路。钟控型时序电路的工作方式又可以分为两类：同步时序电路和异步时序电路。同步时序电路的时钟都和同一个时钟源连接在一起，所有触发器的翻转都受同一个时钟的控制，或者说所有的触发器都是同步工作的。异步时序电路中的触发器也有时钟的控制，但是每个触发器的时钟不是来自同一个时钟源，使得触发器翻转时，不一定都和时钟源同步，而出现时间上的差异，因此称为异步时序电路。实际的数字系统大多数都是同步时序电路构成的同步系统。本章介绍的基本时序电路也主要是同步时序电路。

6.1.1　同步时序电路的分类和描述

同步时序电路的一般框图如图 6－1 所示。类似于触发器电路，框图中的现在状态和下一状态在物理上是取自电路中同一点，但是分别表示时钟作用前、后的电路状态。

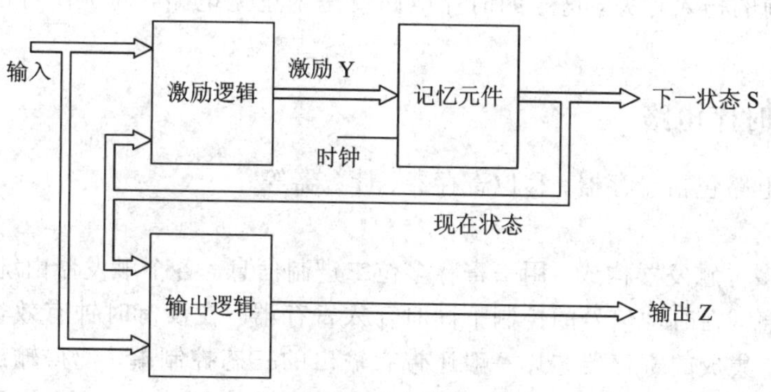

图 6－1　同步时序电路的一般框图

图 6－1 的同步时序电路可以用三组方程式来描述：

激励方程：Y＝f(输入信号，现在状态)

状态方程：S＝h(输入信号，现在状态)

输出方程：Z＝g(输入信号，现在状态)

其中的激励方程就是触发器的输入方程。状态方程就是触发器的输出方程。状态方程应该是触发器输入和现在状态的函数，但是因为触发器的输入和时序电路的输入有关，所以，状态方程也就写成是电路的输入和现在状态的函数。

将状态方程和输出方程结合在一起用矩阵的形式加以表示，就构成同步时序电路的状态表。也就是说，状态表用来反映下一状态及输出与电路的输入及现在状态的关系。状态表中的状态一般都用文字表示。在具体实现这个状态表时，状态要用二进制代码表示，这种用二进制代码表示状态的状态表就称为状态转移表。

图 6-1 所示的同步时序电路的输出是输入和现在状态的函数，这类电路又称为米里型(Mealy mode)时序电路。还有一类同步时序电路，它的输出只和状态有关，和电路的输入无关，即输出方程可以表示为：Z=g(现在状态)。这类同步时序电路称为摩尔型（Moore mode)时序电路。

以投币自动饮料机为例。如果只允许投入 5 角硬币，只要积累投币达到 2 元，就能得到一罐饮料。表 6-1 是它的状态表，表 6-2 是它的状态转移表，输入 a 代表 5 角硬币。相应的时序电路是摩尔型电路。

表 6-1 状态表

S \ a	0	1	Y
0 元	0 元	0.5 元	0
0.5 元	0.5 元	1 元	0
1 元	1 元	1.5 元	0
1.5 元	1.5 元	2 元	0
2 元	0 元	0.5 元	1

表 6-2 状态转移表

S \ a	0	1	Y
000	000	001	0
001	001	010	0
010	010	011	0
011	011	100	0
100	000	001	1

如果饮料机可以投入两种硬币：5 角和 1 元，则在 1.5 元状态下，投入 5 角硬币，得到饮料，不用找钱；如果投入 1 元硬币，则不仅得到饮料，还要找钱。也就是输出不仅和状态有关，还和当前的输入有关，这样的时序电路就是米里型电路，同学们可以自己做出相应的状态表。

6.1.2 常用时序电路

常用时序电路包括寄存器、移位寄存器、计数器等。

1. 寄存器

寄存器由多位触发器构成，用来寄存多位二进制信息。各个触发器由统一的时钟控制。需要寄存的信息，在时钟信号的控制下同时存入寄存器，在没有时钟有效边沿时则使用已经存入的信息。集成的寄存器芯片一般还带有输出的三态控制端，使得输出有工作方式和高阻方式。图 6-2(a)是 8 位 D 型锁存器 74LS373 的功能，图 6-2(b)是 8 位 D 型寄存器 74HC374 的功能表。

寄存器和锁存器的功能有些相似，在使用时必须注意区分，主要是看系统中用来控制数据存入的是什么信号。如果是电平信号，如图 6-2(a)的 C，则一定要用锁存器；如果是时钟边沿控制寄存，如图 6-2(b)的 CLK 则一定要用寄存器。

在集成电路手册上，有时也称这样的芯片为“D 触发器”。不过，触发器芯片上的每个触发器往往有互补的两个输出(两个引脚)，而寄存器或者锁存器，每位都是只有一个输出。

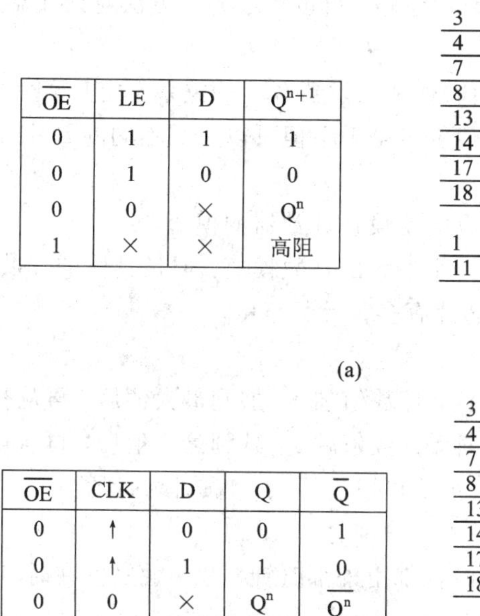

$\overline{OE}$	LE	D	Q^{n+1}
0	1	1	1
0	1	0	0
0	0	×	Q^n
1	×	×	高阻

(a)

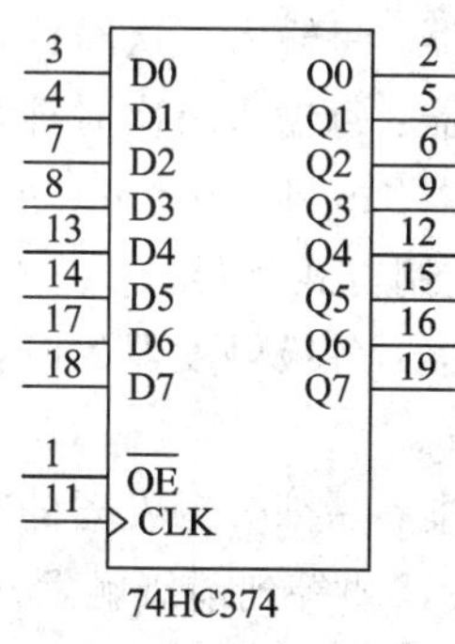

$\overline{OE}$	CLK	D	Q	$\overline{Q}$
0	↑	0	0	1
0	↑	1	1	0
0	0	×	Q^n	$\overline{Q^n}$
1	×	×	高阻	高阻

(b)

图 6-2　锁存器、寄存器的功能表及引脚图

2. 移位寄存器

移位寄存器是由触发器构成的另一类常用时序电路。移位寄存器具有寄存和移位两重功能：除了寄存数据外，还可以在时钟的控制下，将数据向左或者向右进行移位。

移位寄存器总是有一个串行的数据输入端和一个串行的数据输出端。有的移位寄存器还可以有并行的数据输入端和并行的输出端。因此，移位寄存器就可以有 4 种工作方式：串入串出、并入并出、串入并出和并入串出。

当然，并不是所有的移位寄存器芯片都同时具有这 4 种功能。

3. 计数器

计数器是通过电路的状态来反映输入脉冲数目的电路。只要电路的状态和输入脉冲的数目有固定的对应关系，这样的电路就可以作为计数器来使用。

我们已经知道，一位触发器有两个状态。如果将一个 JK 触发器的 J、K 端都接逻辑 1，初始时触发器的状态为 0。在时钟的作用下，触发器的状态就会是 0、1、0、1……不断变化。

将这个触发器的输出接到另一个 JK＝11 的触发器的时钟输入，输出的下降沿就会使另一个 JK 触发器改变状态，使得两个触发器有 4 种不同的状态：00、01、10、11。如果触发器的初始状态是 00，则输入一个时钟就到状态 01，再输入一个时钟就到状态 10…… 这样，通过电路的状态就可以知道输入脉冲的数目。

一个计数器可以计数的值，称为计数器的模值，用 M 表示。

也可以使得电路的初始状态是 10，这时，输入一个时钟就到状态 11…… 同样也能进行计数，只是电路的状态和脉冲的数目是另一种对应关系，计数器的模值没有变。

计数器是应用非常广泛的一种时序电路，可以用不同的方法对计数器进行分类。

(1) 按计数模值分类。

① 二进制计数器：计数器的模值 M 和触发器数 n 的关系一定是 $M=2^n$。

② 十进制计数器：计数器的模值一定是 10，但可以采用不同的 BCD 码，所以，也会有许多不同的十进制计数器。

③ 其他进制的计数器：可以根据需要设计计数器的模值。

④ 任意进制计数器：计数器有一个最大的计数模值，但是具体的计数模值可以在这个范围内任意设置，使得一种计数器芯片有多种计数范围。

(2) 按计数值变化的方式分类。

① 加法计数器：每输入一次时钟，计数值加 1，加到最大值后，再从初始状态继续。

② 减法计数器：每输入一次时钟，计数值减 1，减到最小值后，再从初始状态继续。

③ 可逆计数器(up/down counter)：可以进行加、减选择的计数器。

(3) 按时钟控制方式分类。

① 同步计数器：各级触发器的时钟都由外部时钟提供，触发器在时钟有效边沿同时翻转，工作速度较快。

② 异步计数器：一部分触发器的时钟由前级触发器的输出提供，由于触发器本身的延迟，使得后级触发器要等到前级触发器翻转后，才可能翻转，速度会有所降低。

6.2 小规模计数器的分析、设计及 VHDL 描述

小规模计数器是指利用 JK、D 触发器及门电路组成的计数器。

6.2.1 小规模计数器的分析

1. 分析步骤

同步时序电路可以用三组方程式来描述：激励方程、状态方程和输出方程。

激励方程是获得状态方程的过渡表达式，真正描述时序电路功能的还是状态方程和输出方程。

在进行时序电路分析时，还可使用另一种分析的手段：状态图或状态转移图。它们是状态表或者状态转移表的图形化表示。在状态图或状态转移图中用结点表示状态，用带方向的弧线表示状态的转移，在弧线上标明状态转换的输入条件和转换时得到的输出。两者不同的是：状态图上节点和状态名相对应，状态转移图上节点和状态的二进制代码相对应。两者没有本质上的不同。

同步时序电路的分析可按以下步骤进行：

(1) 根据给定的时序电路，写出每个触发器的输入激励方程。

(2) 根据电路，写出时序电路的输出方程。

(3) 由激励方程和触发器的特征方程，写出触发器的下一状态方程。

触发器的特征方程和下一状态方程没有实质上的不同，只是特征方程是用触发器的直接输入(如 RS、D 等)表示的，而状态方程是用时序电路的输入表示的。

(4) 由触发器的状态方程和时序电路的输出方程，作出电路的状态转移表和状态转移

图，并进一步分析电路的逻辑功能。

对于具体的时序电路，以上分析过程的某些步骤可能有所简化。例如，有的时序电路的输出就是触发器的输出，这样就没有电路的输出方程，而只要写出触发器的状态方程就可以进行分析了。

2. 分析举例

【例 6-1】 分析图 6-3 所示电路的功能。

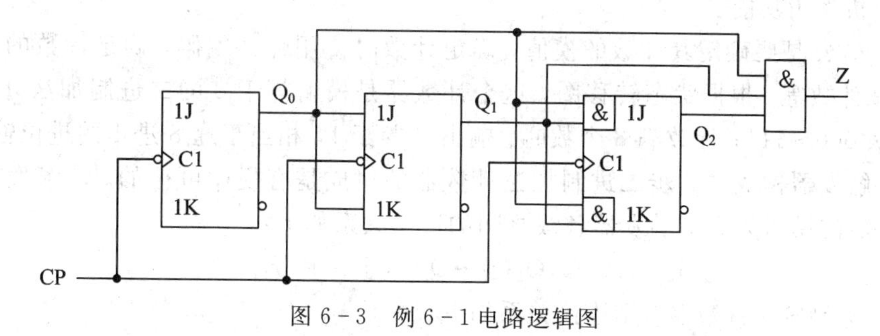

图 6-3　例 6-1 电路逻辑图

解　(1) 写出电路的输出方程和触发器的激励方程：

$$Z=Q_0^nQ_1^nQ_2^n$$

$$J_2=Q_0^nQ_1^n,\ K_2=Q_0^nQ_1^n,\ J_1=Q_0^n,\ K_1=Q_0^n,\ J_0=1,\ K_0=1$$

(2) 写出触发器的状态方程，也就是电路的状态方程。将激励方程代入 JK 触发器的特征方程 $Q^{n+1}=J\,\overline{Q^n}+\overline{K}Q^n$。

$$Q_2^{n+1}=Q_0^nQ_1^n\,\overline{Q_2^n}+\overline{Q_0^n\,Q_1^n}Q_2^n=Q_0^nQ_1^n\,\overline{Q_2^n}+\overline{Q_0^n}Q_2^n+\overline{Q_1^n}Q_2^n$$

$$Q_1^{n+1}=Q_0^n\,\overline{Q_1^n}+\overline{Q_0^n}Q_1^n$$

$$Q_0^{n+1}=1\cdot\overline{Q_0^n}+\overline{1}\cdot Q_0^n=\overline{Q_0^n}$$

(3) 由状态方程和输出方程，做状态转移表和状态转移图。

做状态转移表的方法和组合电路中由函数表达式做真值表的方法类似，得到的状态转移表如表 6-3 所示。显然，这是一个摩尔型电路的状态转移表。

表 6-3　例 6-1 状态转移表

Q_2^n	Q_1^n	Q_0^n	Q_2^{n+1}	Q_1^{n+1}	Q_0^{n+1}	Z
0	0	0	0	0	1	0
0	0	1	0	1	0	0
0	1	0	0	1	1	0
0	1	1	1	0	0	0
1	0	0	1	0	1	0
1	0	1	1	1	0	0
1	1	0	1	1	1	0
1	1	1	0	0	0	1

状态转移图如图 6-4 所示。每个节点表示一个状态，图中用十进制数表示等值的二进制码，0～7 相当于二进制码 000～111。由于是摩尔型电路，输出只和状态有关，在状态转

移图中可以直接将输出写在表示状态的节点内。

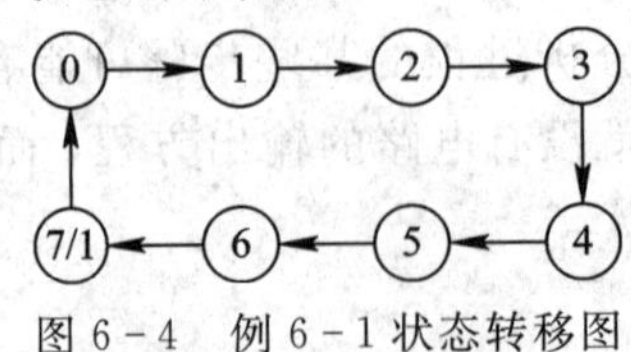

图 6-4 例 6-1 状态转移图

(4) 分析逻辑功能。

分析计数器是要确定其计数的模值，确定计数时使用什么编码，确定计数的方式是加计数还是减计数等。根据状态转移图，这个计数器是模值等于 8 的二进制加法计数器，计数状态是从 000～111；计数满 8 个数时，输出 Z 等于 1，相当于逢 8 进 1 的进位输出。

用 JK 触发器构成的同步二进制加法计数器的组成是有规律可循的。若触发器的数目是 k，则计数的模值为 2^k。触发器各级之间的连接关系如下：

$$J_i = K_i = Q_0^n Q_1^n Q_2^n \cdots Q_{i-1}^n,\ J_0 = 1,\ K_0 = 1$$

若是二进制减法计数器，则连接关系如下：

$$J_i = K_i = \overline{Q_0^n}\ \overline{Q_1^n}\ \overline{Q_2^n} \cdots \overline{Q_{i-1}^n},\ J_0 = 1,\ K_0 = 1$$

图 6-5 是本例在仿真软件中的仿真电路，3 个 JK 触发器的同步时钟选择 1 Hz，$Q_2Q_1Q_0$ 在 8 个时钟内完成 000B→111B 的循环计数，当前计数值是 101B。

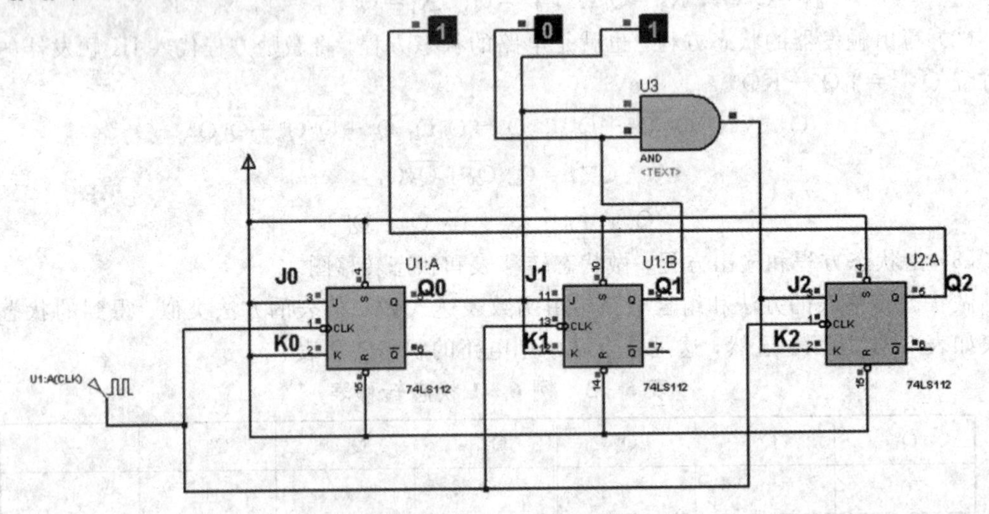

图 6-5 例 6-1 仿真电路图

【例 6-2】 分析图 6-6 所示的同步计数器。

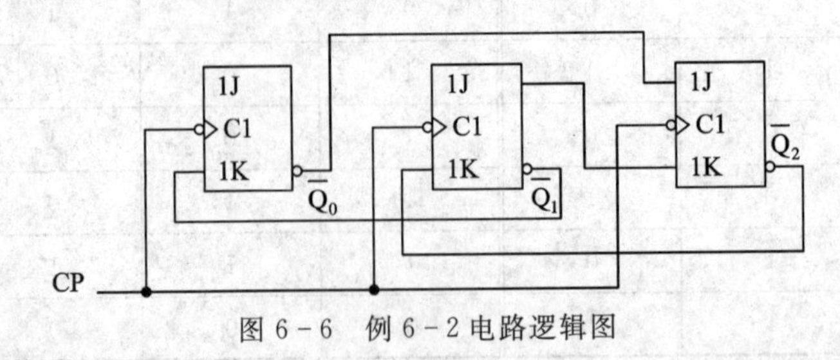

图 6-6 例 6-2 电路逻辑图

解 这个触发器没有专门的输出电路。使用时，将直接用触发器的输出作为时序电路的输出。分析和作表时，可以省略和输出有关的部分。

(1) 列激励方程：

$$J_2=\overline{Q_0^n},\ K_2=Q_1^n,\ J_1=1,\ K_1=\overline{Q_2^n},\ J_0=1,\ K_0=\overline{Q_1^n}$$

(2) 写出状态方程：

$$Q_2^{n+1}=\overline{Q_0^n}\,\overline{Q_2^n}+\overline{Q_1^n}Q_2^n$$

$$Q_1^{n+1}=1\cdot\overline{Q_1^n}+Q_2^nQ_1^n=\overline{Q_1^n}+Q_2^n$$

$$Q_0^{n+1}=1\cdot\overline{Q_0^n}+Q_1^nQ_0^n=\overline{Q_0^n}+Q_1^n$$

(3) 做状态转移表和状态转移图。由于没有专门的输出函数，状态转移表中也就不需表示输出的列。所得到的状态转移表如表 6-4 所示。

表 6-4　例 6-2 状态转移表

Q_2^n	Q_1^n	Q_0^n	Q_2^{n+1}	Q_1^{n+1}	Q_0^{n+1}
0	0	0	1	1	1
0	0	1	0	1	0
0	1	0	1	0	1
0	1	1	0	0	1
1	0	0	1	1	1
1	0	1	1	1	0
1	1	0	0	1	1
1	1	1	0	1	1

从这个状态转移表到做出状态转移图需要一个一个状态进行跟踪。例如，从 000 状态开始，下一状态是 111，再从 111 到下一状态 011…… 直到把所有的状态和它们的转移关系都在状态转移图中表示清楚为止，如图 6-7 所示。

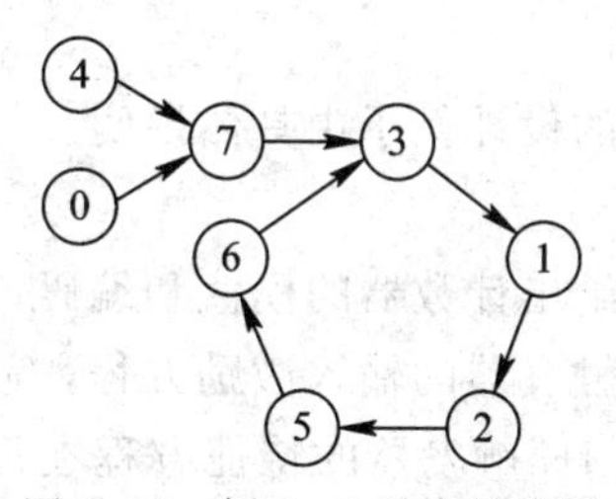

图 6-7　例 6-2 状态转移图

(4) 分析和说明。

从状态转移图可以看得很清楚，计数器在 5 种状态中进行循环，是模值等于 5 的五进制计数器。不过，计数状态不是二进制的递增或递减，属于任意编码计数器的范畴。计数状态的转移关系如下：

011 → 001 → 010 → 101 → 110（110 返回 011）

对于任意进制计数器，在分析时要增加一个内容：分析计数器是否可以自启动。对于这类计数器，计数的模值一般总是比 2^n 小（n 是触发器的数目），总有若干状态不在计数循环内。所谓自启动，就是要求计数器不管由于什么原因进入了这些不使用状态，也能够在经过几拍时钟后，重新进入正常的计数循环。

本例的五进制计数器有3个不使用状态：000、100和111。从状态转移图上可以看出，如果进入了这些状态，最多经过2拍时钟，就可以重新进入计数循环，可以自启动。

6.2.2 小规模计数器的设计

本节介绍同步计数器的设计方法。掌握这些方法，可以更有效地使用中规模时序集成电路，根据自己的特定需要来设计时序电路，也便于使用VHDL语言对时序电路进行描述和设计。

1. 基本设计步骤

计数器的特征：

(1) 电路的状态数是可以从设计要求直接确定的：由计数器的模值就可以确定状态数。

(2) 电路状态的二进制代码也是可以从设计要求直接确定的。

由于这些特征，就可以直接从设计要求做出状态转移表，使得常用时序电路的设计步骤比较简单。具体步骤如下：

(1) 根据设计要求，做出状态转移表。

(2) 根据状态转移表，做出以现在状态为“输入”，下一状态为“输出”的卡诺图，从卡诺图求出电路的状态方程。同样，也可以做出电路输出的卡诺图，求出输出方程。

(3) 由状态方程直接求出触发器的输入激励方程，也就是完成了触发器输入逻辑的设计。

(4) 做出设计结果的状态转移图。因为设计要求中只指定了工作状态的转移关系，现在需要将所有状态的转移关系表示清楚，检查是否能自启动，若不能自启动，则需重新修改某个触发器的激励方程。

(5) 根据激励方程和输出方程，选择器件，完成具体的逻辑设计，画出最后得到的逻辑图。

以上的设计步骤，将在以后的设计例子中具体说明。

2. 同步计数器的设计

设计同步计数器时，往往会给出计数器的模值和编码。因此，很容易做出状态转移表，再使用适当的方法，就可以得到触发器的输入激励方程，完成计数器的设计。

为了使得写出的状态方程和JK触发器的特征方程在形式上一致，可将每个Q^{n+1}卡诺图都用粗黑线分为“$Q_i^n=0$”和“$Q_i^n=1$”两个子图。在卡诺图中合并相邻项时，必须只在子图中进行，不许超越黑线。这样合并和写出的状态方程，将和JK触发器的特征方程的形式相一致，进而就可以直接写出触发器输入的激励方程。以下的例子将说明这样的方法。

【例6-3】 用JK触发器设计一个8421码十进制计数器。

解 (1) 确定触发器的数目。因为计数模值等于10，所以需要4个触发器。

(2) 做出状态转移表。根据设计的条件可以知道计数的状态转移关系。在状态转移表中写一个现在状态(如0000)，在右边写一个相应的下一状态(即0001)；到下一行，再以这个状态(0001)作为现在状态，写出下一状态(0010)，一直写到下一状态中重新出现第一个状态为止。结果如表6-5所示。

表 6-5　8421 码十进制计数器状态转移表

Q_3^n	Q_2^n	Q_1^n	Q_0^n	Q_3^{n+1}	Q_2^{n+1}	Q_1^{n+1}	Q_0^{n+1}
0	0	0	0	0	0	0	1
0	0	0	1	0	0	1	0
0	0	1	0	0	0	1	1
0	0	1	1	0	1	0	0
0	1	0	0	0	1	0	1
0	1	0	1	0	1	1	0
0	1	1	0	0	1	1	1
0	1	1	1	1	0	0	0
1	0	0	0	1	0	0	1
1	0	0	1	0	0	0	0

(3) 做出下一状态的卡诺图，写出每个触发器的状态方程。需使触发器的状态方程在形式上和触发器的特征方程相一致，以便直接写出触发器的激励方程。这个计数器下一状态的卡诺图如图 6-8 所示。注意每个卡诺图中都有粗黑线(一条或两条)将卡诺图划分为两个子图。

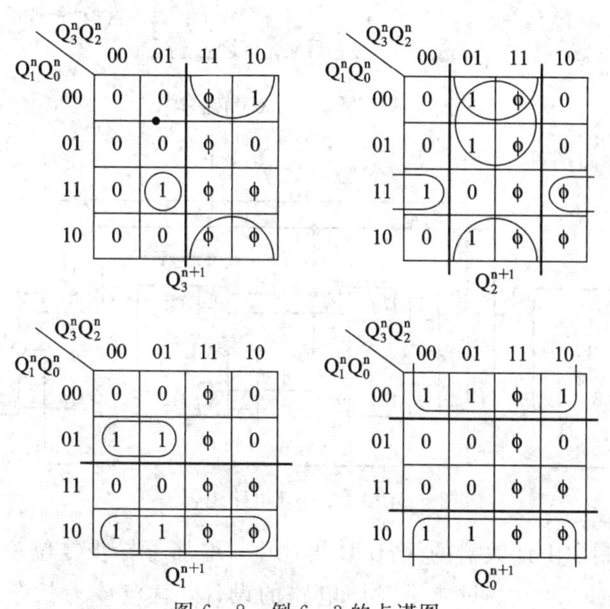

图 6-8　例 6-3 的卡诺图

由图 6-8 可写出每个触发器的状态方程。对于 Q_3^{n+1} 来说，如果按照一般的做法，位于“0111”的 1 格应该和相邻的任意项合并，但是这样的合并就跨越了图中的粗黑线，所得到的方程式和 JK 触发器的特征方程形式上不一致，也就不能直接写出输入激励方程。不跨越图中粗黑线写出的触发器特征方程如下：

$$Q_3^{n+1}=Q_2^nQ_1^nQ_0^n\,\overline{Q_3^n}+\overline{Q_0^n}Q_3^n$$

$$Q_2^{n+1}=Q_1^nQ_0^n\,\overline{Q_2^n}+(\overline{Q_1^n}+\overline{Q_0^n})Q_2^n$$

$$Q_1^{n+1}=\overline{Q_3^n}Q_0^n\,\overline{Q_1^n}+\overline{Q_0^n}Q_1^n$$

$$Q_0^{n+1}=\overline{Q_0^n}$$

这些方程的形式和JK触发器的特征方程形式一致。因此，可以直接进入下一步。

(4) 直接写出各触发器的输入激励方程：

$$J_3 = Q_2^n Q_1^n Q_0^n,\ K_3 = Q_0^n$$

$$J_2 = Q_1^n Q_0^n,\ K_2 = \overline{\overline{Q_1^n} + \overline{Q_0^n}} = Q_1^n Q_0^n$$

$$J_1 = \overline{Q_3^n} Q_0^n,\ K_1 = Q_0^n$$

$$J_0 = 1,\ K_0 = 1$$

(5) 检查不在计数循环中的状态的转移关系。从图6-8中查出6个不使用状态的下一状态：凡在化简时被圈入的任意项取值为1，没有被圈入的任意项取值为0。从而得到这6个不使用状态的下一状态是：

1010→1011　　1011→0100　　1100→1101

1101→0100　　1110→1111　　1111→0000

这样，就可以画出全部16个状态的状态转移图，如图6-9所示。由图可以看出，这个计数器可以自启动。

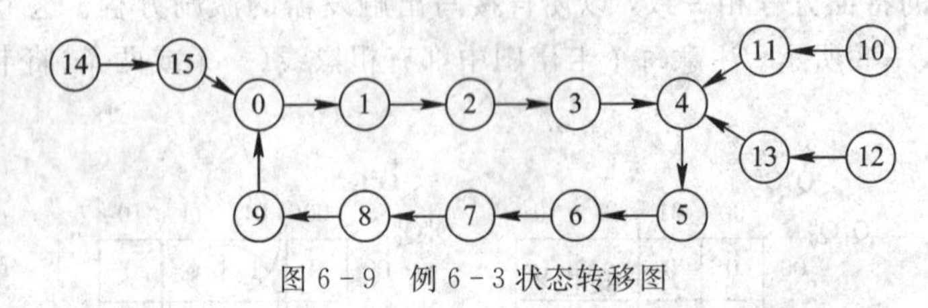

图6-9　例6-3状态转移图

(6) 画逻辑图，如图6-10所示。

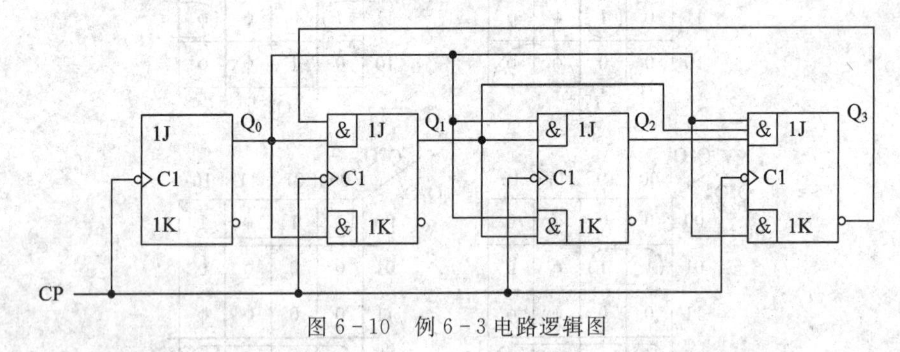

图6-10　例6-3电路逻辑图

(7) 8421十进制加1计数器的VHDL描述中，增加了异步复位功能，当RESET＝1时，计数器状态返回0000B。只要是时序电路的设计，就应该为状态设置中间信号，如SIGNAL QQ，该信号既可以作为下一状态输出，也可以作为上一状态输入。完成电路描述后，通过"Q<＝QQ;"把结果送给电路输出端。

```
LIBRARY IEEE;
uSE IEEE. STD_LOGIC_1164. ALL;
uSE IEEE. STD_LOGIC_ARITH. ALL;
uSE IEEE. STD_LOGIC_UNSIGNED. ALL;
—* * * * * * * * * * * * * * * * * * * *
ENTITY count10 IS
    PORT (CLK, RESET: IN STD_LOGIC;
```

```
    Q：OUT STD_LOGIC_VECTOR(3 DOWNTO 0))；
END count10；
--* * * * * * * * * * * * * * * * *
ARCHITECTURE dataflow_1 OF count10 IS
SIGNAL QQ:STD_LOGIC_VECTOR(3 DOWNTO 0)；
BEGIN
PROCESS(RESET，CLK)
BEGIN
IF RESET='1' THEN QQ<="0000"；
ELSIF CLK'EVENT AND CLK='1' THEN --时钟上跳变时
  IF QQ="1001"THEN QQ<="0000"；--如果上状态是 1001，下状态置 0000
  ELSE QQ<=QQ+1；--否则，自加 1
  END IF；
END IF；
END PROCESS；
Q<=QQ；
END dataflow_1；
```

仿真波形如图 6－11 所示，RESET='0'时，每个时钟上跳变时 Q 的状态自加 1；RESET='1'时，Q 的输出立即为 0000，无需等时钟上跳变时刻，这就是异步清 0。

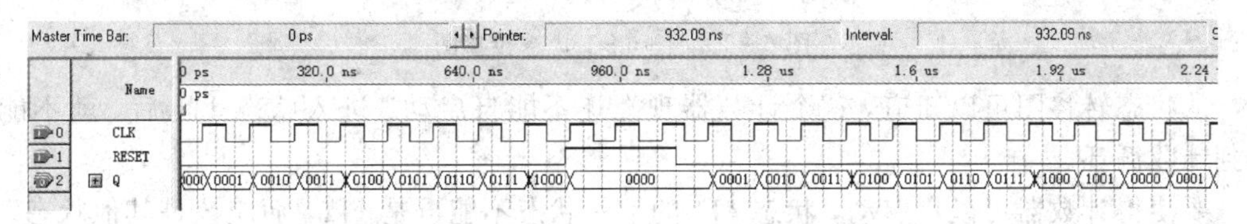

图 6－11　8421 十进制加 1 计数器的仿真波形图

【例 6－4】 用 JK 触发器设计一个五进制计数器，要求状态转移关系为

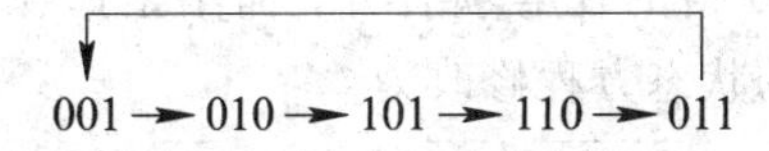

解　(1) 由于只有 5 个状态，因此需要 3 个 JK 触发器。

(2) 做出状态转移表，如表 6－6 所示。

表 6－6　例 6－4 状态转移表

Q_2^n	Q_1^n	Q_0^n	Q_2^{n+1}	Q_1^{n+1}	Q_0^{n+1}
0	0	1	0	1	0
0	1	0	1	0	1
1	0	1	1	1	0
1	1	0	0	1	1
0	1	1	0	0	1

(3) 做出各触发器下一状态的卡诺图，如图 6－12 所示。每个卡诺图中，也都用粗黑线将卡诺图划分为两个子图。合并相邻项只在各个子图中进行。

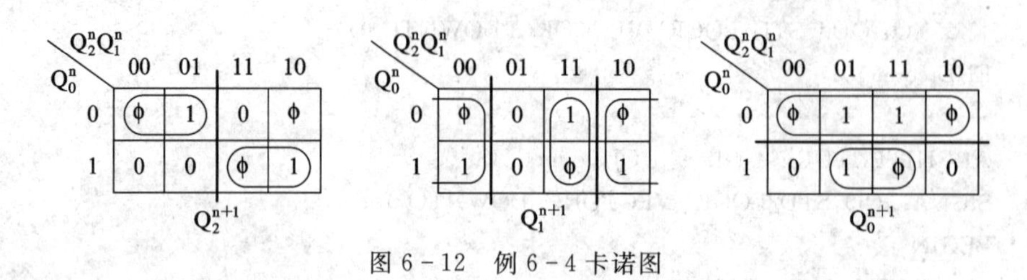

图 6-12　例 6-4 卡诺图

(4) 写出触发器的状态方程。

$$Q_2^{n+1}=\overline{Q_0^n}\,\overline{Q_2^n}+Q_0^nQ_2^n,\quad Q_1^{n+1}=\overline{Q_1^n}+Q_2^nQ_1^n,\quad Q_0^{n+1}=\overline{Q_0^n}+Q_1^nQ_0^n$$

(5) 写出触发器的输入方程。

$$J_2=\overline{Q_0^n},\ K_2=\overline{Q_0^n},\ J_1=1,\ K_1=\overline{Q_2^n},\ J_0=1,\ K_0=\overline{Q_1^n}$$

(6) 检查多余状态的转移关系，还有 3 个不在计数循环的状态：

000→111　　100→011　　111→111

得到状态转移图如图 6-13 所示。

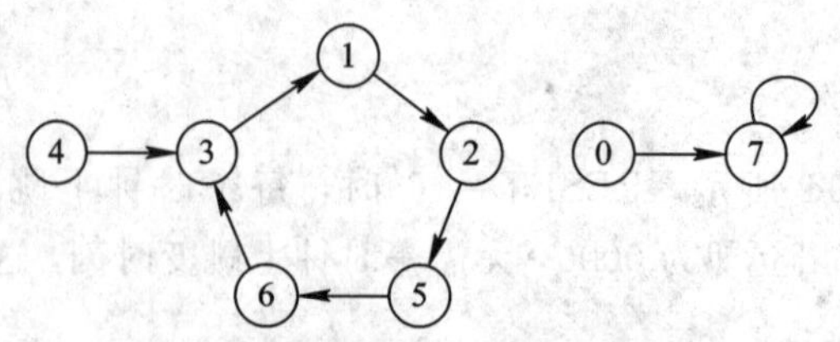

图 6-13　例 6-4 状态转移图

从状态转移图可以知道，这个计数器现在还不能自启动：进入状态 111 后，就不能再回到计数循环。

要使得计数器可以自启动，状态 111 的下一状态不能再是 111，而应该是其他状态。修改时，应该回到卡诺图 6-12，观察并决定如何修改最为经济。从卡诺图可以看出，使得状态 111 的下一状态改为 011 最为经济。这样的修改，不影响 Q_1^{n+1} 和 Q_0^{n+1} 方程，只要将 Q_2^{n+1} 卡诺图中状态 101 和 100 格的任意项合并，而不是像原来图中和 111 格的任意项合并，问题就可以解决。Q_2^{n+1} 的状态方程修改为

$$Q_2^{n+1}=\overline{Q_0^n}\,\overline{Q_2^n}+\overline{Q_1^n}Q_2^n,\ J_2=\overline{Q_0^n},\ K_2=Q_1^n$$

经此修改，进入状态 111 后，下一状态将是 011，计数器即可以自启动。状态转移图如图 6-14(a)所示。

(7) 画出最后的逻辑图，如图 6-14(b)所示。

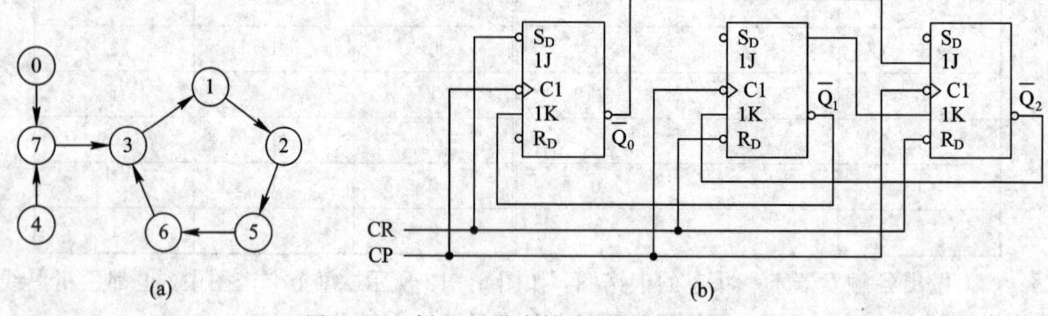

图 6-14　例 6-4 状态转移图和电路逻辑图

图 6-14(b)中 CR 的输入信号连接到 3 个 JK 触发器的 S_D和 R_D端，低电平有效。所以，在计数开始前，如果在 CR 端口输入一个负脉冲，将把计数器初值预置为 001B。在计数过程中若出现 CR 上的负脉冲，则也将置计数器状态为 001B。

(8) 上述五进制计数器的 VHDL 描述如下：由于该计数器的下一状态与上一状态之间不满足加 1 计数的规律，不能用“QQ<=QQ+1;”语句，只能利用 case 语句把表 6-6 进行描述，而 case 语句嵌套在“IF CLK'EVENT AND CLK='1'”中，每一次的状态变化都发生在时钟上跳变时。

```
LIBRARY IEEE;
uSE IEEE. STD_LOGIC_1164. ALL;
uSE IEEE. STD_LOGIC_ARITH. ALL;
uSE IEEE. STD_LOGIC_UNSIGNED. ALL;
--* * * * * * * * * * * * * * * * * *
ENTITY li6_4 IS
    PORT (CLK: IN STD_LOGIC;
        Q: OUT STD_LOGIC_VECTOR(2 DOWNTO 0));
END li6_4;
--* * * * * * * * * * * * * * * * * *
ARCHITECTURE dataflow_1 OF li6_4 IS
SIGNAL QQ:STD_LOGIC_VECTOR(2 DOWNTO 0);
BEGIN
PROCESS(CLK, QQ)
BEGIN
IF CLK'EVENT AND CLK='1' THEN
  case QQ IS
   WHEN "000"=>QQ<="111";
   WHEN "001"=>QQ<="010";
   WHEN "010"=>QQ<="101";
   WHEN "011"=>QQ<="001";
   WHEN "100"=>QQ<="111";
   WHEN "101"=>QQ<="110";
   WHEN "110"=>QQ<="011";
   WHEN "111"=>QQ<="011";
   WHEN OTHERS=>QQ<="ZZZ"; --当出现非法输入信号时，输出高阻，Z 必须大写
  END CASE;
END IF;
END PROCESS;
Q<=QQ;
END dataflow_1;
```

五进制计数器的仿真波形如图 6-15 所示。

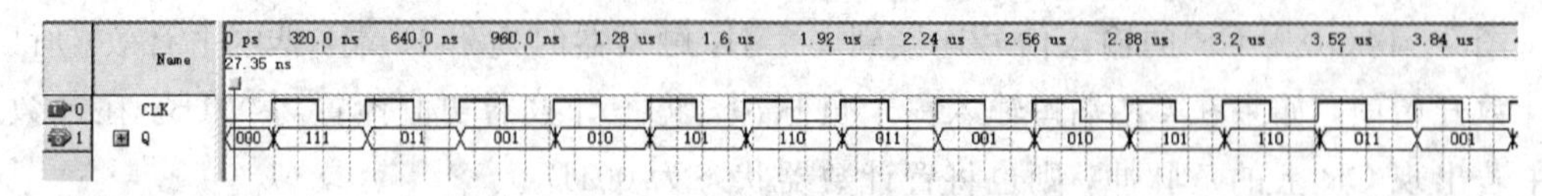

图 6-15 五进制计数器仿真波形图

与第 4 章按照 2421 码的编码规律编写的程序相比，都是 IF 语句内嵌 case 语句，为什么五进制计数器是时序电路，而 2421 码的编码器是组合电路？关键在于本例的 case 语句中输入、输出信号都是 QQ，因此描述的是下一状态与上一状态之间的转移关系；而 2421 码编码器电路的输入、输出信号分别是 I(9 downto 0)和 F(3 downto 0)，没有状态之间的转移关系。

6.3 小规模一般时序电路的设计及 VHDL 描述

小规模计数器没有输入信号，本节介绍有输入信号的时序电路，为了和计数器区别，称这样的电路为一般时序电路。

一般时序电路的设计方法类似于计数器的设计，注重计数器的模，对内部的转移关系没有特别要求。例如表 6-2 所示的投币机，需要 5 个状态，设计一个五进制计数器与之对应即可。同时要注意输入信号对状态转移的控制作用。

6.3.1 投币机的设计举例

【例 6-5】 利用 JK 触发器设计一个例 6-4 的五进制计数器，并进行表 6-2 投币机的设计。

解 (1) 投币机输入投币信号，用 X 表示，当 X=0 时，没有投币，状态保持不变，如果 X 一直保持 1，投币机将按照例 6-4 的计数规律计数，只是到了 011 的 2 元状态，若继续投币，应该进入 010 的 0.5 元状态，此处和计数器不一样。输出信号 Y=1 时，输出一罐饮料。状态转移关系如表 6-7 所示。

表 6-7 投币机的状态转移表

S \ X	0	1	Y
001(0 元)	001	010	0
010(0.5 元)	010	101	0
101(1 元)	101	110	0
110(1.5 元)	110	011	0
011(2 元)	001	010	1

(2) 根据表 6-7，画出状态转移图，如图 6-16 所示。图中的 1/0 表示当前输入 X=1，

输出 Y=0。

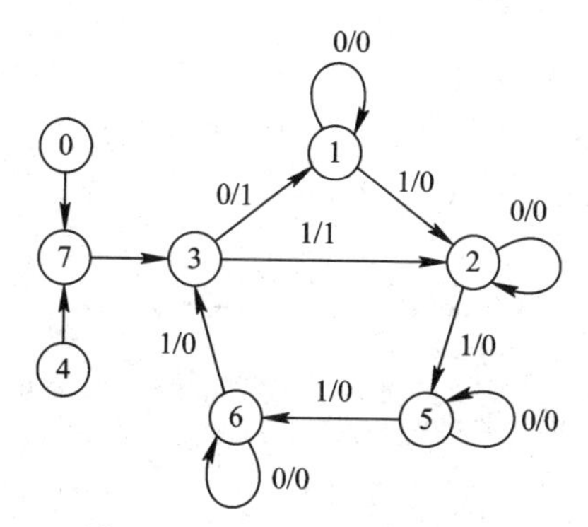

图 6-16　例 6-5 状态转移图

(3) 根据状态转移表或状态转移图画出卡诺图，如图 6-17 所示。

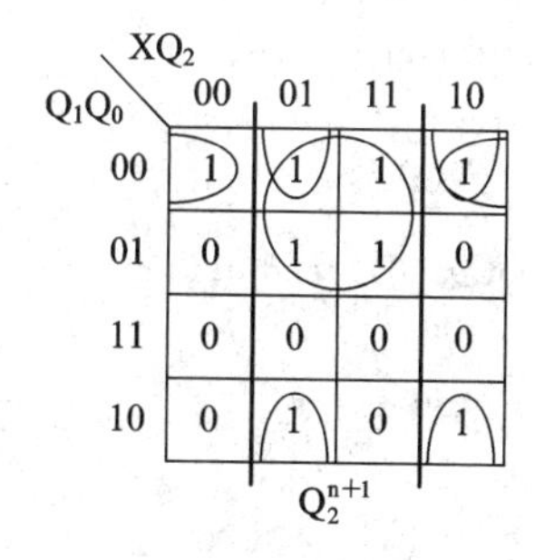
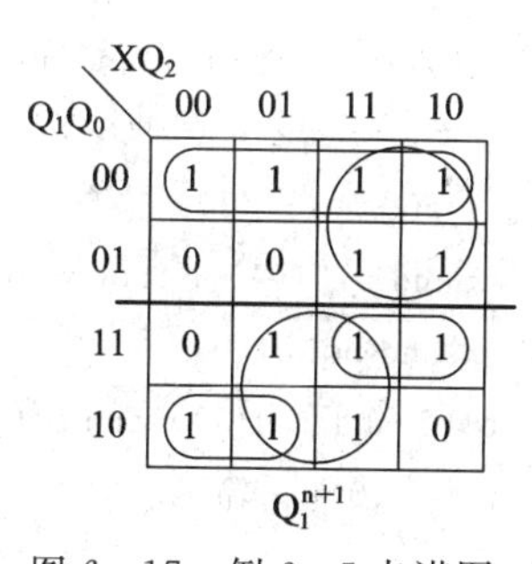
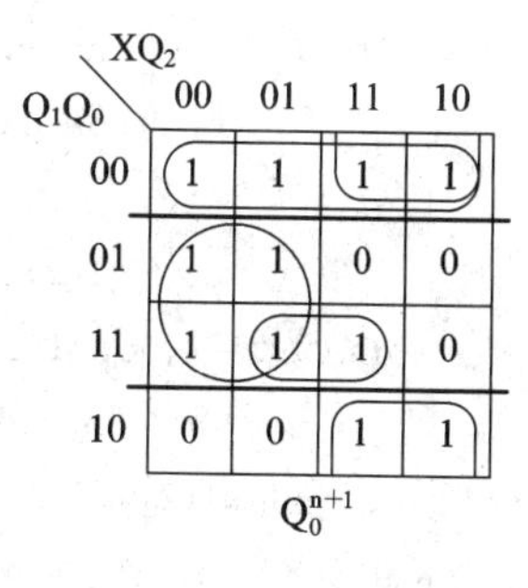

图 6-17　例 6-5 卡诺图

① $XQ_2Q_1Q_0$ 是 0000 和 1000 时，$Q_2^{n+1}Q_1^{n+1}Q_0^{n+1}$ 填入 111，即图 6-16 中状态 0→状态 7。

② $XQ_2Q_1Q_0$ 是 0111 和 1111 时，$Q_2^{n+1}Q_1^{n+1}Q_0^{n+1}$ 填入 011，即图 6-16 中状态 7→状态 3。

③ $XQ_2Q_1Q_0$ 是 0100 和 1100 时，$Q_2^{n+1}Q_1^{n+1}Q_0^{n+1}$ 填入 111，即图 6-16 中状态 4→状态 7。

以上是解决计数器的自启动状态。

④ $XQ_2Q_1Q_0$ 是 0011 时，$Q_2^{n+1}Q_1^{n+1}Q_0^{n+1}$ 填入 001，即图 6-16 中状态 3，因为输入X=0→状态 1；$XQ_2Q_1Q_0$ 是 1011 时，$Q_2^{n+1}Q_1^{n+1}Q_0^{n+1}$ 填入 010，即图 6-16 中状态 3，因为输入 X=1→状态 2。

状态 1、2、5、6 的填写方法同状态 3。

(4) 写出 Q_2^{n+1}、Q_1^{n+1}、Q_0^{n+1} 的状态方程：

$$Q_2^{n+1}=(X\overline{Q_0^n}+\overline{Q_1^n}\,\overline{Q_0^n})\overline{Q_2^n}+(\overline{Q_1^n}+\overline{X}\,\overline{Q_0^n})Q_2^n$$

$$Q_1^{n+1}=(\overline{Q_0^n}+X)\overline{Q_1^n}+(Q_2^n+XQ_0^n+\overline{X}\,\overline{Q_0^n})Q_1^n$$

$$Q_0^{n+1}=(\overline{Q_1^n}+X)\overline{Q_0^n}+(\overline{X}+Q_2^nQ_1^n)Q_0^n$$

(5) 写出输出方程，根据表 6-7，当状态转移到 011 时，Y=1，因此 $Y=\overline{Q_2^n}Q_1^nQ_0^n$。

(6) 根据状态方程、输出方程，写出实现本例功能的 VHDL 描述语句：

```
LIBRARY IEEE;
USE IEEE.STD_LOGIC_1164.ALL;
USE IEEE.STD_LOGIC_ARITH.ALL;
USE IEEE.STD_LOGIC_UNSIGNED.ALL;
```

```
--* * * * * * * * * * * * * * * * * * * * * * * * * * * * * * * * * * * * * * *
ENTITY li6_5   is
     PORT(clk, x:in std_logic;
        y:OUT std_logic;
        q:OUT std_logic_vector( 2 downto 0));
END li6_5 ;
--* * * * * * * * * * * * * * * * * * * * * * * * * * * * * * * * * * * * * * *
ARCHITECTURE abc OF li6_5   IS
signal q1 :std_logic_vector( 2 downto 0);
BEGIN
p1:process(clk, q1, x)
begin
   if clk'event and clk='1' then
      q1(2)<=(((x and not q1(0))or (not q1(1)and not q1(0)))and not q1(2))
                or ((not q1(1)or (not x and not q1(0)))and q1(2));
      q1(1)<=((not q1(0)or x)and not q1(1))
                or(( q1(2)or ( x and  q1(0))or (not x and not q1(0)))and q1(1));
      q1(0)<=((not q1(1)or x)and not q1(0))
                or(( not x or (q1(2)and  q1(1)))and q1(0)); --状态方程
    y<=not q1(2)and q1(1)and q1(0); --输出语句
   end if;
end process p1;
q<=q1;
end abc;
```

(7) 仿真波形图如图 6-18 所示，t1 时刻状态从初始的 000 自动转移到 111 进入计数器有效状态 011，满足图 6-16 的状态自启动过程。但是 t2 时刻的 Y=1 是在无 X=1 的过程出现的，显然不满足投币机的设计要求。

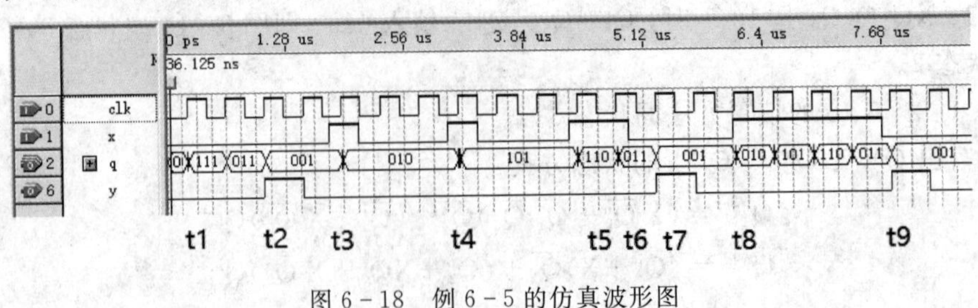

图 6-18　例 6-5 的仿真波形图

(8) 修改输出语句“y<=q1(2)and q1(1)and x;”，即状态为 110 之后如果 X=1，那么 Y=1。修改后的仿真波形如图 6-19 所示，t2 时刻状态 011 时输出 Y=0，结果正确。t3、t4、t5 时刻 X=1，时钟上跳变时，状态从 001→010→101→110，t6 时刻前状态是 110，时钟上跳变时 X=1，因此输出 Y=1。比较图 6-18 的 t6 时刻，Y=0，一个时钟之后的 t7，Y=1，说明修改后，输出信号提前一个时钟出现。从 t8 到 t9 时刻，X=1，每经过一个时钟上跳变，状态转移一次，经过 4 次转移后，当状态是 011 时，Y=1。

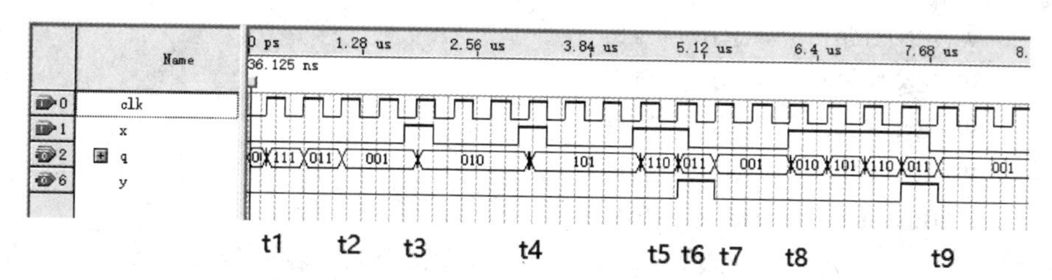

图 6-19　例 6-5 的修改输出方程后的仿真波形图

(9) 上述(6)的 VHDL 描述基于状态方程，经过了电路设计的全过程，包括列状态转移表、画状态转移图、画卡诺图、化简卡诺图及列写状态方程，因此描述语句接近底层门阵列的功能描述，直接用 and、or、not 表达，称为数据流描述。

(10) 也可以利用图 6-16，用 case 语句描述状态转移关系，无需进行之后的画卡诺图、化简卡诺图、列写状态方程等步骤。VHDL 描述语句如下：

```
LIBRARY IEEE;
uSE IEEE.STD_LOGIC_1164.ALL;
uSE IEEE.STD_LOGIC_ARITH.ALL;
uSE IEEE.STD_LOGIC_UNSIGNED.ALL;
--**********************
ENTITY li6_5 IS
    PORT (CLK, reset, x: IN STD_LOGIC;
      y:OUT STD_LOGIC;
      Q: OUT STD_LOGIC_VECTOR(2 DOWNTO 0));
END li6_5;
--*****************
ARCHITECTURE dataflow_1 OF li6_5 IS
SIGNAL QQ:STD_LOGIC_VECTOR(2 DOWNTO 0);
BEGIN
PROCESS(CLK, QQ, reset)
BEGIN
IF RESET='1' THEN QQ<="001"; --异步复位为 001 状态
elsIF CLK'EVENT AND CLK='1' THEN
  case x&QQ IS
   WHEN "0000"=>QQ<="111";
   WHEN "1000"=>QQ<="111";
   WHEN "0001"=>QQ<="001";
   WHEN "1001"=>QQ<="010";
   WHEN "0010"=>QQ<="010";
   WHEN "1010"=>QQ<="101";
   WHEN "0011"=>QQ<="001";
   WHEN "1011"=>QQ<="010";
   WHEN "0100"=>QQ<="111";
   WHEN "1100"=>QQ<="111";
   WHEN "0101"=>QQ<="101";
```

```
      WHEN "1101"=＞QQ＜="110";
      WHEN "0110"=＞QQ＜="110";
      WHEN "1110"=＞QQ＜="011";
      WHEN "0111"=＞QQ＜="011";
      WHEN "1111"=＞QQ＜="011";
      WHEN OTHERS=＞QQ＜="ZZZ"; --当出现非法输入信号时，输出高阻，Z必须大写
    END CASE;
    if QQ="011" THEN y＜='1'; --只要进入状态011，输出Y=1，与(5)的Y表达式相同。
    else y＜='0'; --否则 Y=0
    end if;
  END IF;
  END PROCESS;
  Q＜=QQ;
  END dataflow_1;
```

这样的描述方法称为性能描述。修改后的投币机设计增加了复位reset输入引脚，通过“IF RESET='1' THEN QQ＜="001";”语句把投币机的起始状态设定为001，避免图6-18中t2时刻出现不应该出现的Y=1。

(11) 仿真波形如图6-20所示，t1时刻状态是011，Y=1。从t2到t3时刻，X=1，每经过一个时钟上跳变，状态转移一次，经过4次转移后，当状态是011时，Y=1。还可以看到进入状态011后，X仍为1，状态转移到010，而不是计数器的状态转移到001的转移方式。

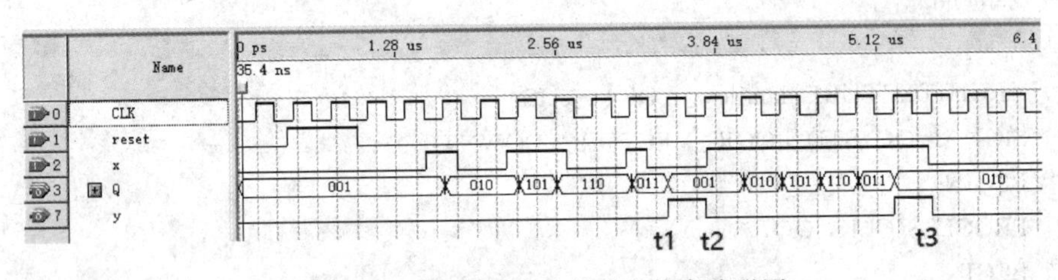

图6-20　用性能描述的投币机仿真波形图

(12) 图6-20要求X=1的时刻与时钟上跳变配合，得到投币次数。在实际输入电路中，时钟信号与X的关系应该如图6-21所示，不论一次X=1经过多少个时钟，电路都只能进行一个有效状态的转移。图中X输入了4次宽度不一的正脉冲信号，只要该次的脉冲信号高电平持续过程被一个时钟上跳变时刻捕捉到，就是一次有效的投币信号。

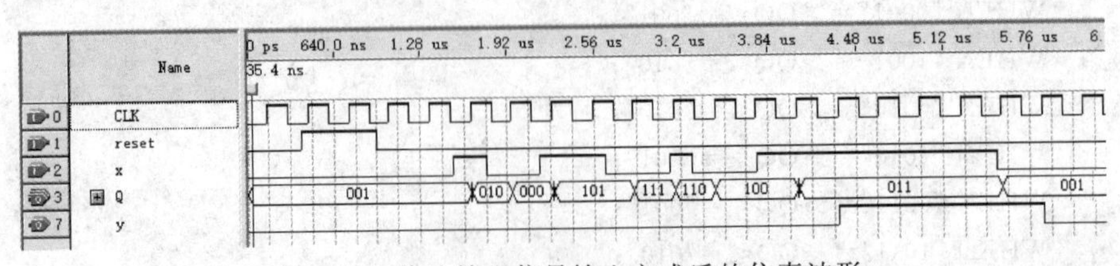

图6-21　修改输入信号输入方式后的仿真波形

(13) 把图6-16的状态转移图修改为如图6-22所示，把原来3个不用的状态000、111、100都利用起来，一共8个计数状态，其中001、000、111、100状态时若输入X=1，

状态转移到投币有效的下个状态 010、101、110、011。

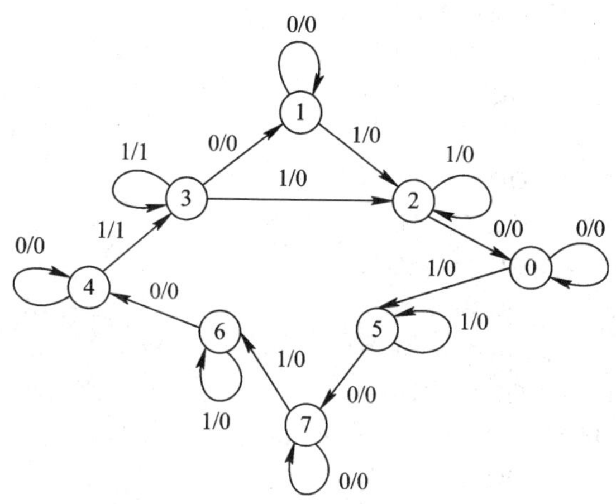

图 6-22　修改输入信号输入方式后的状态转移图

如图 6-21 所示，从 000 到 101，就是第 2 次投币有效的状态转移，但是在 101 状态之后增加一个未投币状态 111，只有 X=0，才能从 101 转移到 111。因此图中 X=1 持续了 2 个时钟，只得到一次有效的状态转移，即从 010 到 101。同理，图中从 100 经过 011 到 001 的状态转移过程，虽然 X=1 持续了 5 个时钟，但是电路仍然只认为是一次有效的投币。

(14) 实现(13)的电路的 VHDL 代码与本例(10)的代码相似，结果却大不相同，请同学们比较其中的差别。

```
LIBRARY IEEE;
uSE IEEE.STD_LOGIC_1164.ALL;
uSE IEEE.STD_LOGIC_ARITH.ALL;
uSE IEEE.STD_LOGIC_UNSIGNED.ALL;
--* * * * * * * * * * * * * * * * * * *
ENTITY li6_5toubiji IS
    PORT (CLK, reset, x: IN STD_LOGIC;
      y:OUT STD_LOGIC;
      Q: OUT STD_LOGIC_VECTOR(2 DOWNTO 0));
END li6_5toubiji;
--* * * * * * * * * * * * * * * *
ARCHITECTURE dataflow_1 OF li6_5toubiji IS
SIGNAL QQ:STD_LOGIC_VECTOR(2 DOWNTO 0);
BEGIN
PROCESS(CLK, QQ, reset)
BEGIN
IF RESET='1' THEN QQ<="001";
elsIF CLK'EVENT AND CLK='1' THEN
  case x&QQ IS
   WHEN "0000"=>QQ<="000";
   WHEN "1000"=>QQ<="101";
   WHEN "0001"=>QQ<="001";
```

```
    WHEN "1001"=>QQ<="010";
    WHEN "0010"=>QQ<="000";
    WHEN "1010"=>QQ<="010";
    WHEN "0011"=>QQ<="001";
    WHEN "1011"=>QQ<="011";
    WHEN "0100"=>QQ<="100";
    WHEN "1100"=>QQ<="011";
    WHEN "0101"=>QQ<="111";
    WHEN "1101"=>QQ<="101";
    WHEN "0110"=>QQ<="100";
    WHEN "1110"=>QQ<="110";
    WHEN "0111"=>QQ<="111";
    WHEN "1111"=>QQ<="110";
    WHEN OTHERS=>QQ<="ZZZ"; --当出现非法输入信号时，输出高阻，Z必须大写
   END CASE;
   if QQ="011" THEN y<='1';
   else y<='0';
   end if;
  END IF;
  END PROCESS;
  Q<=QQ;
  END dataflow_1;
```

(15) 图6-21中Y=1的持续时间与第4次有效投币时X=1的持续时间有关，有时后续电路设计更希望前级电路中Y的输出如图6-19所示，只有一个时钟周期有效。因此把第(14)的Y输出语句修改为“y<=QQ(2)and not QQ(1)and not QQ(0)and x;”，得到的仿真波形如图6-23所示，图中Y仅持续一个时钟宽度。

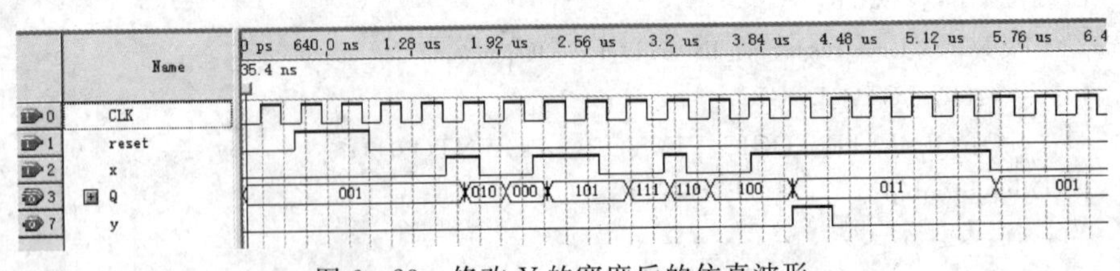

图6-23　修改Y的宽度后的仿真波形

通过例6-5的设计、分析、VHDL描述可见，根据题意画出状态转移图是关键，再根据转移图列写case语句，就能设计出一般时序电路。实际数字系统设计不可能仅有单纯的计数器电路，设计一般时序电路是很重要的。

6.3.2　空调温度调节电路设计举例

【例6-6】 空调温度调节电路设计。该控制电路有2个温度控制按键：X1(升温1℃)、X2(降温1℃)，2个输出信号：Y1(输出升温1℃)、Y2(输出降温1℃)。

解　(1) 输入、输出信号按照正逻辑定义。

(2) 根据题意，应该设置3个状态：A(要升温，状态编码01)、B(要降温，状态编码

10)、保持(温度不变，状态编码 00)。画出状态转移图，如图 6-24 所示，图中转移曲线上的编码表示当前输入信号 X_1X_2 的值。如从 A 状态转移到 B 状态的输入条件是 $X_1X_2=01$，即降温输入信号有效；从 B 状态转移到起始状态的输入条件是 $X_1X_2=00$ 或 11。因为本例有 2 个输入信号，所以从每个状态出发的输入组合有 4 组。

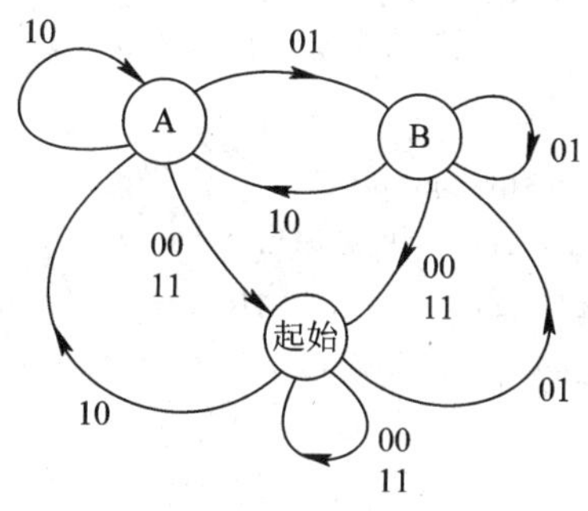

图 6-24　例 6-6 状态转移图

(3) 根据状态转移图，画出状态转移表及卡诺图，如图 6-25 所示。

X_1	X_2	Q_1^n	Q_0^n	Q_1^{n+1}	Q_0^{n+1}	Y_1	Y_2
0 1	0 1	0	0	0	0	0	0
0	1	0	0	1	0	0	1
1	0	0	0	0	1	1	0
0 1	0 1	0	1	0	0	0	0
1	0	0	1	0	1	1	0
0	1	0	1	1	0	0	1
0 0	0 1	1	0	0	0	0	0
0	1	1	0	1	0	0	1
1	0	1	0	0	1	1	0

(a)

$Q_1^nQ_0^n$ \ X_1X_2	00	01	11	10
00	0	1	0	0
01	0	1	0	0
11	0	0	0	0
10	0	1	0	0

Q_1^{n+1}

$Q_1^nQ_0^n$ \ X_1X_2	00	01	11	10
00	0	0	0	1
01	0	0	0	1
11	0	0	0	0
10	0	0	0	1

Q_0^{n+1}

(b)

图 6-25　例 6-6 的状态转移表及卡诺图

(4) 写出状态方程和输出方程：

$$Q_1^{n+1}=\overline{X_1}X_2\,\overline{Q_1^n}+\overline{X_1}X_2\,\overline{Q_0^n}Q_1^n,\quad Q_0^{n+1}=X_1\,\overline{X_2}\,\overline{Q_0^n}+X_1\,\overline{X_2}\,\overline{Q_1^n}Q_0^n$$

摩尔型输出：　$Y_{11}=\overline{Q_1^n}Q_0^n$，$Y_{22}=Q_1^n\,\overline{Q_0^n}$

米里型输出：　$Y_1=X_1\,\overline{X_2}\,\overline{Q_0^n}$，$Y_2=\overline{X_1}X_2\,\overline{Q_1^n}$

输出与上个状态及当前输入有关，这里只考虑从起始状态进入 A 或 B 的输出，不考虑从 A 进入 A 或从 B 进入 B 的输出，保证每次的 X_1 或 X_2 有效只能有一个时钟宽度的 Y_1 或 Y_2 信号。

(5) 根据状态方程和输出方程写出的电路 VHDL 描述如下：

```
LIBRARY IEEE;
USE IEEE.STD_LOGIC_1164.ALL;
USE IEEE.STD_LOGIC_ARITH.ALL;
USE IEEE.STD_LOGIC_UNSIGNED.ALL;
--*******************************************
ENTITY KTJ  is
    PORT(clk, x1, x2:in std_logic;
      y1, y2:OUT std_logic; --米里型输出
      y11, y22:OUT std_logic; --摩尔型输出
      q:OUT std_logic_vector( 1 downto 0)); --状态输出
END KTJ;
--*******************************************
ARCHITECTURE abc OF  KTJ   IS
signal q1 :std_logic_vector( 1 downto 0);
BEGIN
p1:process(clk, q1, x1, x2)
begin
if clk'event and clk='1' then
    q1(1)<=(not x1 and x2 and not q1(1))or (not x1 and x2 and not q1(0)and q1(1));
    q1(0)<=( x1 and not x2 and not q1(0))or ( x1 and not x2 and not q1(1)and q1(0));
    y1<= x1 and not x2 and (not q1(0)); y2<= not x1 and  x2 and (not q1(1));
    y11<= q1(0)and not q1(1); y22<= q1(1)and not q1(0);
  end if;
end process p1;
q<=q1;
end abc;
```

(6) 仿真波形图如图 6-26 所示，图中 t1 时刻 x1=1，电路输出 y1=1，一个时钟之后 y1=0，y11=1，但是 y11=1 持续时间与 x1=1 的持续时间有关。

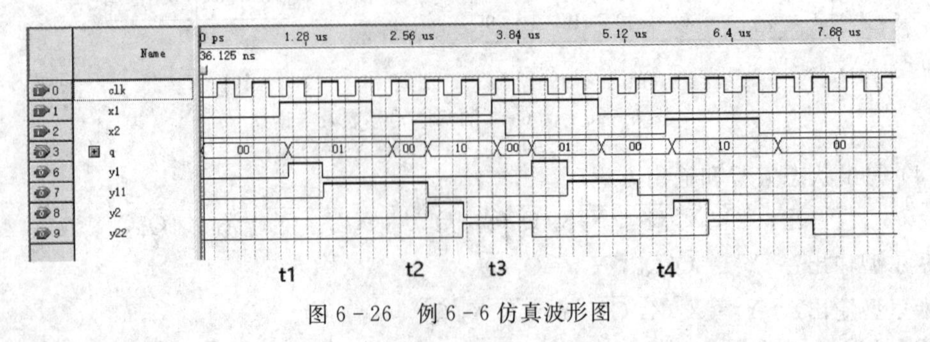

图 6-26 例 6-6 仿真波形图

(7) 设计一个 0～39 的加、减 1 的 8421BCD 码计数器电路，配合(6)的电路，实现空调温度控制电路。

```
LIBRARY IEEE;
USE IEEE.STD_LOGIC_1164.ALL;
```

```
USE IEEE. STD_LOGIC_ARITH. ALL;
USE IEEE. STD_LOGIC_UNSIGNED. ALL;
--*************************************************
ENTITY  count20   is
    PORT( clk, up, dn, res:in std_logic;
        Q:OUT std_logic_vector(5 downto 0));
END count20  ;
--*************************************************
ARCHITECTURE abc OF  count20  IS
BEGIN
p1:PROCESS(CLK, up, dn)
variable timer:std_logic_vector(5 downto 0); --设置一个中间变量，类似 C 语言局部变量
BEGIN
if res='1' then timer:="100101"; --如果复位信号 res 有效，计数器初值为 25
elsIF(CLK'EVENT AND CLK='1')then
  if up='1'  then --如果加 1 控制信号 up 有效，计数器自加 1，按 8421BCD 码加 1
    if timer="111001" then timer:=timer; --已经加到 39 了，本次加 1 结果仍是 39
    elsif timer="101001" then timer:="110000"; --已经加到 29 了，本次加 1 结果是 30
    elsif timer="011001" then timer:="100000"; --已经加到 19 了，本次加 1 结果是 20
    elsif timer="001001" then timer:="010000"; --已经加到 9 了，本次加 1 结果是 10
    else timer:=timer+1; --以上情况除外的其他值，本次自加 1
    end if;
elsif dn='1' then --如果减 1 控制信号 dn 有效，计数器自减 1，按 8421BCD 码减 1
    if timer="000000" then timer:=timer; --已经减到 0 了，本次减 1 结果仍是 0
    elsif timer="110000" then timer:="101001"; --已经减到 30 了，本次减 1 结果是 29
    elsif timer="100000" then timer:="011001"; --已经减到 20 了，本次减 1 结果是 19
    elsif timer="010000" then timer:="001001"; --已经减到 10 了，本次减 1 结果是 9
    else timer:=timer-1; --以上情况除外的其他值，本次自减 1
    end if;
  end if;
END IF;
Q<=timer; --必须在进程内把中间变量送给输出信号端
END PROCESS p1;
end abc;
```

本段 VHDL 代码中用到“变量”timer，变量和信号最大的不同是：变量只是一个数量，信号是电路中的节点，变量赋值不存在延时的概念，用“:=”；变量存在于定义它的进程内，出了进程，变量就没有了，因此必须在进程内把中间变量送给信号端；如果是全局信号，任何一个进程都可以读取或赋值给这个信号；在进程内每一次的变量赋值都是有效的，而信号只有在出进程前的最近一次赋值才是有效的。

(8) 把(6)的控制电路与(7)的计数器组成完整电路，如图 6-27 所示。

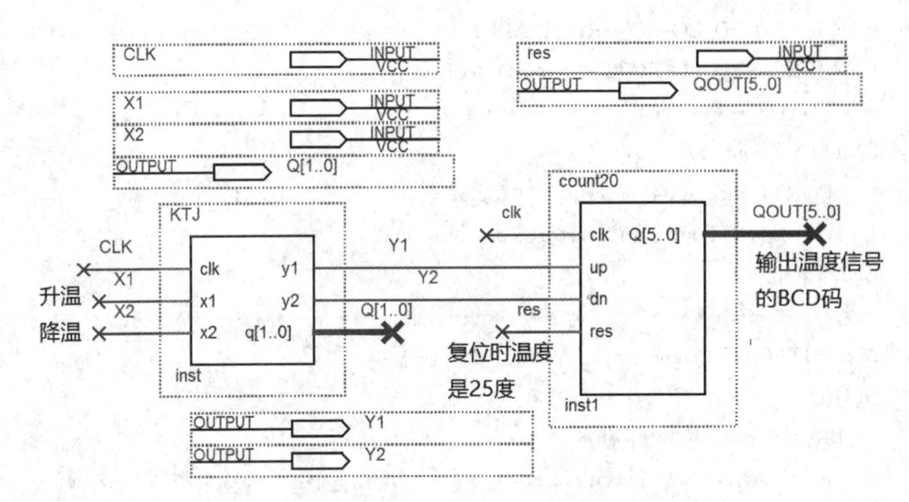

图 6－27　例 6－6 总电路图

(9) 仿真波形图如图 6－28 所示，其中图 6－28(a)是图 6－27 的仿真结果，每一次的输入按键动作导致温度增、减 1℃；图 6－27 中 Y1→up，Y2→dn 得到的仿真如图 6－28(b)所示，每一次的输入按键导致温度增、减多度，具体多少度由输入信号为高电平期间 CLK 的时钟上跳变个数决定。

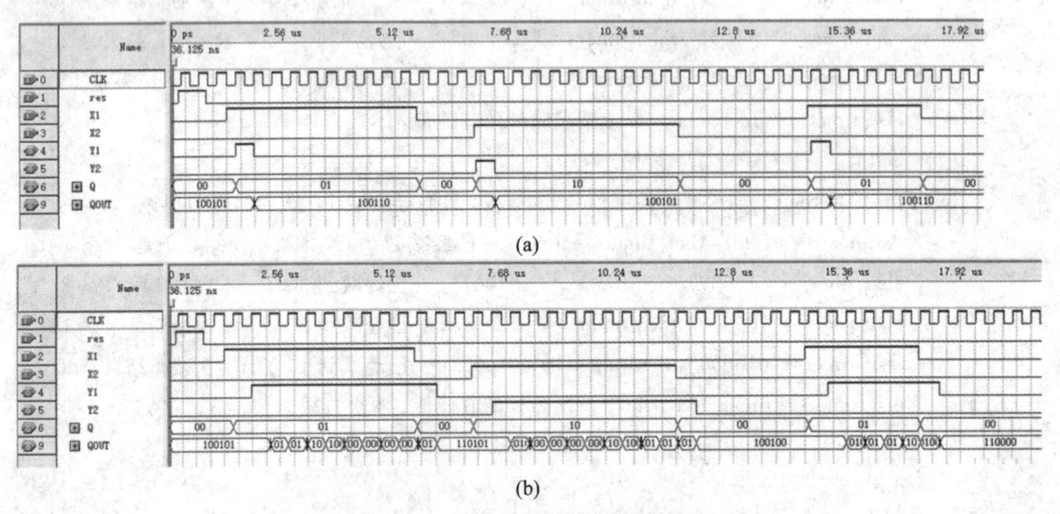

(a)

(b)

图 6－28　例 6－6 总电路仿真波形图

6.4 中规模集成计数器及应用设计

中规模时序集成电路主要包括中规模计数器和中规模移位寄存器。对于中规模时序集成电路，首先要熟悉它们的功能，再掌握器件的应用，这种应用往往需要结合适当的逻辑设计才能完成。

中规模计数器也有异步计数器和同步计数器之分。不论是异步计数器还是同步计数器都具有多功能的特点，即经过适当的连接，同一片计数器芯片可以有不同的功能。下面介绍同步中规模集成计数器。

6.4.1　可预置十进制可逆计数器 74LS192

74LS192 是可预置十进制可逆计数器，其简化逻辑符号如图 6－29 所示。

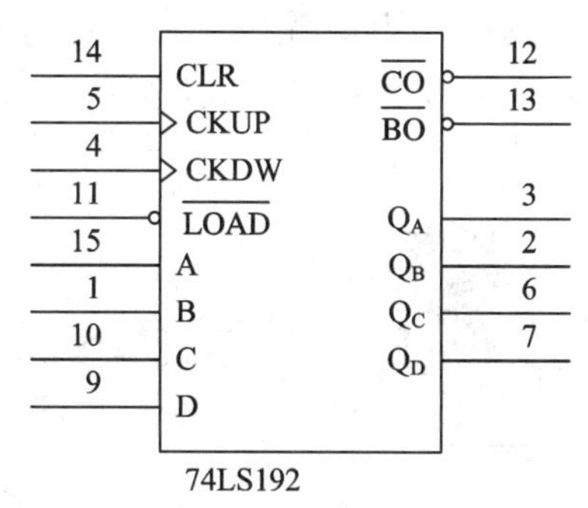

图 6－29　74LS192 简化逻辑符号

74LS192 的计数编码采用 8421 码，计数循环为 0000～1001；双时钟方式的可逆计数器，有两个时钟输入端：CKUP 和 CKDW，外部时钟接到 CKUP 进行加计数，接到 CKDW 进行减计数；具有预置功能，当预置控制输入$\overline{\text{LOAD}}$有效时，将预置的数据输入 A、B、C、D 置位到 4 个触发器，预置控制属于异步预置，低电平有效；清零输入 CLR 也是异步控制，高电平有效。进位/借位输出是分开的，进位输出是$\overline{\text{CO}}$，加法计数进入状态 1001 后产生一个周期宽度的负脉冲输出；借位输出是$\overline{\text{BO}}$，减法计数进入状态 0000 后产生一个周期宽度的负脉冲输出；74LS192 没有计数控制输入。

74LS192 的功能表如表 6－8 所示。根据功能表，适当利用门电路，可以设计出各种模值的计数器电路。

表 6－8　74LS192 的功能表

CKUP	CKDW	$\overline{\text{LOAD}}$	CLR	D	C	B	A	Q_D	Q_C	Q_B	Q_A
ϕ	ϕ	ϕ	1	ϕ	ϕ	ϕ	ϕ	0	0	0	0
ϕ	ϕ	0	0	d	c	b	a	d	c	b	a
↑	1	1	0	ϕ	ϕ	ϕ	ϕ	加计数			
1	↑	1	0	ϕ	ϕ	ϕ	ϕ	减计数			
1	1	1	0	ϕ	ϕ	ϕ	ϕ	保持原状态			

1. 单片 74LS192 计数器设计

如图 6－30(a)所示，利用 2 输入与非门设计模为 7 的计数器仿真电路(PROTUS 软件)。其中 PL 是预置输入，由与非门输出控制；MR 是清 0 控制，MR＝0，清 0 功能无效；D3～D0 是初值预置输入端，初值为 0010；外部时钟加载在加 1 计数时钟 UP 上，因此是加 1 计数。

计数器在外加时钟作用下，进行加 1 计数，当计数值到达 1001 时，与非门输出从 1 变 0，使得 PL＝0，预置功能起作用，把预置初值 0010 送到输出端 Q3～Q0。

因为是异步预置芯片，计数值为 1001 时，输出预置为 0010，因此 1001 和 0010 会在同一个计数时钟出现。计数循环是：2(9)、3、4、5、6、7、8。

把 6－30(a)的 UP、DN 的电路连接方式对调，进行减 1 计数，假设从 0 开始按照 0、2(9)、1 进行计数循环，M＝3。

如图 6－30(b)所示，利用 2 输入与门设计模为 6 的计数器仿真电路(QUARTUSⅡ软件)。其中 LDN 是预置输入，LDN＝0，预置无效。CLR 是清 0 控制，由与门输出控制。D～A 是初值预置输入端，因为本电路预置功能无效，当前输入端没有接初值，外部时钟加载在加 1 计数时钟 UP 上，因此是加 1 计数。

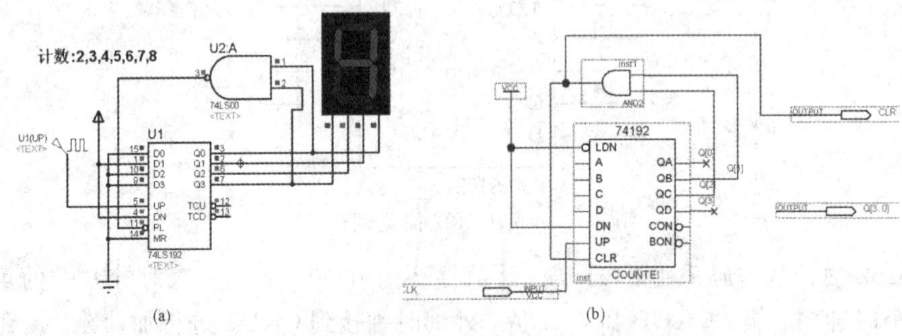

图 6－30　单片 74LS192 计数器设计仿真电路图

计数器在外加时钟作用下，进行加 1 计数，当计数值到达 0110 时，与门输出从 0 变 1，使得 CLR＝1，清 0 功能起作用，置输出端 Q3～Q0＝0000。

因为是异步预置芯片，计数值为 0110 时，计数器为 0000，因此 0110 和 0000 会在同一个计数时钟出现。

如图 6－31(a)所示，在 Q3～Q0＝0101 和 0000 之间，CLR 有一个正脉冲，该信号由 2 输入与门在 Q3～Q0＝0110 时产生，经过清 0 功能后，Q3～Q0＝0000，与门输出 0。

如图 6－31(b)所示，展开输出信号 Q3～Q0 后，看到 CLR＝1 期间 Q3～Q0＝0110。因此本电路的计数规律是：0(6)、1、2、3、4、5 循环计数。

把 6－30(b)的 UP、DN 的电路连接方式对调，进行减 1 计数，假设从 0 开始按照 9、8、0(7)进行计数循环，M＝3。

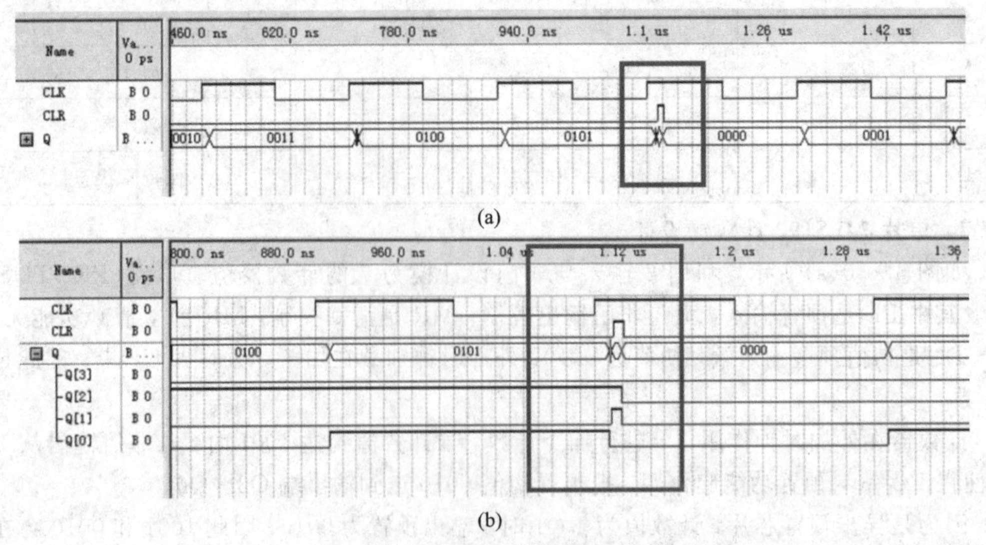

图 6－31　74LS192 的异步清 0 功能

从上述 2 个电路看，不同的仿真软件，芯片引脚名称可能不同，但是功能是一样的。

2. 74LS192 的 VHDL 描述

图 6－32 是根据 74LS192 功能表写出的 VHDL 代码，修改了加 1、减 1 时钟为加 1、减 1 功能控制端 UPDN 当 UPDN＝1 时，进行加 1 计数，反之进行减 1 计数。这是为满足一个进程只能有一个时钟的语法要求。

```
2   --**********************************************
3   LIBRARY IEEE;
4   USE IEEE.STD_LOGIC_1164.ALL;
5   USE IEEE.STD_LOGIC_ARITH.ALL;
6   USE IEEE.STD_LOGIC_UNSIGNED.ALL;
7   --**********************************************
8   ENTITY v74192     is
9       PORT(CLK,UPDN,LOAD,CLR,D,C,B,A:in std_logic;
10                     --:in std_logic_vector(  downto 0);
11          QD,QC,QB,QA,CO,BO:OUT std_logic
12              --:OUT std_logic_vector(  downto 0)
13              );    74192逻辑描述
14  END v74192  ;
15  --**********************************************
16  ARCHITECTURE abc OF v74192    IS
17  signal TEMP :std_logic_vector( 3 downto 0):="0000";
18  signal X  :std_logic:='0';
19  BEGIN
20  PROCESS(CLR,D,C,B,A,CLK,UPDN,TEMP)
21  BEGIN
22      IF CLR='1' THEN TEMP<="0000";
23      ELSIF LOAD='0' THEN TEMP<=D&C&B&A;
24      ELSIF CLK'EVENT AND CLK='1' THEN
25       IF UPDN='1'THEN
26          IF TEMP="1001"THEN TEMP<="0000";
27              CO<='0';BO<='1';
28          ELSE TEMP<=TEMP+1;CO<='1';BO<='1';
29          END IF;
30       ELSE
31          IF TEMP="0000"THEN TEMP<="1001";
32              CO<='1';BO<='0';
33          ELSE TEMP<=TEMP-1;CO<='1';BO<='1';
34          END IF;
35      END IF;     一个电路只能有一个时钟信号描述
36      END IF;
37  END PROCESS;
38  QD<=TEMP(3);QC<=TEMP(2);QB<=TEMP(1);QA<=TEMP(0);
39  end abc;
```

图 6－32　74LS192 的 VHDL 描述

图 6－33 是仿真输出波形，功能已经标注在图上，请同学们分析图 6－32 的 22～39 行 VHDL 代码与输出波形的关系。

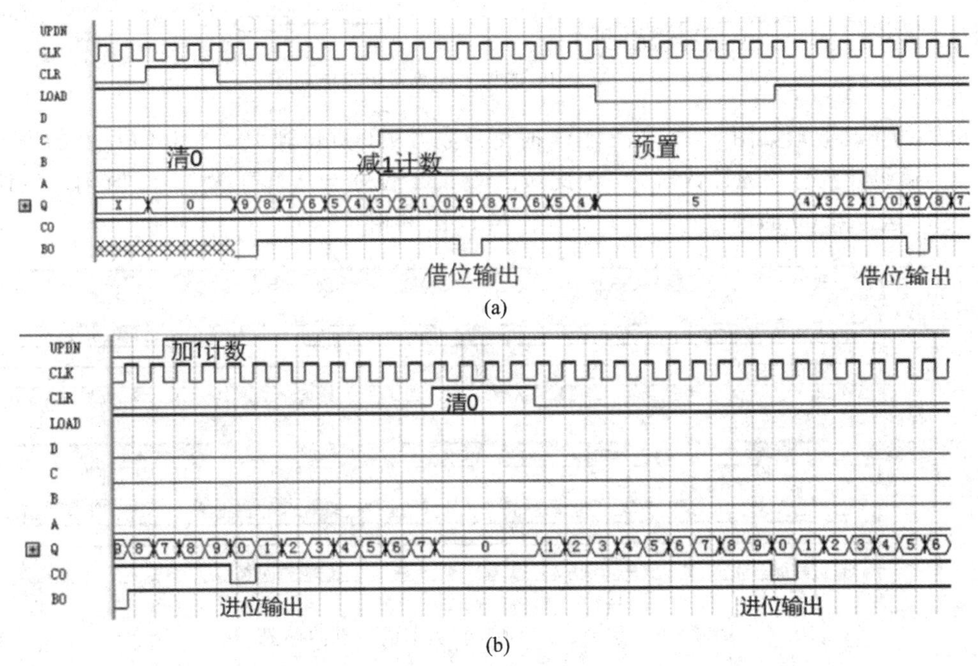

图 6－33　74LS192 仿真波形

如果按照 74LS192 的双时钟功能，用 VHDL 描述该芯片，应该如何设计？

3. 两片 74LS192 级联的计数器设计

将多片 74LS192 级联，可以设计出模大于 10 的计数器电路，级联方式有异步级联、同步级联。

(1) 异步级联：电路中的 74LS192 芯片用 2 种及以上的时钟信号。

如图 6-34 所示，左、右两只芯片的加 1 时钟 UP 分别连接到外接时钟引脚 CLK，以及对方芯片的 CON 输出引脚。CLR、LDN 都无效，左边的 74LS192 芯片进行 0～9 的加 1 计数，从 9 变 0 时产生 CON 进位输出负脉冲信号，作为右边 74LS192 芯片的时钟信号。因此，左边 74LS192 芯片每经过一次计数循环，右边的 74LS192 芯片就可以加 1。

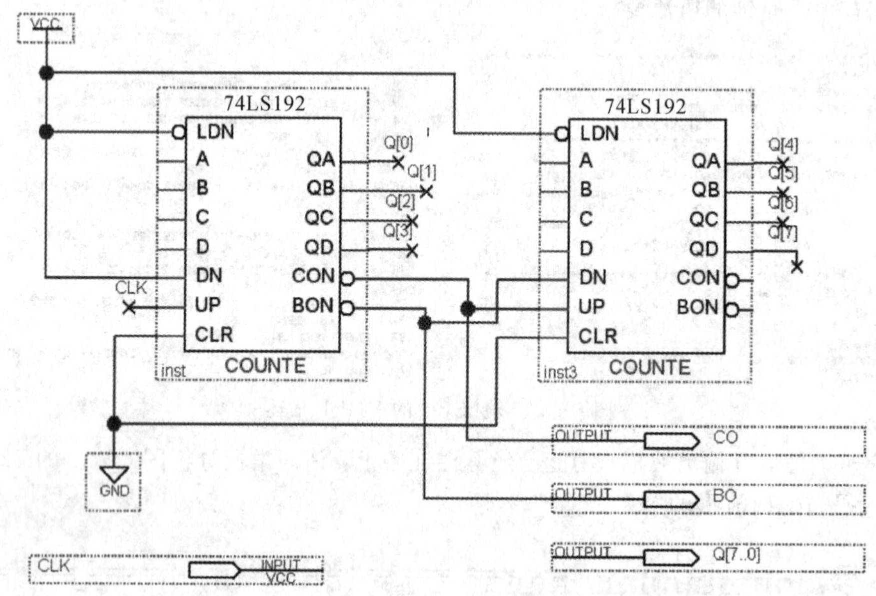

图 6-34　M=100 的加 1 计数器仿真电路图

电路的仿真波形如图 6-35 所示：t1 时刻计数器从 9 进位到 10，产生 CO=0 的进位信号，作为后级计数芯片的计数时钟，因此输出 Q 的十位才会从 0 变为 1；t2 时刻产生计数输出从 99 进位到 00 的进位；t3 时刻的动作与 t1 时刻相同。

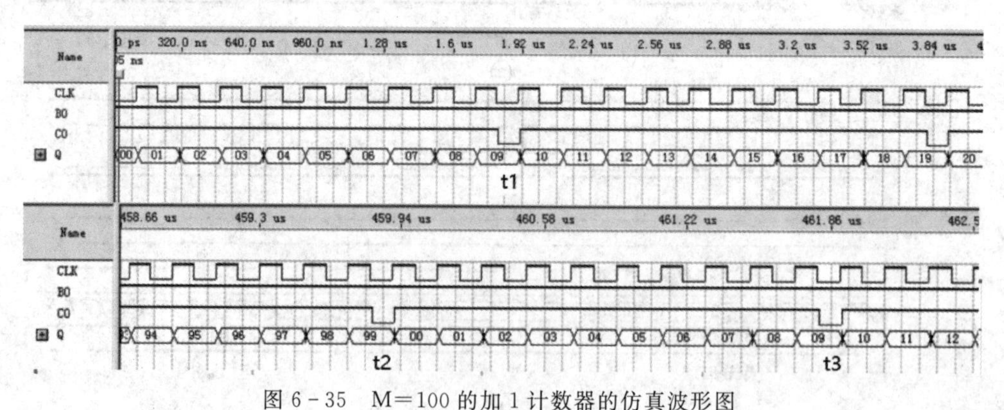

图 6-35　M=100 的加 1 计数器的仿真波形图

在 M=100 的电路基础上，通过预置或清 0 功能，改变计数器的模。

如图 6-36 所示是一个 M=24 的加 1 计数器电路，当前计数结果是 17。图中通过 2 输入与门，当加 1 计数到 00100100B 时与门输出从 0 变 1，产生清 0 控制信号，把计数器输出改为 00000000B。这个清 0 动作仍然是异步的，因此输出 00100100B 和 00000000B 在同一个时钟内。如果是 1 Hz 的外接时钟，那么输出 00100100B 极短暂，输出 00000000B 占据整个时钟。因此可以利用这个电路设计数字钟的 24 小时计数器。

(2) 同步级联：电路中的计数芯片时钟引脚连接到同一个时钟源。

由于74LS192没有控制计数的使能端，因此不适合做同步级联设计。这部分内容将在第6.4.3小节的74LS169中进行介绍。

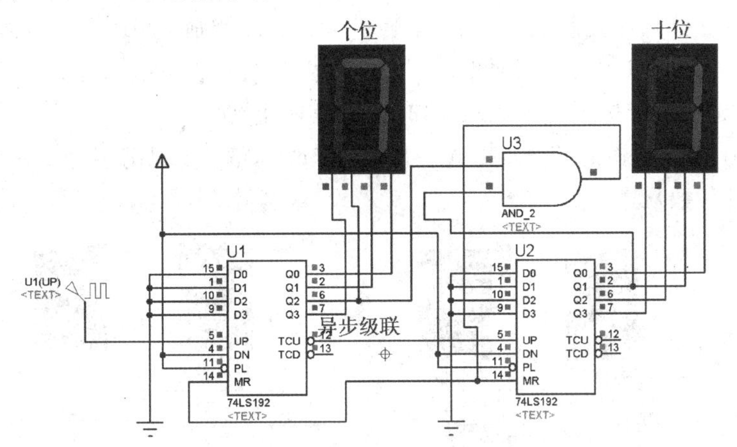

图6-36　M=24的加1计数器仿真电路图

6.4.2　利用74LS192设计万年历

利用74LS192的十进制计数功能，级联后适合设计需要按照8421BCD码计数的应用场合，下面结合例4-7的数字日历用的日计数控制器，举例说明利用该芯片设计的万年历。

【例6-7】 利用74LS192、74LS153、若干门电路、触发器，设计万年历，具有年、月、日计数功能。

解 (1) 设计的月、日计数仿真电路如图6-37所示，当前日期是2月17日。

(2) 利用例4-7的设计结果，画出图中U1、U5:A、U5:B、U5:C、U6:A，其中U6:A的输出端就是例4-7的日进位控制信号F。

(3) 图6-37中U2、U9是月计数器，U2的Q0及U9的Q3、Q2、Q1、Q0对应例4-7的月计数输出Q1～Q5；U3、U4是日计数器，U3的Q1、Q0及U4的Q3、Q2、Q1、Q0对应例4-7的日计数输出Q6～Q11。

(4) U3、U4通过异步级联组成日计数器，按照计数要求，设置U4的D0接电源，D1～D3及U3的D0～D3都接地，组成00000001B的日置1功能，即日计数满时自动置1。U3、U4的预置控制端PL应该连接到日进位控制信号F，但是F是高电平有效的，PL是低电平有效的，因此图中通过U6:B把F取反后送到U7:A的D端。为什么不直接送PL呢?

这与本电路是时序电路的特点有关，设在夜里12点进行日加1后，F=1时，表示某月的最后一天，74LS192是异步预置的，会立即把日计数器的计数结果修改为下个月1日，但本月的最后一天才刚刚开始，必须经过一天后才能进入下个月的第一天。因此通过U7:A的D触发器，触发器时钟就是日计数时钟，把F=1延时一天送到U3、U4的预置控制端PL，在第二天的夜里12点把日计数器置1。

因此U3、U4组成的日计数器和U7:A的D触发器都用日计数时钟。

通过学习第 4 章组合电路，我们知道 F 的输出信号包含竞争与冒险成分，经过 U7:A、U7:B 的 D 触发器，也把这些信号成分去除了，避免传递给后续的计数器，引起不必要的加计数结果。

(5) U2、U9 是月计数器，异步级联，通过 U11:A，组成 1～12 的计数器，预置初值设置同日计数器。U9 的 UP 端是月计数时钟输入，由 U6:A(日进位控制信号 F 端)通过 U7:B 的 D 触发器延时一天送到 UP，触发器时钟也是日计数时钟。

(6) 增加一个闰年输入信号，高电平有效，修改电路，实现闰年时 2 月 29 日、非闰年时 2 月 28 日的计数规律。

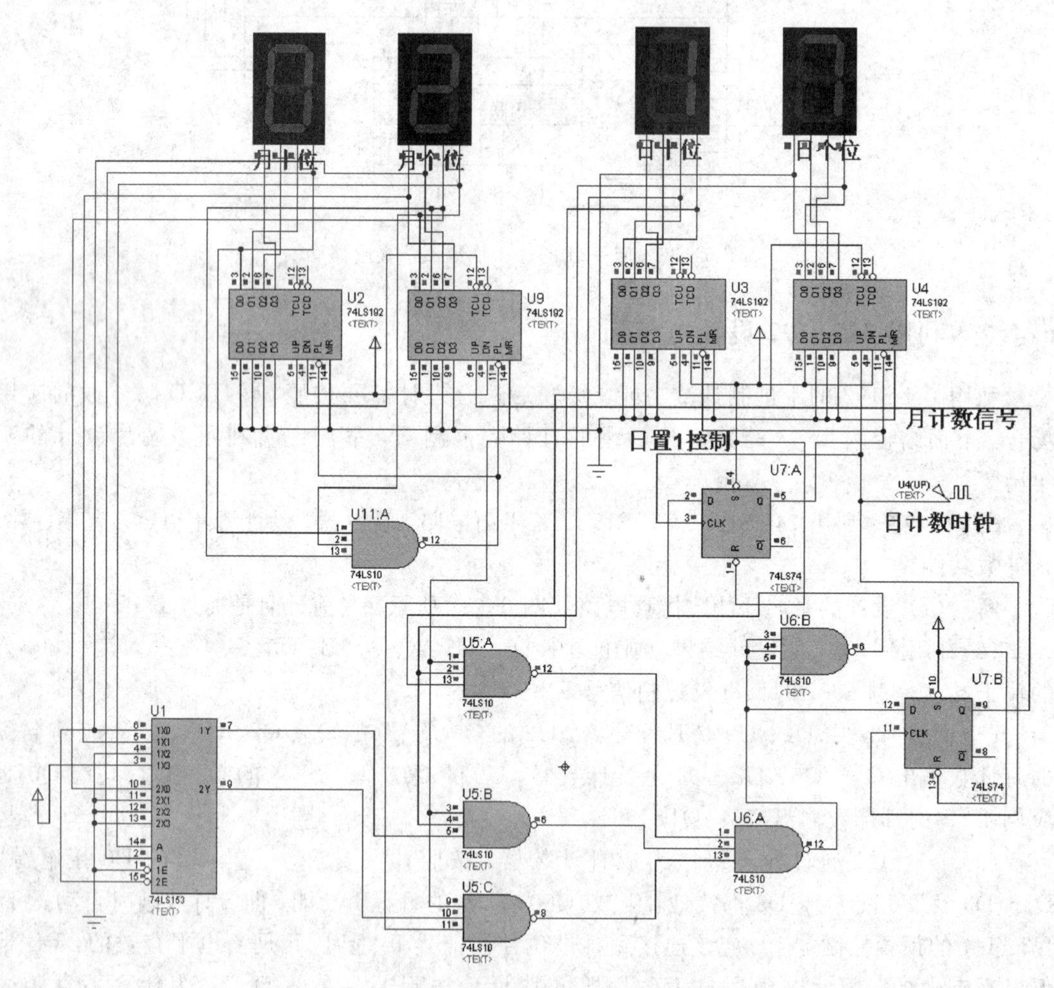

图 6-37 例 6-7 月、日计数仿真电路图

(7) 按照图 6-34 的 M=100 计数器设计方法，设计 M=10000 的年计数电路。如图 6-38所示，当前年计数值是 0143 年。年计数时钟由图 6-37 的 U11:A 的输出引脚取得，这是从 12 月到 1 月的进位信号。

(8) 根据当前年的计数值，设计闰年计算电路，得到闰年信号，作为本例(6)的闰年控制信号，就可以设计出完整的万年历电路。

闰年计算规则：如果当前年份是百年，则应被 400 整除；如果不是百年，则应被 4

整除。

用数字电路设计除法器，一般都要转化为移位和减法的运算。为了除 4，方法更简单，只要把待除的数据用二进制表示，如果该数据的 bit1 及 bit0 同时为 0，就说明可以被 4 整除。

设置图 6-38 的年计数器输出信号是 $QN_{15} \sim QN_0$，是 8421BCD 码。其中 $QN_{15} \sim QN_{12}$ 表示年千位、$QN_{11} \sim QN_8$ 表示年百位、$QN_7 \sim QN_4$ 表示年十位、$QN_3 \sim QN_0$ 表示年个位。结合数字电路信号特点，分析这个规则的电路设计方法：

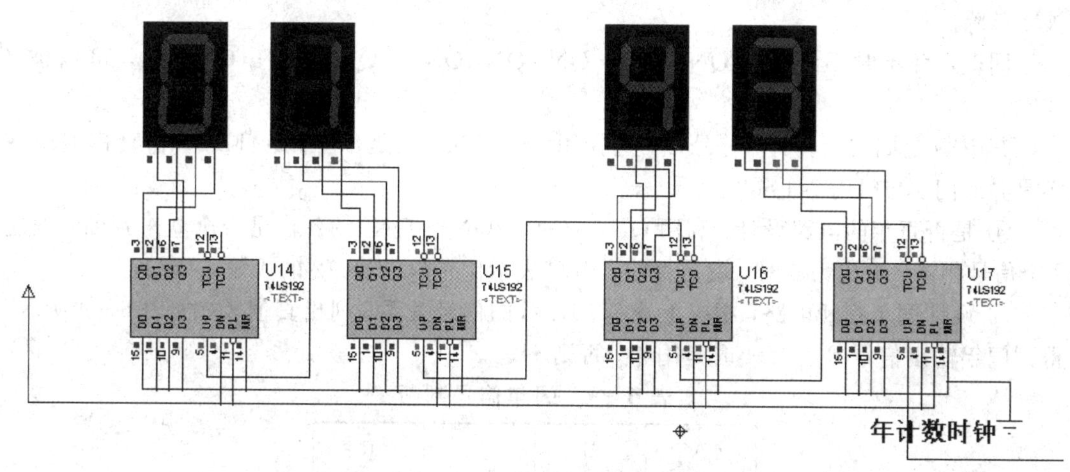

图 6-38　M=10000 的年计数器仿真电路图

① 如果是百年，则必须被 400 整除，可以简化为年的千位、百位 $QN_{15} \sim QN_8$ 能否被 4 整除。

把当前年的千位、百位用二进制表示：

$$QN_{15}QN_{14}QN_{13}QN_{12} \times 10 + QN_{11}QN_{10}QN_9QN_8$$
$$= QN_{15}QN_{14}QN_{13}QN_{12} \times 1010B + QN_{11}QN_{10}QN_9QN_8$$
$$= QN_{15}QN_{14}QN_{13}QN_{12} \times 1000B + QN_{15}QN_{14}QN_{13}QN_{12} \times 10B + QN_{11}QN_{10}QN_9QN_8$$
$$= QN_{15}QN_{14}QN_{13}QN_{12}000B + QN_{15}QN_{14}QN_{13}QN_{12}0B + QN_{11}QN_{10}QN_9QN_8$$

其中 $QN_{15}QN_{14}QN_{13}QN_{12}000B$ 的 bit2～bit0 是 000B，该项能被 4 整除，不用理会。

剩下的 $QN_{15}QN_{14}QN_{13}QN_{12}0B + QN_{11}QN_{10}QN_9QN_8$ 相加和，如果 bit1～bit0 是 00B，也能被 4 整除。

进一步简化后，只要 $QN_{12}0B + QN_9QN_8$ 的和的 bit1～bit0 是 00B 即可。其中 QN_{12} 是千位的 bit0，QN_9、QN_8 是百位的 bit1、bit0。

假设当前是 2100 年，用 8421BCD 码表示：0010000100000000BCD，其中 $QN_{12}=0$，$QN_9QN_8=01$，代入 $QN_{12}0B + QN_9QN_8 = 00 + 01 = 01$，bit1～bit0 不是 00B，因此不是闰年。

再假设当前是 2400 年，用 8421BCD 码表示：0010010000000000BCD，其中 $QN_{12}=0$，$QN_9QN_8=00$，代入 $QN_{12}0B + QN_9QN_8 = 00 + 00 = 00$，bit1～bit0 是 00B，因此是闰年。

② 如果不是百年，则必须被 4 整除，可以简化为年的十位、个位 $QN_7 \sim QN_0$ 能否被 4 整除即可。

例如当前是 2019 年，2019＝2000＋100＋10＋9，其中 2000 和 100 因为处在千位和百位，能被 4 整除，不用考虑，只要考虑十位和个位，算法与①相似。19 表示为 8421BCD 码：00011001BCD，其中的 $QN_4=1$，$QN_1QN_0=01$，代入 $QN_40B+QN_1QN_0=10+01=11$，bit1～bit0 不是 00B，因此不是闰年。

又如 2016 年，$QN_40B+QN_1QN_0=10+10=100$，bit1～bit0 是 00B，因此是闰年。

③ 通过以上分析，以 $QN_40B+QN_1QN_0$ 为例，只要 $QN_0=0$ 及 QN_4、QN_1 同为 0 或 1，就是闰年，即非百年时 $A=\overline{QN_4}\ \overline{QN_1}\ \overline{QN_0}+QN_4QN_1\overline{QN_0}=QN_4\Theta QN_1\overline{QN_0}=1$，可以被 4 整除。

同理，百年时 $B=\overline{QN_{12}}\ \overline{QN_9}\ \overline{QN_8}+QN_{12}QN_9\overline{QN_8}=QN_{12}\Theta QN_9\overline{QN_8}=1$，可以被 4 整除。

其中 Θ 是同或运算，即符号⊙，选择用 74LS266，但是，在 PROTEUS 仿真模型中其实是异或门。与门用 74LS08。

④ 是否百年的电路设计，利用 $QN_7\sim QN_4$、$QN_3\sim QN_0$ 的各位是否全 0 来判断。把这 8 个信号相或，输出为 0 时，就是百年，用 C 表示。选择 CD4072 的 4 输入或门。

⑤ 设计闰年判断电路，根据上述 A、B、C 的信号关系，列出真值表，如表 6－9 所示，得到闰年输出信号 R，R＝1 时是闰年，否则不是。

表 6－9 闰年信号判断

A	B	C	R
0	0	0	0
0	0	1	0
0	1	0	1
0	1	1	0
1	0	0	0
1	0	1	1
1	1	0	1
1	1	1	1

根据真值表，画出如图 6－39 所示的卡诺图，得到闰年输出信号表达式：

$$R=B\overline{C}+AB+AC=\overline{\overline{B\overline{C}+AB+AC}}=\overline{\overline{B\overline{C}}\cdot\overline{AB}\cdot\overline{AC}}$$

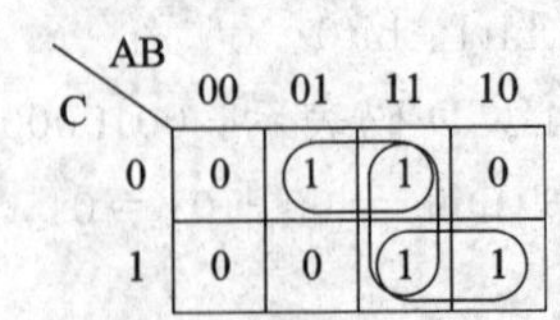

图 6－39 闰年输出信号卡诺图

其中 2 输入与非门用 74LS00，3 输入与非门用 74LS10。

⑥ 加入闰年判断电路的数字日历总电路如图 6－40 所示，当前显示 0300 年 8 月 26 日。

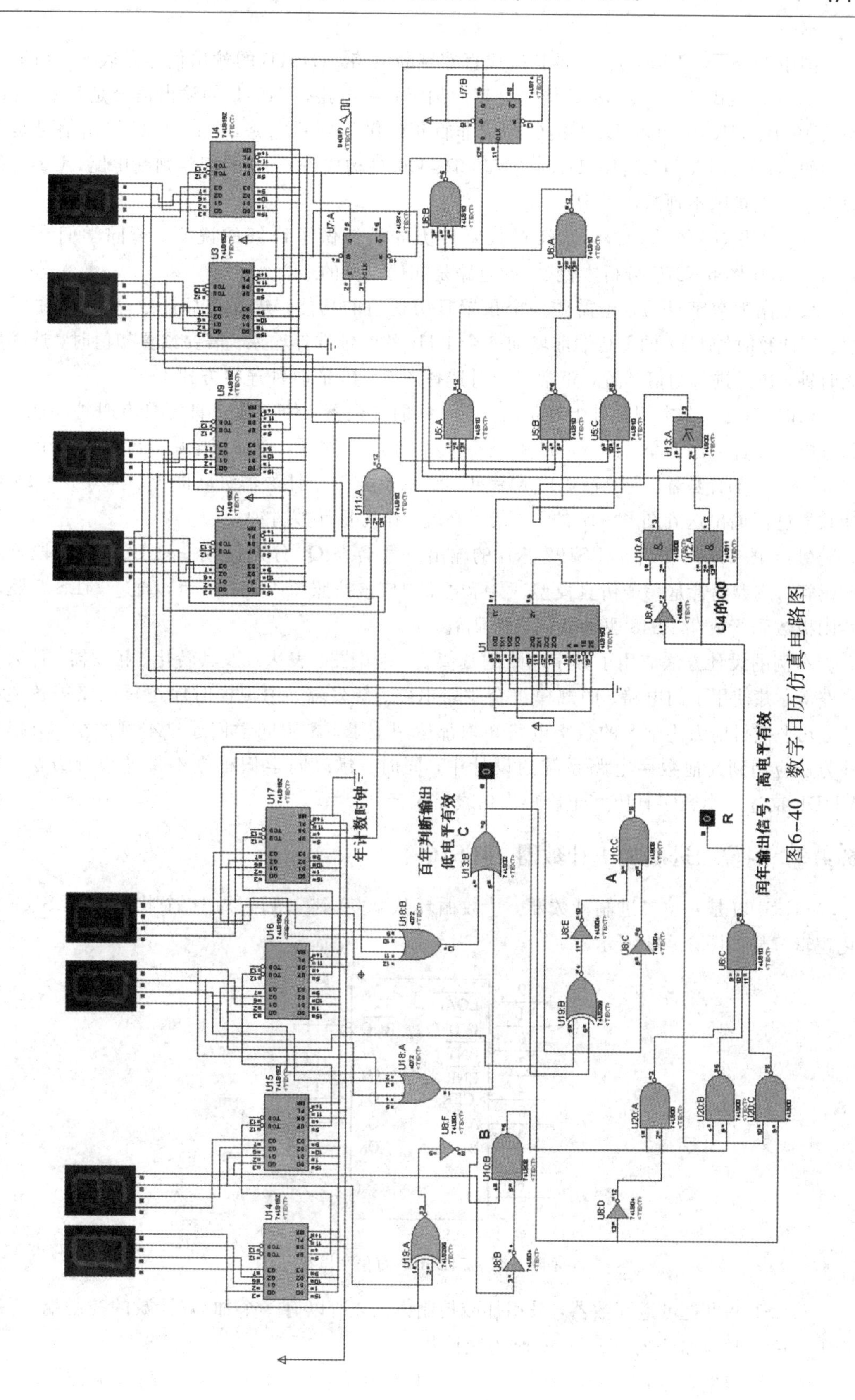

图6-40　数字日历仿真电路图

图中 U18:A、U18:B、U13:B 构成百年判断电路，U13:B 的输出信号是表 6-9 的 C；U19:A、U10:B、U8:B、U8:F 构成百年的闰年判断电路，U10:B 的输出信号是表 6-9 的 B；U19:B、U10:C、U8:E、U8:C 构成非百年的闰年判断电路，U10:C 的输出信号是表 6-9的 A；U20:A、U20:B、U20:C、U8:D、U6:C 构成表 6-9 的闰年判断电路，U6:C 的输出信号就是闰年判断信号 R。

除了本例(6)的功能外，已经对数字日历的设计做了详细的说明，请同学们参考图 6-40，对比图 6-37，分析本例(6)的电路是如何设计的。

(9) 作为数字日历，还需要一个预置日历初值的功能，建议在日计数时钟 U4 的 UP 端、年计数时钟 U17 的 UP 端前增加一个 1 Hz 的时钟选择输入。需要预置初值时，选择用该时钟，快速进行初值预置，正常工作时选择图 6-40 的时钟连接方式。

(10) 还可以在本例基础上增加时、分、秒的计数器，使得数字日历具有时钟功能，这部分电路设计方法简单。图 6-36 就是一个 24 小时计数器，模仿该电路，再设计两个 M=60 的分、秒的计数器，把 M=24、M=60、M=60 这 3 个计数器级联即可，再将 M=24 的计数器进位输出送到图 6-37 的 U4 的 UP 端，作为日计数时钟。

(11) 图 6-37 中各 74LS192 芯片的输出信号 $Q_3 \sim Q_0$ 分别连接一只 BCD 码 7 段显示数码管，该数码管是一个仿真模型。实际电路中应该按照图 4-13 所示，通过 74LS47 驱动共阳极数码管或 74LS48 驱动共阴极数码管。

本例的设计方法应用了数字电路的真值表、卡诺图、表达式及其转化、触发器、计数器电路等，并使用了门电路、中规模组合逻辑电路、触发器、中规模时序逻辑电路等各类芯片，几乎把目前为止学习的数字电路知识都运用上了。希望同学们通过本例的学习，把这些方法应用到其他数字电路系统的设计中，同时，建议同学们根据本例的设计方法，用 VHDL 描述一个数字日历并正确得出仿真结果。

6.4.3 四位二进制加 1 计数器 74LS169

74LS169 是 4 位二进制计数器，计数循环从 0000 到 1111，共 16 个状态。74LS169 简化逻辑符号如图 6-41 所示。

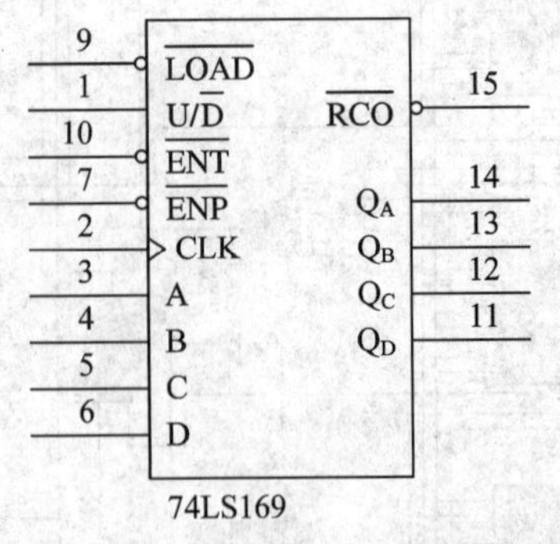

图 6-41 74LS169 简化逻辑符号

74LS169 也是可逆计数器，采用加减控制方式，所以有一个加/减计数的控制端 $U/\overline{D}$，当 $U/\overline{D}=1$ 时为加计数，$U/\overline{D}=0$ 时为减计数。

预置功能也是由 $\overline{LOAD}$ 端控制的，低电平有效。但是，74LS169 是同步预置，只有在

$\overline{\text{LOAD}}$有效后的下一个时钟有效边沿，才实现预置。

进位和借位输出都用同一个输出端，称为$\overline{\text{RCO}}$(Ripple Carry Output)。当加计数达到 1111 状态或减计数达到 0000 状态时，$\overline{\text{RCO}}$端输出宽度为一个时钟周期的负脉冲。

虽然 74LS192 和 74LS169 的进位/借位输出都是负脉冲，但是，其他的中规模计数器还是可能输出正脉冲作为进位输出的。

74LS169 没有清零输入，只能通过预置的方式使得计数器回复到计数的初始状态 0000 或者 1111。

两个计数控制$\overline{\text{ENP}}$和$\overline{\text{ENT}}$除了控制计数是否可以进行外，$\overline{\text{ENT}}$还控制进位的产生。只有在$\overline{\text{ENT}}=0$ 条件下，计数器才能产生进位脉冲。如果$\overline{\text{ENT}}=1$，即使计数器已经是 1111 状态，也不产生进位输出。

表 6-10 是 74LS169 的功能表，CLK 列中的↑代表同步功能，例如$\overline{\text{LOAD}}=0$ 及$\overline{\text{ENP}}+\overline{\text{ENT}}=0$ 时的 CLK 的↑，代表只有等到时钟上跳变到来时，才能执行预置动作。

表 6-10　74LS169 的功能表

$\overline{\text{ENP}}+\overline{\text{ENT}}$	$U/\overline{D}$	$\overline{\text{LOAD}}$	CLK	Q_D　Q_C　Q_B　Q_A
1	ϕ	1	ϕ	保持原状态
0	ϕ	0	↑	预置
0	1	1	↑	加计数
0	0	1	↑	减计数

1. 单片 74LS169 的应用

图 6-42 是利用 74LS169 设计的一个 10 分频电路，设输出信号 Q3～Q0 从 0000B 开始加 1 计数，直到 1100B 时，图中的与非门输出从 1 变 0，预置使能 LDN=0，经过完整的 1100B 计数周期后，把预置输入信号 D3～Q0 的 0011 送到 Q3～Q0 端，完成从 0011B 直到 1100B 的完整的 10 个时钟周期的计数。

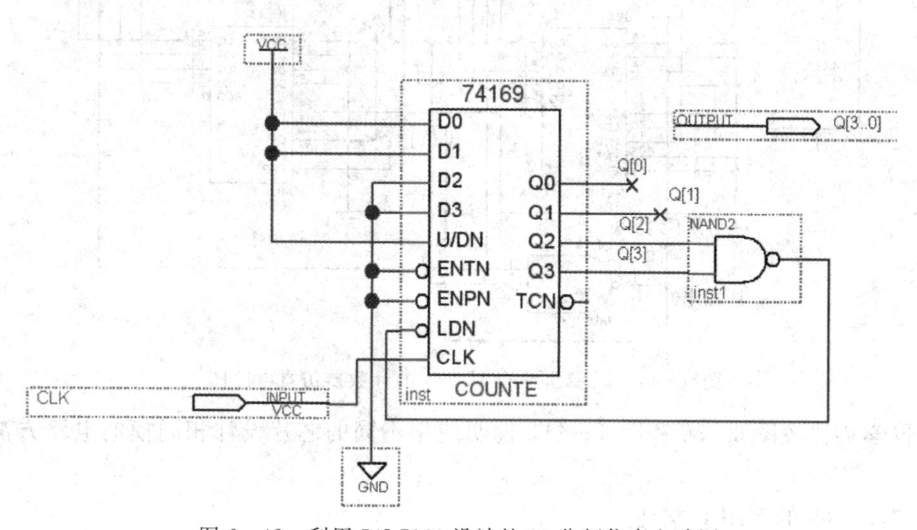

图 6-42　利用 74LS169 设计的 10 分频仿真电路图

图 6-43 是该电路的仿真波形图，从展开的 Q3～Q0 波形可以看出计数循环从 0011B 直到 1100B：0011、0100、0101、0110、0111、1000、1001、1010、1011、1100，观察最高位，前 5 个组合是 0，后 5 个组合是 1，因此 Q3 的输出是 CLK 的 10 分频信号，如图中方框内的波形所示。

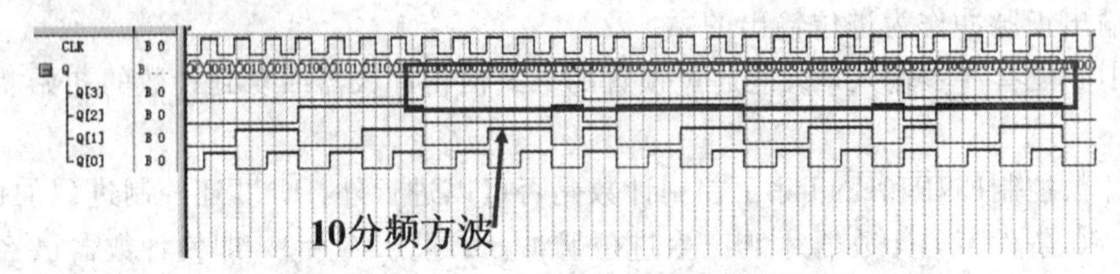

图 6-43　10 分频电路的仿真波形图

2. 74LS169 的级联

图 6-44 所示 M=24 的计数器，利用 2 片 74LS169 同步级联而成，图中 U4、U5 的 CLK 连接在一起，用同一个时钟信号。

U4 是个位计数器，U5 是十位计数器。当 U4 加 1 计数到 1001B 时，U6:A 的输出从 1 变 0，送到 U5 的计数使能 ENT、ENP，使得 U5 满足计数条件，执行一次加 1 计数。同时 U6:A 的输出 0 经过 U7 后，使得 U4 的 LD=0，产生预置动作，把 U4 的输出变为 0000B。

U4 继续从 0000B 加 1 计数，直到 1001B 时，重复上述动作。

当 U4、U5 的输出分别是 0011B 和 0010B 时，U8:A 的输出从 1 变 0，分成两路，一路经过 U7 后，把 U4 预置为 0000B；另一路直接把 U5 预置为 0000B，完成输出从 00100011 回到 00000000 的动作。

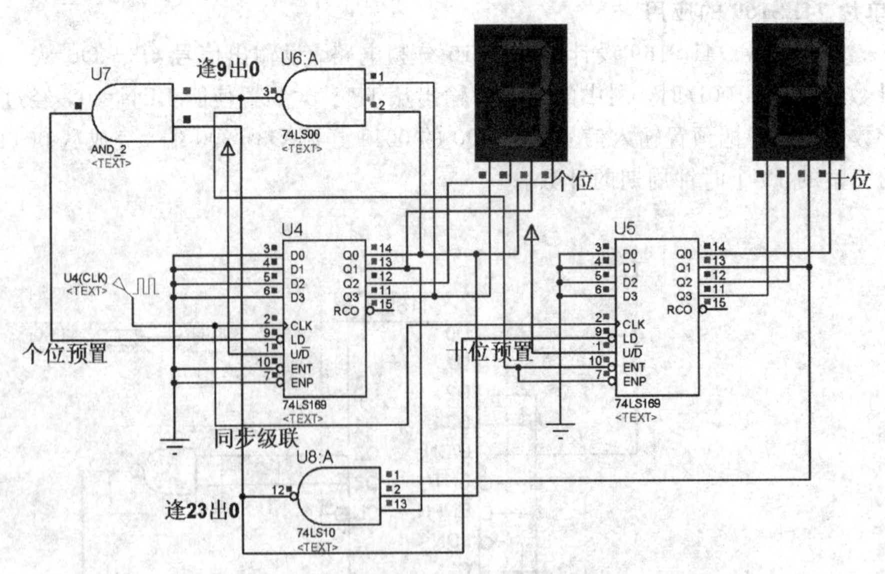

图 6-44　同步预置的 M=24 的计数器仿真电路图

请同学们比较图 6-36 和图 6-44，说明使用不同的芯片设计相同模的电路方法的异同点。

3. 74LS169 的 VHDL 描述

根据表 6-10，描述如下：

```
LIBRARY IEEE;
USE IEEE.STD_LOGIC_1164.ALL;
USE IEEE.STD_LOGIC_ARITH.ALL;
USE IEEE.STD_LOGIC_UNSIGNED.ALL;
--*******************************************
ENTITY v74x169 is
  PORT(clk, up_dn, ld_l, enp_l, ent_l:in std_logic;
      d:in std_logic_vector(3 downto 0);
      Q:OUT std_logic_vector(3 downto 0);
      rco:out std_logic);
END v74x169;
--*******************************************
ARCHITECTURE v74x169_behav of v74x169  IS
signal iq :std_logic_vector( 3 downto 0);
signal rco1, rco2, rco3:std_logic;
BEGIN
p1:PROCESS(CLK, ent_l, enp_l, iq)
  BEGIN
   IF( ent_l or enp_l)='0' THEN
      if(clk'event and clk='1')then
if ld_l='0' then iq<=d;    --预置
else
          if  up_dn='1' then
          iq<=iq+1;
          elsif up_dn='0' then
          iq<=iq-1;
          end if;
        end if;
      end if;
    end if;
end process p1;
p2:PROCESS(CLK, ent_l, iq)
begin
if(clk'event and clk='1')then
    if(iq=14)and(up_dn='1')then rco1<='0';
    else rco1<='1';
    end if;
    if(iq=1)and(up_dn='0')then rco2<='0';
    else rco2<='1';
    end if;
    rco3<=rco1 and rco2;
  end if;
end process p2;
```

```
p3:PROCESS(CLK, ent_l, rco3)
begin
  if ent_l='0'and ld_l='1'then rco<=rco3;
  else rco<='1';
  end if;
end process p3;
q <= iq;
end v74x169_behav;
```

图 6-45 是仿真波形图，功能已经在图中标注，基本完成了该芯片的功能。

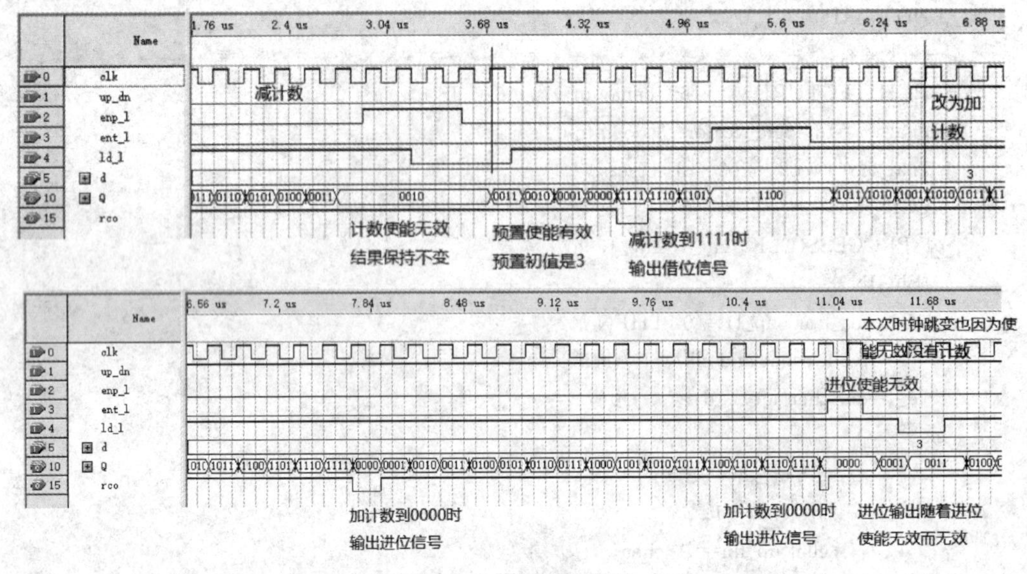

图 6-45　仿真波形图

74LS169 由于同步预置的优势，将在接下来的设计中经常被应用，此处不再举例。

6.5　小规模移位寄存器及 VHDL 描述

移位寄存器具有寄存和移位的功能，并且有四种工作方式，经常用来进行并行-串行或串行-并行的数据转换。对于移位寄存器，应掌握它们的基本电路构成。在实际应用中，移位寄存器还经常通过外接的逻辑电路，形成对于串行输入端的反馈，并称为反馈移位寄存器电路。这种类型的移位寄存器电路有许多的应用。

6.5.1　移位寄存器的构成

基本移位寄存器的构成非常简单。图 6-46 是用 D 触发器构成的 4 位右移寄存器的逻辑图。X 是串行输入端，S 是串行输出端。触发器之间的连接关系：只需将左边一位触发器的输出连接到右边触发器的输入即可，即 $D_i = Q_{i-1}^n$。如果 4 个触发器的初始状态都是 0，输入 X 的值是 1101，则在时钟控制下，触发器状态的变化是：

$$0000 \rightarrow 1000 \rightarrow 0100 \rightarrow 1010 \rightarrow 1101 \rightarrow \cdots$$

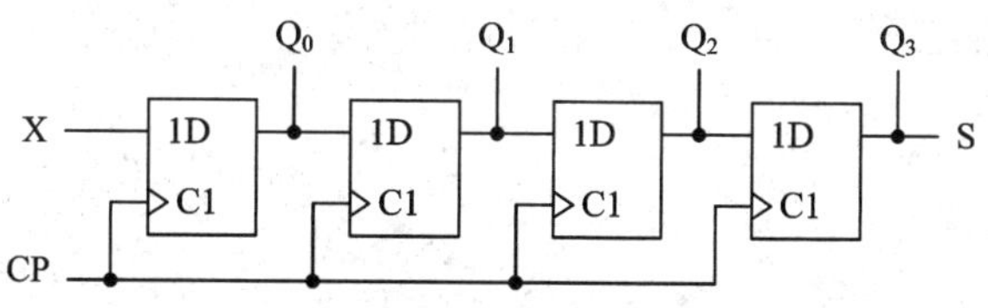

图 6-46　D 触发器构成的 4 位右移寄存器的逻辑图

经过 4 拍时钟，4 位输入移入移位寄存器，如果需要并行输出，则将触发器输出接到一个寄存器，并在此时产生一个并行输出控制信号，将移位寄存器的数据存入寄存器，完成并行输出。如果是串行输出，则从这个时钟开始，串行输出端开始输出数据。如果要构成左移寄存器，则触发器之间的连接要改为：$D_i = Q_{i+1}^n$。

关于移位寄存器的左移、右移定义，本书将按照计算机里的定义进行，即：左移是数据从低位向高位移动，右移是数据从高位向低位移动。

下面用 VHDL 描述的一个多功能 8 位移位寄存器，用以了解各种移位功能。

```
LIBRARY IEEE;
USE IEEE. STD_LOGIC_1164. ALL;
USE IEEE. STD_LOGIC_ARITH. ALL;
USE IEEE. STD_LOGIC_UNSIGNED. ALL;
--****************************************
ENTITY ywjcq8 is
    PORT(clk, clr, rin, lin:in std_logic;
      s:in std_logic_vector(2 downto 0); --多功能使能控制输入端
      Q:OUT std_logic_vector(7 downto 0); --移位寄存器输出端
      d:in std_logic_vector(7 downto 0)); --寄存器初值输入端
END ywjcq8;
--****************************************
ARCHITECTURE behav of ywjcq8  IS
signal iq :std_logic_vector(7 downto 0);
BEGIN
p1:PROCESS(CLK, clr, rin, lin, s, d, iq)
  BEGIN
  IF clr='1' THEN iq<="00000000"; --当 clr 是高电平时，移位寄存器清 0
  elsif(clk'event and clk='1')then
        case s is
        when "000" => iq<=iq; --保持
        when "001" => iq<=d; --预置
        when "010" => iq<=rin & iq(7 downto 1); --右移
        when "011" => iq<=iq(6 downto 0)& lin; --左移
        when "100" => iq<=iq(0)& iq(7 downto 1); --循环右移
        when "101" => iq<=iq(6 downto 0)& iq(7); --循环左移
        when "110" => iq<=iq(7)& iq(7 downto 1); --算术右移，保持最高位不变
        when "111" => iq<=iq(6 downto 0)& '0'; --算术左移，移入 0
        when others => null;
```

```
            end case;
          end if;
        Q<=iq;
    end process p1;
    end behav;
```

图 6-47 是其中 5 个功能的仿真结果，请同学们根据这 5 个结果，把图中S=100 和 110 的部分修改为 S=101 和 111，在图中相应位置写出循环左移和算术左移的运行结果。

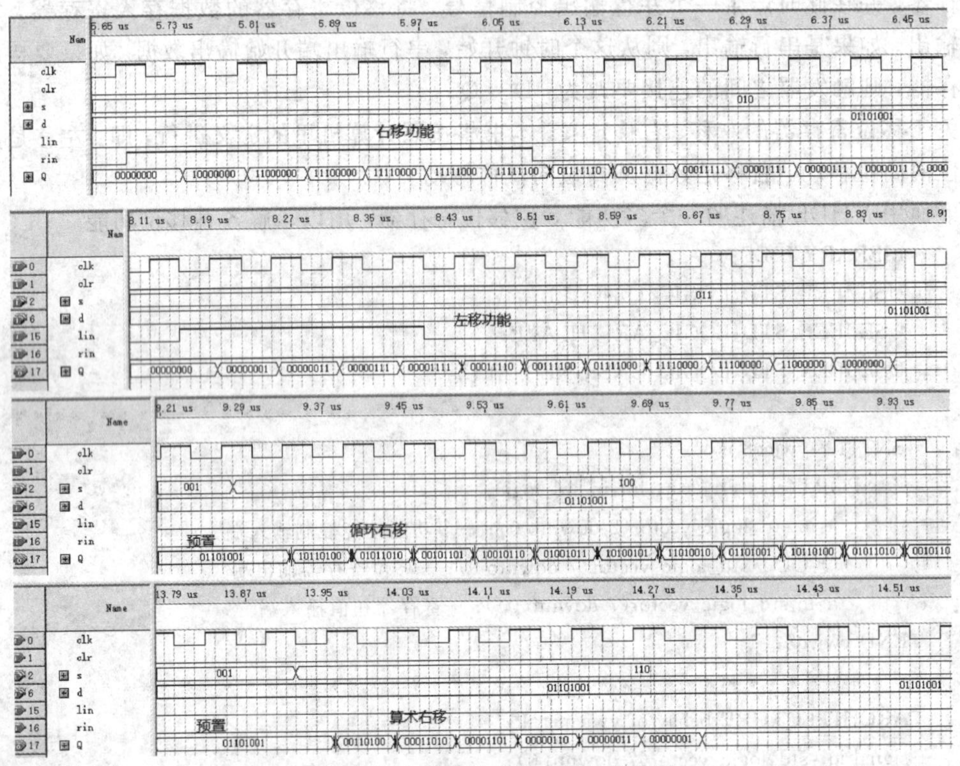

图 6-47 多功能移位寄存器仿真结果

6.5.2 环形、扭环形计数器

计数器也可以由移位寄存器构成。这时要求移位寄存器有 M 个状态，分别和 M 个输入脉冲相对应，并且在这 M 个状态中不断地循环，这样的移位寄存器就可以作为模值为 M 的计数器使用。

1. 环形计数器

如图 6-48 所示是一个三位环形计数器的逻辑图。分析这类反馈移位寄存器时，只需关注其输入级的反馈信号是如何获得的，反馈信号是：$D_0=Q_2^n$。

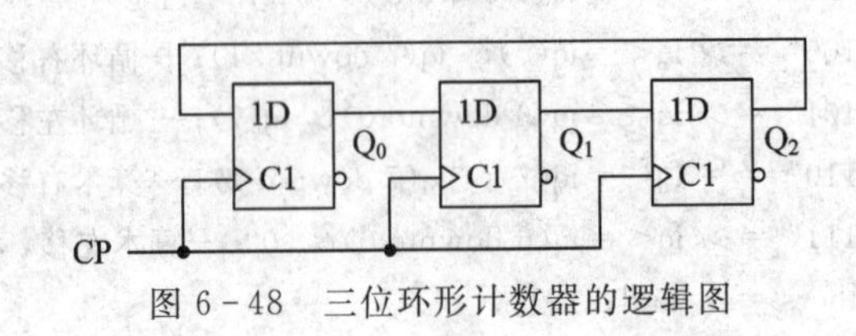

图 6-48 三位环形计数器的逻辑图

这就是一般时序电路分析中需要写出的激励方程。各个触发器的状态方程也就可以立即写出：$Q_0^{n+1}=Q_2^n$，$Q_1^{n+1}=Q_0^n$，$Q_2^{n+1}=Q_1^n$。根据方程得到的状态转移表如表 6-11 所示。

表 6-11　三位环形计数器状态转移表

Q_2^n	Q_1^n	Q_0^n	Q_2^{n+1}	Q_1^{n+1}	Q_0^{n+1}
0	0	0	0	0	0
0	0	1	0	1	0
0	1	0	1	0	0
0	1	1	1	1	0
1	0	0	0	0	1
1	0	1	0	1	1
1	1	0	1	0	1
1	1	1	1	1	1

由状态转移表得到的三位环形计数器状态转移图如图 6-49 所示。

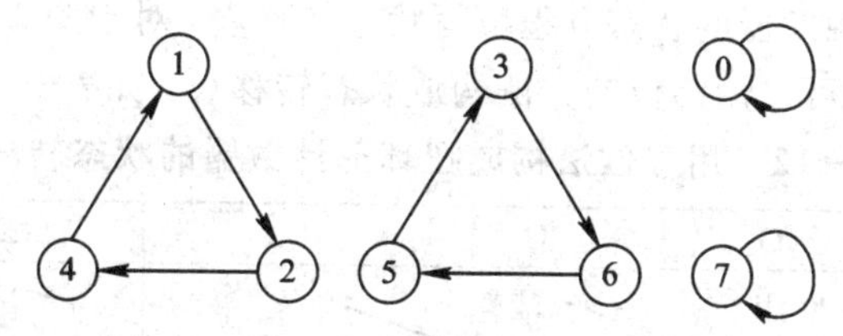

图 6-49　三位环形计数器状态转移图

环形计数器的一般特点如下：

(1) 由 K 位触发器构成的环形计数器反馈连接的方式是：$D_i=Q_k^n$，其内部仍然是移位寄存器的连接方式：$D_i=Q_{i-1}^n$。

(2) K 位移位寄存器构成的环形计数器可以计 K 个数，即计数模值是 K。

(3) 每个有效的计数状态中只有一位触发器是 1，计数状态的循环就是若干含有一个 1 的状态的循环。图 6-49 的状态转移关系就是 $Q_3Q_2Q_1=001\rightarrow 010\rightarrow 100\rightarrow 001\rightarrow 010\rightarrow\cdots$。

(4) 由于有效状态都只含有一位 1，根据 1 的位置就可以区分不同状态，所以译码电路简单。甚至可以不用译码电路，将发光二极管直接接到不同触发器的输出，根据不同发光二极管的发光，就可以知道计数器的状态，即计数的结果。

(5) 简单地将移位寄存器首尾相连所构成的环形计数器不能自启动。必须对反馈的逻辑进行修改，才能既保持环形计数器的特点，又能自启动。

将反馈函数修改为：$D_0=\overline{Q_1^n}\,\overline{Q_0^n}$，就可以解决不能自启动的问题。这时，状态 000 的下一状态是 001，状态 111 的下一状态是 110。新的状态转移图如图 6-50 所示。

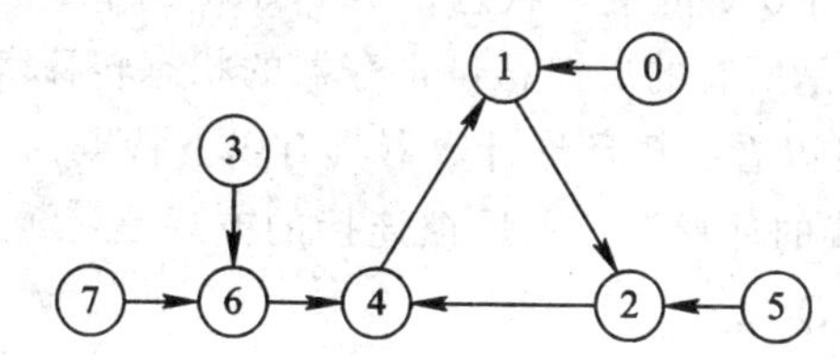

图 6-50　能自启动的三位环形计数器状态转移图

这种可以自启动的三位环形计数器的连接方法可以推广到一般情况：对于由 $Q_1 \cdots Q_K$ 共 K 个 D 触发器构成的环形计数器，反馈的逻辑是：$D_1 = \overline{\overline{Q_1^n}\,\overline{Q_2^n}\cdots\overline{Q_{K-1}^n}}$。

2. 扭环形计数器

扭环形计数器是将移位寄存器最后一级的 Q 端接到第一级 D 触发器输入所构成的电路。图 6-51 是三位扭环形计数器的逻辑图。对于反馈移位寄存器电路，一定存在着构成循环关系的若干状态。例如，对于三位环形计数器，就由 001、010、100 三个状态构成循环。

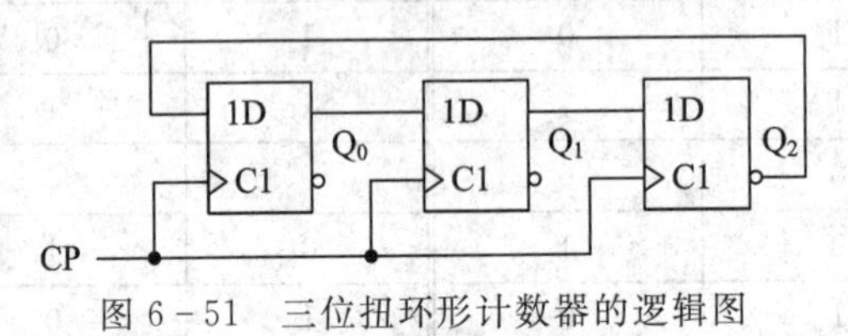

图 6-51　三位扭环形计数器的逻辑图

另外，D 触发器构成的反馈移位寄存器的状态转移都是通过移位来实现的：第一级状态是输入函数结果的移位，以后各级状态是前一级状态的移位。因此，可以不用类似于填卡诺图的方法，由各个触发器的状态方程填写状态转移表，对于图 6-51 的逻辑图，第一级的激励方程是 $D_0 = \overline{Q_2^n}$，可以用移位的方法构成状态转移表，如表 6-12 所示。

表 6-12　用移位法构成扭环形计数器的状态转移表

Q_2	Q_1	Q_0	D_0
0	0	0	1
0	0	1	1
0	1	1	1
1	1	1	0
1	1	0	0
1	0	0	0
0	1	0	1
1	0	1	0

这个状态转移表是一行一行产生的，第一行的状态 000，得到 $D_0 = 1$；第二行是根据移位写出的，$Q_1 \to Q_2$，$Q_0 \to Q_1$，$D_0 \to Q_0$，第二行的状态就是 001，D_0 还是 1；继续用这样的方法就可以得到以后各行的内容。到状态 100 时，下一状态又回到 000，从而构成 6 个状态的循环。

这个表的左列表头没有像以前的状态转移表那样使用 Q_2^{n+1}、Q_1^{n+1}、Q_0^{n+1}，而是使用了 Q_2、Q_1、Q_0。因为这一列的每一行，既是上一行的下一状态，也是下一行的现在状态，所以还是不表示上标比较合适。

对于不在计数循环中的状态，表中也列出了它的反馈值 D_0，也很容易确定其下一状态。在这个具体的表中，刚好 010 的下一状态是 101，101 的下一状态是 010，也构成了一个循环。但这只是巧合，并不是所有的反馈移位寄存器的状态转移表都会这样。

从状态转移表 6-12 可以看到扭环形计数器具有以下特点：

(1) 由 K 位触发器构成的环形计数器反馈连接的方式是：$D_0 = \overline{Q_{k-1}^n}$，其内部仍然是移位寄存器的连接方式：$D_i = Q_{i-1}^n$。

(2) K 个触发器构成的扭环形计数器由 2K 个状态构成循环，所以可以计 2K 个数。模值 M=2K，比环形计数器多一倍。

(3) 2K 个状态中一定包含全 0 的状态和全 1 的状态。可以从这两个状态中的一个来导出全部的计数状态。

(4) 直接按以上方式连接的扭环计数器也是不能自启动的。由表 6-12 可以看到，状态 010 和 101 构成非工作的循环。

如果要求电路能够自启动，则还必须另外采取措施。解决电路自启动问题属于时序电路设计的范畴。对于扭环计数器来说，解决方案之一是不论触发器的数目 K 等于多少，只要使得非工作循环状态 0×…×0 的下一状态是工作状态 0…01，就可以解决自启动的问题。

(5) 扭环形计数器的译码电路也是比较简单的。不论 K 等于多少，每个状态的译码输出函数都是二变量表达式。对于图 6-51 所示的电路，计数循环中各状态在卡诺图上的分布如图 6-52 所示，其中的 0、1、2、…表示这个状态对应的计数值。

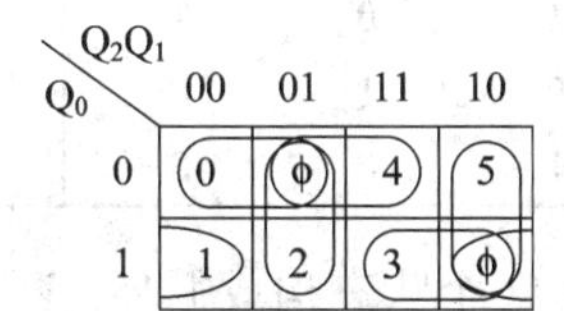

图 6-52　扭环形计数器状态分布

利用卡诺图中的两个任意项，可以使每个状态的译码函数简化为二变量表达式：

$$Y_0=\overline{Q_2}\,\overline{Q_0},\ Y_1=\overline{Q_1}Q_0,\ Y_2=\overline{Q_2}Q_1,\ Y_3=Q_2Q_0,\ Y_4=Q_1\overline{Q_0},\ Y_5=Q_2\overline{Q_1}$$

环形计数器和扭环形计数器是两种特殊的由移位寄存器构成的计数器。在反馈环中添加其他的组合逻辑电路，就可以构成其他移存型计数器。

6.5.3　序列信号发生器

序列信号发生器也是一种反馈移位寄存器电路。该电路的组成方式及分析方法都和移存 型计数器相同，只是更强调能够得到一定长度和规律的序列信号，而不是像计数器那样只要求有一定数目的循环状态。

1. 序列信号发生器的分析举例

【例 6-8】 分析图 6-53 所示的序列信号发生器。

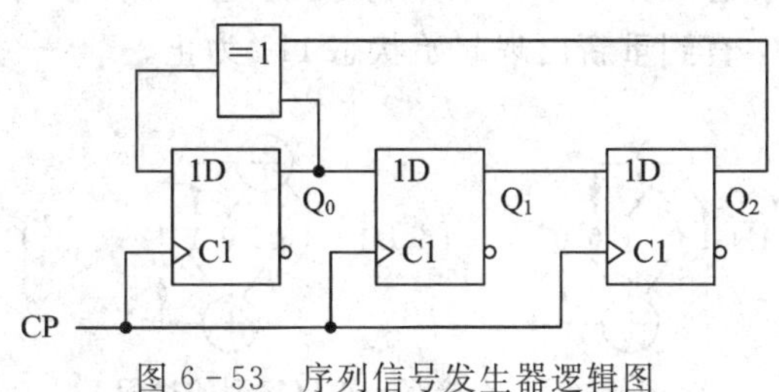

图 6-53　序列信号发生器逻辑图

解　由于电路也是属于反馈移位寄存器的应用，所以用移位的方法来构成状态转移表。

(1) 写出反馈信号 D_0 的逻辑表达式：$D_0=Q_0^n\oplus Q_2^n$。

(2) 选择000为起始状态，计算出 $D_0=0\oplus0=0$，它的下一状态还是000，必定不是工作循环中的状态。

(3) 选择另一个状态001，计算出 $D_0=0\oplus1=1$，用移位的方法得到下一状态是011；再计算 D_0，得到新的状态，如此重复，直到出现状态的循环(下一状态是001)。构成的状态转移表如表6-13所示。

表6-13　图6-53的状态转移表

Q_2	Q_1	Q_0	D_0
0	0	0	0
0	0	1	1
0	1	1	1
1	1	1	0
1	1	0	1
1	0	1	0
0	1	0	0
1	0	0	1

(4) 状态转移表显示了电路由7个状态构成循环。这个序列信号发生器的特性是：

① 序列的长度等于7。

② 序列码是1110100，不断重复。

③ 不能自启动，000状态自己构成非工作循环。

序列信号发生器和移存型计数器的电路构成及分析方法都是相同的。如果对于计数状态没有特别的要求，只要循环状态的数目相同，序列信号发生器就可以作为计数器使用。但是，同样循环长度的移存型计数器一般不能直接用作特定序列的序列信号发生器，此时，尽管序列的长度满足要求，但是序列的组成并不一定满足要求。

如果序列信号发生器由D触发器构成，反馈电路也比较简单，则可以不作出状态转移表，而直接从起始状态开始，根据反馈函数的逻辑，逐位写出全部的序列信号。如图6-54所示，直接写出图6-53电路的输出序列的过程：

① 从起始状态111开始，根据 $D_0=Q_0^n\oplus Q_2^n$，计算出0、2位产生的反馈值是0，将这个0直接写到序列的后面，成为1110。

② 向后移一位，从状态110开始，继续完成上述过程，使序列变为11101。

③ 重复前两个步骤，直到重新出现起始状态111为止。

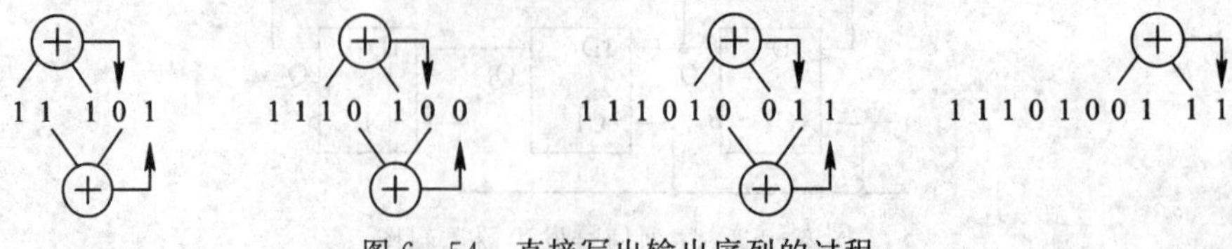

图6-54　直接写出输出序列的过程

2. 序列信号发生器的设计

序列信号发生器一般是由移位寄存器加上反馈电路构成的。移位寄存器的结构是固定的，不需要再设计，需要设计的只是反馈电路，设计的依据就是所产生的序列信号。

对于计数器来说，计数模值 M 和触发器数目 K 之间一定满足 $2^{K-1}<M\leqslant 2^K$ 的关系。

如果序列信号的长度也用 M 表示，此时 M 和 K 的关系就不一定满足以上关系。例如，要求序列信号的长度是 5，取决于序列信号的具体形式，可能要 3 个触发器就够了，也可能要 4 个触发器才能实现。

因此，序列信号发生器的设计步骤应有所变化：

(1) 根据给定序列信号的长度 M，决定所需要的最小触发器的数目 K：$2^{K-1}<M\leqslant 2^K$。

(2) 验证并确定实际需要的触发器数目 K。方法是对给定的序列信号每 K 位分为一组，选定一组后，向前移一位，按 K 位再取一组，总共取 M 组。如果这 M 组数字都不重复，就可以使用已经选择的 K，否则就使用 K=K+1。重复以上的过程，直到 M 组数字不再重复时，K 值就可以确定下来了。

(3) 最后得到的 M 组数字，就是序列信号发生器的状态转移关系，将它们依次排列，就得到这个序列信号发生器的状态转移表。不过，状态转移表的右边不是下一状态，而是这个状态下的反馈信号值 D_0。在使用 D 触发器的情况下，这个反馈值就是 Q_0 触发器的下一状态 Q_0^{n+1}。

(4) 由状态转移表作 D_0 的卡诺图，求反馈函数 D_0。

(5) 检查不使用状态的状态转移关系，检查自启动。

(6) 画出逻辑图。

【例 6-9】 设计一个序列信号发生器，产生序列 1010010100…。

解 (1) 序列长度是 5(10100)，最小触发器数目是 3。

(2) 对序列信号每 3 位一组取信号，每取一组移一位，共取 5 组：101、010、100、001、010，出现了两次 010，说明 K=3 不能满足设计要求；取 K=4，重新按 4 位一组取信号，也取 5 组：1010、0100、1001、0010、0101，没有重复，确定 K=4。

(3) 列状态转移表，如表 6-14 所示。

表 6-14　例 6-9 的状态转移表

Q_3^n	Q_2^n	Q_1^n	Q_0^n	D_0
1	0	1	0	0
0	1	0	0	1
1	0	0	1	0
0	0	1	0	1
0	1	0	1	0

(4) 作 D_0 的卡诺图，如图 6-55 所示。写出 D_0 的表达式：$D_0=\overline{Q_3^n}\,\overline{Q_0^n}$。

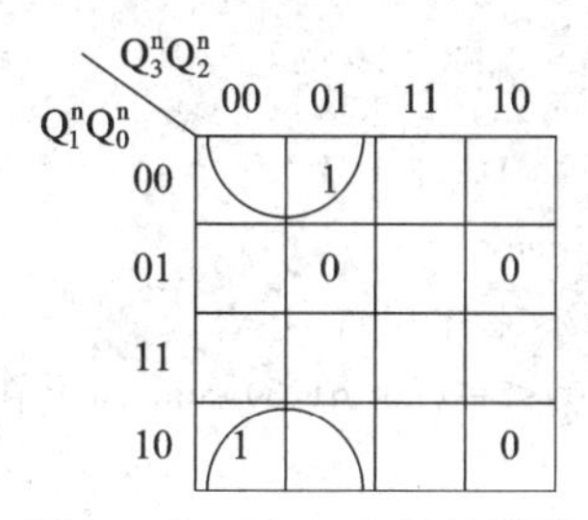

图 6-55　例 6-9 的卡诺图

(5) 检查自启动。卡诺图 6-55 中没有被圈入的格的 D_0 值都是 0，从而可以确定不使用状态的下一状态。如状态 $Q_3^nQ_2^nQ_1^nQ_0^n=1101$ 的下一状态是最后一位后面添加一位 0，即 1010。确定所有状态的转移关系后，画出状态转移图，如 6-56 所示，电路可以自启动。

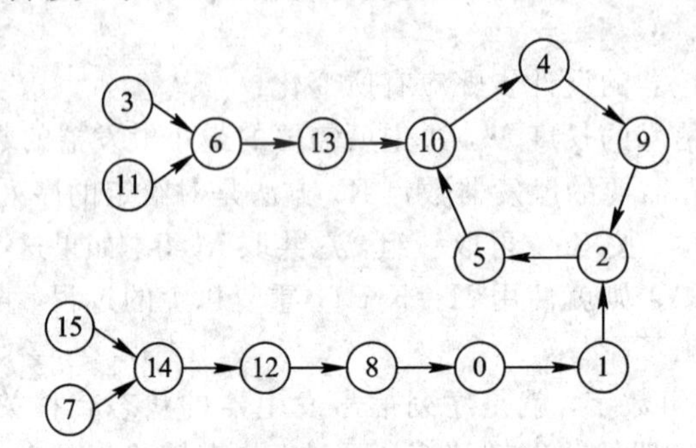

图 6-56 例 6-9 的状态转移图

(6) 画出逻辑图，如图 6-57 所示。

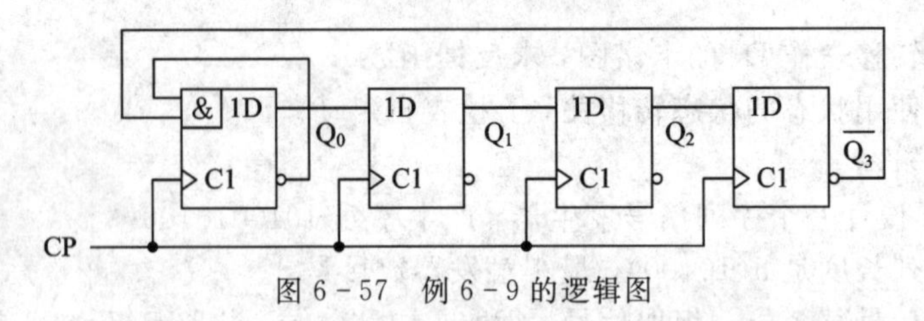

图 6-57 例 6-9 的逻辑图

(7) 用 VHDL 描述的 10100 序列信号发生器如下：

```
LIBRARY IEEE;
USE IEEE. STD_LOGIC_1164. ALL;
USE IEEE. STD_LOGIC_ARITH. ALL;
USE IEEE. STD_LOGIC_UNSIGNED. ALL;
--****************************************
ENTITY li6_8      is
    PORT(clk:in std_logic;
      y:OUT std_logic;
      q:OUT std_logic_vector( 3 downto 0));
END li6_8   ;
--****************************************
ARCHITECTURE abc OF   li6_8    IS
signal q1 :std_logic_vector( 3 downto 0);
BEGIN
process(clk, q1)
begin
  if clk'event and clk='1' then
    q1(3)<=q1(2); q1(2)<=q1(1);
    q1(1)<=q1(0); q1(0)<=(not q1(3))and (not q1(0));
  end if;
end process;
```

```
q<=q1; y<=q1(3);
end abc;
```

序列信号发生器也可以用计数器和组合电路来构成。计数器相当于组合电路的输入源，决定序列信号的长度。组合电路就是在这个输入源的作用下产生序列信号。这时，计数器的输出可以供给几个组合电路，产生几种长度相同、序列内容不同的序列信号。在用计数器产生序列信号时，触发器的数目 K 一定满足 $2^{K-1}<M\leqslant 2^K$ 的关系，其中 M 是序列长度。不过，计数器的结构总是比移位寄存器复杂。

【例 6-10】 用中规模计数器 74LS169 和双 4 选 1 数据选择器 74LS153 产生两个序列信号：1010010100…和 1101111011…。

解 (1) 两个序列的长度都是 5，应将 74LS169 连接为模 5 的计数器。采用加法计数，预置值应该是：16－5＝11，即二进制数 1011。计数状态是：1011、1100、1101、1110、1111。当然也可以是其他的 5 种计数状态。

(2) 作序列信号发生器的真值表。由于只有 5 个状态，取 3 个触发器的输出即可，即以 Q_C、Q_B、Q_A 作为真值表的输入。相应的真值表如表 6-15 所示。

表 6-15　例 6-10 的真值表

Q_C	Q_B	Q_A	Y_1	Y_2
0	1	1	1	1
1	0	0	0	1
1	0	1	1	0
1	1	0	0	1
1	1	1	0	1

(3) 作卡诺图，如图 6-58 所示。

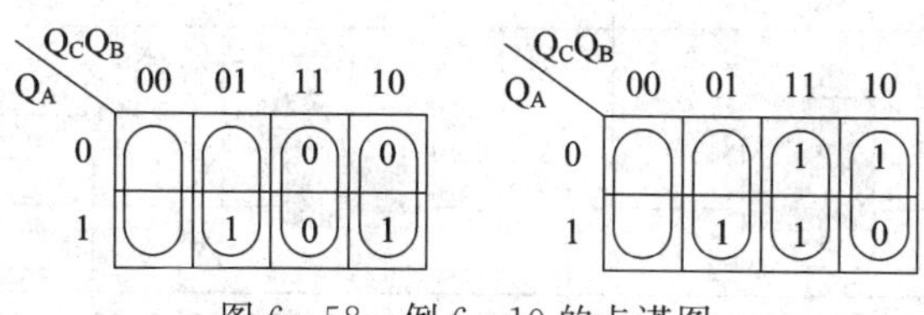

图 6-58　例 6-10 的卡诺图

选择 Q_C 和 Q_B 作为数据选择器的地址输入，两个数据选择器的数据端的连接应该是：1C0＝0，1C1＝1，1C2＝Q_A，1C3＝0；2C0＝0，2C1＝1，2C2＝$\overline{Q_A}$，2C3＝1。

(4) 作计数型序列发生器逻辑图，如图 6-59 所示。

(5) 本例也可以利用任意的五进制计数器进行序列信号设计。例 6-4 的计数规律是：

001→010→101→110→011

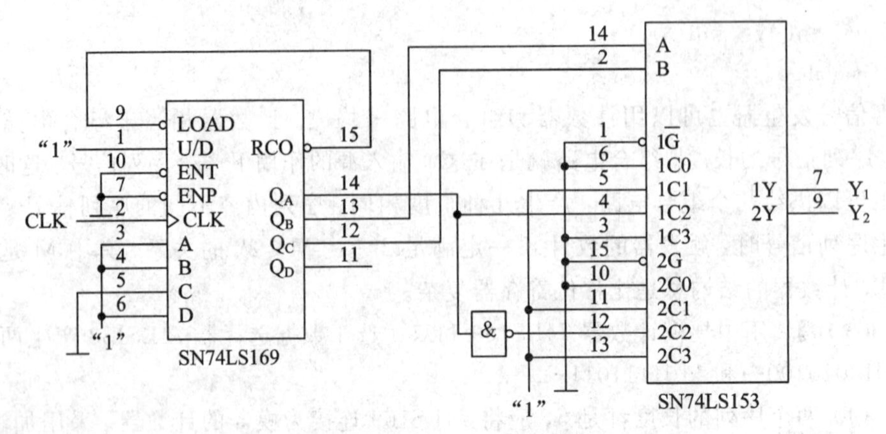

图 6-59 例 6-10 的逻辑图

在此基础上画出卡诺图，如图 6-60 所示。填图方法是：序列 10100 按照 001 格填入 1，010 格填入 0，101 格填入 1，110 格填入 0，011 格填入 0 进行；序列 11011 填图方法同序列 10100。

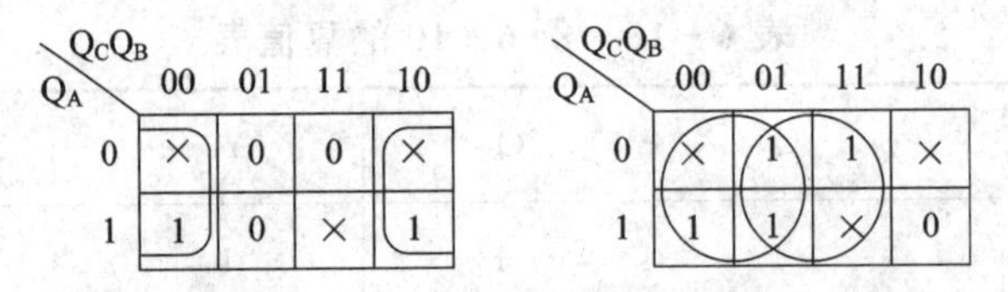

图 6-60 利用例 6-4 的五进制计数器设计序列信号发生器

得到序列 10100 的输出电路是$\overline{Q_B}$；序列 11011 的输出逻辑是$\overline{Q_C}+Q_B=\overline{\overline{Q_C}\cdot\overline{Q_B}}$。

实现例 6-10 功能的仿真电路图如图 6-61 所示，当前计数器状态是 011，序列输出分别是 0 和 1。

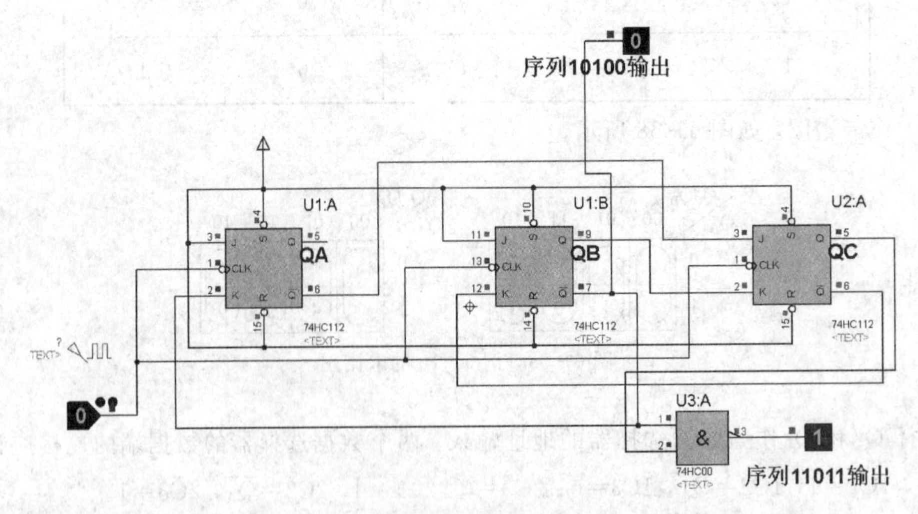

图 6-61 实现例 6-10 功能的仿真电路图

(6) 在例 6-4 的 VHDL 描述基础上，增加两个输出信号 F1、F2，可以实现例 6-10 的功能。

```
LIBRARY IEEE;
```

```
uSE IEEE.STD_LOGIC_1164.ALL;
uSE IEEE.STD_LOGIC_ARITH.ALL;
uSE IEEE.STD_LOGIC_UNSIGNED.ALL;
--********************
ENTITY li6_4 IS
    PORT (CLK: IN STD_LOGIC;
        F1, F2:OUT STD_LOGIC; --F1、F2分别是序列10100和11011的输出信号
        Q: OUT STD_LOGIC_VECTOR(2 DOWNTO 0));
END li6_4;
--*****************
ARCHITECTURE dataflow_1 OF li6_4 IS
SIGNAL QQ:STD_LOGIC_VECTOR(2 DOWNTO 0);
BEGIN
PROCESS(CLK, QQ)
BEGIN
IF CLK'EVENT AND CLK='1' THEN
  case QQ IS
   WHEN "000"=>QQ<="111"; F1<='0'; F2<='0';
   WHEN "001"=>QQ<="010"; F1<='1'; F2<='1';
   WHEN "010"=>QQ<="101"; F1<='0'; F2<='1';
   WHEN "011"=>QQ<="001"; F1<='0'; F2<='1';
   WHEN "100"=>QQ<="111"; F1<='0'; F2<='0';
   WHEN "101"=>QQ<="110"; F1<='1'; F2<='0';
   WHEN "110"=>QQ<="011"; F1<='0'; F2<='1';
   WHEN "111"=>QQ<="011"; F1<='0'; F2<='0';
   WHEN OTHERS=>QQ<="ZZZ"; F1<='0'; F2<='0';
--当出现非法输入信号时，输出高阻，Z必须大写
  END CASE;
END IF;
END PROCESS;
Q<=QQ;
END dataflow_1;
```

3. M序列发生器

在测试通信设备或通信系统时，经常需要一种称为“伪随机信号”的序列信号。在实际的数字通信中，0、1信号的出现是随机的，但是从统计的角度来看，0和1出现的概率应该是接近的。“伪随机信号”就是用来模拟实际的数字信号。因此，它应该有各种不同的0、1组合，而且0和1的总数应接近相等。

M序列发生器就是用来产生这种伪随机信号的发生器，有时也称为最长线性序列发生器。因为这种发生器所产生的序列的长度都是2^{k-1}，其中的k是移位寄存器的位数。M序列发生器也是由移位寄存器和反馈电路构成的，但是反馈电路都是产生异或函数的异或电路，异或电路的输入数目将随着M序列信号长度的不同而不同。

由于M序列使用得非常普遍，M序列发生器的设计也都已经规格化。也就是在决定了

M 序列的长度后，可以查表来决定异或门的输入是从哪几个触发器的输出来获得的，并连接到异或门的输入，再将异或门的输出接到第一级移位寄存器的输入，就可以得到所需长度的伪随机序列信号。

表 6-16 是一些不同长度 M 序列发生器的长度和相应的反馈函数。注意触发器的序号是 1～k，而不是 0～k。

表 6-16　一些不同长度 M 序列发生器的长度和相应的反馈函数

k	$M=2^k-1$	反馈函数
3	7	$Q_1 \oplus Q_3$　　$Q_2 \oplus Q_3$
4	15	$Q_1 \oplus Q_4$　　$Q_3 \oplus Q_4$
5	31	$Q_2 \oplus Q_5$　　$Q_3 \oplus Q_5$
6	63	$Q_1 \oplus Q_6$
7	127	$Q_1 \oplus Q_7$　　$Q_3 \oplus Q_7$
8	255	$Q_1 \oplus Q_2 \oplus Q_3 \oplus Q_8$
12	4095	$Q_1 \oplus Q_4 \oplus Q_6 \oplus Q_{12}$
15	32 767	$Q_1 \oplus Q_{15}$　　$Q_{14} \oplus Q_{15}$
21	2 097 151	$Q_2 \oplus Q_{21}$
23	8 388 607	$Q_5 \oplus Q_{23}$　　$Q_{18} \oplus Q_{23}$
28	268 435 455	$Q_4 \oplus Q_1$

这样的 M 序列信号将不包括 k 个 0 的组合，并且一旦进入了这样的状态就会一直保持下去，进入全 0 状态的循环，也就是不能自启动。

为了解决这个问题，可以在反馈函数中再增加一项校正项，校正项是由 K 个触发器输出的“或非”，再将这个或非结果和原来的反馈输出再次进行“异或”运算，表达式如下：

$$D_1 = D_1 \oplus \overline{Q_K + Q_{K-1} + \cdots + Q_3 + Q_2 + Q_1}$$

如果 K 个触发器的输出都是 0，则 M 序列发生器进入全 0 状态。但是，因为或非门的输出是 1，反馈电路的输出将是 1，使得 Q_1 的输出变为 1，全 0 状态不会继续，所以可以自启动。

(1) 图 6-53 所示是一个不能够自启动的 7 位 M 序列信号发生器，仿真结果如图6-62 所示，序列码是 1110100，不断重复，3 个 Q 端的输出序列信号相同。

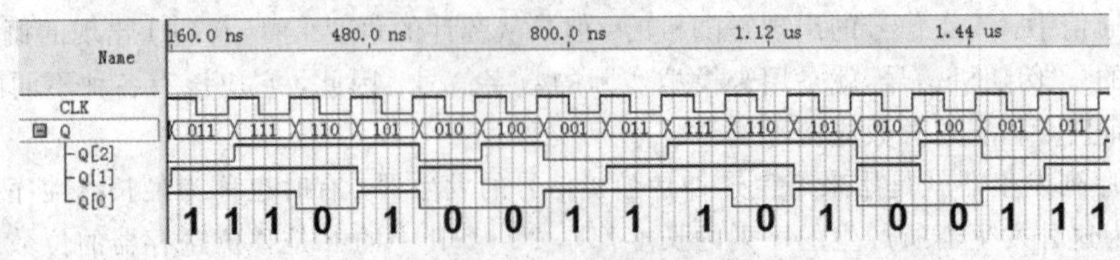

图 6-62　M=7 的序列信号输出波形图

(2) 利用 VHDL 描述的可以自启动的 M=15 的伪随机序列如下：

```
LIBRARY IEEE;
```

```
USE IEEE.STD_LOGIC_1164.ALL;
USE IEEE.STD_LOGIC_ARITH.ALL;
USE IEEE.STD_LOGIC_UNSIGNED.ALL;
--*******************************************
ENTITY Mxuelie  is
  PORT(clk:in std_logic;
    y:OUT std_logic;
    q:OUT std_logic_vector( 3 downto 0));
END Mxuelie ;
--*******************************************
ARCHITECTURE abc OF  Mxuelie  IS
signal q1 :std_logic_vector( 3 downto 0);
BEGIN
process(clk, q1)
begin
  if clk'event and clk='1' then
    q1(3)<=q1(2); q1(2)<=q1(1);
    q1(1)<=q1(0);
    q1(0)<=(q1(2)xor q1(3))xor (not (q1(3)or q1(2)or q1(1)or q1(0)));
end if;
end process;
q<=q1; y<=q1(3);
end abc;
```

仿真波形如图 6-63 所示，如果序列从 q=1011 算起，则经过 15 个时钟周期后才重复出现 q=1011，因此序列长度是 15。

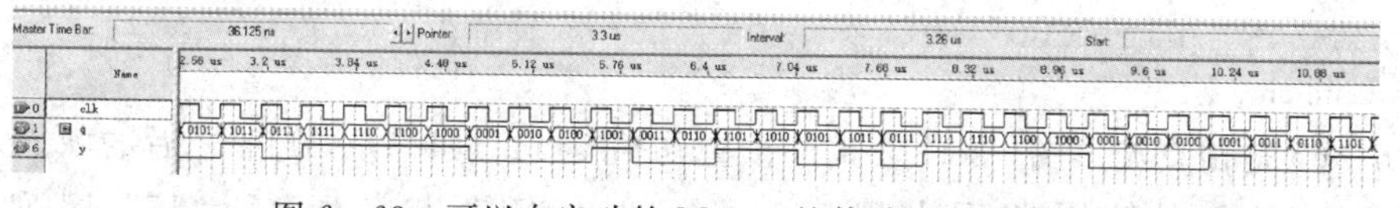

图 6-63　可以自启动的 M=15 的伪随机序列波形图

(3) 如果用 JK 触发器构成移位寄存器来产生 M 序列，有可能不使用异或电路，直接通过适当的连接来产生 M 序列。

因为 JK 触发器的特征方程是：$Q^{n+1}=J\overline{Q^n}+\overline{K}Q^n$，如果反馈电路的逻辑表达式刚好是 Q_1 的输出和另一个触发器的输出的异或，即 $Q_1^{n+1}=D_1=Q_i^n\overline{Q_1^n}+\overline{Q_i^n}Q_1^n$。比较这两个表达式，只要 $J_1=Q_i^n$，$\overline{K_1}=\overline{Q_i^n}$，就可以实现相应长度的 M 序列信号。

图 6-64 是用 JK 触发器实现的长度 M=15 的序列发生器。图中没有任何异或电路。

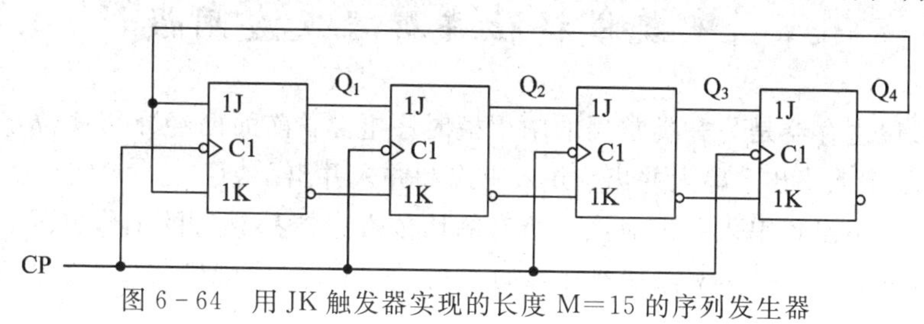

图 6-64　用 JK 触发器实现的长度 M=15 的序列发生器

下面是用 VHDL 描述图 6-61 电路的代码：

```
LIBRARY IEEE;
USE IEEE.STD_LOGIC_1164.ALL;
USE IEEE.STD_LOGIC_ARITH.ALL;
USE IEEE.STD_LOGIC_UNSIGNED.ALL;
--*****************************************
ENTITY  mxuliejk  is
    PORT(clk, set:in std_logic;
        y:OUT std_logic;
        q:OUT std_logic_vector( 3 downto 0));
END mxuliejk ;
--*****************************************
ARCHITECTURE abc OF  mxuliejk  IS
signal q1, j, k :std_logic_vector( 3 downto 0);
BEGIN
process(set, clk, q1, j, k)
begin
  if set='1' then q1<="0111"; --异步预置 0111，初值可以是其他的循环状态的值
  elsif clk'event and clk='1' then
    q1<=(j and (not q1))or ((not k)and q1); -- JK 触发器功能
  end if;
    j( 3 downto 1)<= q1( 2 downto 0); --必须写在 if 语句之外
    k( 3 downto 1)<= not q1( 2 downto 0);
    j(0)<=q1(3); k(0)<=q1(3);
end process;
    q<=q1; y<=q1(3);
end abc;
```

图 6-65 是仿真波形图，set=1 时，预置初值 0111；如果从 0111 之后的状态 1111 算起，则经过 15 个时钟周期后出现 1111，因此电路输出序列 M=15，序列信号是 111101011001000B，其中 1 有 8 个，0 有 7 个。

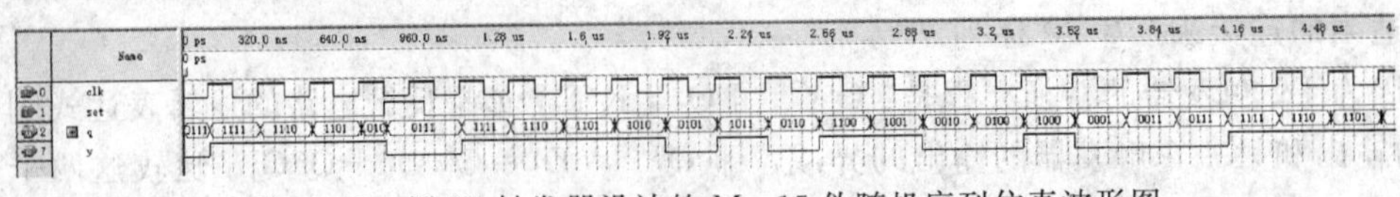

图 6-65 用 JK 触发器设计的 M=15 伪随机序列仿真波形图

6.6 中规模移位寄存器及应用设计

中规模移位寄存器是另一类常用的中规模时序电路。前面已经介绍移位寄存器可以有 4 种工作方式：串入串出、串入并出、并入串出和并入并出。

其中的串入串出和串入并出应该是所有的移位寄存器都具有的工作方式。另外两种工作方式，则不一定是所有移位寄存器都有的方式。实际上，中规模移位寄存器除了以上的 4

种功能外，还有一些其他的功能。

6.6.1　通用移位寄存器 74LS194 及序列信号发生器设计

74LS194 是具有多种功能的 4 位移位寄存器 (Universal Shift Register)。表 6-17 是它的功能表。

表 6-17　74LS194 的功能表

$\overline{CLR}$	S1	S0	CLK	SL	SR	Q_D	Q_C	Q_B	Q_A
0	ϕ	ϕ	ϕ	ϕ	ϕ	0	0	0	0
1	1	1	↑	ϕ	ϕ	D	C	B	A
1	0	1	↑	ϕ	ϕ	Q_C	Q_B	Q_A	S_R
1	1	0	↑	ϕ	ϕ	S_L	Q_D	Q_C	Q_B
1	0	0	ϕ	ϕ	ϕ	Q_D	Q_C	Q_B	Q_A

(1) $\overline{CLR}$是异步清 0 端，低电平有效。

(2) S1、S0 是使能端，当 S1S0=11 时，同步预置 DCBA 到 $Q_DQ_CQ_BQ_A$；当 S1S0=01 时，左移，移入的新值是 SR；当 S1S0=10 时，右移，移入的新值是 SL。

(3) 利用 74LS194 设计的例 6-9 所示序列信号发生器电路，如图 6-66 所示，把 $D_0=\overline{Q_3^nQ_0^n}$改为 $D_0=\overline{Q_3^n+Q_0^n}$，当前状态是 0010，序列输出 1。U1 的任意一个 Q 端及 U2:A 的1号引脚，都能输出所需序列。

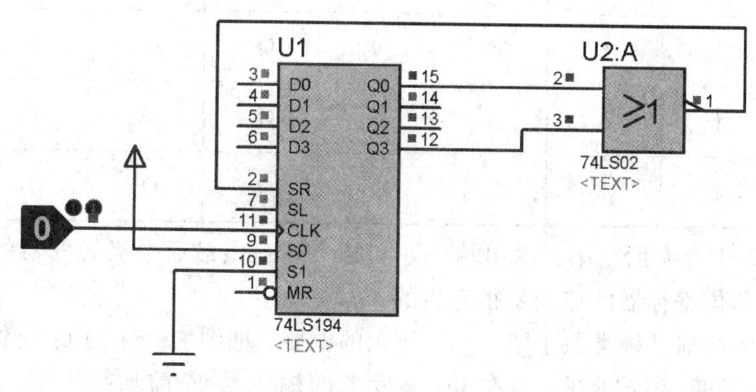

图 6-66　利用 74LS194 设计的例 6-9 的序列信号发生器仿真电路

(4) 利用 2 片 74LS194 级联，能构成 8 位移位寄存器，设计的 M=255、K=8 的伪随机序列信号发生器电路如图 6-67 所示。

U1 的 Q3 连接到 U2 的 SR，把 U1(低位)、U2(高位)级联成 8 位移位寄存器，U1、U2 时钟同步；反馈信号按照表 6-16，取 $D_0=Q_0^n \oplus Q_1^n \oplus Q_2^n \oplus Q_7{}^n$；因为不能自启动，在电路启动时，先置 U1 的 S1=1，预置初值 00000001B 后，把 U1 的 S1 置 0，进行随机序列的输出，U1、U2 的任意一个 Q 端及 U3:C 的8号引脚，都能输出随机序列。

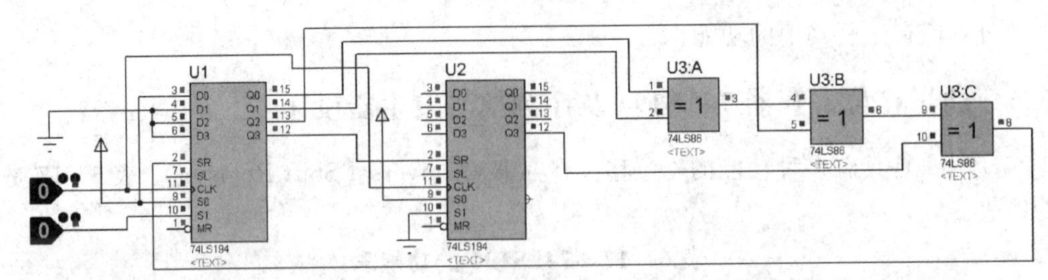

图 6-67 M=255、K=8 的伪随机序列信号发生器仿真电路

6.6.2 JK 输入的移位寄存器 74LS195 及 M 序列的缩短设计

74LS195 的功能比 74LS194 少一些，主要不同是 74LS195 的移位不是双向的，只能左移，它也有并行预置和外部清零的功能，并且也是同步预置、异步清零。

74LS195 是由 JK 触发器构成的移位寄存器，所以它有两个移位信号的输入端：J、K。使用 J、$\overline{K}$ 的输入方式而不是 J、K 的方式，是为了便于构成 D 触发器的输入方式：只要将 J 和 $\overline{K}$ 连接在一起，就可以作为 D 触发器的输入端来使用。

74LS195 的功能表如表 6-18 所示。A、B、C、D 是并行输入端。

表 6-18 74LS195 的功能表

$\overline{CLR}$	$SH/\overline{LD}$	CLK	J	$\overline{K}$	Q_D	Q_C	Q_B	Q_A
0	ϕ	ϕ	ϕ	ϕ	0	0	0	0
1	0	↑	ϕ	ϕ	D	C	B	A
1	1	↑	0	1	Q_C	Q_B	Q_A	Q_A
1	1	↑	0	0	Q_C	Q_B	Q_A	0
1	1	↑	1	1	Q_C	Q_B	Q_A	1
1	1	↑	1	0	Q_C	Q_B	Q_A	$\overline{Q_A}$

另外，74LS195 有两个串行输出端：Q_D 和 $\overline{Q_D}$，还提供最后一级触发器的反相输出，这对于构成反馈移位寄存器的应用是很有用的。

74LS195 的内部结构类似于图 6-64 所示的电路，把图 6-64 的 Q_4 反馈到 Q_1 触发器的输入端 J、K 的反馈线断开，再在 Q_1 触发器的输入端 K 前加一个非门，基本上就是 74LS195 的内部移位电路。

模仿图 6-64 的反馈电路连接方法，利用 74LS195 实现的长度 M=15 的序列发生器如图 6-68(a)所示。根据 $Q_1^{n+1}=J_1\overline{Q_1^n}+\overline{K_1}Q_1^n$（其中 J_1、K_1 就是图中的 J、K 引脚），及 M 序列反馈函数 $Q_1 \oplus Q_4=\overline{Q_1}Q_4+Q_1\overline{Q_4}$，$Q_4$ 即图中 Q_3，得到 $Q_1^{n+1}=J_1\overline{Q_1^n}+\overline{K_1}Q_1^n=Q_4\overline{Q_1^n}+\overline{Q_4}Q_1^n$，因此 $J_1=Q_4$，$\overline{K_1}=\overline{Q_4}$。

与表 6-18 对应，图 6-68(a)中的 CLRN 是清零端、KN 是 $\overline{K}$ 输入端、ST/LDN 是移位/预置控制端，Q3N 是 $\overline{Q_D}$ 端。

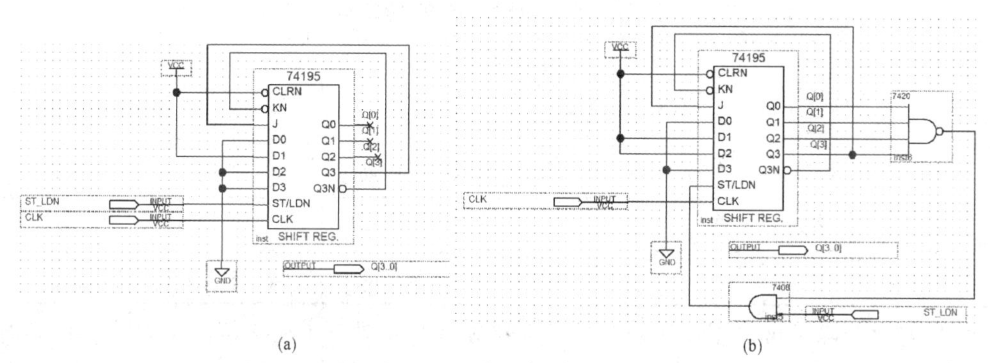

图 6 - 68　利用 74LS195 设计的 M=15 的随机序列发生器仿真电路

仿真波形如图 6 - 69 所示，仿真起始时置 ST/LDN=1，Q=0000，不能自启动；置 ST/LDN=0，进行初值预置，Q=0010；再次置 ST/LDN=1，进行移位，从 Q=0100 算起，经过 15 个时钟周期后，再次出现 Q=0100，因此 M=15。可以从图中任意一个输出 Q 端得到输出伪随机序列。

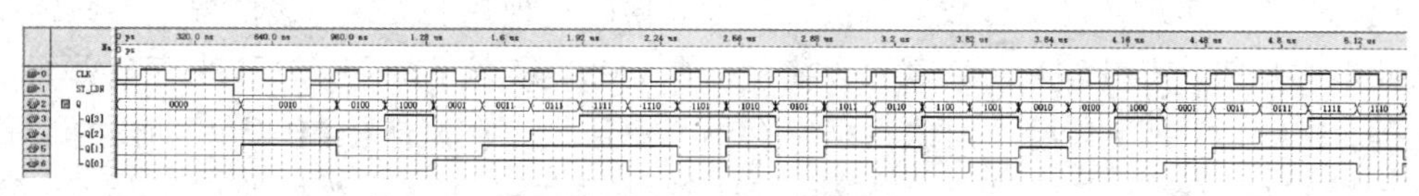

图 6 - 69　利用 74LS195 设计的 M=15 的随机序列发生器仿真波形图

利用上述 M 序列信号发生器，把序列按照需要截短，可以进行移存型计数器的设计。

如果要设计一个模为 10 的计数器，先确定终止状态和初始状态，原则上终止状态可以任意选择，考虑到便于检测，选择 Q=1111 状态；终止状态确定后，在图 6 - 69 上，从终止状态开始，倒数 10 个状态就是初始状态 Q=0110。

完成该功能的电路如图 6 - 68(b)所示，考虑到自启动和预置初值两个功能的需求，图中利用 2 输入与门的输入引脚 ST/LDN 完成初始自启动，电路启动后置 ST/LDN=1，与门输出由预置控制信号 Q 的值决定，当 Q=1111 时，与门输出 0，进行预置初值的动作。

仿真波形如图 6 - 70 所示，从 Q=1100 算起，经过 10 个时钟周期后，再次出现 Q=1100，因此移存型计数器的模是 10。

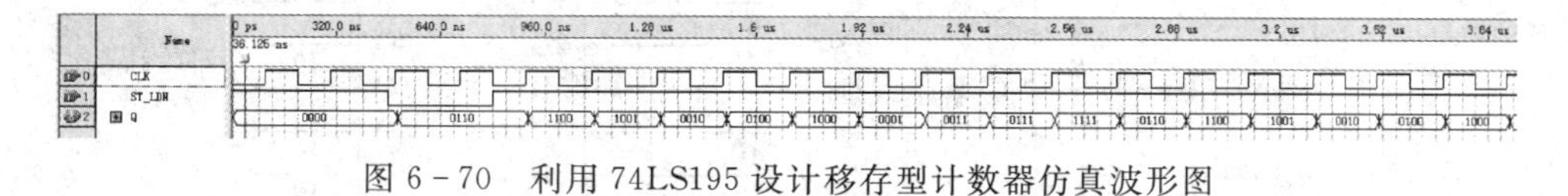

图 6 - 70　利用 74LS195 设计移存型计数器仿真波形图

6.6.3　8 位移位寄存器 74LS164 及串—并转换电路设计

除了 4 位移位寄存器，还有许多 8 位移位寄存器芯片。74LS164 就是一种 8 位移位寄存器。

74LS164 的功能比较简单：只能单向移位，也有异步清零的输入端，它也是由触发器构成的移位寄存器。74LS164 的输入有以下特点：具有两个移位输入 A 和 B，两个输入加到一个内部的与门，与门的输出才是移位寄存器的输入。74LS164 的功能表如表 6 - 19 所示。

表 6-19 74LS164 的功能表

$\overline{CLR}$	CLK	A	B	Q_H	Q_G	Q_F	Q_E	Q_D	Q_C	Q_B	Q_A
0	ϕ	ϕ	ϕ	0	0	0	0	0	0	0	0
1	↑	1	1	Q_G	Q_F	Q_E	Q_D	Q_C	Q_B	Q_A	1
1	↑	ϕ	0	Q_G	Q_F	Q_E	Q_D	Q_C	Q_B	Q_A	0
1	↑	0	ϕ	Q_G	Q_F	Q_E	Q_D	Q_C	Q_B	Q_A	0

移位寄存器除了可以用作序列信号发生器和计数器外，还在通信系统和计算机系统中有广泛的应用，其中最主要的应用就是串行数据和并行数据的互相转换。

移位寄存器本身就有串入并出的功能。完成数据的串行－并行转换的关键在于控制信号的产生。例如，数据的长度是 8 位，控制信号应该保证 8 位数据串行移入移位寄存器后，产生一个并行输出控制信号，将已经移入移位寄存器的 8 位数据，并行输出到一个外部的锁存器。然后，控制信号再恢复为移位控制，继续进行串入－并出的变换。

图 6-71 是实现 8 位串行数据转换为并行数据的一种控制方式。移位寄存器只需要有串入并出的功能，使用 74LS164 就可以满足需要。用 8 位寄存器 74LS374 来存放并行的输出数据。74LS374 是上升沿写入的数据寄存器，并且只有在使能控制$\overline{OC}$=0 时才能写入。在 8 位数据串行移入寄存器后，应该为 74LS374 提供一个写入数据的控制信号，连接到$\overline{OC}$。

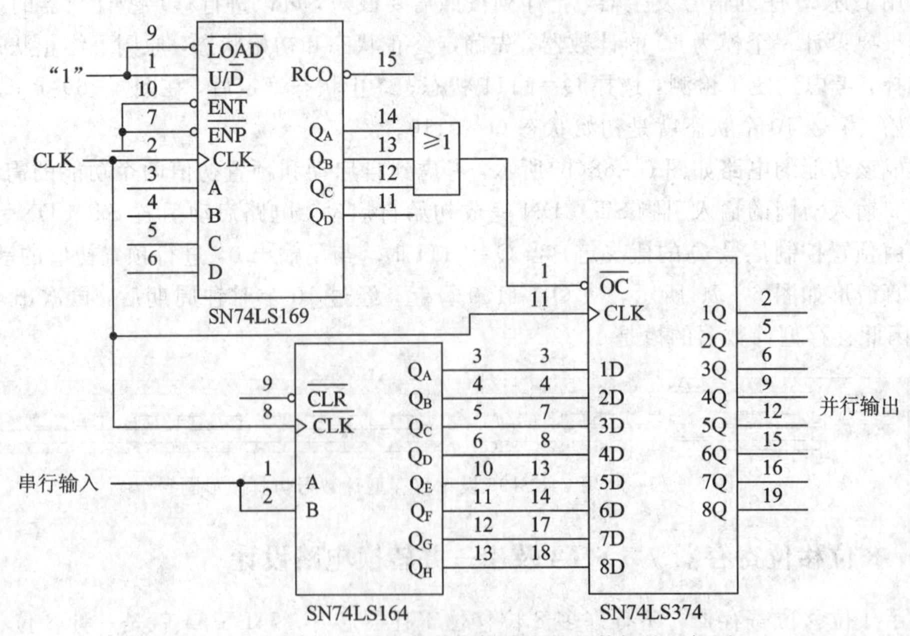

图 6-71 实现 8 位串行数据转换为并行数据的逻辑图

计数器 74LS169 用来产生控制串行移位和并行输出的控制信号。计数器的低 3 位输出经过一个或门，产生寄存器所需要的写入数据控制信号。如果计数器进入状态 1000(或者低 3 位是 000)，或门输出 0，就可以连接到寄存器的$\overline{OC}$控制端，使得寄存器处于可以写入数据的状态，在时钟有效时，将并行数据写入寄存器。

描述图 6－68 电路的 VHDL 代码如下：

```
LIBRARY IEEE;
USE IEEE.STD_LOGIC_1164.ALL;
USE IEEE.STD_LOGIC_ARITH.ALL;
USE IEEE.STD_LOGIC_UNSIGNED.ALL;
--**********************************************
ENTITY TU6_68   is
  PORT(clk, x:in std_logic;
     y:OUT std_logic_vector( 7 downto 0);
     q:OUT std_logic_vector( 2 downto 0));
END TU6_68 ;
--**********************************************
ARCHITECTURE abc OF TU6_68 IS
signal q1  :std_logic_vector( 2 downto 0);
signal y1:std_logic_vector( 7 downto 0);
BEGIN
process(clk, q1)
begin
 if clk'event and clk='1' then
  case q1 is
  when "000"=>q1<="001";
  when "001"=>q1<="010";
  when "010"=>q1<="011";
  when "011"=>q1<="100";
  when "100"=>q1<="101";
  when "101"=>q1<="110";
  when "110"=>q1<="111";
  when "111"=>q1<="000";
  when others=>q1<="000";
  end case;
  y1<=y1( 6 downto 0)& x;
  if q1="000" then y<=y1;
  else y<="ZZZZZZZZ";
  end if;
 end if;
end process;
q<=q1;
end abc;
```

其中，case 语句完成八进制加 1 计数器的功能，如图 6－68 中的 74LS169 所示；语句“y1<=y1(6 downto 0)& x;”完成移位功能，如图 6－68 中的 74LS164 所示，x 是串行输入信号；语句“if q1="000" then y<=y1; else y<="ZZZZZZZZ";”完成并行输出功能，如图 6－68 中的 74LS374 所示。

上述串一并转换的 VHDL 代码的仿真波形如图 6-72(a)所示。

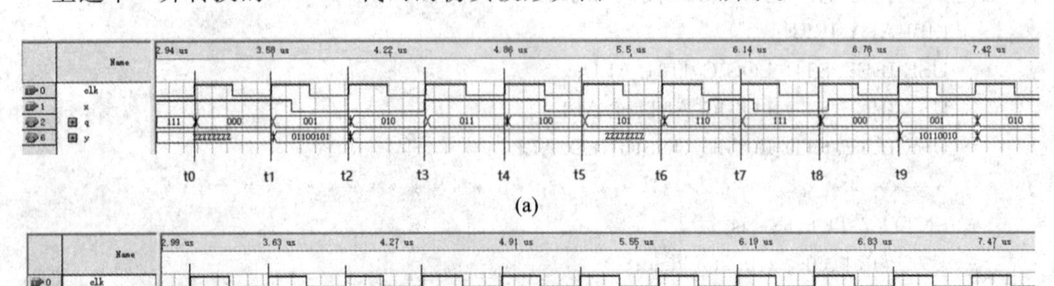

(a)

(b)

图 6-72 串一并转换的 VHDL 代码的仿真波形

t0 时刻：前一个转换周期的第 8 个时钟，输入的 x=1。

t1 时刻：当前转换周期的第 1 个时钟，输入的 x=1；由于语句“if q1="000" then y<=y1;”的作用，t1 时刻后 y=01100001，其中的 bit0=1 就是 t0 时刻输入的 x=1。

t2～t8 时刻：当前转换周期的第 2～8 个时钟，输入的 x 分别是 0、1、1、0、0、1、0。

t9 时刻：后一个转换周期的第 1 个时钟，输入的 x=1；由于语句“if q1="000" then y<=y1;”的作用，t9 时刻后 y=10110010，分别是 t1～t8 时刻串行输入的 x。

因此，利用上升沿写入数据的 8 位寄存器(如 74LS374)来存放并行的输出数据，输出的数据是前 8 个周期串行输入的值。

如果希望并行输出的数据是当前 8 个周期的串行输入数据，如图 6-69(b)所示，应该用 8 位锁存器(如 74LS373)来存放并行的输出数据。完成该功能的 VHDL 代码如下：

```
LIBRARY IEEE;
USE IEEE. STD_LOGIC_1164. ALL;
USE IEEE. STD_LOGIC_ARITH. ALL;
USE IEEE. STD_LOGIC_UNSIGNED. ALL;
--*********************************************
ENTITY TU6_68A  is
    PORT(clk, x:in std_logic;
        y:OUT std_logic_vector( 7 downto 0);
        q:OUT std_logic_vector( 2 downto 0));
END TU6_68A ;
--*********************************************
ARCHITECTURE abc OF  TU6_68A IS
signal q1 :std_logic_vector( 2 downto 0);
signal y1:std_logic_vector( 7 downto 0);
BEGIN
p1:process(clk, q1, x, y1)
begin
  if clk'event and clk='1' then
     q1<=q1+1; y1<=y1( 6 downto 0)& x;
```

```
    end if;
  end process p1;
  p2:process(clk, q1, y1)
  begin
    if  CLK='1' then
      if q1="000" then y<=y1;
      else y<="ZZZZZZZZ";
      end if;
    end if;
  end process p2;
  q<=q1;
  end abc;
```

其中，“p1:process(clk, q1, x, y1)”完成八进制加 1 计数器和移位寄存器功能；“p2: process(clk, q1, y1)”描述了一个 8 位锁存器，利用“if CLK='1' then”语句，区别于“if clk'event and clk='1' then”语句，表示锁存时刻是时钟高电平时。

6.6.4　8 位移位寄存器 74LS166 及并－串转换电路设计

74LS166 是具有并行预置功能的移位寄存器。它的控制方式和 74LS195 很相似，也使用 $SH/\overline{LD}$端来控制移位寄存器是进行移位还是预置操作，并且它也有一个异步的清零端$\overline{CLR}$。

74LS166 与 74LS195 的不同在于：① 位数不同，74LS166 是 8 位，74LS195 是 4 位；② 输入方式不同，74LS166 由 D 触发器构成，串行输入只有一个 SER，而 74LS195 是 JK 输入；③ 74LS166 两个和时钟有关的输入端：CLK 和 CLKINH，其中的 CLK 就是时钟输入，CLKINH 则是“时钟禁止”输入，当 CLKINH=0 时允许时钟输入，而 CLKINH=1 时不允许时钟输入。74LS166 的功能表和 74LS195 很相似，同学们可以自己画。

利用 74LS166 可以构成 8 位并－串转换电路，如图 6-73 所示。利用它的 8 位预置功能进行 8 位并行数据的预置，因为是用于并入串出，所以，串行输入 SER 和时钟禁止端 CLKINH 都接地电位。

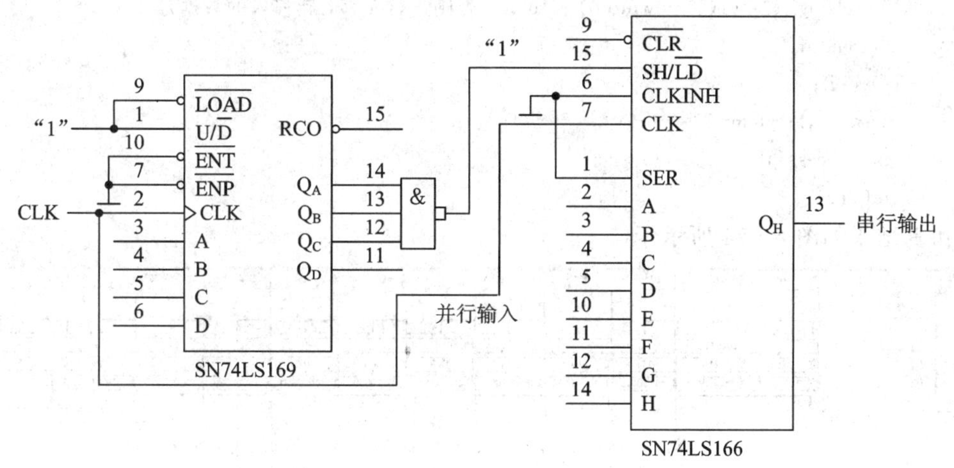

图 6-73　利用 74LS166 构成的 8 位并－串转换电路逻辑图

另外，用计数器 74LS169 产生移位/预置的控制信号。计数器低 3 位的输出接到一个与非门，当计数器处于 0111 状态时，与非门的输出等于 0，可以用来控制移位寄存器的 SH/$\overline{LD}$端，实现并行输入，当计数器不是处于 0111 状态时，与非门输出为 1，使得移位寄存器进行移位操作。所以，每当 8 位数据中的最后一位移位到最后一个触发器时，下一个时钟到来，就实现了并行输入，然后再进行串行移位和串行输出，从而实现了将并行数据转换为串行数据。

描述图 6－70 的 8 位并－串转换电路的 VHDL 代码如下：

```
LIBRARY IEEE;
USE IEEE. STD_LOGIC_1164. ALL;
USE IEEE. STD_LOGIC_ARITH. ALL;
USE IEEE. STD_LOGIC_UNSIGNED. ALL;
--*******************************************
ENTITY TU6-70 is
    PORT(   clk:in std_logic;
            datain:in   std_logic_vector( 7 downto 0); --8 位并行数据输入
            y:OUT std_logic; --串行数据输出
            ytemp:OUT std_logic_vector( 7 downto 0); --内部 8 位移位寄存器输出
            q:OUT std_logic_vector( 2 downto 0)); --内部八进制计数器输出
END TU6-70 ;
--*******************************************
ARCHITECTURE abc OF TU6-70   IS
signal q1 :std_logic_vector( 2 downto 0); --内部八进制计数器
signal y1:std_logic_vector( 7 downto 0); --内部八位移位寄存器
BEGIN
p1:process(clk, q1, datain, y1)
begin
  if clk'event and clk='1' then
    q1<=q1+1; y<=y1(7); --每个时钟上跳变时进行计数及串行数据输出
    if q1="110" then y1<=datain; --如果本次时钟上跳变前计数值是 110，预置并行初值
    else y1<=y1( 6 downto 0)& '0'; --否则进行左移，新移入的数据是 0
    end if;
  end if;
  q<=q1; ytemp<=y1;
end process p1;
end abc;
```

仿真结果如图 6－74 所示。

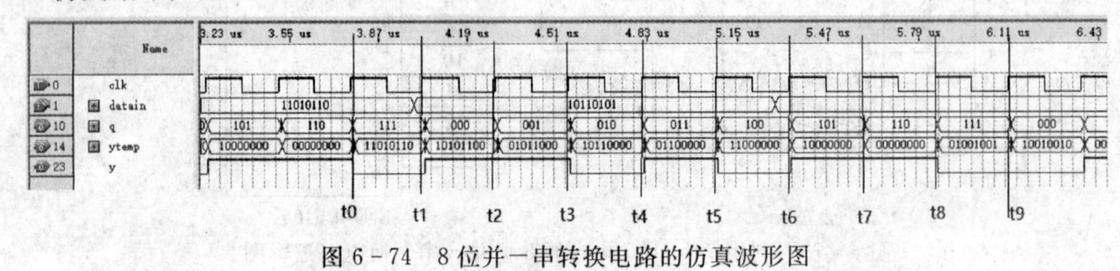

图 6－74　8 位并－串转换电路的仿真波形图

t0 时刻前：前一个转换周期的第 110 个时钟，判断语句“if q1="110"”条件成立。

t0 时刻后：前一个转换周期的第 111 个时钟，执行语句“then y1<=datain;”，预置了 t0 时刻前的 datain 的值 11010110 到 ytemp，当前的串行输出是前一个转换周期的最后一个输出。因此新的转换周期的并行数据应该在当前计数器值为 110 时准备好。

t1 时刻：当前转换周期的第 1 个时钟，执行语句“y<=y1(7);”，串行输出 ytemp 的 bit7，即 1；同时执行语句“q1<=q1+1;”，计数器的值从 111 变为 000，因此计算器值为 000 时输出新的一个转换周期的并行输入数据的 bit7。

t2～t8 时刻后：当前转换周期的第 2～8 个时钟，计数器的计数值从 001 到 111，串行输出的 y 分别是 1、0、1、0、1、1、0。这个过程除了“if q1="110" then y1<=datain;”条件成立预置新的并行数据外，还执行语句“y1<=y1(6 downto 0)& '0';”，每个时钟过后 y1 的值左移一位，新移入的值是 0。

t9 时刻开始：后一个转换周期的第 1 个时钟，重复上述 t1 时刻的动作。

6.6.5　8 位并－串－并转换电路设计

把第 6.6.3 小节的文件名为 TU6_68A 的 VHDL 代码与第 6.6.4 小节的 TU6_70 的 VHDL 代码分别转换为符号文件后，连接成如图 6－75 所示的 8 位并－串－并转换电路。

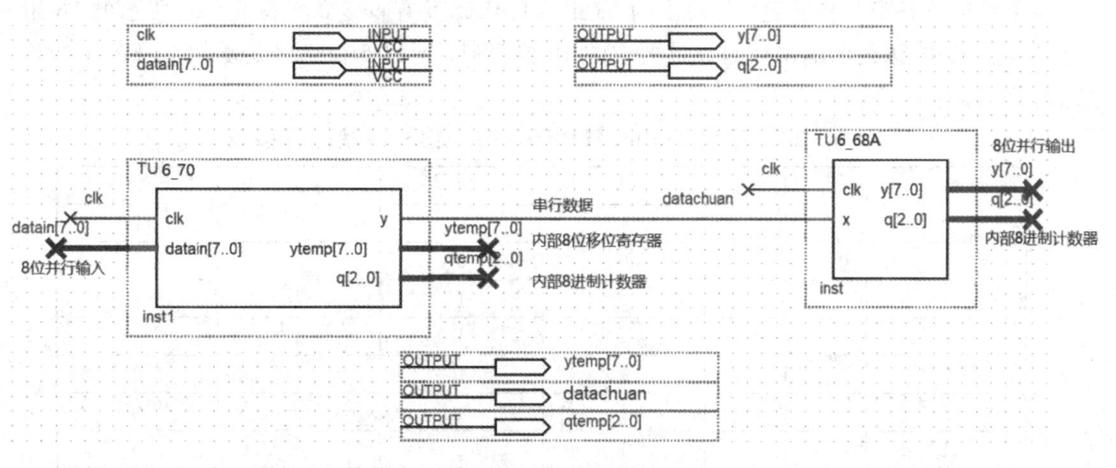

图 6－75　8 位并－串－并转换电路

仿真波形如图 6－76 所示，t0 时刻(qtemp=110 时)前的 8 位并行预置初值 10110010 (见输入信号 datain)，在 t0 时刻后(qtemp=111 时)同步预置到 TU6_70 模块电路的内部 8 位移位寄存器中(见 ytemp)；从 t1 时刻开始(即 qtemp=000)，输出串行信号的 bit7=1，同时该时刻电路的 8 位并行输出端 y 输出上个转换周期的并行信号 00000000；到 t8 时刻后再次输入并行预置初值 10110010，同时串行通信线路 datachuan 输出串行信号的 bit0=0；t9 时刻后，电路的 8 位并行输出端 y 输出上个转换周期的并行信号 10110010；t10 时刻开始重复前面 t2 时刻的动作。

所以，电路在 qtemp=111 时读取当前 8 位并行数据(并)，从 qtemp=000～111 期间串行输出本次读取的并(串)行数据，又在 qtemp=111 时输出上次读取的 8 位并(并)行数据，循环往复。

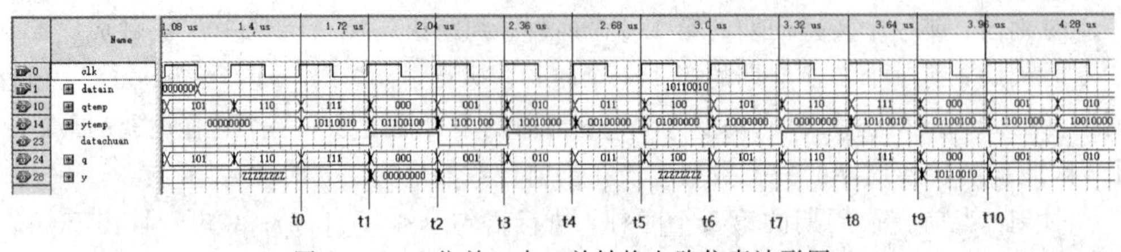

图 6 - 76 8 位并－串－并转换电路仿真波形图

图 6 - 75 所示的电路结构，要求发送方 TU6_70 和接收方 TU6_68A 的移位时钟完全一致，才能进行正确的 8 位并－串－并转换，因此图中发、收方用同一个时钟 clk，这种串行通信方式类似于单片机中 USART 的同步通信和 SPI 通信。

6.6.6 利用中规模芯片设计序列信号发生器电路

1. 确定移位寄存器的位数

序列的长度是 16，寄存器最小位数是 4，检查移位寄存器的位数 4 是否足够。

将序列每 4 位作为一组，每组移一位，共写 16 组：0110、1100、1001、0011、0111、1111、1110、1100、1000、0001、0010、0100、1001、0010、0101、1011。

16 组代码中有好几组代码出现了两次，所以移位寄存器的位数不能是 4。

再用位数等于 5 来试验，新写出的 16 组 5 位代码没有重复，如表 6 - 20 所示的 16 组 $Q_4 \sim Q_0$，其中 Q_4 列的输出就是设计要求的 16 位序列，所以 5 位已经足够，DATA 是新移入的数据。

表 6 - 20 序列 0110011110001001…信号的状态转移表

Q_4	Q_3	Q_2	Q_1	Q_0	DATA
0	1	1	0	0	1
1	1	0	0	1	1
1	0	0	1	1	1
0	0	1	1	1	1
0	1	1	1	1	0
1	1	1	1	0	0
1	1	1	0	0	0
1	1	0	0	0	1
1	0	0	0	1	0
0	0	0	1	0	0
0	0	1	0	0	1
0	1	0	0	1	0
1	0	0	1	0	1
0	0	1	0	1	1
0	1	0	1	1	0
1	0	1	1	0	0

2. 选择移位寄存器

由于设计需要 5 位的移位寄存器，可以选用 5 位的移位寄存器 74LS96；也可以利用少于 5 位的移位寄存器进行级联，如选择 4 位移位寄存器 74LS194，按照图 6 - 66 的 U1、U2

级联成 8 位移位寄存器；也可以利用 8 位移位寄存器芯片 74LS164。

3. 利用数据选择器 74HC151 设计新移入的数据 DATA

画出 DATA 的卡诺图，如图 6－77 所示。由于采用数据选择器来实现组合逻辑电路，因此要选择数据选择器的地址输入。现在共有 5 个触发器的输出可供选择，可以选择 $Q_4Q_3Q_2$ 作为地址输入。

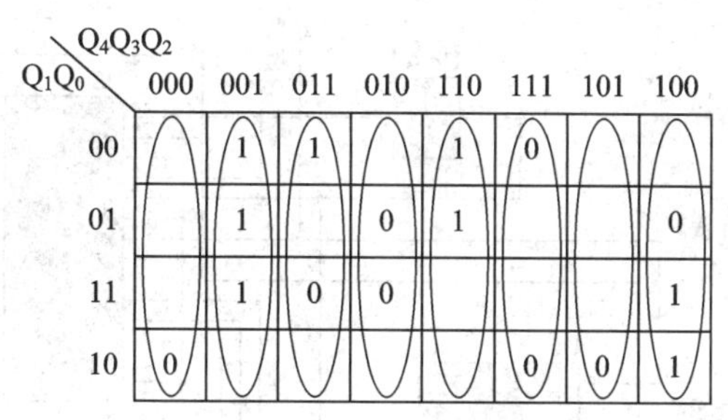

图 6－77　利用 74HC151 设计数据 DATA 的卡诺图

在卡诺图上，按照 $Q_4Q_3Q_2$ 的 8 种组合，分为 8 个子图，得到数据选择器的 8 个数据输入为：$I_0=0$，$I_1=1$，$I_2=0$，$I_3=\overline{Q1}$，$I_4=Q1$，$I_5=0$，$I_6=1$，$I_7=0$。

但是，如果这样选择数据，当进入状态 00000 时，就不能自启动。所以，应该将卡诺图中 00000 格的任意项的值选为下一状态能自启动的 1，I_0 的数据输入修改为：$I_0=\overline{Q_1}$。

4. 画出利用 2 片级联的 4 位移位寄存器 74LS194 构成的信号发生器电路

如图 6－78 所示，U1 与 U2 级联为 8 位左移的移位寄存器，U1 是低 4 位，表6－20的 $Q_4\sim Q_0$ 分别是 U1 的 $Q_3\sim Q_0$ 及 U2 的 Q_0。按照图 6－77 的设计要求，连接数据选择器 74HC151，把 U3 的输出 Y 作为新移入的数据 DATA，送到移位寄存器 U1 的左移输入端 SR。图 6－78 中 U1、U2 的任意一个 Q 端或 U3 的 Y 端输出，都会是序列信号 0110011110001001…。

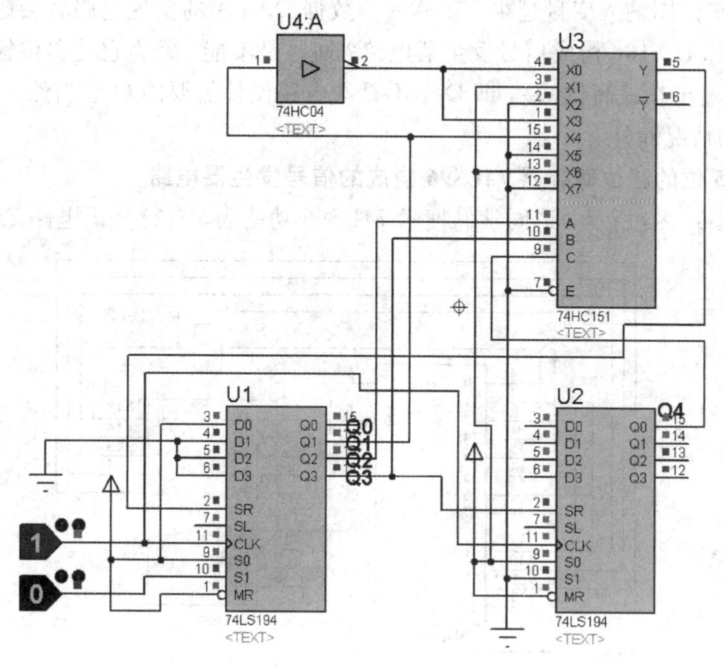

图 6－78　利用 2 片级联的 74LS194 构成的信号发生器仿真电路

5. 画出利用 8 位移位寄存器 74LS164 构成的信号发生器电路

如图 6－79 所示，表 6－20 的 $Q_4 \sim Q_0$ 分别是 U5 的 $Q_4 \sim Q_0$，按照图 6－77 的设计要求，连接数据选择器 74HC151，把 U3 的输出 Y 作为新移入的数据 DATA，送到移位寄存器 U5 的左移输入端，即与门输入端。图中 U5 的任意一个 Q 端或 U3 的 Y 端输出，都会是序列信号 0110011110001001…。

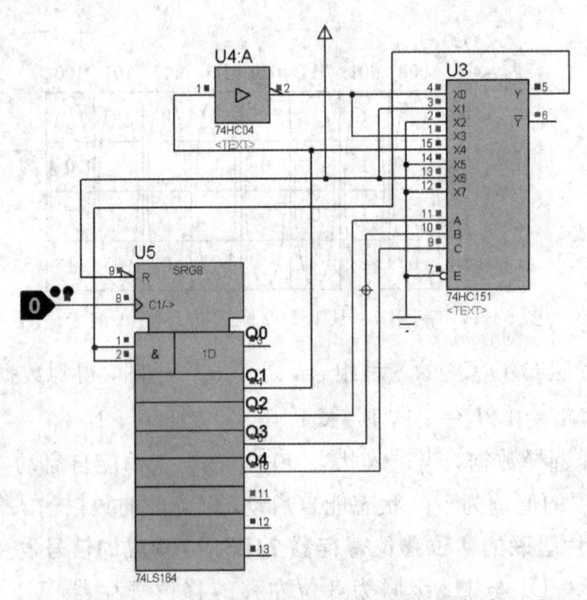

图 6－79　利用 74LS164 构成的信号发生器仿真电路

图 6－78 和图 6－79 都是基于 8 位移位寄存器的设计，还有必要对序列 0110011110001001…信号进行最初的所需寄存器位数判断吗？回答是有必要，因为判断出所需的位数越少，图 6－77所示的卡诺图输入变量越少，新移入的数据 DATA 的实现电路就会越简单。

能不能用 74LS166 构成信号发生器电路？回答是不能，因为它的移位输入在最低位 A，即 bit0，移位输出在最高位 Q_H，即 Q_7，不是本电路设计需要的 Q_4。当然，利用辅助电路进行并行预置的情况除外。

6. 利用 5 位的移位寄存器 74LS96 构成的信号发生器电路

电路如图 6－80 所示，请同学们搜索 74LS96 功能表，自行分析电路工作原理。

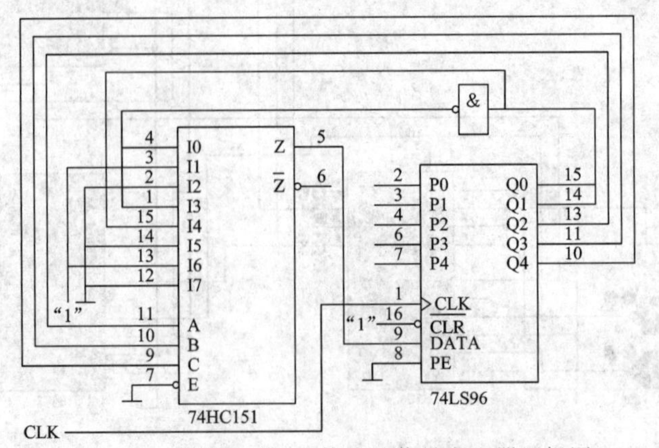

图 6－80　利用 74LS96 构成的信号发生器逻辑图

6.7　序列信号的产生与接收检测电路的设计

通过第 6.5 和第 6.6 节的学习，我们知道了序列信号分为伪随机序列和特定序列，产生电路设计方法有两种：移位寄存器和计数器。如例 6-9 和例 6-10 分别用小规模移位寄存器电路、小规模计数器电路进行了伪随机序列和特定序列设计，而图 6-64 和图 6-78 分别用规模电路进行了伪随机序列和特定序列的设计。

本节将利用 VHDL 描述设计第 6.6.6 小节的 0110011110001001…信号发生器电路。

6.7.1　序列信号发生器电路的 VHDL 描述

下面是基于第 6.6.6 小节设计方法描述的电路代码，屏蔽的 q、q1 是内部十六进制计数器，对应 16 位的序列信号：

```
LIBRARY IEEE;
USE IEEE.STD_LOGIC_1164.ALL;
USE IEEE.STD_LOGIC_ARITH.ALL;
USE IEEE.STD_LOGIC_UNSIGNED.ALL;
--********************************************
ENTITY TU6_75 is
    PORT(clk:in std_logic;
      yout:OUT std_logic;
        y:OUT std_logic_vector( 4 downto 0)
        -- q:OUT std_logic_vector( 3 downto 0)
        );
END TU6_75;
--********************************************
ARCHITECTURE abc OF TU6_75 IS
-- signal q1 :std_logic_vector( 3 downto 0);
signal y1:std_logic_vector( 4 downto 0); --内部 5 位移位寄存器，对应图 6-78 的 U1、U2
signal DATA:std_logic;
BEGIN
p1:process(clk, y1, DATA)
begin
  if clk'event and clk='1' then
    -- q1<=q1+1;
    y1<=y1(3 downto 0)& DATA; --每个时钟左移移位
  end if;
  case y1(4 downto 2)is --新移入的值，对应图 6-78 的 U3、U4
  when "000"=>DATA<=NOT y1(1); --按照图 6-77 填写
  when "001"=>DATA<='1';
  when "010"=>DATA<='0';
  when "011"=>DATA<=NOT y1(1);
  when "100"=>DATA<=y1(1);
```

```
        when "101"=>DATA<='0';
        when "110"=>DATA<='1';
        when "111"=>DATA<='0';
        when others=>DATA<='Z';
        end case;
    end process p1;
    --q<=q1;
    y<=y1; yout<=y1(4);
    end abc;
```

仿真波形如图 6-81 所示，其中图(a)是没有屏蔽 q、q1 的内部十六进制计数器功能的仿真结果，图(b)是屏蔽后的仿真结果，差别在于有没有计数器 q 的输出，序列信号输出 yout 是一样的。但是图(a)便于分析结果，如 4.36～4.99 μs 处的 q=0010 时，yout 输出 0，随着 q 从 0011～0001，yout 按照序列 0 之后就是 110011110001001 进行输出，直到 8.83 μs 处再次出现 q=0010，yout 输出下一轮的序列第一位的 0。图(b)没有计数器 q 进行辅助分析，可以按照表 6-20 进行。

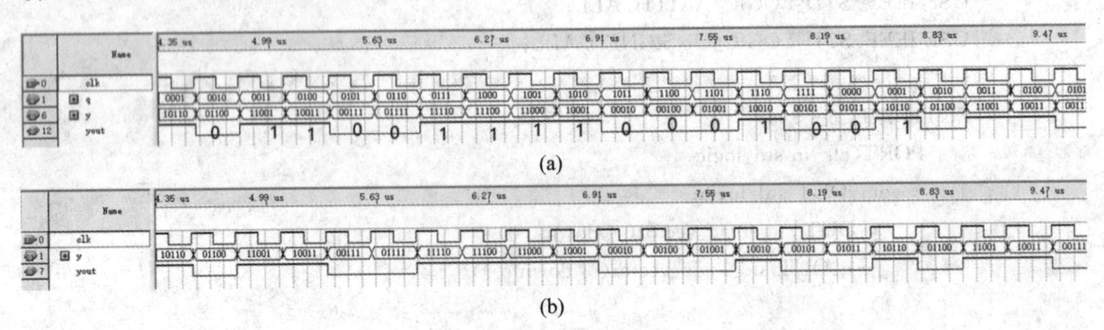

图 6-81 序列信号 0110011110001001 电路的仿真波形图

显然，增加 q 的计数器设计后，便于分析仿真结果，确定结果正确后，再屏蔽掉 q 的功能，有助于电路设计和仿真阶段的工作。

也可以模仿例 6-10 的方法，利用模与序列长度一致的计数器设计特定序列的信号发生器电路。

6.7.2 序列信号接收检测电路设计

在第 6.3 节的小规模一般时序电路的设计及 VHDL 描述中，已经介绍了信号检测电路的设计方法，如例 6-5 中对状态转移图 6-16、图 6-22 的 VHDL 描述设计。

这种设计方法称为状态机的设计。状态机由状态寄存器和组合逻辑电路构成，能够根据控制信号按照预先设定的状态进行状态转移，是协调相关信号动作完成特定操作的控制中心。在第 6.1.1 小节中已经介绍，状态机分为摩尔(Moore)型状态机和米里(Mealy)型状态机。

序列信号的接收检测，可以理解为：串行信号接收；接收过程中分析目前为止接收到的信号是不是所需要的序列。

如果接收的序列是 0110011110001001…，对接收方来说，序列是一位一位得到的，每接收一位，就要和之前接收的数据进行比较，判断是不是正确的。如已经接收了序列的前 5

位 01100，并判断与待接收序列的前 5 位相同，接收方要记住这 5 位序列。当接收到第 6 位串行数据时，接收方把之前记忆的 5 位数据和刚接收的第 6 位数据并存为 6 位数据，判断是不是 011001，如果是，就接收记忆这 6 位数据，如果不是，可能前功尽弃，从头开始。

因此，状态机的设计中，首先应该有状态寄存器，如序列 0110011110001001…，应该为此设置 16 个状态寄存器，分别记忆 0、01、011、0110、01100、011001、0110011、01100111、011001111、0110011110、01100111100、011001111000、0110011110001、01100111100010、011001111000100、011001111000100。如果已经进入记忆状态 011001111000100，则接着串行输入 1，检测电路接收到正确的 16 位序列，一次完整的状态机运行结束；输入 0，可能要重新开始。

状态机的设计也是一般时序电路的设计，它有串行输入信号，因此要配合组合逻辑电路进行。如例 6-5 中对状态转移图 6-16 的电路设计过程，在图 6-17 的卡诺图坐标上，除了状态变量外，还多了一个输入变量 x。

根据以上说明，利用状态机设计序列信号 011001111000100 接收电路的步骤如下：

1. 根据序列长度设定状态个数

本状态机应该包含 16 个状态，可以设计一个十六进制计数器与之对应。

假设计数器为 q1(3 downto 0)，那么 q1＝0000 时表示状态机的复位起始状态；q1＝0001 记忆输入了序列 0；q1＝0010 时记忆输入了序列 01；q1＝0011 时记忆输入了序列 011；q1＝0100 时记忆输入了序列 0110；q1＝0101 时记忆输入了序列 01100；q1＝0110 时记忆输入了序列 011001；q1＝0111 时记忆输入了序列 0110011；q1＝1000 时记忆输入了序列 01100111；q1＝1001 时记忆输入了序列 011001111；q1＝1010 时记忆输入了序列 0110011110；q1＝1011 时记忆输入了序列 01100111100；q1＝1100 时记忆输入了序列 011001111000；q1＝1101 时记忆输入了序列 0110011110001；q1＝1110 时记忆输入了序列 01100111100010；q1＝1111 时记忆输入了序列 011001111000100；在进入 q1＝1111 状态后，此时检测电路如果接收到了 1，正确的序列接收完整，状态回到起始 q1＝0000 时。

2. 画出状态转移图

每个 q1 的状态对应一个状态名称，设状态用 S 表示，S0 表示 q1＝0000 的状态，以此类推，S15 表示 q1＝1111 的状态。

状态转移图如图 6-82 所示。

首先画出 16 个状态圈，分别填入 S0～S15；从 S0 开始直到 S15 再回到 S0，画出一个闭合的用箭头连接的状态转移关系；S0 到 S1 的箭头上标出 0/0，前面的 0 表示当前串行接收的序列值为 0，后面的 0 表示检测电路输出为 0，这是因为还没有完整接收到 16 位序列；S1 到 S2 的箭头上标出 1/0，其中 1 表示第二位正确接收的序列…；S15 到 S0 的箭头上标出 1/1，前面的 1 表示当前串行接收的序列值为 1，后面的 1 表示检测电路输出为 1，这是因为已经接收了 16 位正确的序列信号。

除了上述的状态间转移关系外，从 S0 出发的状态转移应该还有一种可能，这是因为串行输入信号可能是 1 或 0。如果是 0，从 S0 转移到 S1；如果是 1，不是待接收序列的第一位，不符合前面定义的“q1＝0001(S1)记忆输入了序列 0”，状态不能从 S0 转移到 S1，只能继续在起始状态 S0，等待下一个接收位信号。

因此，从任意一个状态出发，都应该有 2 种转移结果：一种是按照序列正确接收数据时从 S0 正确转移到 S15 又回到 S0 的过程，另一种就是没有正确接收下一个数据时状态该如何转移的问题。

以状态进入 S10 的 q1＝1010 时为例，记忆输入了序列 0110011110 后，如果继续接收的下一位是 0，状态转移到 S11，如果接收的是 1，那么与当前记忆的 0110011110 拼凑后的序列是 01100111101，显然不是正确的序列，怎么办？回到起始状态 S0 重新接收？回答是不一定，分析这个不正确的序列，可以发现，最后两位 01 其实是"q1＝0010(S2)时记忆输入了序列 01"，因此可以从 S10 转移到 S2。

其他状态不正确接收数据位时，转移结果按照 S10 的方法分析，得到完整的状态转移结果，如图 6－82 所示。

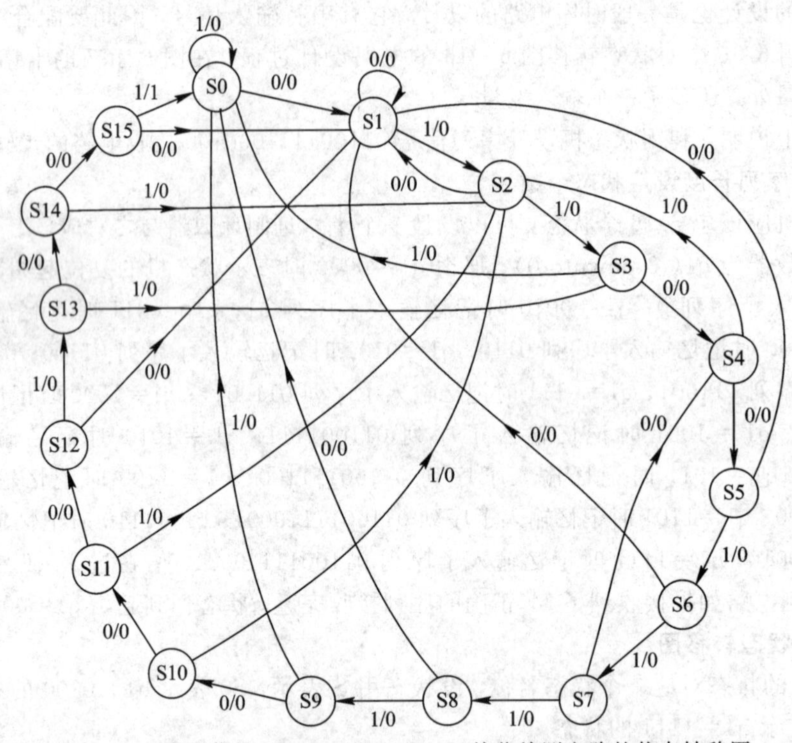

图 6－82　序列信号 011001111000 1001…接收检测电路的状态转移图

3. 按照状态转移图用 VHDL 描述接收检测电路

模仿 6.3.1 节例 6－5 投币机的写法，用 case 语句编写代码。

```
LIBRARY IEEE;
uSE IEEE. STD_LOGIC_1164. ALL;
uSE IEEE. STD_LOGIC_ARITH. ALL;
uSE IEEE. STD_LOGIC_UNSIGNED. ALL;
--* * * * * * * * * * * * * * * * * * * * *
ENTITY TU6_79 IS
    PORT (CLK, X, RESET: IN STD_LOGIC;
        F:OUT STD_LOGIC;
        Q:OUT STD_LOGIC_VECTOR(3 DOWNTO 0));
END TU6_79;
```

```
--* * * * * * * * * * * * * * * * *
ARCHITECTURE dataflow_1 OF TU6_79 IS
SIGNAL Q1:STD_LOGIC_VECTOR(3 DOWNTO 0);
BEGIN
PROCESS(CLK, Q1, X, RESET)
BEGIN
IF RESET='1' THEN Q1<="0000"; --异步复位为状态 S0
ELSIF CLK'EVENT AND CLK='1' THEN
  case Q1 & X IS
  WHEN "00000"=>Q1<="0001"; --当前状态是 S0，输入为 0，状态转移到 S1
  WHEN "00001"=>Q1<="0000";
  WHEN "00010"=>Q1<="0001";
  WHEN "00011"=>Q1<="0010";
  WHEN "00100"=>Q1<="0001";
  WHEN "00101"=>Q1<="0011";
  WHEN "00110"=>Q1<="0100";
  WHEN "00111"=>Q1<="0000";
  WHEN "01000"=>Q1<="0101";
  WHEN "01001"=>Q1<="0010";
  WHEN "01010"=>Q1<="0001";
  WHEN "01011"=>Q1<="0110";
  WHEN "01100"=>Q1<="0001";
  WHEN "01101"=>Q1<="0111";
  WHEN "01110"=>Q1<="0100";
  WHEN "01111"=>Q1<="1000";
  WHEN "10000"=>Q1<="0000";
  WHEN "10001"=>Q1<="1001";
  WHEN "10010"=>Q1<="1010";
  WHEN "10011"=>Q1<="0000";
  WHEN "10100"=>Q1<="1011";
  WHEN "10101"=>Q1<="0010";
  WHEN "10110"=>Q1<="1100";
  WHEN "10111"=>Q1<="0010";
  WHEN "11000"=>Q1<="0001";
  WHEN "11001"=>Q1<="1101";
  WHEN "11010"=>Q1<="1110";
  WHEN "11011"=>Q1<="0011";
  WHEN "11100"=>Q1<="1111";
  WHEN "11101"=>Q1<="0010";
  WHEN "11110"=>Q1<="0001";
  WHEN "11111"=>Q1<="0000";
  WHEN OTHERS=>Q1<="ZZZZ"; --当出现非法输入信号时，输出高阻，Z 必须大写
  END CASE;
```

```
        if Q1="1111" AND X='1' THEN F<='1'; --如果状态 S15 时，输入 X 为 1，检测电路输
                                                  出 1
        else F<='0'; --否则，输出 0
        end if;
    END IF;
    END PROCESS;
    Q<=Q1;
    END dataflow_1;
```

序列信号接收电路中为什么没有用到移位寄存器？如前所述“以状态进入 S10 的 q1=1010 时为例，记忆输入了序列 0110011110”，这个序列记在哪个电路中？请同学们思考这个问题。

4. 仿真结果分析

如图 6-83 所示，当 RESET=1 时，异步复位，状态输出 Q=0000；从 t0 开始，每一个 clk 上跳变时，X 先后输入 0110011110001001；直到 Q=1111，同时 X=1，下一个 CLK 时钟，输出信号 F=1，Q=0000，电路回到复位状态，等待下一个序列的接收。

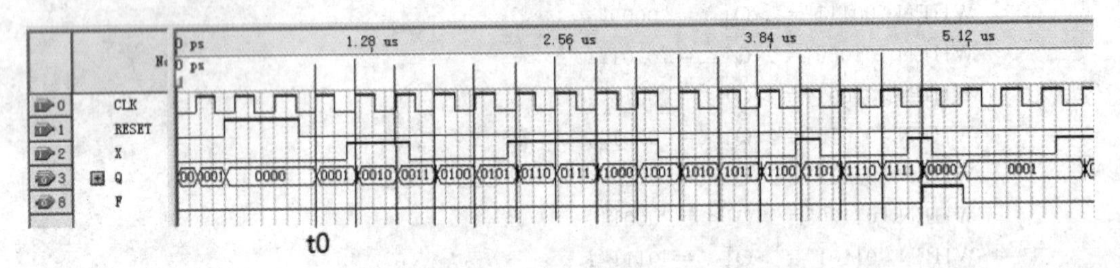

图 6-83 序列信号 0110011110001001…接收检测电路的仿真波形图

5. 可重叠、不可重叠序列接收的差别

图 6-82 是不可重叠序列接收的状态转移图，每一次正确接收 16 位序列，检测电路输出 1，因此连续的 2 次序列接收应该是 0110011110001001、0110011110001001。

可重叠序列接收，允许下一个序列的开头利用前一个序列的有效部分，如 011001111000100110011110001001，其中带下画线的 01 即是前一个序列的最后 2 位，也是后一个序列的起始 2 位。因此图 6-82 改为可重叠序列接收时，S15 状态如果接收 1，应该转移到 S3；接收 0，仍转移到 S1。

6.7.3 组成完整的序列信号产生和接收检测电路

把第 6.7.1 小节的序列信号产生电路，和第 6.7.2 小节的序列信号接收检测电路，组成如图 6-84 所示的序列信号的产生与接收检测电路。图中从 yout 到 X 的连线，把 TU6_75 产生的序列信号送到 TU6_79 的检测电路。RESET 是复位输入引脚，高电平有效，把 TU6_79 的检测电路的状态复位为 S0。F 为检测电路输出端，F=1 时，接收到一帧正确的序列信号，否则为 0。Y[4..0]和 Q[3..0]是输出观察引脚，从 Y[4..0]可以看到表 6-20 的移位过程，从 Q[3..0]可以看到图 6-82 所示的状态转移过程。

图 6-84 中发送和接收电路仍然用同一个时钟 CLK，与图 6-75 所示的 8 位并—串—并转换电路相似，这种电路只能在允许发送和接收电路用同一个时钟的场合工作。两个电

路都是把数据通过串行的方式进行传输，但是，图 6－75 所示的电路仅完成串行传输数据，图 6－84 所示的电路不仅完成串行传输数据，还判断接收的数据是否和某特定序列相同。因此，图 6－84 可以用于密码锁电路的设计，TU6_75 产生并输出密码，TU6_79 接收并检测密码是否正确。

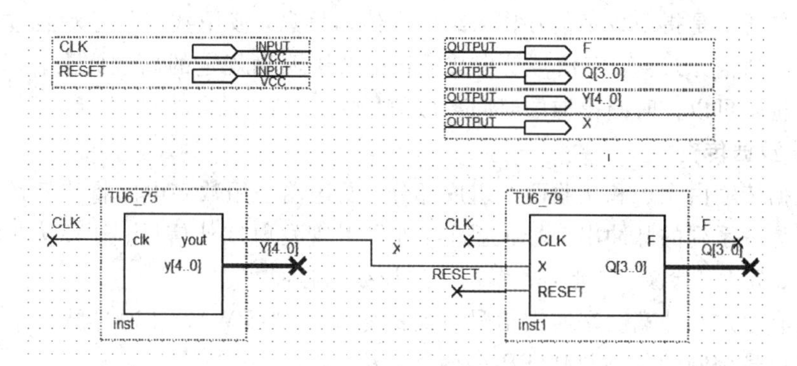

图 6－84　序列信号的产生与接收检测电路

电路仿真波形如图 6－85 所示，当 RESET＝1 时，复位 Q＝0000，随着 X 输入正确的序列组合后，Q 从 0001 转移到 1111 又回到 0000，F 输出 1，完成一次序列的产生与接收检测过程。

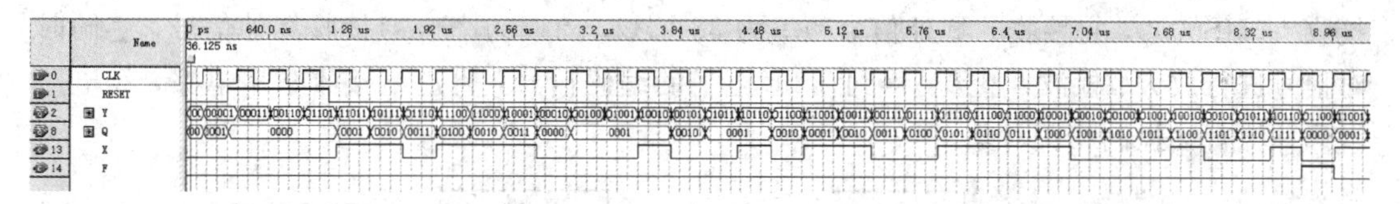

图 6－85　序列信号的产生与接收检测仿真电路波形图

6.8　红外传输系统的设计与仿真

当通信双方不能用同一个时钟工作时，如红外通信，这种电路不能依靠时钟跳变时刻进行信号的发送与接收检测，它是如何工作的呢？

红外通信，顾名思义，就是通过红外线传输数据。红外线（Infrared Radiation）俗称红外光，是波长介乎微波与可见光之间的电磁波，波长在 770 纳米（nm）至 1 毫米（mm）之间，在光谱上位于红色光外侧，具有很强的热效应，并易于被物体吸收，通常被作为热源。

1. 通信系统的组成

通信系统基本模型如图 6－86 所示。

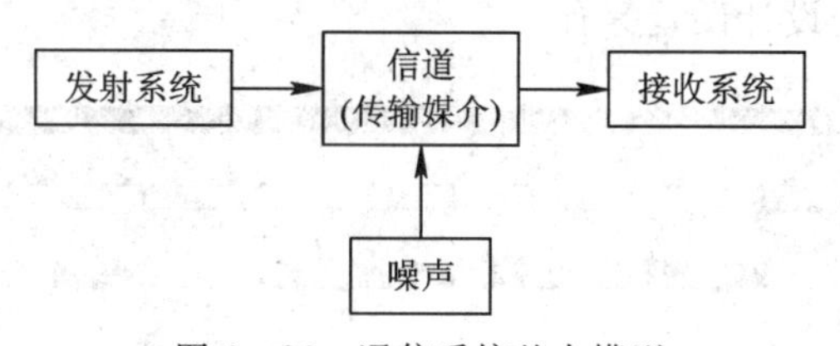

图 6－86　通信系统基本模型

图 6－86 中，发射系统将信号变换为信道信号并发射，包括调制、放大、滤波等。接收

系统将信息从接收到的信号中还原出来，主要包括解调、滤波等。传输媒介主要分为有线和无线媒介。噪声包括内部干扰噪声(由发射和接收设备本身所产生的噪声)和外部干扰噪声(信道产生的噪声)。

2. 数字信号通信(Digital Communication)

数字信号通信是指用数字信号作为载体来传输信息，或用数字信号对载波进行数字调制后再传输的通信方式。数字信号是指其信息由若干明确规定的离散值来表示，而这些离散值的特征量是可以按时间提取的时间离散信号。

3. 红外数据传输

红外数据传输由发送和接收两个组成部分。发送端采用数字电路将待发送的二进制信号编码调制为一系列的脉冲串信号，通过红外发射管发射红外信号。红外接收完成对红外信号的接收、放大、检波、整形，并解调出遥控编码脉冲。

常用的有通过脉冲宽度来实现信号调制的脉宽调制(PWM)和通过脉冲串之间的时间间隔来实现信号调制的脉时调制(PPM)两种方法。

简而言之，红外通信的实质就是对二进制数字信号进行调制与解调，以便利用红外信道进行传输；红外通信接口就是针对红外信道的调制解调器。

如图 6-87 所示，发送端数字电路负责将二进制数字信号编码、调制为一系列的脉冲串信号，再发送给红外发射电路。红外信号接收端采用价格便宜、性能可靠的一体化红外接收头(HS0038，它接收的红外信号频率为 38 kHz，周期约 26 μs)接收红外信号，它同时对信号进行放大、检波、整形，得到 TTL 电平的编码信号，再送给接收数字电路，经电路解码并执行去控制相关对象。

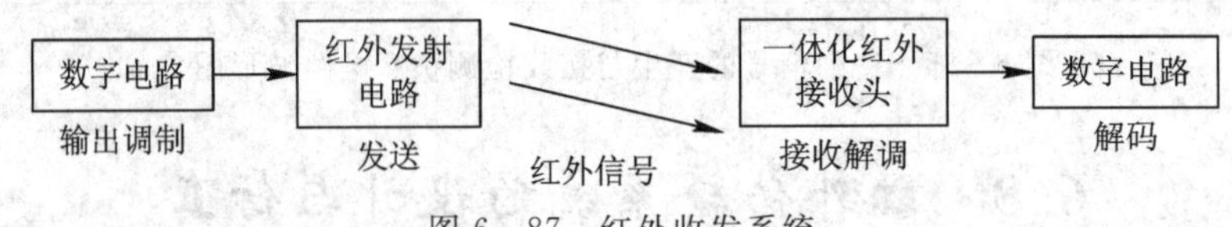

图 6-87　红外收发系统

4. 红外传输系统的各种波形

在图 6-87 中，发送端数字电路需要产生如图 6-88 所示的调制信号给红外发射电路，调制信号由 38 kHz 载波信号和基带信号相乘得到，其中基带信号利用序列信号发生器产生，载波信号是一个频率固定的方波，可以利用分频器对电路板上的系统时钟分频得到。

经过红外接收头接收并传送到解码电路的信号，已经是经过放大、检波、整形得到 TTL 电平的编码信号的基带信号，与图 6-88 所示的基带信号反相。接收端对信号进行反相后，将与图中基带信号相似，差别在高、低电平宽度上。这与红外信号能量损失、空中干扰信号、电路误差、系统设计误差等有关。

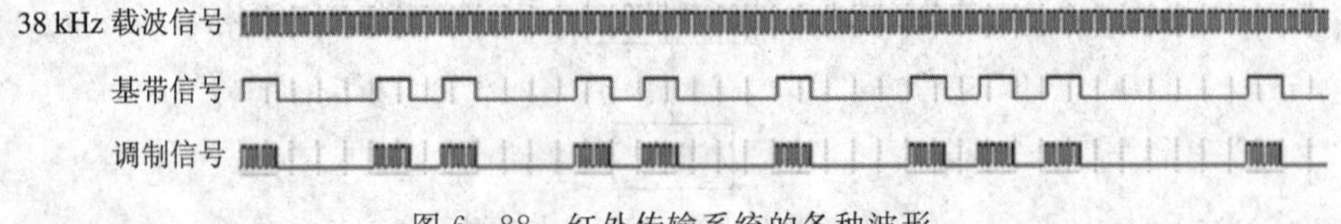

图 6-88　红外传输系统的各种波形

国际上有各种红外技术标准，此处不予讨论，主要目的是学习如何用数字电路加红外收发元件实现简单的红外通信。

图 6-88 中，基带信号是发送端发出的没有经过调制(进行频谱搬移和变换)的原始电信号，其特点是频率较低，信号频谱从零频附近开始，具有低通形式。说得通俗一点，基带信号就是发出的直接表达了要传输的信息的信号。

观察图 6-88 中基带信号波形的高低电平宽度，其中各脉冲高电平宽度一样，称为同步头，低电平宽度有 3 种：与同步头同宽的规定加载的是数字信号“1”，3 倍于同步头宽度的是加载数字信号“0”，5 倍于同步头宽度的是用来表示一组二进制代码的结束信号。因此从左到右，基带信号加载的二进制代码是 01010011B。显然同步头的作用是各低电平的分水岭。

可以通过序列信号产生电路的设计方法，利用状态机设计出图 6-88 中的基带信号。分析图中波形，产生的序列信号是 1000101000101000100010101010000001B。

接收解码信号与图中的基带信号相似，可以通过判断当前接收序列的低电平宽度，来判断接收的信号是 0 还是 1，或是结束信号。

由于解码时不通过时钟跳变时刻读取接收信号的值，因此，发送和接收电路的时钟可以不一样，才能进行红外通信。

下面将在第 6.3.2 小节的空调温度调节电路设计基础上，进行空调温度信号的红外发送与接收设计。

6.8.1 空调机温度信号、基带信号产生及调制信号产生电路

在图 6-27 的例 6-6 总电路图基础上，生成 ktjtop 子电路，如图 6-89 所示，其输出信号 QOUT[5..0]就是待发送温度的 BCD 码。在此基础上，设计生成 hongwai_jidai 子电路，把图中 QOUT[5..0]连接到 X[7..0]，其中 X[7..6]接地。通过该子电路，把待发送温度的 BCD 码按照图 6-88 所示的基带信号格式，从 Y 输出，同时 x_tiaozhi 输出图 6-88 所示格式的调制信号，发送到红外发送管，进行红外发送。

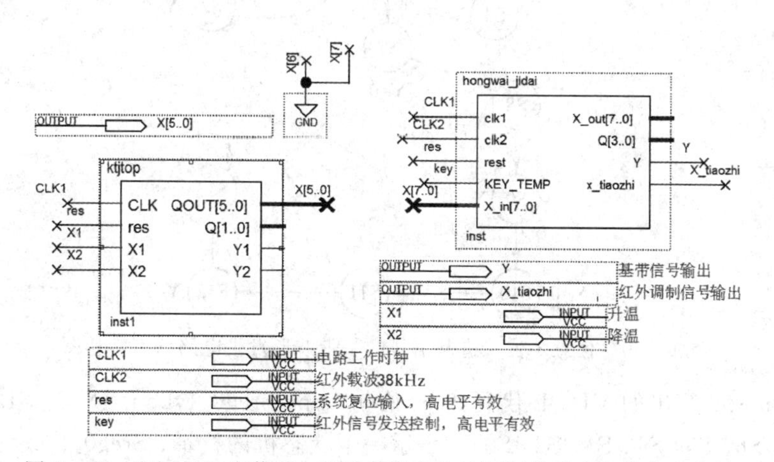

图 6-89 空调机温度信号、基带信号产生及调制信号产生的仿真电路

要按照图 6-88 所示的基带信号格式，产生图 6-89 所示的 X[7..0]基带信号，利用第 6.7 节的状态机进行，状态转移图如图 6-90 所示。其中 key 是发送按键；X 是待发送代码，8 位，即图 6-89 的 X[7..0]信号；Y 是基带信号输出；Q_DATA 是发送代码计数器，

累计发送的 8 位二进制数个数，起始值是 0。

图 6－90 所示的状态转移用另一种方式来写 VHDL 代码，不再利用计数器的值加 1 表示状态的转移过程，状态转移也不单纯利用 case 语句书写。这种设计方法的好处是，在设计过程中可以根据需要增加或减少状态。

观察图 6－88 所示的基带信号 01010011B，序列信号先输出 1 个时钟宽度的高电平，因此图 6－90 在发送按键 key＝1 时，准备发送一组 8 位二进制信号。

状态从 S0 转移到 S1，此时 Y 从 0 变 1，产生的序列信号先输出 1 个时钟宽度的高电平。如果当前待发送代码 X＝0，状态从 S1 经过 S4、S5、S6 后回到 S1，其中 S4、S5、S6 对应 Y＝0，符合图 6－88 的基带信号 0 是持续 3 个时钟的低电平。如果当前待发送代码 X＝1，状态从 S1 经过 S2 后回到 S1，其中 S2 对应 Y＝0，符合图 6－88 的基带信号 1 是持续 1 个时钟的低电平。每发送一位二进制数，Q_DATA 都自加 1。在这个过程中，同时判断 Q_DATA 是否为 8，如果不是，则状态留在 S1，继续发送剩下的二进制数；如果是，则停止发送数据，状态转移到 S7。

图 6－88 所示的基带信号发送结束时，应该先发送 5 个时钟的低电平，表示一组二进制数发送完成，再发送一个时钟的高电平，表示前面的 5 个时钟过程。因此 S7～S11 就是这 5 个时钟，它们的 Y 都输出 0，S12 就是最后发送一个时钟的高电平。如果不再有基带信号发送，基带线路上将保持为低电平，用 S13 的自循环且 Y 为 0。

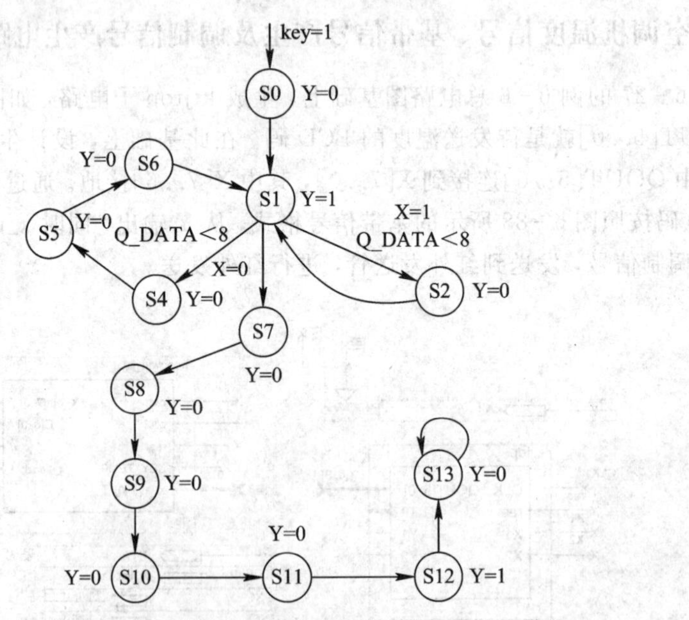

图 6－90　任意 8 位二进制信号的基带波形发生电路状态转移图

按照图 6－90 写出的 VHDL 代码如下（语句“type Sreg0_type is (S13, S12, S11, S10, S9, S8, S7, S6, S5, S4, S1, S2, S0);”表示一个状态机的枚举；Sreg0_type 表示状态的属性；语句“signal Sreg0: Sreg0_type;”表示中间信号 Sreg0，属性是状态机，是括号中的某个取值；if 及 case 语句用于书写图 6－90 所示的状态转移图）：

```
library IEEE;
use IEEE. std_logic_1164. all;
```

```
use IEEE. std_logic_arith. all;
use IEEE. std_logic_unsigned. all;
--***********************************
entity hongwai_jidai is
    port (
      clk1, clk2, rest, KEY_TEMP: in STD_LOGIC;
      X_in:in STD_LOGIC_VECTOR (7 downto 0); --待调制的 8 位数字信号
      X_out:out STD_LOGIC_VECTOR (7 downto 0);
      --当前正在进行的发送信号移位过程，是观察信号输出
      Q: out STD_LOGIC_VECTOR (3 downto 0); --状态编码计数器，便于观察状态转移过程
      Y, x_tiaozhi: out STD_LOGIC); --基带信号，已调制信号
end hongwai_jidai;
--***************************
architecture arch of hongwai_jidai is
type Sreg0_type is (S13, S12, S11, S10, S9, S8, S7, S6, S5, S4, S1, S2, S0);
signal Sreg0: Sreg0_type;
signal Y_TEMP, x:STD_LOGIC;
signal Q_DATA:STD_LOGIC_VECTOR (3 downto 0);
signal X_DATA:STD_LOGIC_VECTOR (7 downto 0);
begin
--红外基带信号产生
-- key 是发送端开关，当 key=1 时，发送一帧红外基带信号
-- CLK1:400ns，作为基带信号基本单位；CLK2:载波，理论上为 38 kHz
Sreg0_machine: process (clk1)
begin
IF KEY_TEMP='1' THEN --发送信号有效时
if clk1'event and clk1 = '1' then
  if rest='1' then Sreg0<=s0; Q <= "0000"; Y_TEMP <= '0'; --同步复位信号有效，状态复位
到 S0
  else
  case Sreg0 is --判断当前状态是
    when S0 =>Y_TEMP <= '0'; --如果是 S0，则输出 Y=0
      Sreg0 <= S1; Q <= "0001"; --状态转移到 S1，Q 是对应的状态计数器，便于分析
    when S1 =>Y_TEMP <= '1'; --当前状态 Y 输出同步头
      IF Q_DATA<"1000"THEN --如果 X 的计数器小于 8，则表示还未发送完
      IF X='1' THEN --如果 X=1，则状态转移到 S2，信号关系见下一个进程
      Sreg0 <= S2; Q <= "0010";
      ELSE Sreg0 <= S4; Q <= "0100"; --如果 X=0，则状态转移到 S4
      END IF;
        else Sreg0 <= S7; Q <= "0111"; --如果 X 的计数器等于 8，则表示发送完
        end if;
    when S2 => Y_TEMP <= '0';
        Sreg0 <= S1; Q <= "0001";
```

```
        when S4 => Y_TEMP <= '0';
            Sreg0 <= S5; Q <= "0101";
        when S5 =>Y_TEMP <= '0';
            Sreg0 <= S6; Q <= "0110";
        when S6 =>Y_TEMP <= '0';
          Sreg0 <= S1; Q <= "0001";
        when S7 =>Y_TEMP <= '0';
          Sreg0 <= S8; Q <= "1000";
        when S8 =>Y_TEMP <= '0';
          Sreg0 <= S9; Q <= "1001";
        when S9 =>Y_TEMP <= '0';
          Sreg0 <= S10; Q <= "1010";
        when S10 =>Y_TEMP <= '0';
          Sreg0 <= S11; Q <= "1011";
        when S11 =>Y_TEMP <= '0';
          Sreg0 <= S12; Q <= "1100";
        when S12 =>Y_TEMP <= '1';
          Sreg0 <= S13; Q <= "1101";
        when S13 =>Y_TEMP <= '0';
          Sreg0 <= S13; Q <= "1101";
        when others =>
          null;
      end case;
      end if;
      end if;
      elsE
      Sreg0 <= S0; Q <= "0000"; --如果发送信号无效，则状态停留在S0
      Y_TEMP <= '0'; --基带信号输出0
      end if;
    end process;
    ……
    end arch;
```

从上述状态机编写方法看出，先定义状态枚举后，利用状态信号Sreg0进行转移，不必对每个状态进行编码，就已经完成了状态机的VHDL代码描述，Q的作用只是便于仿真，观察状态转移过程。第6.7.2小节的状态机代码是根据状态编码编写的，不必表示各个S，也可完成一个完整的状态机代码。请同学们掌握这两种方法，灵活应用，将有助于其他数字电路系统的设计。

6.8.2　空调机温度调节总电路及接收解码

将图6-89生成KTJ_jidai子电路，再设计生成红外解码子电路hongwai_jiema，构成图6-91所示的空调机温度调节总电路。

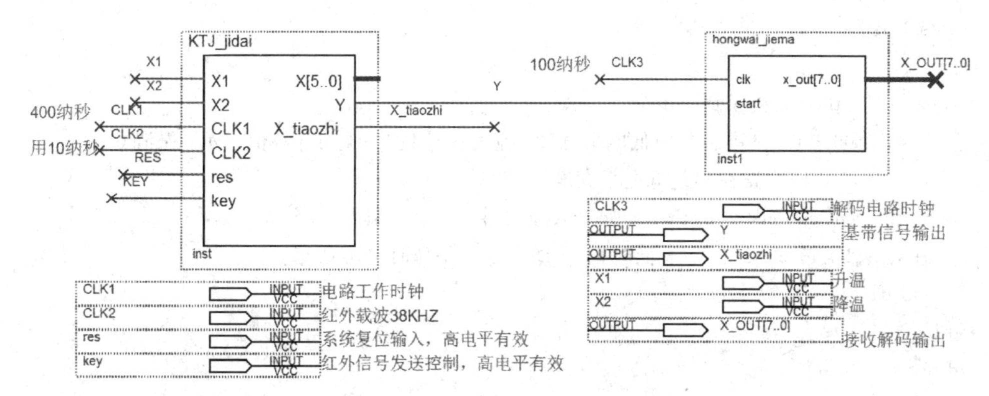

图 6-91　空调机温度调节总电路

解码电路接收的是红外接收管已经解调的红外基带信号，与图 6-88 中的基带信号反相，因此红外接收管的输出信号反相后，就可以送到图 6-91 的 hongwai_jiema 子电路的基带信号接收端 start。

为便于仿真，图 6-91 中把 KTJ_jidai 子电路产生的基带信号直接送到 hongwai_jiema 子电路的基带信号接收端 start。实际进行红外收发时，应该把 KTJ_jidai 子电路产生的 X_tiaozhi 信号送到图 6-87 所示的红外发射电路，而 hongwai_jiema 子电路的基带信号接收端 start 应该接收的是图 6-87 所示的一体化红外接收头送出的反相信号。

进行红外解码的方法是：通过判断接收基带信号 2 个同步头间低电平的宽度，判断接收的信号是 0 还是 1。发送时按照信号 0 对应的低电平宽度是信号 1 的 3 倍进行，接收时也按照这个比例关系进行判断。其中 hongwai_jiema 子电路的 VHDL 代码用于实现这个判断功能。

```
library IEEE;
use IEEE. std_logic_1164. all;
use IEEE. std_logic_arith. all;
use IEEE. std_logic_unsigned. all;
--*********************************
entity hongwai_jiema is
    port (
      clk, start: in STD_LOGIC;
      x_out: out STD_LOGIC_VECTOR (7 downto 0));
end  hongwai_jiema;
--****************************
architecture abc of hongwai_jiema is
signal q1 , q2 :std_logic_vector( 4 downto 0);
signal q3:std_logic_vector( 5 downto 0);
signal data1 :std_logic_vector( 7 downto 0);
begin
--接收解码电路
--实际下载时，把接收部分单独建立一个工程并下载到另一个 EDA 电路板中
--红外基带信号解码结果在 data1 中
-- CLK: 100ns，解码电路时钟，与 KT_jidai 子电路时钟不同
```

```
process(clk, start)
begin
if start='1'  then --接收到同步头
    q1<="00000"; --准备判断低电平宽度，宽度用计数器 q1 的计数值表示，先清 0
elsif start='0' then --正在测量低电平宽度
    if clk'event and clk='1' then --每个接收时钟，q1 计数器加 1
    q1<=q1+1; q2<=q1; --同时把 q1 的当前结果随时存储到 q2 中
    end if;
end if;
end process;
process(start, q2)
begin
if start'event and start='1'then --接收信号上跳变时代表一次低电平测量结束
    if q2(4)='1' then data1<="00000000"; --如果计数值 q2 的最高位为 1，那么是结束信号
    --把 data1 寄存器清 0，准备下一次的接收移位
    --这个判断依据应该和实际接收信号及接收电路时钟有关，需要进行调试
    elsif "1000"<q2( 3 downto 0)then data1<=data1( 6 downto 0)&'0';
    --符合这个判断条件(需要进行调试的)，接收信号为 0
    elsif q2( 3 downto 0)<="0110" then data1<=data1( 6 downto 0)&'1';
    --符合这个判断条件(需要进行调试的)，接收信号为 1
    end if;
end if;
end process;
x_out<=data1; --把接收数据并行输出
end abc;
```

6.8.3 仿真结果分析

图 6-91 所示的总电路仿真结果如下：

(1) 复位后，温度默认为 25 度，Y 输出基带信号 00100101B，即 25 的 BCD 码，X_tiaozhi 输出该信号的调制信号，接收端并行输出接收的解码信号 X_OUT 也是 00100101B，如图 6-92 所示。

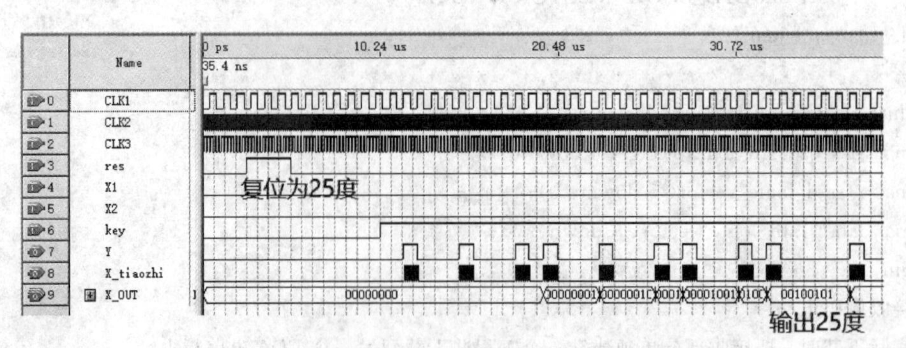

图 6-92 复位时发送 25 度的温度信号及接收解码结果波形图

(2) 按一次升温按键，升温 1 度的仿真过程表示接收到 26 度及 27 度的温度信号，如图

6－93 和图 6－94 所示。

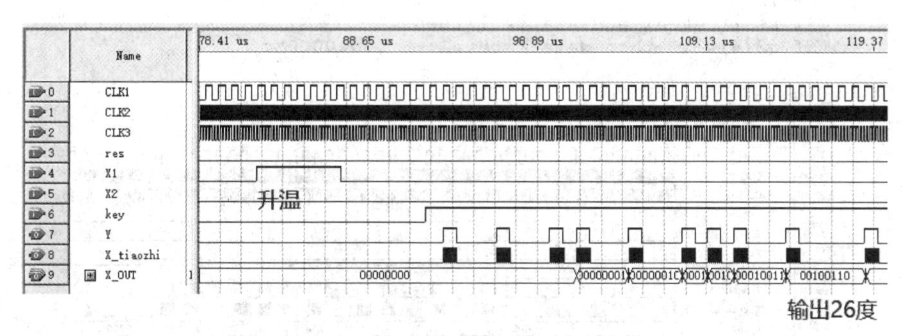

图 6－93　升温时发送 26 度的温度信号及接收解码结果波形图

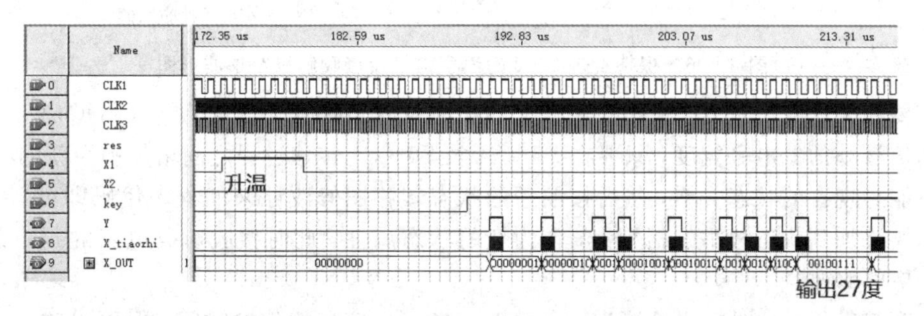

图 6－94　升温时发送 27 度的温度信号及接收解码结果波形图

(3) 按一次降温按键，降温 1 度的仿真过程表示接收到 26 度的温度信号，如图 6－95 所示。

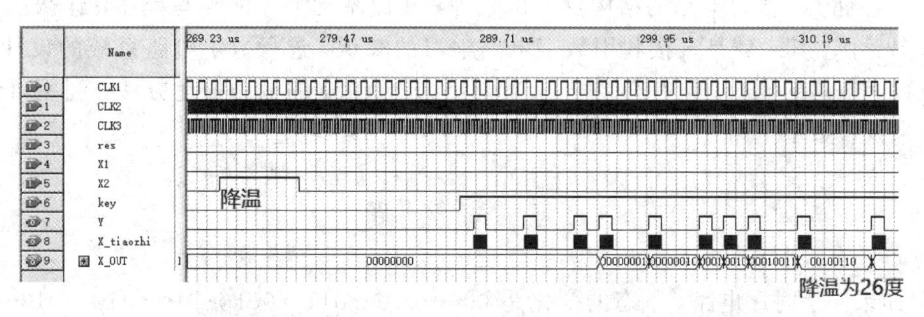

图 6－95　又降温时发送 26 度的温度信号及接收解码结果波形图

(4) 修改进程 2 的语句“if q2(4)＝′1′ then data1＜＝data1;”，使温度信号保持原先温度值，直到调整信号出现。原来的语句“if q2(4)＝′1′ then data1＜＝"00000000";”会把温度信号清 0。差别可以通过图 6－89 的 X_out、图 6－93 的 X_OUT 信号看出，图 6－89 在 X_out 输出 00100101B 后，基带信号最后一个同步头上跳变时发生变化，X_out 清 0，输出为 00000000B，而图 6－96 在此处仍保持 00100101B 不变。

实际下载电路板后，连接红外发送、接收管，进行红外通信调试。调试过程发现，信号 0 的低电平宽度和信号 1 的低电平宽度达到 4∶1时，接收解码后，误码率较小，这时应相应加大结束信号的宽度，如 6 个信号 1 的低电平宽度，便于接收时区别信号 0 的宽度与结束信号的宽度。

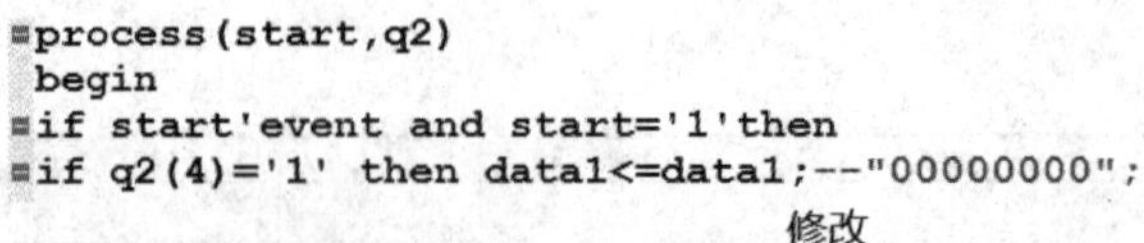

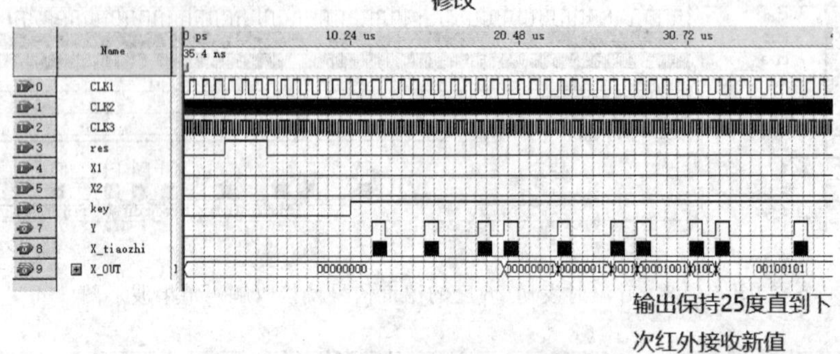

图 6-96　保持发送 25 度的温度信号及接收解码结果波形图

若要加大低电平宽度，在图 6-90 上的相应位置增加状态就可以：如再增加一个时钟单位的信号 0 的低电平宽度，只要在 S1～S4 及 S6～S1 转移过程之间增加一个新的状态 S，下标不能与现有的状态一样，然后按照新的状态转移图修改原来的程序代码即可，新增加的状态要添加到状态枚举的括号中，作为新的状态属性。此时接收解码电路的判断条件也应做相应的修改。

加宽基带信号的低电平宽度后，会加大一帧红外信号的传输时间，但可以减少信号传输过程的误码率。

学习数字电路至少有两个目的：其一是为后续的微机原理课程打下基础，便于我们理解 CPU、存储器、接口电路的结构及工作原理，在此基础上才能编写程序，让微机按照我们的意图工作；其二就是直接利用数字电路学习的知识，进行数字电路系统的设计。我们在学习数字电路的同时，也有必要学习 VHDL 或 verilog 的电路描述方法，利用可编程逻辑芯片来设计数字电路。

习　　题

1. 如果一个时序电路，状态的变化是 000→010→011→001→101→110→010→011→001→101→110→010→011→…，这样的电路能否做计数器？为什么？如果可以做计数器，可以计几个脉冲？

2. 如果一个时序电路，状态的变化是 000→010→011→001→101→010→011→101→110→001→011→001→…，这样的电路能否做计数器？为什么？如果可以做计数器，可以计几个脉冲？

3. 分析 4 位 D 触发器构成的扭环形计数器，做出它的状态转移图。请问此计数器是否可以自启动？

4. 分析图 6-97 所示两个同步计数电路，做出状态转移表和状态转移图。计数器是几进制计数器？能否自启动？画出在时钟作用下的各触发器输出波形。

5. 图 6-98 所示为序列信号发生器逻辑图，试做出其状态转移表和状态转移图，确定其输出序列。

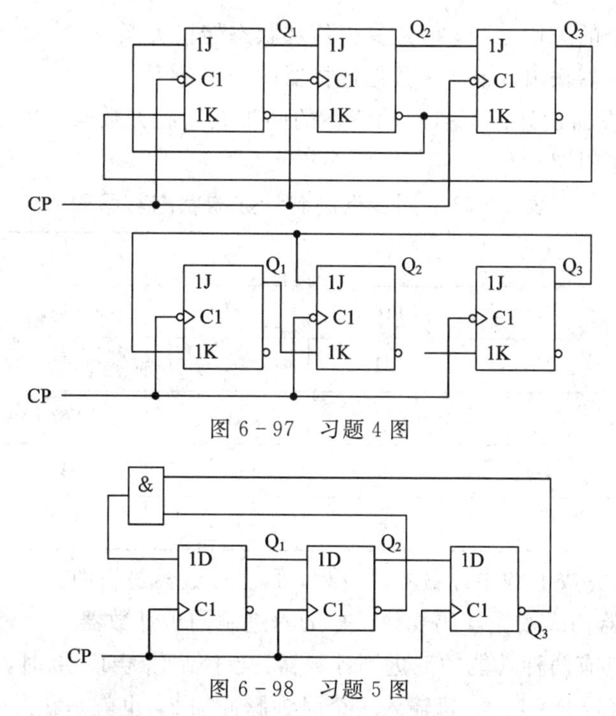

图 6-97　习题 4 图

图 6-98　习题 5 图

6. 分析图 6-99 所示的同步计数电路，做出状态转移表和状态转移图，并分析能否自启动。通过分析试找出这种结构的计数电路状态变化的规律，若将触发器改为三级，而连接方式不变(可理解为 Q_2 直接连到 Q_4)，能否直接写出状态转移表？设初始状态为全 0。

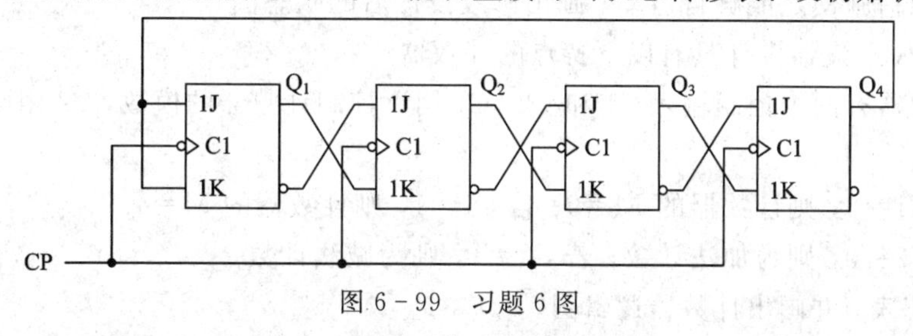

图 6-99　习题 6 图

7. 图 6-100 是一种序列信号发生器电路，它由一个计数器和一个四选一数据选择器构成。

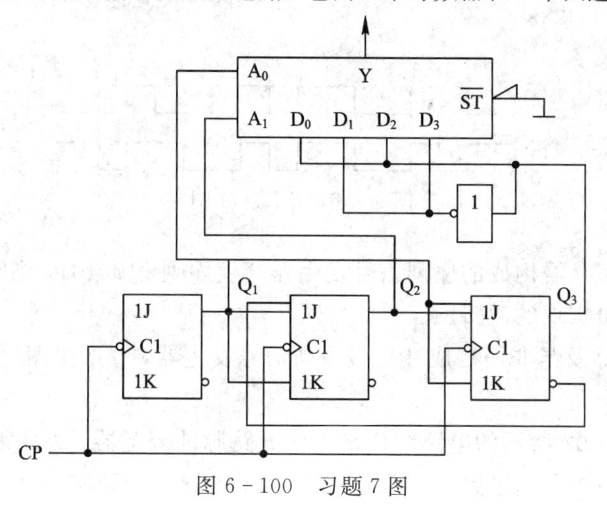

图 6-100　习题 7 图

(1) 分析计数器的工作原理，确定其模值和状态转换关系；

(2) 确定在计数器输出控制下，数据选择器的输出序列。

8. 采用JK触发器设计具有自启动特性的同步五进制计数器，状态转移表如表6-21所示，画出计数器逻辑图。

表6-21　同步五进制计数器状态转移表

	(1)	(2)	(3)
1	110	110	011
2	101	011	110
3	011	100	001
4	100	001	010
5	001	101	101

9. 用D触发器完成上题中计数器的设计，画出计数器逻辑图。

10. 用D触发器构成按循环码规律工作的六进制同步计数器。

11. 设计一个具有两种功能的五进制计数器：当控制信号P=0时，每输入一个时钟脉冲加1；而当控制信号P=1时，每输入一个时钟脉冲加2，也就是状态变化为0000→0010→0100→0110→1000→0000。请完成设计工作，触发器使用JK触发器。

12. 作出由4个JK触发器构成的扭环形计数器的状态图，观察其不能自启动的非工作循环，并采取措施使之能够自启动。画出修改设计后的状态图。

13. 用JK触发器设计具有以下特点的计数器：

(1) 计数器有两个控制输入C1和C2，C1用以控制计数器的模数，C2用以控制计数的增减。

(2) 若C1=0，则计数器的M=3；若C1=1，则计数器的M=4。

(3) 若C2=0，则为加法计数；若C2=1，则为减法计数。

做出状态表，并画出计数器逻辑图。

14. 用D触发器构成移位寄存器和门电路。设计图6-101所示序列脉冲信号的脉冲序列发生器。

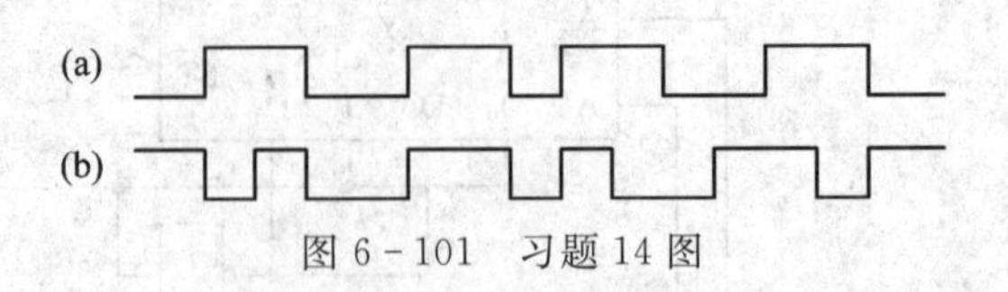

图6-101　习题14图

15. 若用移位寄存器构成的序列信号发生器产生序列0100101，则需要几个触发器？做出状态转移表，画出实现的逻辑图。

16. 用D触发器及与非门构成计数型序列信号发生器，并产生图6-101所示的序列信号，画出相应的逻辑图。

17. 要用图6-102所示的电路结构来构成五路脉冲分配器，为此需要具体设计其中的译码电路。试用最简与非门电路及75LS138集成译码器来分别构成这个译码器，以及画出连接图。

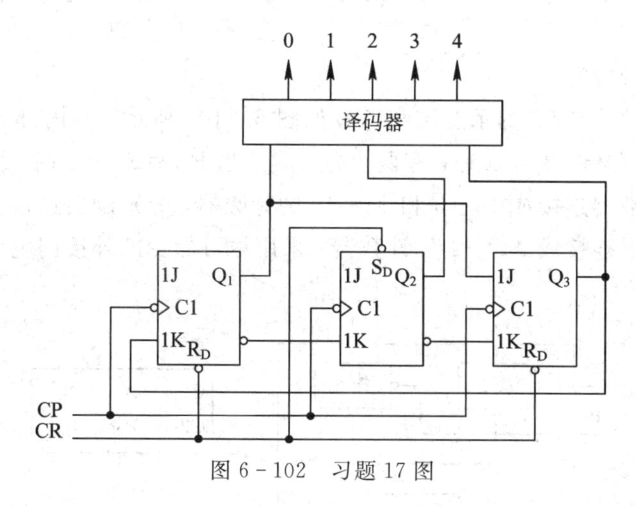

图 6-102　习题 17 图

18. 分析如图 6-103 所示的时序电路，画出图中 A、B、C、D、E 和 F 各点的波形。一共画 12 个时钟周期。

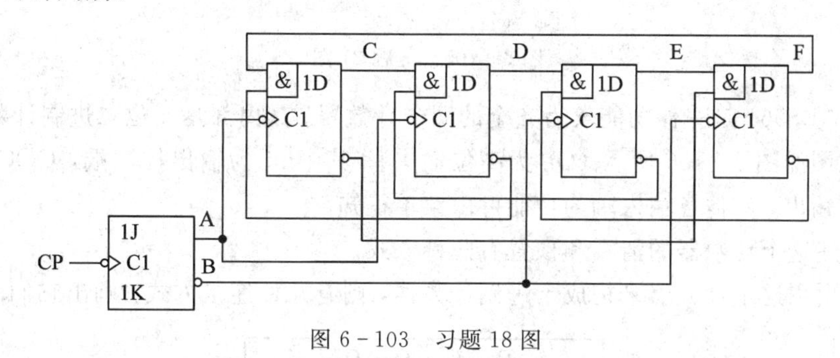

图 6-103　习题 18 图

19. 分析图 6-104 所示的异步计数器，做出其状态转移表和状态图，说明各是几进制计数器。

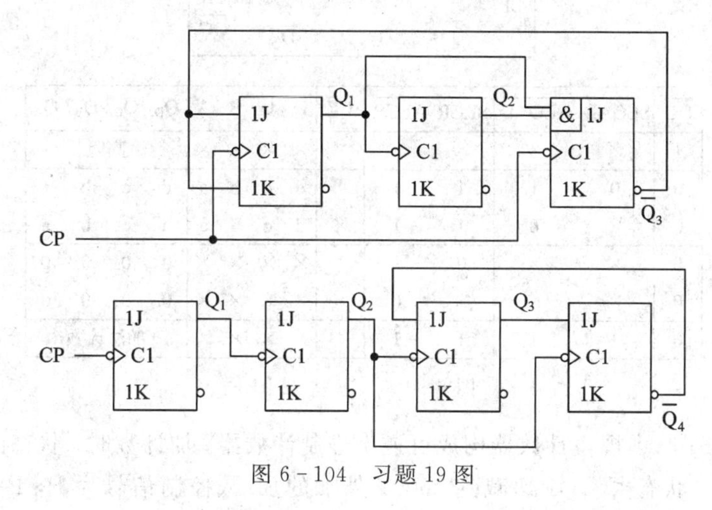

图 6-104　习题 19 图

20. 74LS90 异步十进制计数器除了作为二、五、十进制计数器之外，可以在不加门电路的情况下构成从 2 到 10 的各种模值计数器，而且有多种方案。

(1)若要构成模为 3、4、6、7、8、9 的各种计数器时，应如何连接才能实现？画出相应连接图。

(2) 写出另一种方案。

21. 中规模计数器 7492 的示意图和符号如图 6－105 所示。其内部有一个模 2 计数器和一个模 6 计数器 (从 000→ 101)，有两个置 0 端，当 $R_{01}=R_{02}=1$ 时，DCBA＝0000。

(1) 试用该计数器连接成 M＝5 和 M＝10 的计数器，分别画出连接图。

(2) 用该计数器连接成 M＝11 的计数器，采用尽可能少的外接门电路，画出连接图。

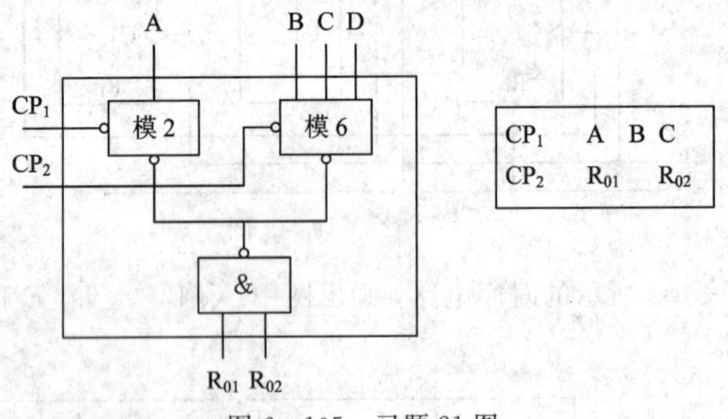

图 6－105 习题 21 图

22. 74ALS561 是一种功能较为齐全的同步计数器。其内部是 4 位二进制计数器。菜单和引脚示意图如图 6－106 所示 (Q_D 为高位输出)。其中$\overline{OC}$为输出控制端，OOC 是与时钟同步的进位输出，其他各输入端的功能可由菜单得知。

(1) 叙述这个计数器的清零和预置有几种方式。

(2) 若要用这个计数器来构成十进制计数器，则有几种连接方式？画出它们的连接图。

Q_A Q_B Q_C Q_D
$\overline{SLOAD}$ OOC
$\overline{ALOAD}$ $\overline{ALCR}$
CP $\overline{SLCR}$
$\overline{OC}$
A B C D

$\overline{OC}$	$\overline{SLOAD}$	$\overline{ALOAD}$	$\overline{SLCR}$	$\overline{ALCR}$	CP	D	C	B	A	Q_D	Q_C	Q_B	Q_A
1	×	×	×	×	×	×	×	×	×	高阻			
0	0	1	1	1	↑	d	c	b	a	d	c	b	a
0	×	0	1	1	×	d	c	b	a	d	c	b	a
0	×	×	0	1	↑	×	×	×	×	0	0	0	0
0	×	×	×	0	×	×	×	×	×	0	0	0	0
0	1	1	1	1	↑	×	×	×	×	加法计数			

图 6－106 习题 22 图

23. 用 74LS169 中规模计数器构成可逆十进制计数器。加计数时，状态由 0000 递增到 1001；减计数时，状态由 1001 递减到 0000。外加的加/减控制信号为 P，P＝1 时作加法，P＝0 时作减法。用一片 74LS169 和少量与非门完成这个设计，画出逻辑图。

24. 图 6－107 是又一种构成任意模值计数器的方式。试问改变预置值一共可以连接成几种不同模值的计数器？分别是什么模值？若要连接成十二进制加法计数器，预置值应为多少？画出状态图和输出波形图，注意 Q_D 的波形有什么特点。

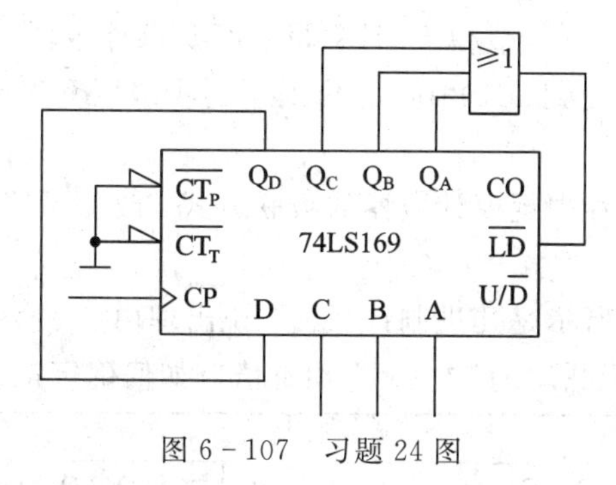

图 6－107　习题 24 图

25. 若使用一片 74LS169 计数器和一个 3 输入或门来构成十进制加法计数器。4 个预置端都不和输出端直接相连。问改变这个或门跟输出端的连接以及 DCBA 预置值，共有几种方式可构成十进制加计数器？画出各自的连接图，并写出相应的状态转移关系。

26. 用计数器的输出去控制预置端，使计数和预置交替进行改变计数器的模值。试求出图 6－108 中各计数器的模值和状态转换表。

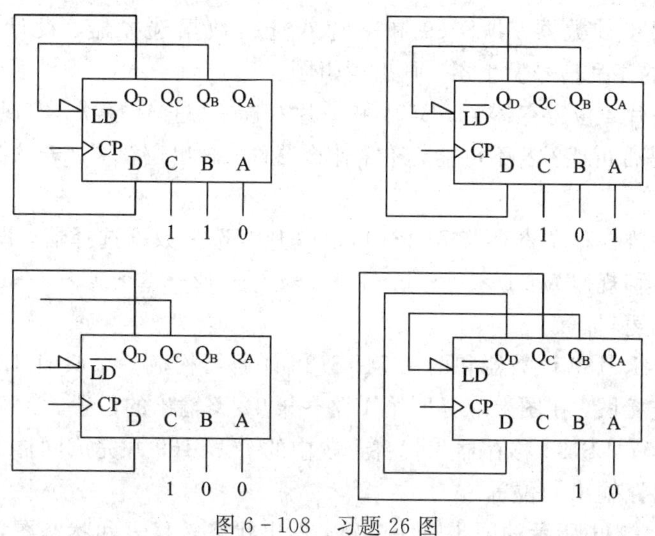

图 6－108　习题 26 图

27. 一种高速 ECL 同步计数器 MC10136 的菜单和引线示意图如图 6－109 所示。O_{out} 为进位/借位输出，加计数时，在状态 1111 时输出低电平；减计数时，在 0000 状态时为低电平。

（1）在加计数和减计数时，如何连接就可成为可编程计数器（即可变模数计数器）？画出连接图。

（2）要构成 M＝10 计数器，有几种连接方式？画出连接图。

S_1S_0	CP	工作方式
00	↑	预置
01	↑	加计数(模 16)
10	↑	减计数(模 16)
11	φ	保持

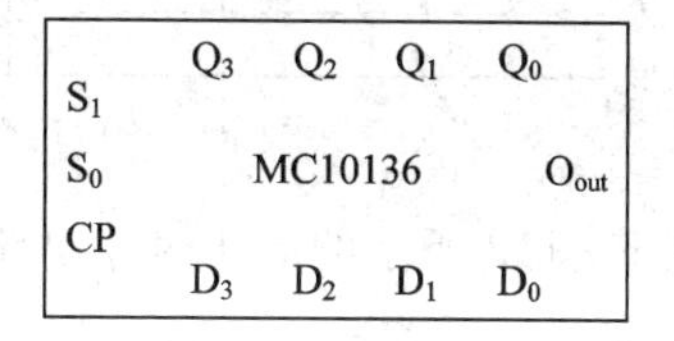

图 6－109　习题 27 图

28. 试用两片 74LS169 计数器级联构成模值为 60 的计数器。这种计数器可以用多种方式来构成。举出两种连接方式，画出连接图，并说明它们的状态变化过程。

29. 还是用两片 74LS169 构成模 60 计数器，但要求计数器状态按两位 8421BCD 码的规律变化，即从 00000000 变到 01011001。分别用同步级联和异步级联的方式来构成这种计数器，画出连接图。

30. 图 6-110 是另一种中规模计数器的级联方式，改变预置值，也能改变级联计数器的模值。

(1) 请分析图 6-110 所示是几进制计数器，说出理由。

(2) 若要两个计数器级联后的 M=55，预置值应如何确定？

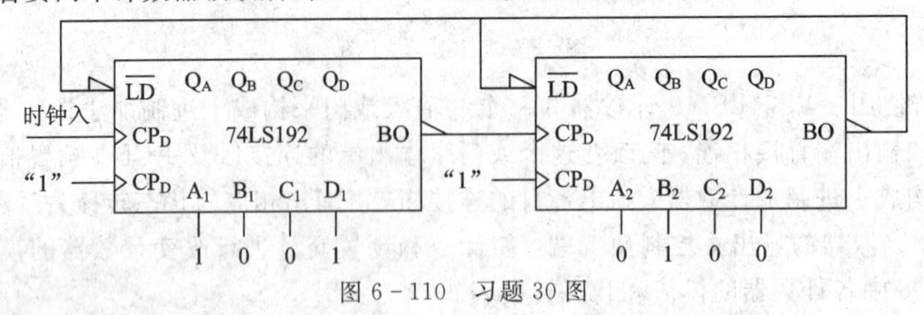

图 6-110 习题 30 图

31. 用一片同步计数器 74LS169 和一片八选一数据选择器，设计一个输出序列为 01001100010111 的序列信号发生器，画出逻辑图。

32. 若要用一片 4 位寄存器 74LS194 和一片八选一数据选择器，实现题 31 中所规定的序列信号发生器是否可能？若不可能，还需什么器件？画出逻辑图(若认为可能，则可直接设计出逻辑图)。

33. 用一片中规模移位寄存器 74LS195 和一片八选一数据选择器，设计一个移存型计数器，要求状态转移规律为：1→ 2→ 4→ 9→ 3→ 6→ 12→ 8→ 1→ 2→…。设计时请注意保证自启动，画出逻辑图。

34. 用一片 74LS169 计数器和两片 74LS138 译码器构成一个具有 12 路脉冲输出的数据分配器。画出连接图，在图上应标明第 1 路～第 12 路输出的位置。

35. 改用 1 片 74LS195 移存器来代替上题中的 74LS169 并完成同样的设计，画出连接图，同样需标明各路输出的位置。

36. 分析图 6-111 所示的同步时序电路，做出状态转移表和状态图，说明这个电路能对何种输入序列进行检测。

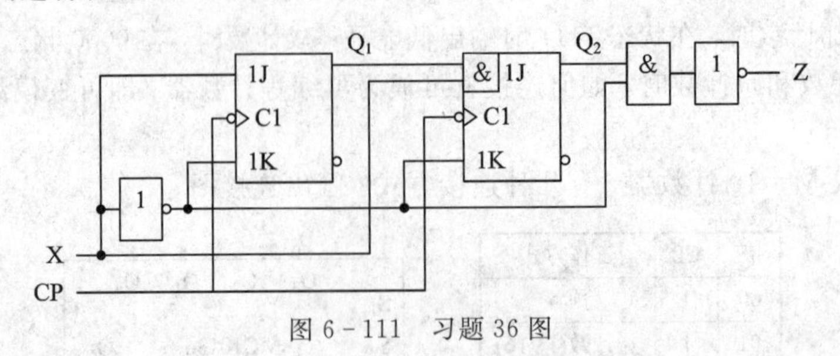

图 6-111 习题 36 图

37. 分析如图 6-112 所示的同步时序电路，做出状态转移表和状态图。说明它是摩尔型电路还是米里型电路。当 X=1 和 X=0 时，电路分别完成什么功能？

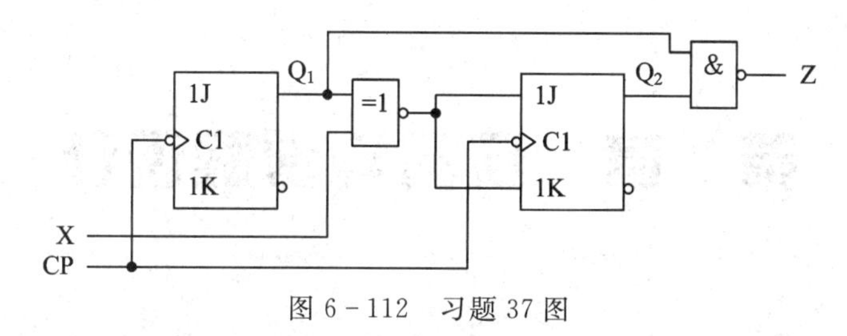

图 6-112　习题 37 图

38. 分析图 6-113 所示的同步时序电路，做出状态转移表和状态图。当输入序列 X 为 01011010 时，画出相应的输出序列。设初始状态为 000。

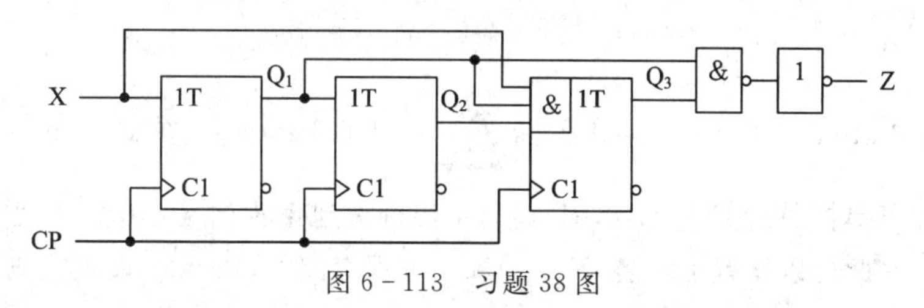

图 6-113　习题 38 图

39. 做出“101”序列信号检测器的状态转移表，凡收到输入序列 101 时，输出就为 1，并规定检测的 101 序列不重叠，即 X 为 010101101 时，Z 为 000100001。

40. 用 VHDL 语言描述题 39 中所要求的序列信号检测器。

41. 做出序列信号检测器的状态转移表，凡收到输入序列为“001”或“011”时，输出就为 1，同样规定被检测的序列不重叠，如 X 为 10011011 时，Z 为 00010001。

42. 用 VHDL 语言描述题 41 中所要求的序列信号检测器。

43. 同步时序电路有一个输入端和一个输出端，输入为二进制序列 X0X1X2…。当输入序列中 1 的数目为奇数时输出为 1，做出这个时序奇偶校验电路的状态图和状态转移表。

44. 用 VHDL 语言描述题 43 中所要求的序列信号检测器。

45. 同步时序电路用来对串行二进制输入进行奇偶校验，每检测 5 位输入，输出一个结果；当 5 位输入中 1 的数目为奇数时，在最后一位的时刻输出 1。做出状态图和状态转移表，注意和上面一题的差别。

46. 用 VHDL 语言描述一个余 3 码十进制计数器。计数器除了计数功能外，还要有同步预置的功能。预置控制信号 load 是高电平有效；计数器的输出是 qa、qb、qc、qd；时钟为 clk。

47. 用 VHDL 语言描述一个六进制的可逆计数器。加/减计数的控制信号是 up_down，当 up_down 等于 1 时进行加计数，up_down 等于 0 时进行减计数；计数器的输出是 qa、qb、qc；时钟为 clk。

48. 用 VHDL 语言描述一个带使能端的十五进制计数器。使能端控制信号是 EN，当 EN=1 时允许计数，当 EN=0 时计数暂停；异步清零端 clr 信号高电平有效；计数器的输出是 qa、qb、qc、qd；时钟为 clk。

49. 用 VHDL 语言描述一个八十进制计数器。假定计数器是由两个 4 位二进制计数器 74LS169 级联而成的。

50. 不使用中规模计数器，直接用 VHDL 语言描述一个八十进制的同步计数器。请说明这个计数器的输入和输出有哪些信号，再进行描述。

第7章 实验与课程设计

7.1 Proteus 快速入门

1. 创建工程

（1）双击 Proteus 8 Professional 图标，启动 Proteus。在 Proteus 主页窗口单击 New Project 或在菜单栏单击 File→New Project，出现新建工程向导，开始新建一个工程。如图 7-1 所示，在此可以设置工程名(Name)和工程保存路径(Path)。设置完成后点击 Next。

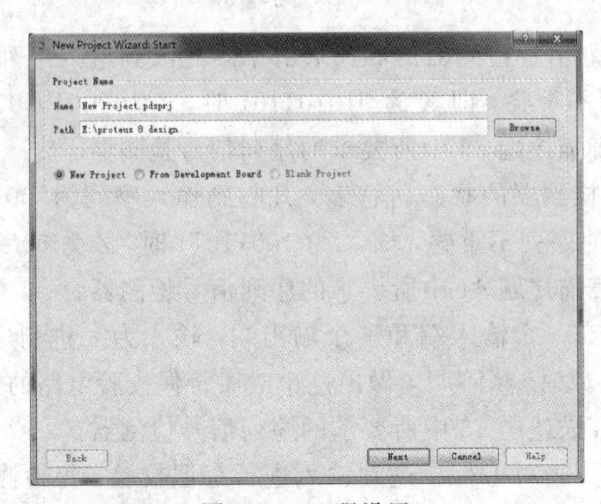

图 7-1 工程设置

（2）在原理图设置中，如图 7-2 所示，选择“Create a schematic from the selected template”，即从选中的模板中创建原理图，在此选择“DFAULT”即默认。继续点击 Next。

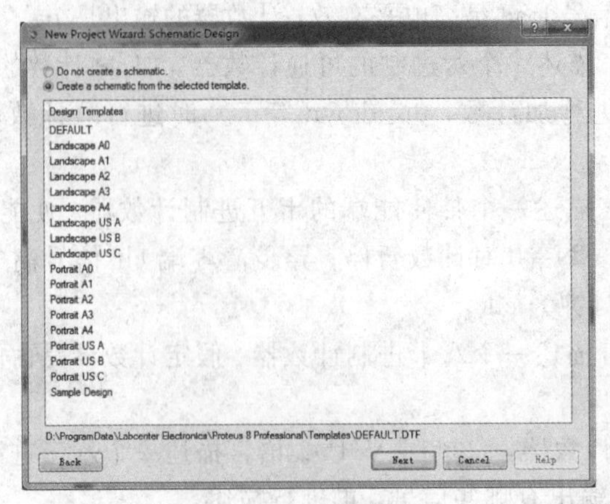

图 7-2 原理图设置

(3) 由于只做数字电路的设计仿真，因此在 PCB 设置中，如图 7－3 所示，选择“Do not create a PCB layout”，即不需要 PCB 设计。继续点击 Next。

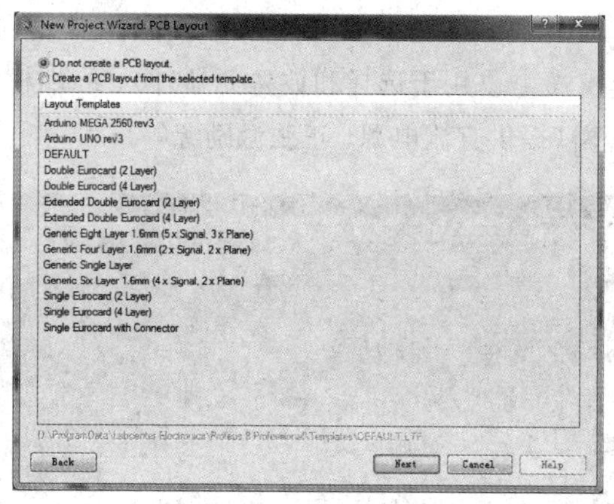

图 7－3　PCB 设置

(4) 由于不涉及微处理器的仿真，因此在微处理器设置中，如图 7－4 所示，选择“No Firmware Project”，即不创建固件项目。继续点击 Next。

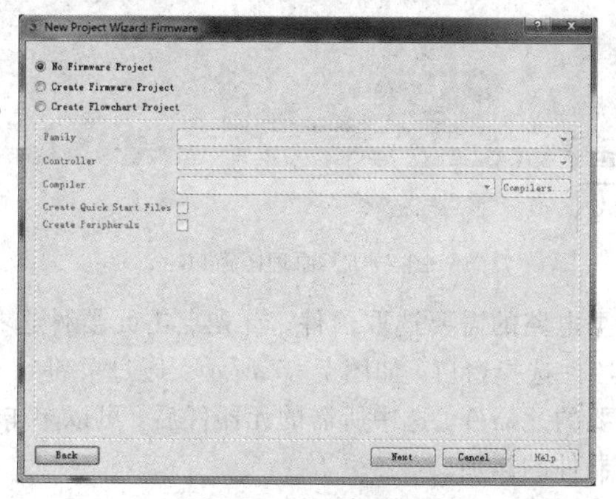

图 7－4　微处理器设置

(5) 在对话框中点击 Finish，如图 7－5 所示，完成新工程的建立。此时，新工程只有原理图部分。

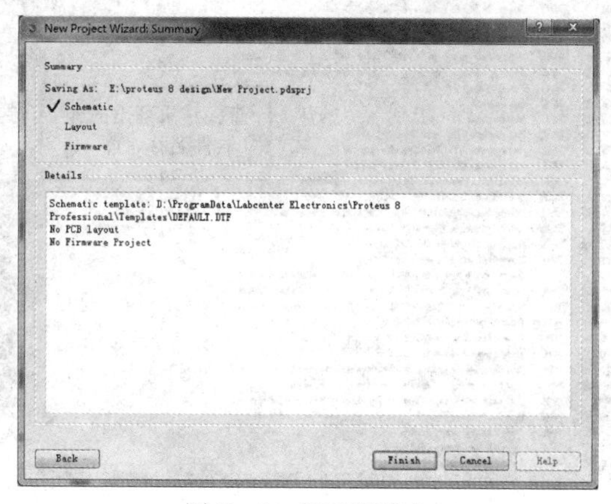

图 7－5　新工程建立

2. 电路原理图设计

创建原理图文件，如图 7－6 所示。原理图窗口主要包括模式工具栏、仿真按钮、预览窗口、器件工具列表窗口、电路编辑窗口等。模式工具栏中，常用到的有选择模式 (用于选择对象)、元器件选择模式 (用于选择和放置元器件)、终端模式 (用于选择电源、地等终端)、激励源模式 (提供直流电源、正弦激励源等)。

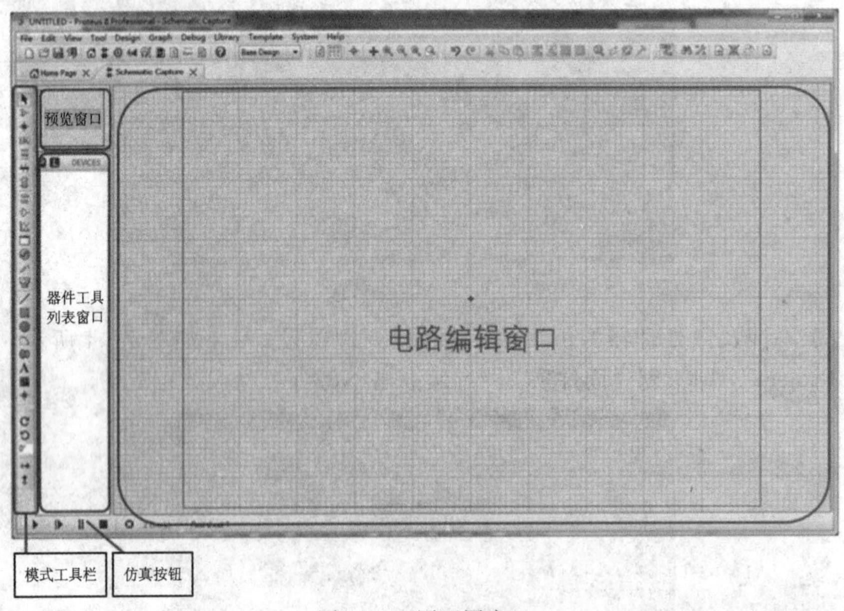

图 7－6　原理图窗口

在电路设计前，根据电路的需要选取器件。首先点击元器件选择模式，在器件工具列表窗口点击 P，打开元器件选择窗口，如图 7－7 所示。通过关键字查找或者通过类、子类的查找，可以找到所需要的元器件。选中所需的元器件后，可以单击 OK 按钮，退出元器件选择窗口，完成一个元器件的添加。

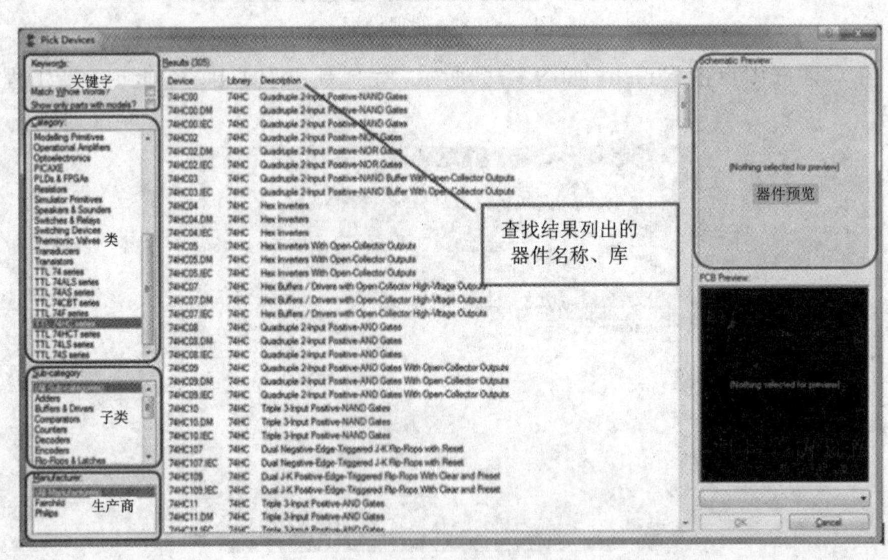

图 7－7　元器件选择窗口

添加好的元器件均显示在器件工具列表窗口中，选择其中一个元器件，将光标移动到电路编辑窗口，在希望放置元器件的位置单击，即可完成元器件的放置。

元器件放置完成后，将光标移动到需要连线对象的引脚上，光标变成无色的铅笔。单击此引脚后，移动光标至目标引脚上，光标变成绿色的铅笔，再次单击即可完成连线。

3. 示例：全加器的设计

这里以一位全加器的设计为例，讲解电路原理的设计和仿真。根据设计要求画出的逻辑图如图 7－8 所示。

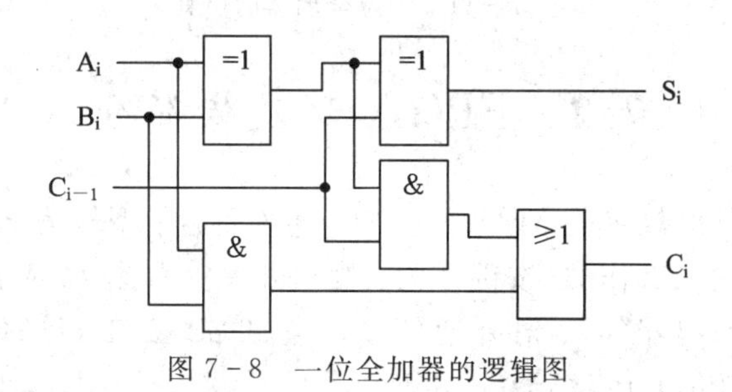

图 7－8　一位全加器的逻辑图

根据逻辑图，从元器件库中选取二输入与门 74HC08、二输入或门 74HC32、二输入异或门 74HC86、输入逻辑开关和输出逻辑指示灯等，如图 7－9 所示。

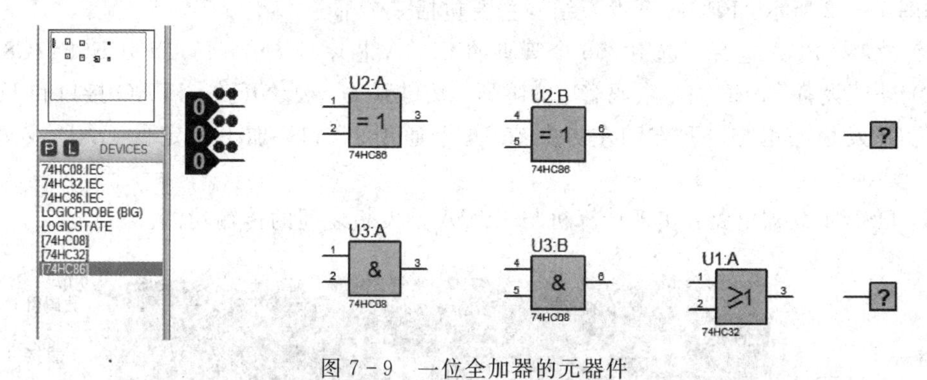

图 7－9　一位全加器的元器件

根据逻辑图，将各个门电路及输入输出终端的连线完成，如图 7－10 所示。

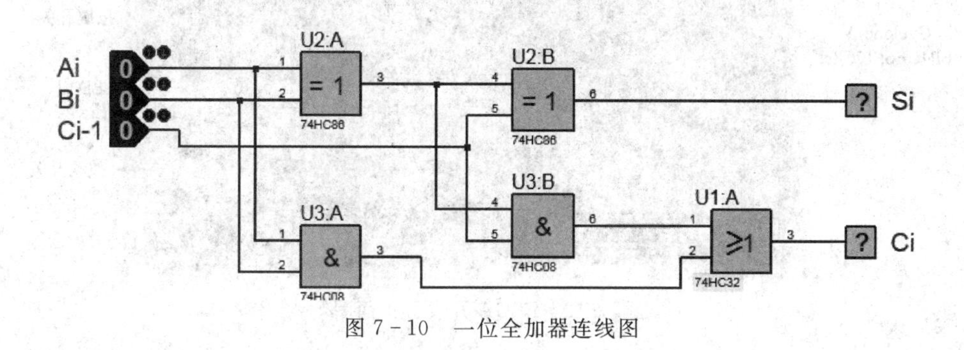

图 7－10　一位全加器连线图

点击窗口左下角仿真按钮 ▶ ▶| ‖ ■ 中的运行按钮，启动仿真。通过输入逻辑开关的变化，验证一位全加器电路是否符合要求，如图 7－11 所示。

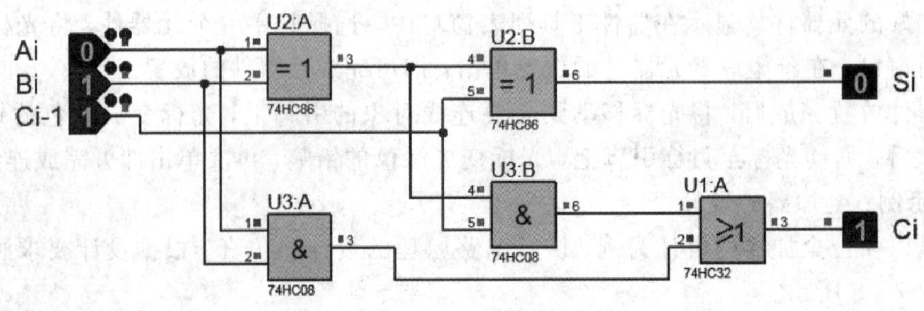

图 7-11 一位全加器的仿真

7.2 FPGA 开发板简介

本开发板是专门针对数字电路课程开发的，其核心芯片型号为 EP4CE6F17C8N；在外围功能模块主要包括输入操作类(按键开关、拨动开关等)、输出显示类(LED 灯、数码管等)、发声及音频类(蜂鸣器等)、对外通信接口类(USB 接口、UART 接口)和存储器类(FLASH 存储器、EEPROM 存储器等)。

1. FPGA 开发板

1) FPGA 开发板结构简介

如图 7-12 所示，FPGA 开发板结构主要包括三个部分。

(1) 核心 FPGA 芯片：选用 256 个管脚的 FPGA 芯片 Cyclone IV EP4CE6F17C8。

(2) 外围设备：LED 灯、数码管、蜂鸣器、按键开关、拨动开关、JTAG 接口和 UART 接口等。开发板的上方、下方和左方共有 76 个通用 IO 口，加上一定的 GND 或 Power 通道。

(3) USB 下载器电路：实现计算机与 FPGA 开发板之间的传输功能。

图 7-12 FPGA 开发板正面图

2) 核心 FPGA 芯片简介

Cyclone Ⅳ FPGA 是在 Cyclone Ⅲ FPGA 的基础上，对体系结构和硅片进行了改进，采用60 nm工艺，并且为用户提供全面的功耗管理工具，使功耗降低了 25%。Cyclone Ⅳ系列具有以下特性：低成本、低功耗的 FPGA 架构；6KB～150KB 的逻辑单元；高达 6.3 MB 的嵌入式存储器；高达 360 个 18×18 乘法器，可实现 DSP 处理密集型应用；协议桥接应用，可实现小于 1.5 W 的总功耗。

本实验平台芯片型号为 EP4CE6F17C8N，包含 256 个管脚和 6272 个逻辑单元，采用 BGA 封装。具体芯片资源如图 7－13 所示。

资源	EP4CE6	EP4CE10	EP4CE15	EP4CE22	EP4CE30	EP4CE40	EP4CE55	EP4CE75	EP4CE115
逻辑单元	6 272	10 320	15 408	22 320	28 848	39 600	55 856	75 408	114 480
嵌入式存储器/Kb	270	414	504	594	594	1,134	2340	2,745	3,888
嵌入式18×18乘法器	15	23	56	66	66	116	154	200	266
多用途锁相环	2	2	4	4	4	4	4	4	4
全局时钟网络	10	10	20	20	20	20	20	20	20
用户可配置I/O组	8	8	8	8	8	8	8	8	8
用大用户可配置I/O接口	179	179	343	153	532	532	374	426	528

所选芯片资源

图 7－13　Cyclone Ⅳ E 器件系列资源

2. FPGA 开发板的外围功能模块

FPGA 开发板的外围功能模块包含输入操作类、输出显示类、音频类、时钟类、I/O 扩展口类、存储器类等。

1）输入操作类模块

输入操作类模块主要用于向系统输入中断信号或操作信号，包含拨动开关和按键开关。

(1) FPGA 开发板提供了 8 个按键开关 KEY7～KEY0 和一个复位键 RESET，如图 7－14所示。

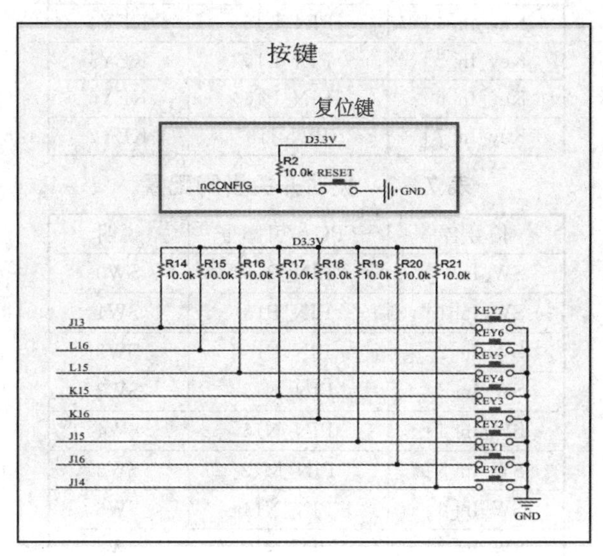

图 7－14　按键开关连接电路图

复位键 RESET 的一端接地，一端直接连接到 FPGA 的 nCONFIG 引脚，当按键被按下时，向 FPGA 输入一个低电平，nCONFIG 置为“低”；当按键未被按下时，nCONFIG 直接与上拉电阻相连，置为“高”。

按键开关 KEY7～KEY0 的一端接地，另一端直接与 FPGA 的相应引脚连接，当按键被按下时，向 FPGA 的相应引脚输送低电平。

(2) FPGA 开发板上有 8 个拨动开关 SW7～SW0，如图 7-15 所示。当拨动开关在 DOWN 位置(靠近开发板边缘)时向 FPGA 相应引脚输入低电平；当拨动开关在 UP 位置时向 FPGA 相应引脚输入高电平。

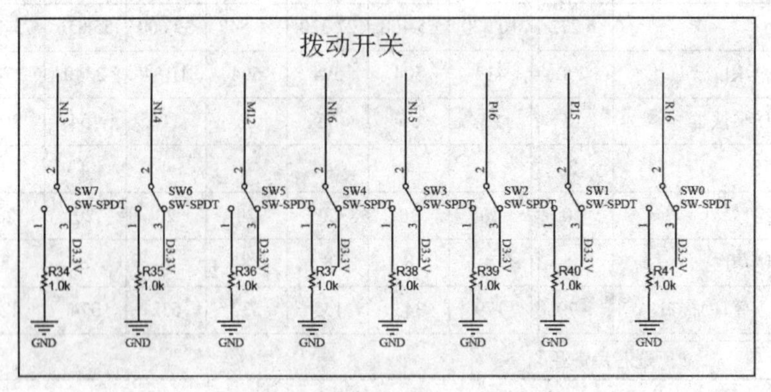

图 7-15 拨动开关连接电路图

表 7-1 和表 7-2 分别列出了按键开关和拨动开关的各个引脚连接信息。

表 7-1 按键开关引脚配置

信号名	FPGA 引脚号	说明
Key_In[0]	PIN_J14	KEY0
Key_In[1]	PIN_J16	KEY1
Key_In[2]	PIN_J15	KEY2
Key_In[3]	PIN_K16	KEY3
Key_In[4]	PIN_K15	KEY4
Key_In[5]	PIN_L15	KEY5
Key_In[6]	PIN_L16	KEY6
Key_In[7]	PIN_J13	KEY7

表 7-2 拨动开关引脚配置

信号名	FPGA 引脚号	说明
SW_In[0]	PIN_R16	SW0
SW_In[1]	PIN_P15	SW1
SW_In[2]	PIN_P16	SW2
SW_In[3]	PIN_N15	SW3
SW_In[4]	PIN_N16	SW4
SW_In[5]	PIN_M12	SW5
SW_In[6]	PIN_N14	SW6
SW_In[7]	PIN_N13	SW7

2）输出显示类模块

输出显示类模块主要用于将实验结果通过指示灯或显示器表现出来，包含 LED 灯和数码管。

(1) FPGA 开发板提供了 16 个直接由 FPGA 控制的 LED 灯 LED15～LED0，每一个 LED 灯都由 FPGA 芯片的一个引脚直接驱动，如图 7-16 所示。当 FPGA 输出高电平时，LED 灯点亮，反之则熄灭。表 7-3 列出了 LED 的各个引脚配置信息。

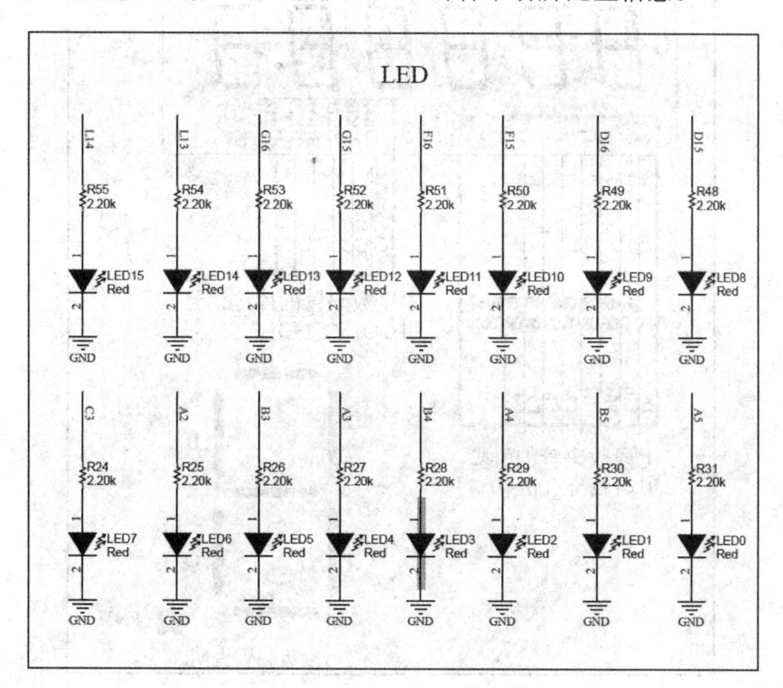

图 7-16　LED 灯连接电路图

表 7-3　LED 引脚配置

信号名	FPGA 引脚号	说明	信号名	FPGA 引脚号	说明
LED_Out[0]	PIN_A5	LED0	LED_Out[8]	PIN_D15	LED8
LED_Out[1]	PIN_B5	LED1	LED_Out[9]	PIN_D16	LED9
LED_Out[2]	PIN_A4	LED2	LED_Out[10]	PIN_F15	LED10
LED_Out[3]	PIN_B4	LED3	LED_Out[11]	PIN_F16	LED11
LED_Out[4]	PIN_A3	LED4	LED_Out[12]	PIN_G15	LED12
LED_Out[5]	PIN_B3	LED5	LED_Out[13]	PIN_G16	LED13
LED_Out[6]	PIN_A2	LED6	LED_Out[14]	PIN_L13	LED14
LED_Out[7]	PIN_C3	LED7	LED_Out[15]	PIN_L14	LED15

(2) FPGA 开发板上配有 6 个七段数码管 DIG1～DIG6(正放 FPGA 开发板时，从左至

右依次为 DIG1～DIG6)，每个数码管都由一个专用片选信号(DigCS1～DigCS6)控制，如图7－17所示。

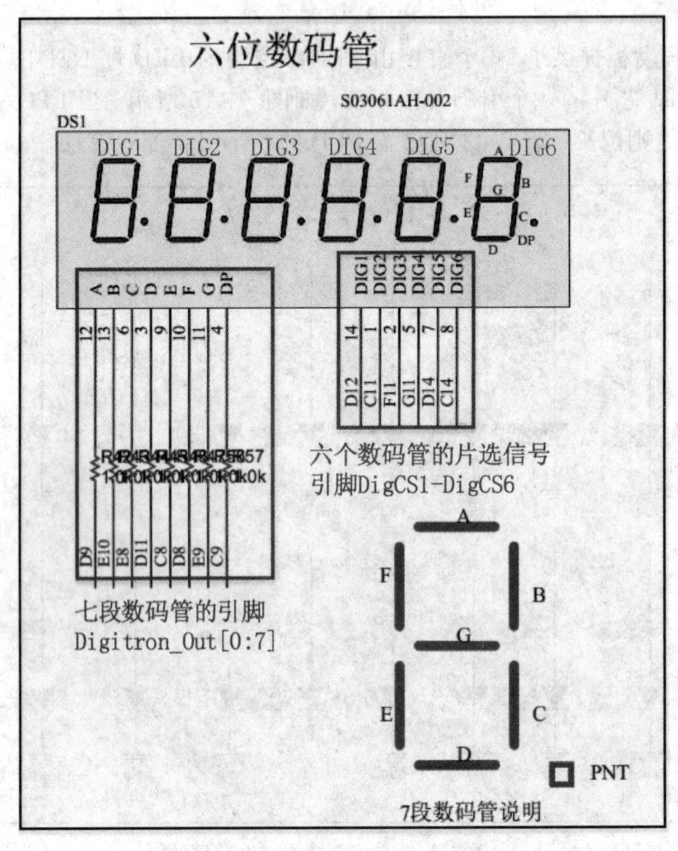

图 7－17 数码管连接电路图

七段数码管的每个引脚(共阴模式)均连接到 FPGA 芯片(Cyclone Ⅳ EP4CE6F17C8N)上，当 FPGA 输出高电平时，对应的字码段点亮，反之则熄灭。七段数码管的片选信号也直接与 FPGA 引脚相连，当 FPGA 输出低电平时，对应的数码管选中，反之则不选中。表7－4 列出了数码管的各个引脚连接信息。

表 7－4 数码管引脚配置

信号名	FPGA 引脚号	说明	信号名	FPGA 引脚号	说明
Digitron_Out[0]	PIN_D9	字码段 A	Digitron_Out [7]	PIN_C9	字码段 DP
Digitron_Out[1]	PIN_E10	字码段 B	DigitronCS_Out[0]	PIN_C14	片选信号 DigCS1
Digitron_Out[2]	PIN_E8	字码段 C	DigitronCS_Out[1]	PIN_D14	片选信号 DigCS2
Digitron_Out[3]	PIN_D11	字码段 D	DigitronCS_Out[2]	PIN_G11	片选信号 DigCS3
Digitron_Out[4]	PIN_C8	字码段 E	DigitronCS_Out[3]	PIN_F11	片选信号 DigCS4
Digitron_Out[5]	PIN_D8	字码段 F	DigitronCS_Out[4]	PIN_C11	片选信号 DigCS5
Digitron_Out[6]	PIN_E9	字码段 G	DigitronCS_Out[5]	PIN_D12	片选信号 DigCS6

3）音频类模块

音频类模块主要用于系统报警器或发声功能，包含一个蜂鸣器。

FPGA 开发板上配有一个喇叭，经过功率放大电路后与 FPGA 的引脚相连，如图7－18所示。当 FPGA 芯片输出低电平时，蜂鸣器发声，通过改变高低电平翻转的频率可以调节蜂鸣器的发声频率。

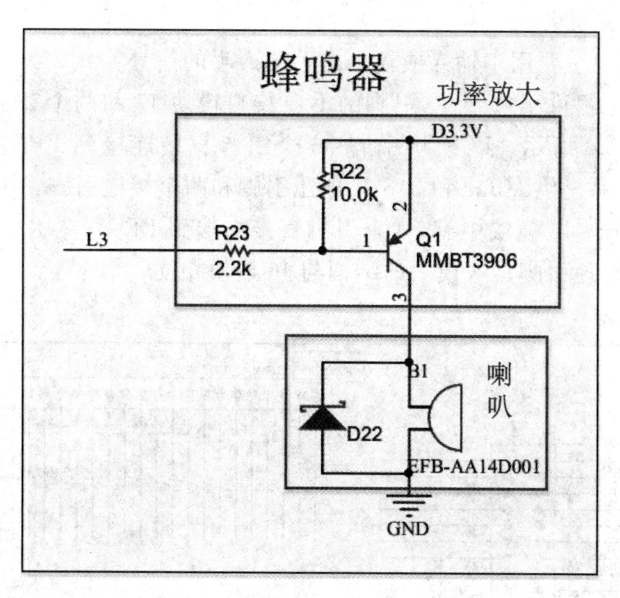

图 7－18　蜂鸣器连接电路图

表 7－5 列出了蜂鸣器的引脚连接信息。

表 7－5　蜂鸣器引脚配置

信号名	FPGA 引脚号	说明
Buzzer_Out	PIN_L3	蜂鸣器

4）时钟类模块

FPGA 开发板上包含一个生成 50 MHz 频率时钟信号的晶体振荡器，如图 7－19 所示。该时钟信号直接与 FPGA 芯片引脚相连，用来驱动 FPGA 内部的用户逻辑电路。表 7－6 列出了时钟信号的引脚连接信息。

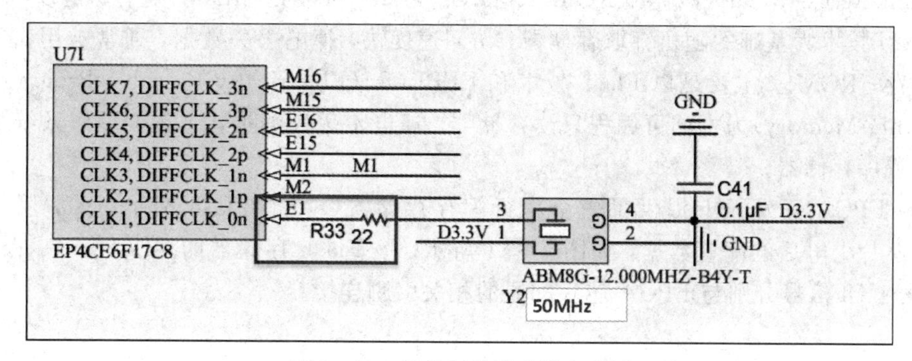

图 7－19　晶体振荡器连接电路图

表 7-6　时钟信号引脚配置

信号名	FPGA 引脚号	说明
CLK	PIN_E1	50 MHz 时钟输入信号

5）I/O 拓展口类模块

IO 拓展口类模块主要用于输入或输出由系统产生的信号。

FPGA 开发板上提供了一个 40 引脚的 I/O 接口模块 J7 和两个 26 引脚的 I/O 接口模块 J6、J8，如图 7-20 所示。J7 模块中有 36 个引脚直接连接到 FPGA 芯片(Cyclone Ⅳ EP4CE6F17C8N)，并提供 Vbus 和 3.3 V 电压引脚和两个接地引脚，其中 Vbus 是由 USB 总线传送的 5 V 电压；J6 模块中有 20 个引脚直接连接到 FPGA 芯片，并提供三个 3.3 V 电压引脚和两三个接地引脚；J8 模块的结构与 J6 模块相同。

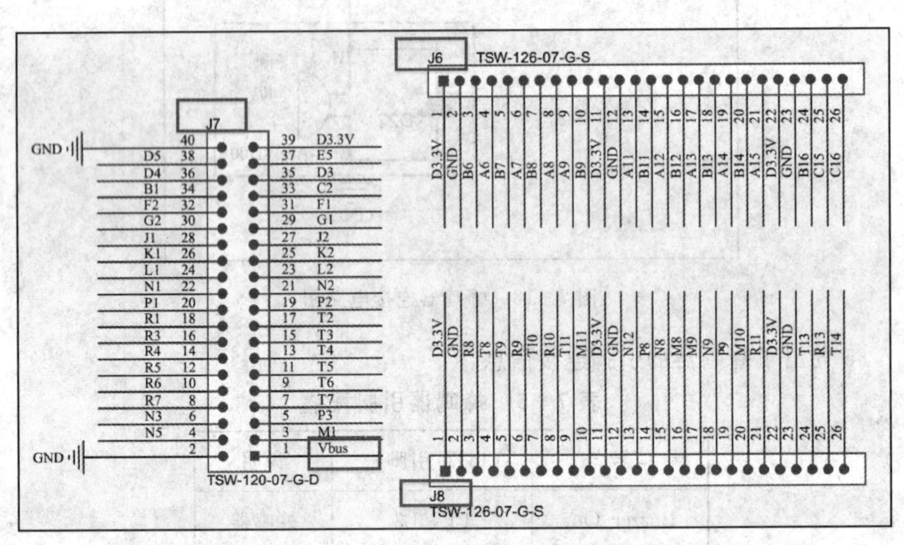

图 7-20　通用 I/O 口引脚连接电路图

6）存储器类模块

存储器类模块主要用于嵌入式开发和数据存储等需要。常用的存储器一般分为 RAM(Random Access Memory)类和 ROM(Read Only Memory)类。RAM 类主要是以 SDRAM 和 SRAM 技术为基础的随机存取存储器，访问速度快，掉电丢失数据，通常被用作系统缓存或内存；ROM 类主要是以 Flash 技术和 EEPROM(Electrically Erasable Programmable Read Only Memory)为主的可编程只读存储器，掉电不丢失数据，通常被用作系统数据存储器或程序存储器。

(1) FPGA 开发板上提供了一个串行闪存存储器(Serial Flash Memory)，用于存储 FPGA 芯片上电后的配置数据，如图 7-21 所示。该 Flash 存储器的 CLK 信号、$\overline{\text{CS}}$信号、DO 信号、DI 信号分别与 FPGA 芯片配置的相关引脚连接。

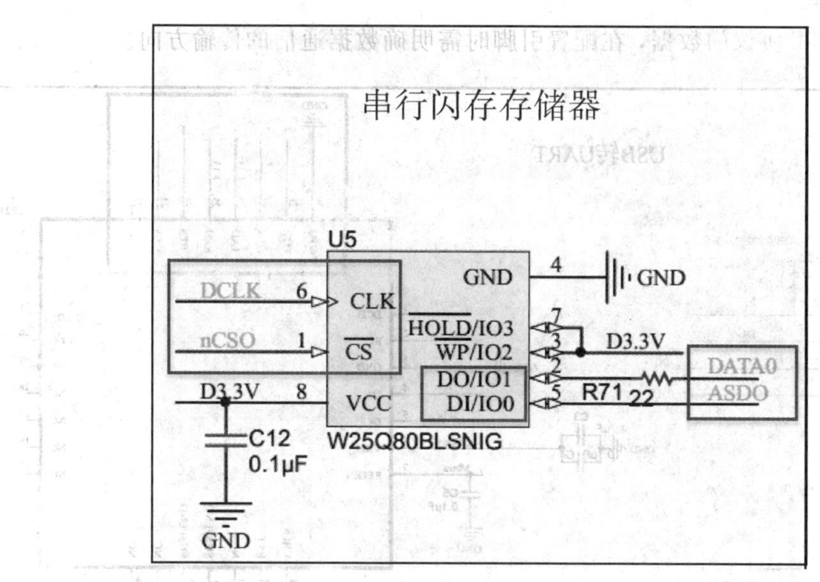

图 7-21　串行闪存存储器连接电路图

（2）FPGA 开发板上配有一片 I2C 协议接口的 EEPROM 芯片，如图 7-22 所示。EEPROM 是电可擦除可编程存储器，该芯片的 SCL 与 SDA 引脚分别与 FPGA 芯片的引脚 PIN_R14 与 PIN_T15 相连，可用作系统程序类存储器。

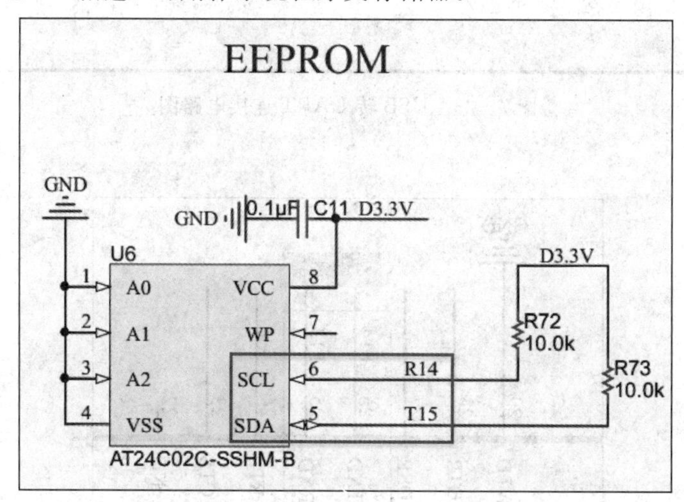

图 7-22　EEPROM 连接电路图

7）协议接口类模块

协议接口类模块是 FPGA 开发板上的重要组成部分，不同的终端设备之间进行通信需要采用不同的协议，各种外部协议接口则直接关系到开发板与外部的通信能力。FPGA 开发板上集成了一个 USB 转 UART 的连接电路，如图 7-23 所示。当进行串口通信协议时，直接使用 USB 数据线将 PC 机与开发板上的 UART2USB 接口相连，传输数据经过此电路后转化为 UART 协议的形式进入 FPGA 中。

图 7-24 是图 7-23 中标注①的放大图，需要注意的是，图 7-24 中的 TXD 引脚通过该电路向 FPGA 芯片发送 UART 协议的数据，RXD 引脚通过该电路接收由 FPGA 芯片向

外部发送的 UART 协议的数据，在配置引脚时需明确数据通信的传输方向。

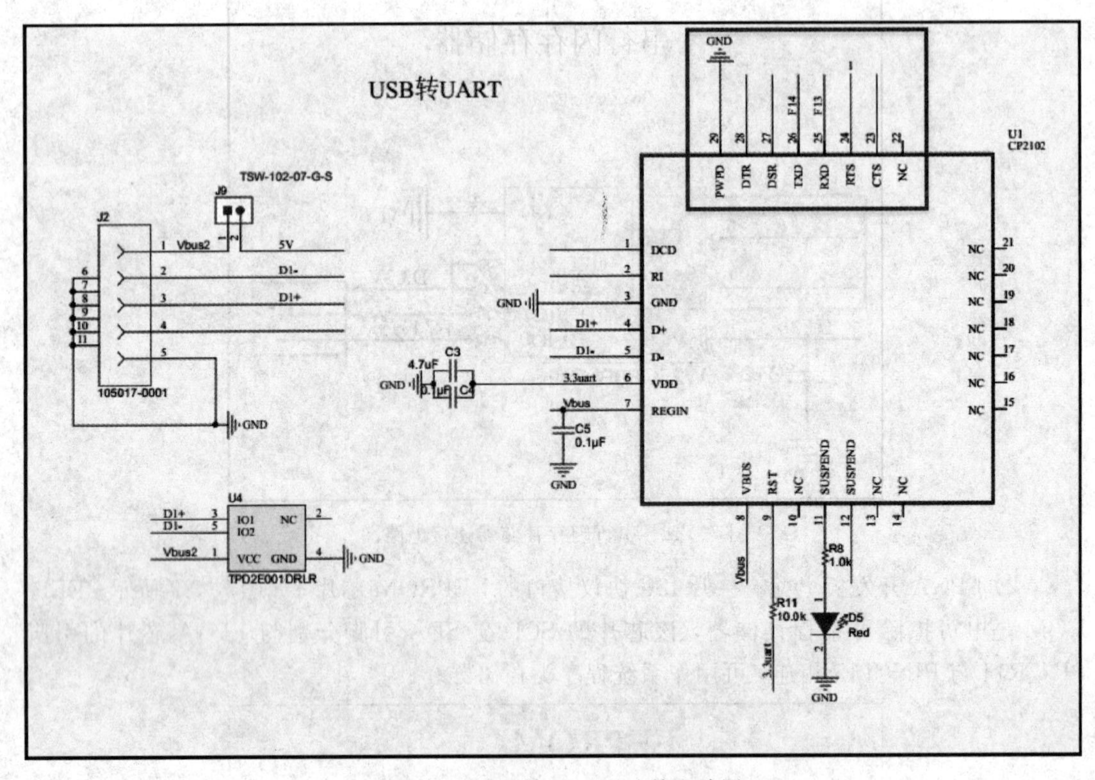

图 7-23　USB 转 UART 连接电路图

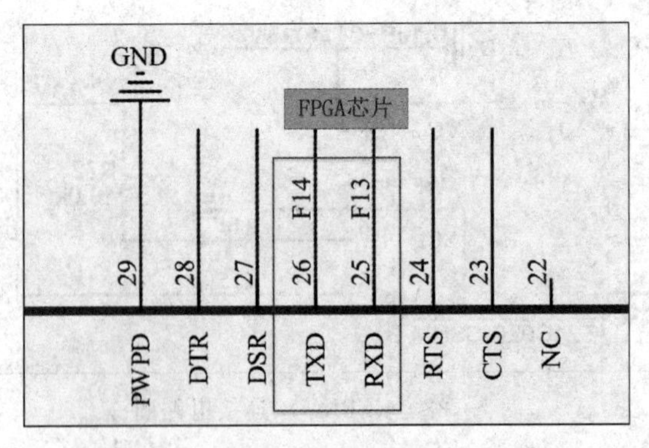

图 7-24　图 7-23 中标注①的放大图

表 7-7 列出了进行 UART 通信实验时 FPGA 的引脚配置信息。

表 7-7　UART 通信引脚配置

信号名	FPGA 引脚号	说　明
RX_Pin_In	PIN_F14	FPGA 接收外部数据
TX_Pin_Out	PIN_F13	FPGA 向外部发送数据

8）电源模块

USB 的电缆内有四条线，两条传送的是差分对的数据，另两条是 5 V 的电源线。当外围设备的功率不大时，可以直接通过 USB 总线供电，而不必再外接电源。FPGA 上直接集成了电源电路，如图 7－25 所示。Vbus 是由 USB 总线传送的 5 V 电压，使用开关电源 RT8059，经过电路降压后产生了 3.3 V、2.5 V 和 1.2 V 的电源。

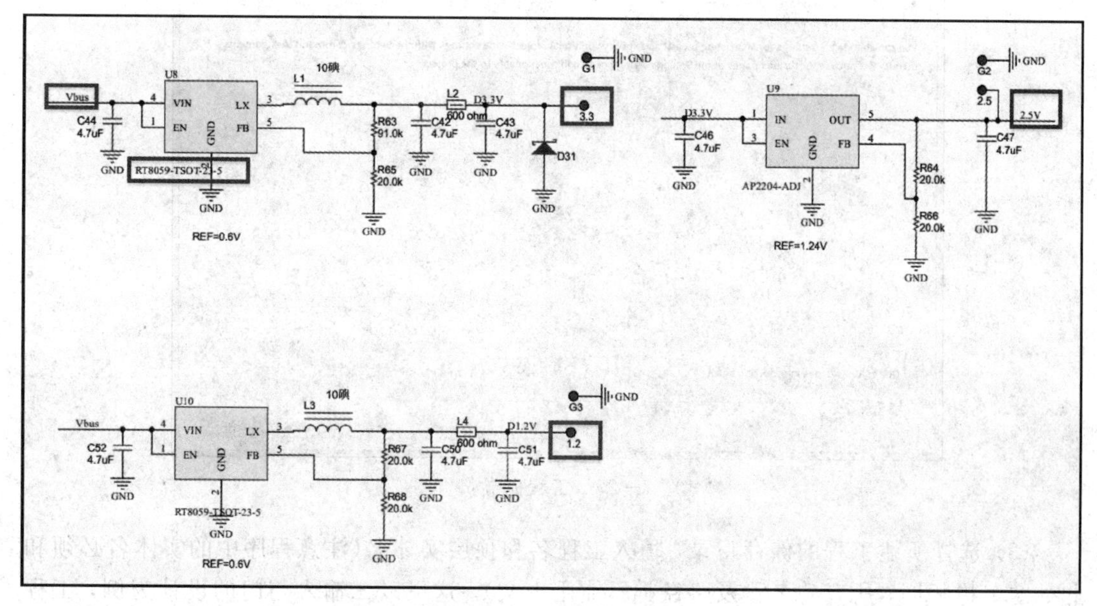

图 7－25　电源部分电路图

7.3　基于 FPGA 开发板的 Quartus 使用教程

以下是在 Quartus 中建立二输入与门的工程，并下载到 FPGA 开发板中验证的例子。

1. 建立工程

（1）启动 Quartus Prime，在菜单栏 File 下或者 Home 页面内点击“New Project Wizard”，如图 7－26 所示。

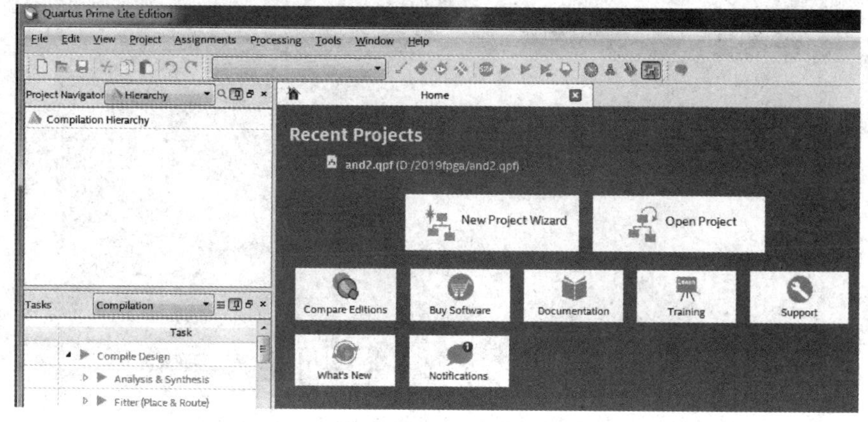

图 7－26　工程向导

(2) 出现工程向导简介后直接点击 Next，如图 7-27 所示。

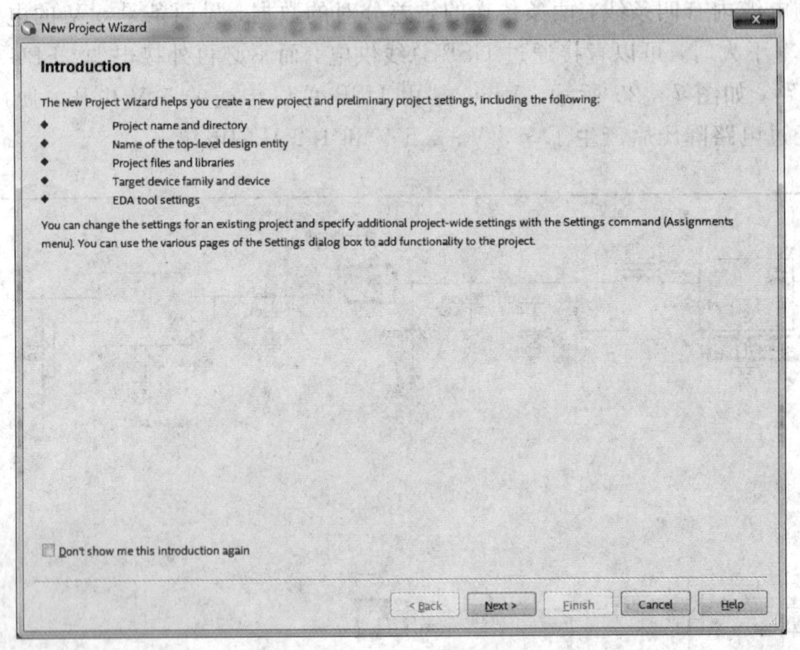

图 7-27 工程向导简介

(3) 选择所建工程的保存目录，填入工程名和顶层实体名(注意程序中的实体名必须和此处的名称相同，所有的名称及路径都不能用中文)。这里以二输入与门的设计为例，工程路径为 D:/2019fpga，工程名和顶层实体名均为 AND_2，填写后单击 Next，如图 7-28 所示。

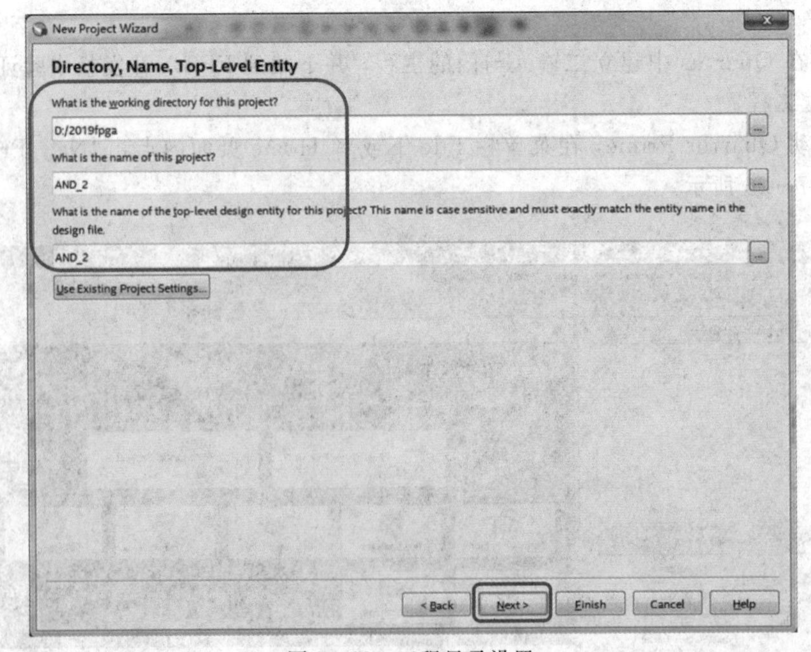

图 7-28 工程目录设置

(4) 选择工程类型为空的工程，点击 Next，如图 7-29 所示。

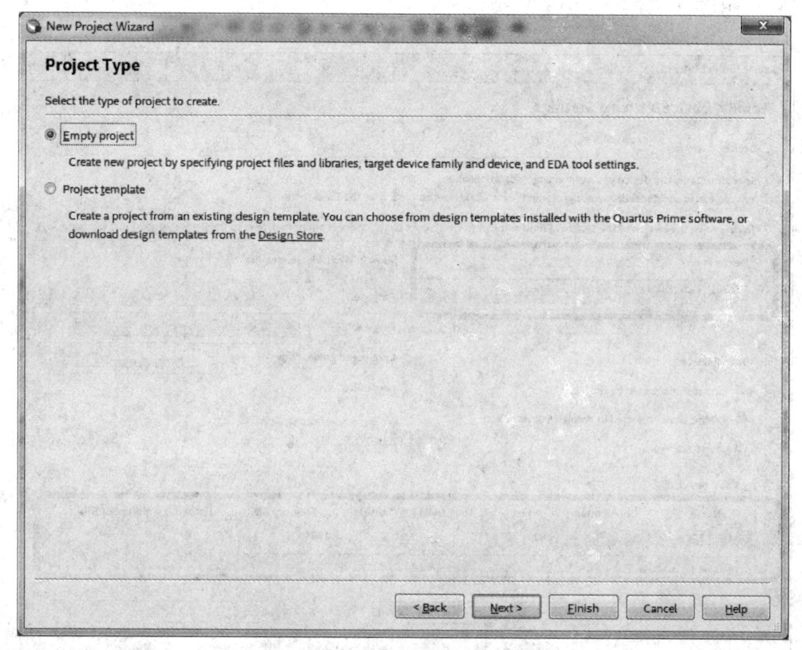

图 7-29　选择工程类型

(5) 这一步是要求添加已有的设计文件，此处不添加任何文件，直接点击 Next，如图 7-30 所示。

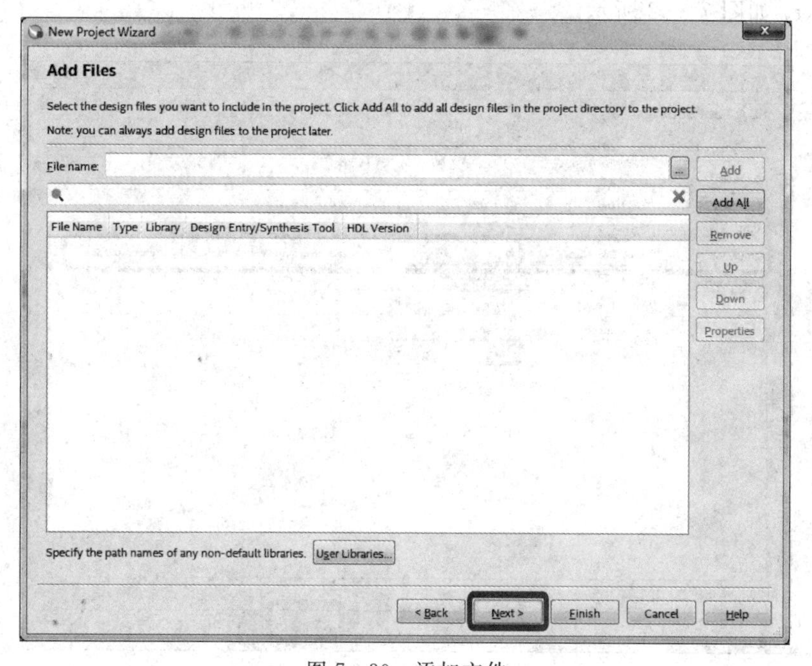

图 7-30　添加文件

(6) 选择设备类型，此处选择 Cyclone Ⅳ E 系列，芯片型号选择 EP4CE6F17C8，之后继续点击 Next，如图 7 - 31 所示。

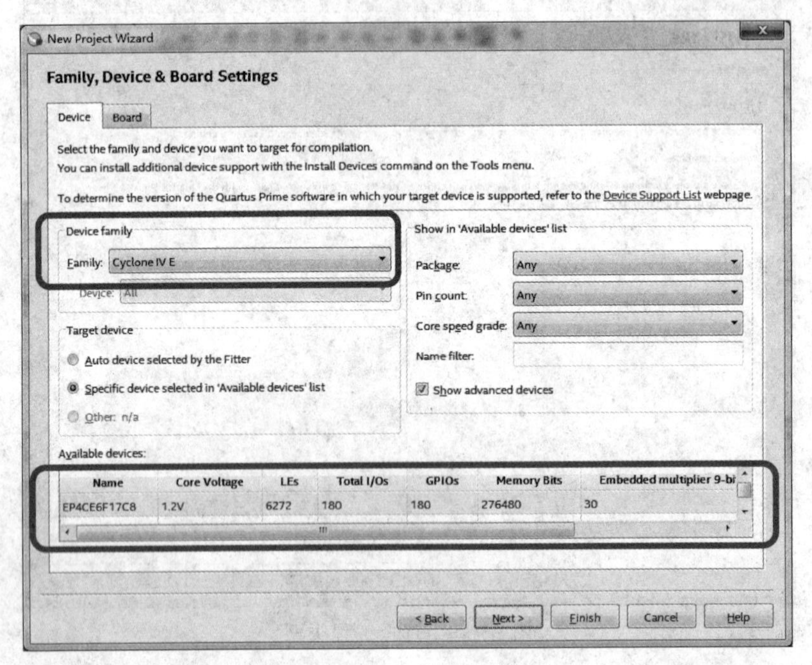

图 7 - 31 设备选择

(7) 选择 EDA 工具，这里只选择仿真工具为 ModelSim-Altera，格式选择 VHDL，然后点击 Next，如图 7 - 32 所示。

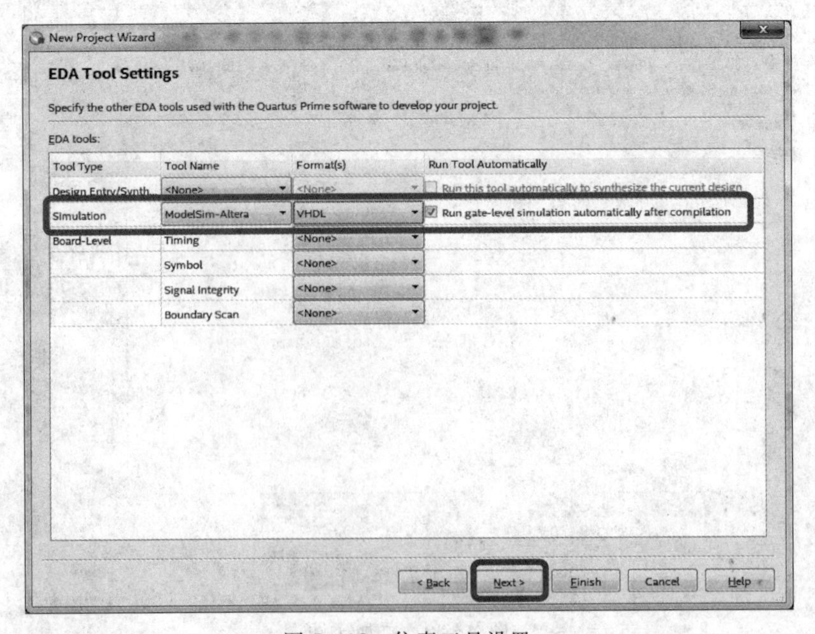

图 7 - 32 仿真工具设置

（8）设置完成后检查是否正确，无误则点击 Finish，如图 7－33 所示。

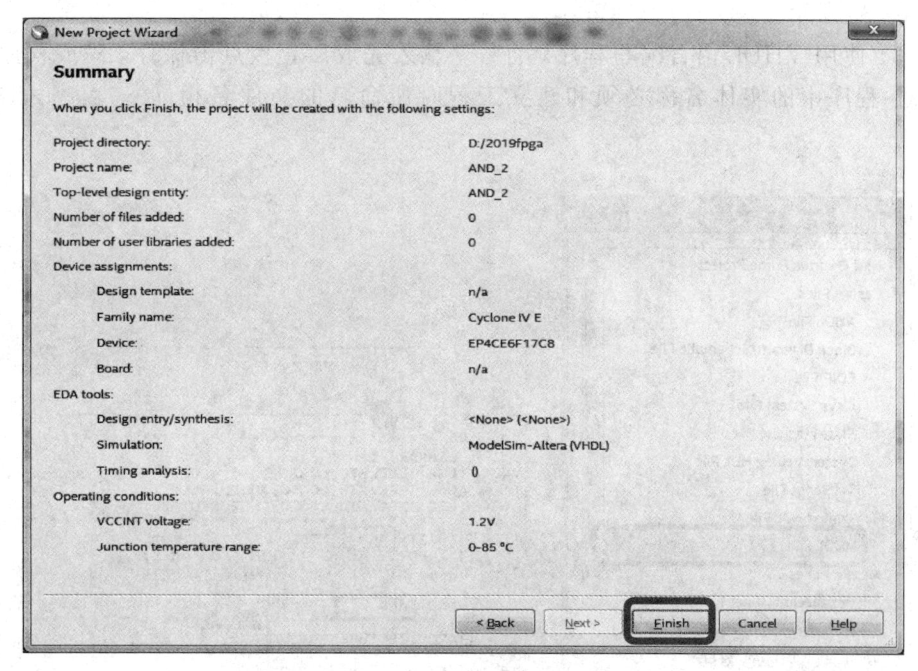

图 7－33　设置完成

2. 程序设计

（1）在 Quartus Prime 主页面下点击左上角的 File，选择 New，如图 7－34 所示。

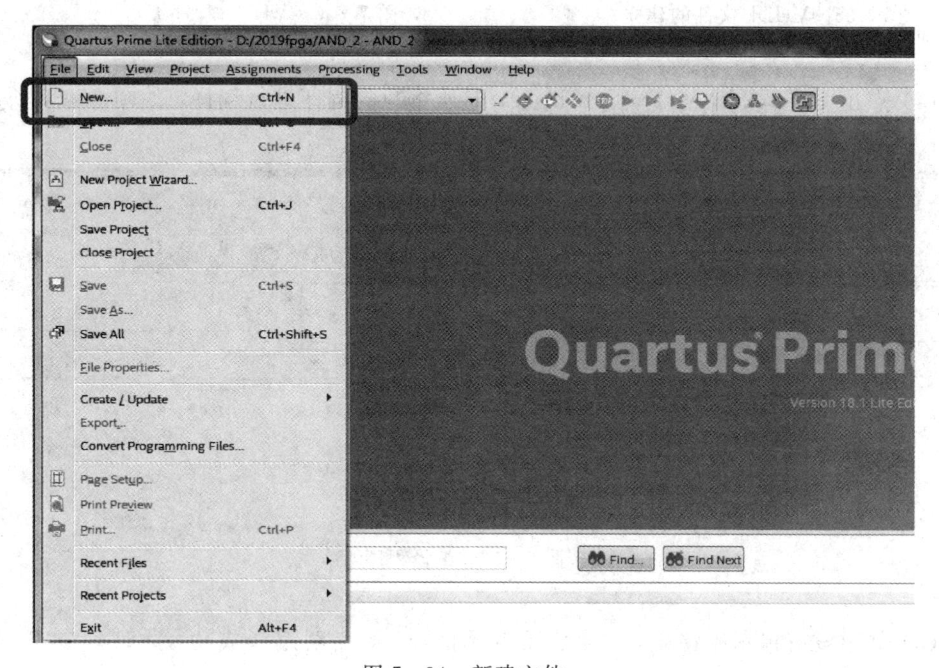

图 7－34　新建文件

(2) 在弹出的对话框中，选择新建 VHDL File 后点击 OK，完成 VHDL 文件的建立，如图 7-35 所示。

(3) 使用 VHDL 语言编写程序，将程序输入完成后直接点击保存，完成程序的编写(注意：程序中的实体名称必须和建立工程时所命名的文件名相同)。程序如图 7-36 所示。

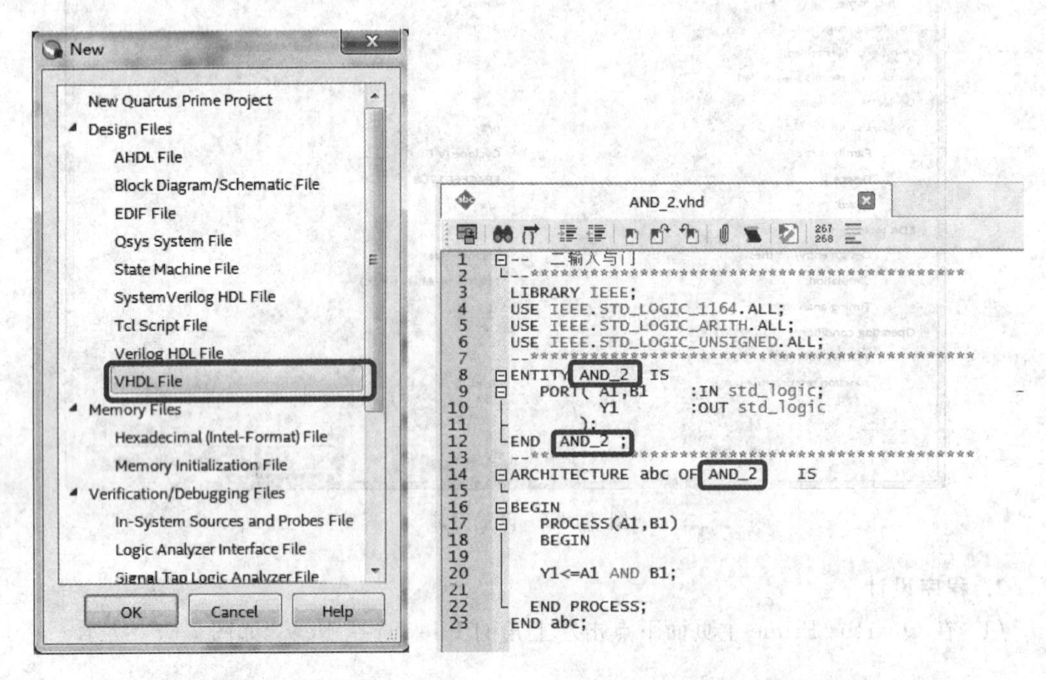

图 7-35 VHDL 文件的建立　　　　图 7-36 VHDL 程序编写

(4) 点击 Start Analysis & Synthesis，对所编写的程序进行编译，如图 7-37 所示。

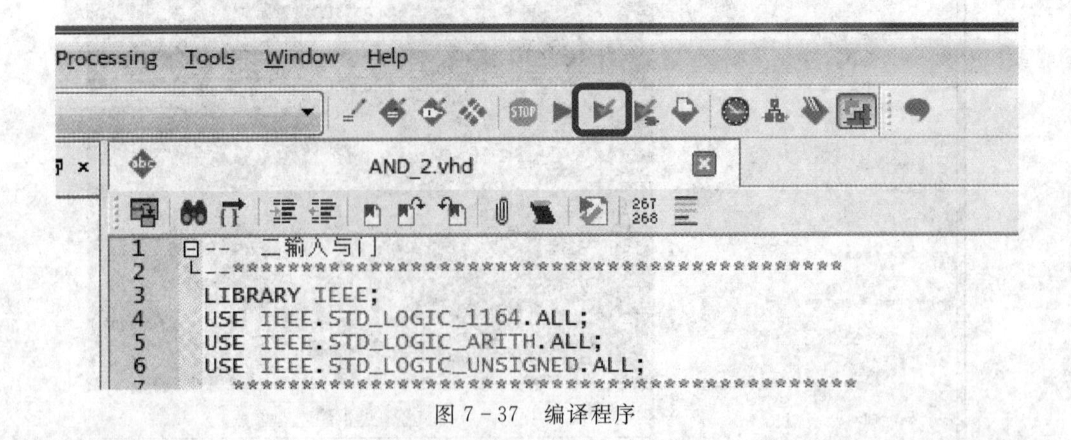

图 7-37 编译程序

(5) 如果没有提示有错误，并生成了编译报告，则表明编译成功，此时一个 VHDL 程序就建立成功了，如图 7-38 所示。

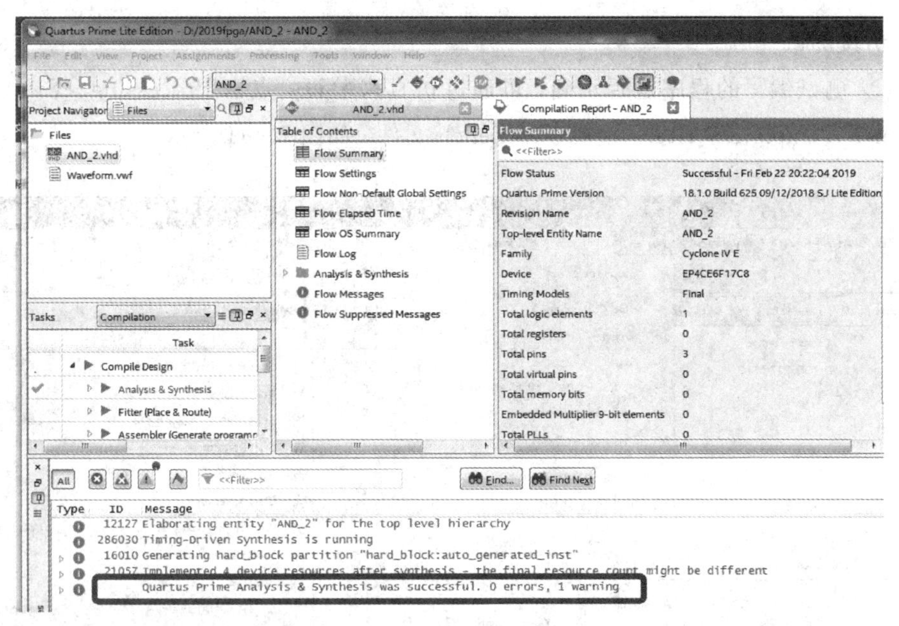

图 7 - 38　编译成功

(6) 编译成功的 VHDL 可以生成一个部件，用于基于电路原理图的设计。对话框选择至 VDHL 文件后，点击 File→Create/Update→Create symbol files for current file，未提示错误就表明已经生成一个部件，如图 7 - 39 所示。

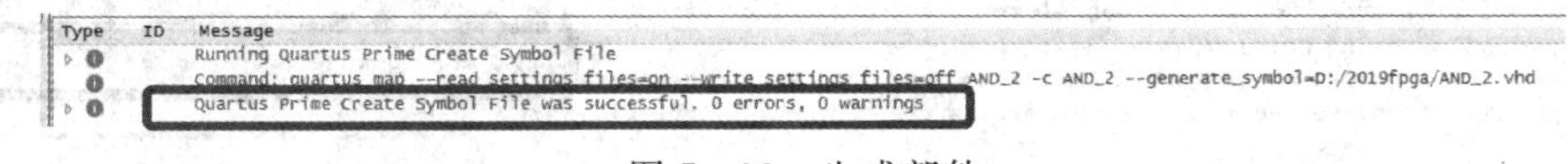

图 7 - 39　生成部件

(7) 在新建原理图文件后，双击原理图的空白处，弹出的器件界面就能在当前工程文件夹的目录下找到生成的二输入与门，如图 7 - 40 所示。该部件即可用于基于原理图的电路设计。

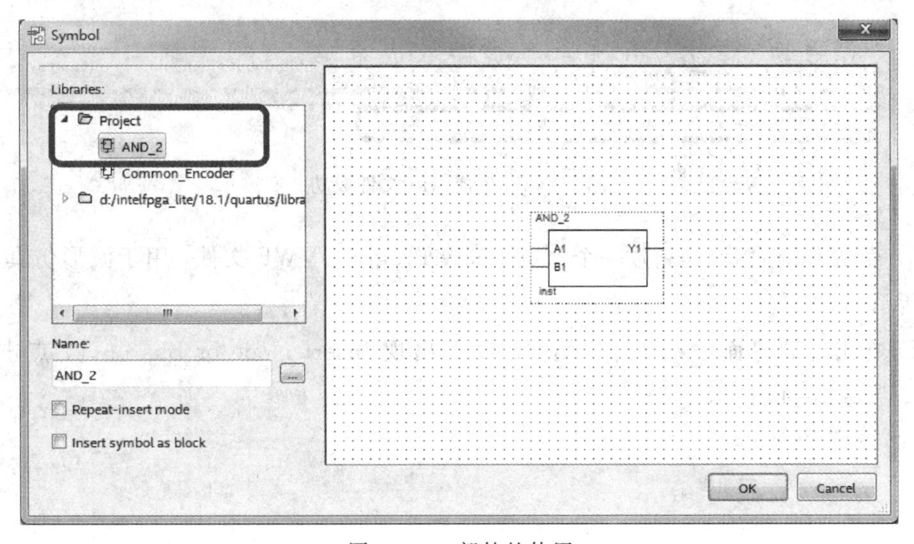

图 7 - 40　部件的使用

3. 仿真测试

(1) 为测试编写的程序是否正确，可通过仿真来验证。点击 Processing→Start→Start Test Bench Template Writer，生成 TestBench 文件，如图 7-41 所示。

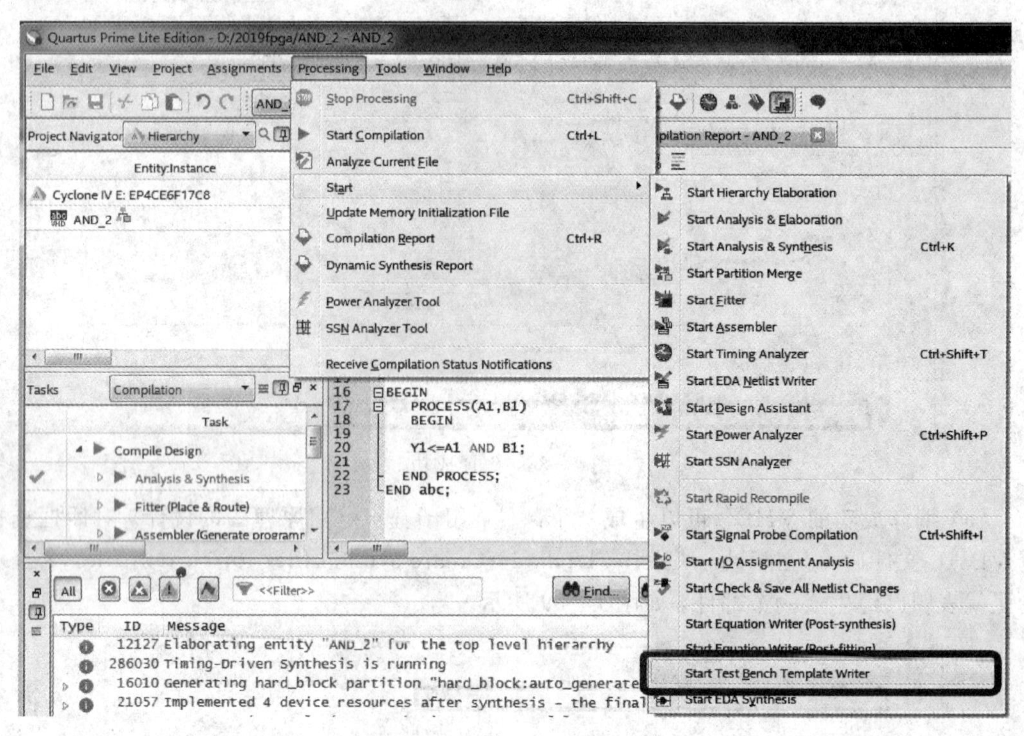

图 7-41 生成 TestBench 文件

(2) 若显示没有错误，则会生成后缀为.vht 的文件，可在所建工程名的文件夹下的 simulation 子文件夹内找到，如图 7-42 所示。

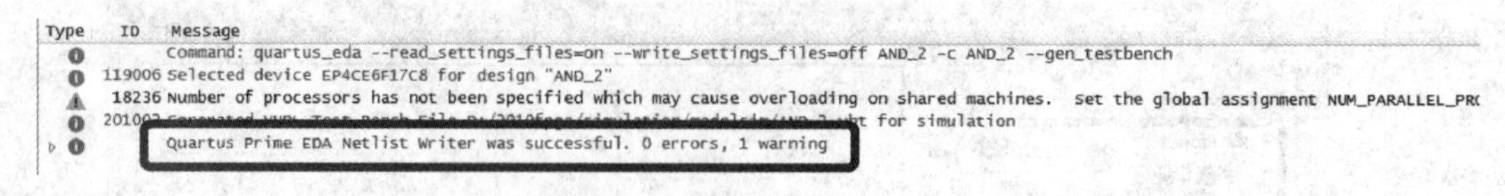

图 7-42 生成.vht 文件成功

(3) 点击 File→New，新建一个 University Program VWF 文件，用于波形仿真，如图 7-43 所示。

(4) 在出现的界面中，双击左侧空白处，出现 Insert Node or Bus 窗口，点击 Node Finder，如图 7-44 所示。

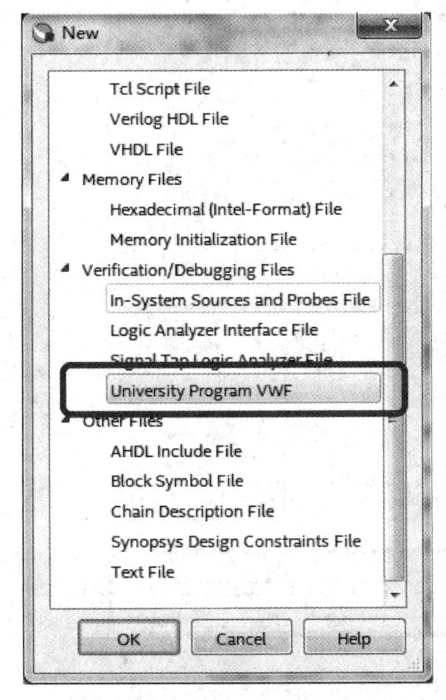

图 7-43　新建 University Program VWF 文件

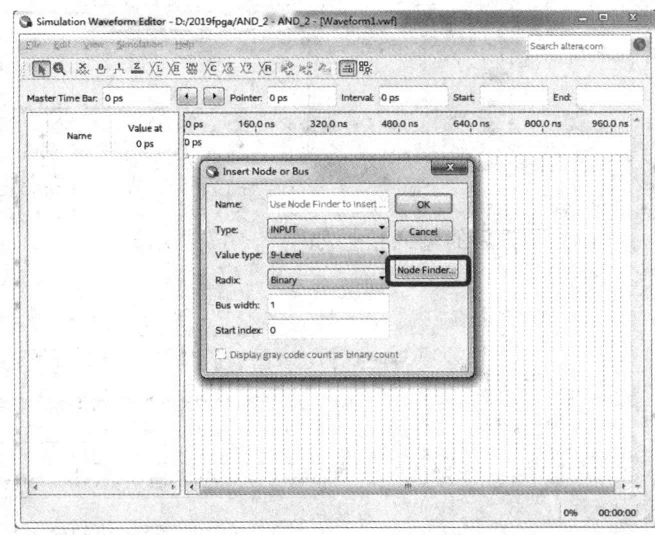

图 7-44　出现 Insert Node or Bus 窗口

(5) 点击 List，将左边对话框出现的输入和输出引脚，通过“>>”按键全部选择到右边的对话框内。在二输入与非门的例子中，A1 和 B1 为输入，Y1 为输出。

(6) 点击 OK，完成输入和输出引脚的选择，如图 7-45 所示。

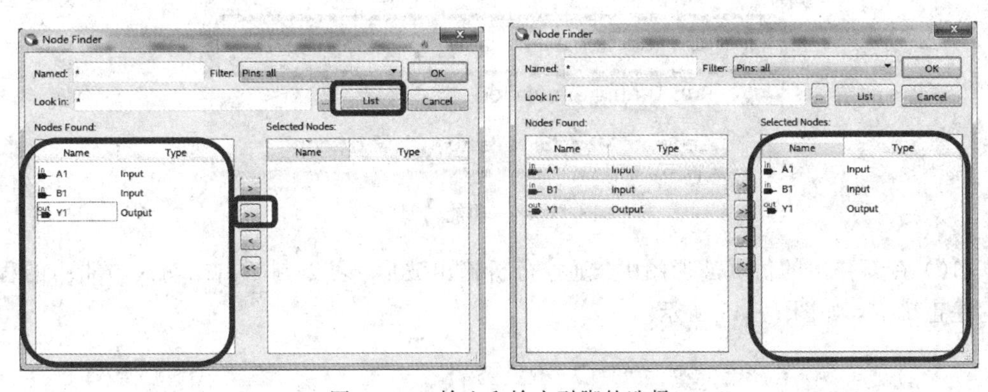

图 7-45　输入和输出引脚的选择

(7) 在出现的界面中，需要对输入信号进行设置后才能进行仿真测试。红色框里的 0 表示低电平，1 表示高电平。分别对 A1 和 B1 进行设置，选中两个输入信号中的一部分，点击 0 表示设置为低电平，点击 1 表示设置为高电平，如图 7-46 所示。

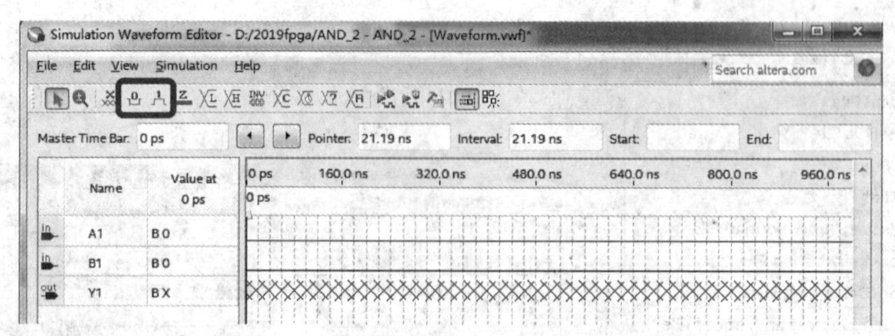

图 7-46 输入信号设置

(8) 设置后的输入信号如图 7-47 所示。

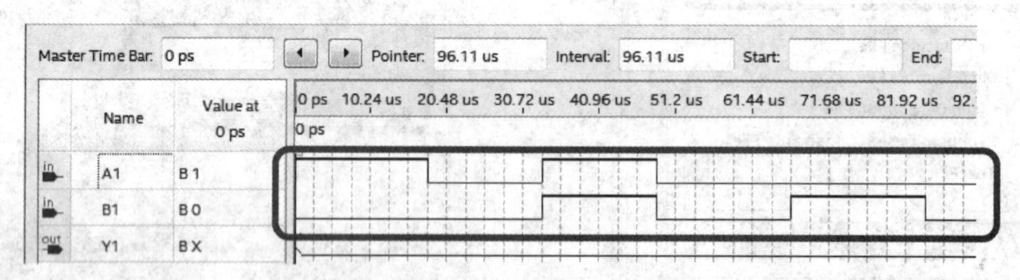

图 7-47 设置后的输入信号

(9) 设置完成后，点击保存，完成波形文件的建立。点击 Simulation→Run Functional Simulation，可进行功能仿真测试，如图 7-48 所示。

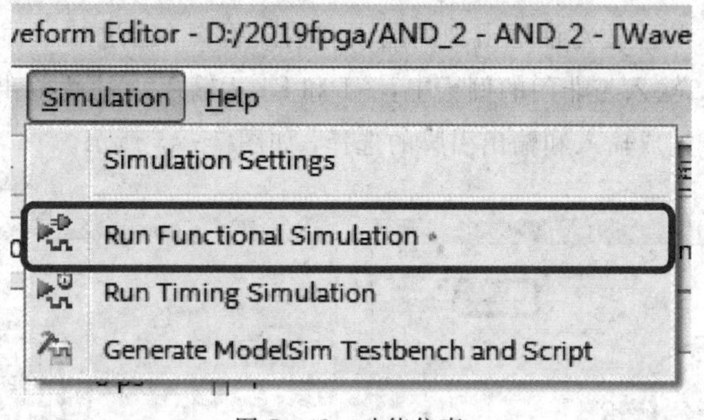

图 7-48 功能仿真

(10) 在新弹出的仿真波形图中，通过分析输出波形，可以判断出二输入与非门的程序编写是正确的，如图 7-49 所示。

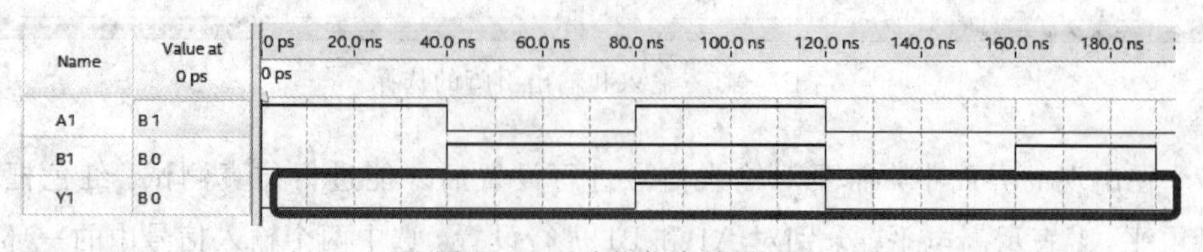

图 7-49 功能仿真结果

(11) 点击 Simulation→Run Timing Simulation，可进行时序仿真测试，如图 7-50 所示。

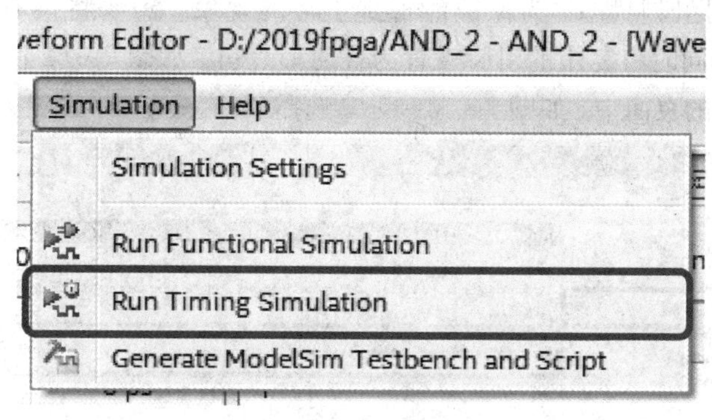

图 7 - 50　时序仿真

（12）在新弹出的仿真波形图中，分析输出波形，如图 7 - 51 所示，输出端 Y1 的信号延迟输入信号 10 ns 的变化，这是实际电路运行时的变化情况。

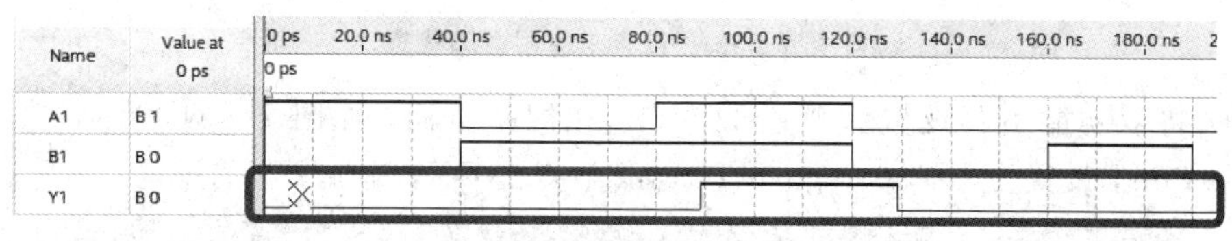

图 7 - 51　功能仿真结果

4. 下载验证

工程编译通过后，需要设置器件及引脚才能将程序下载到开发板中。

（1）点击 Assignments→Device，确认器件选择为 EP4CE6F17C8，如图 7 - 52 所示。

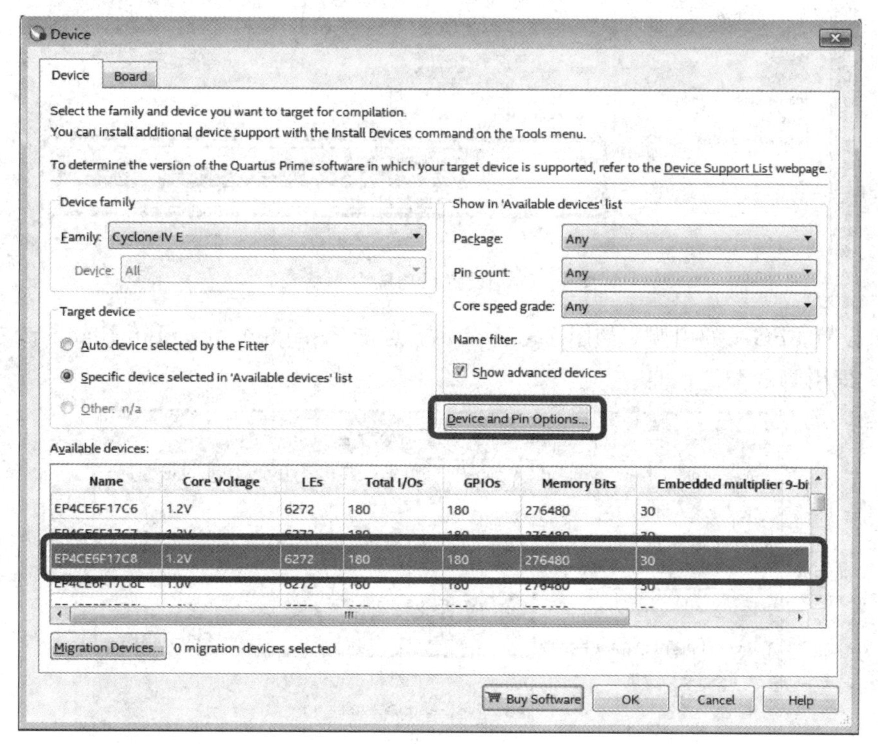

图 7 - 52　器件选择

(2) 设置未使用引脚状态。为保证能得到正常的现象，需要将没有用到的芯片引脚设置为三态输入模式，同时将复用的引脚设置为普通 I/O 口。如图 7－52 所示，点击 Device and Pin Options，在弹出的页面中，如图 7－53 所示，选择 Unused Pins，设置为 As input tri-stated。

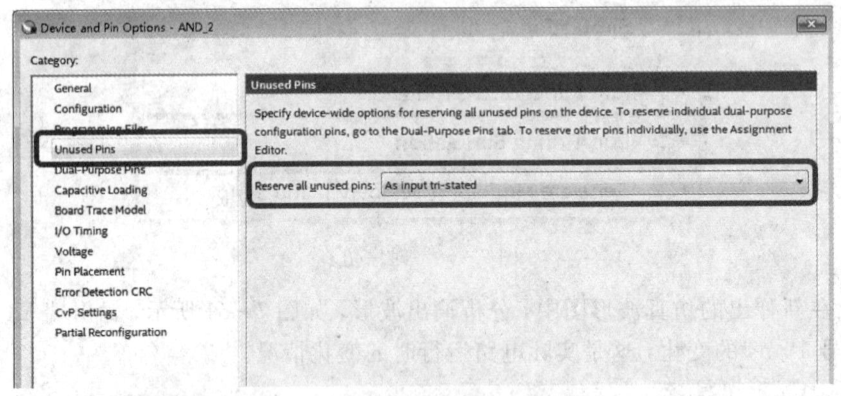

图 7－53　设置未使用引脚状态

(3) 将双功能引脚设置为普通 I/O 口。在同一页面，如图 7－54 所示，选择 Dual-Purpose Pins，设置为 Use as regular I/O，然后点击 OK，完成引脚的设置。

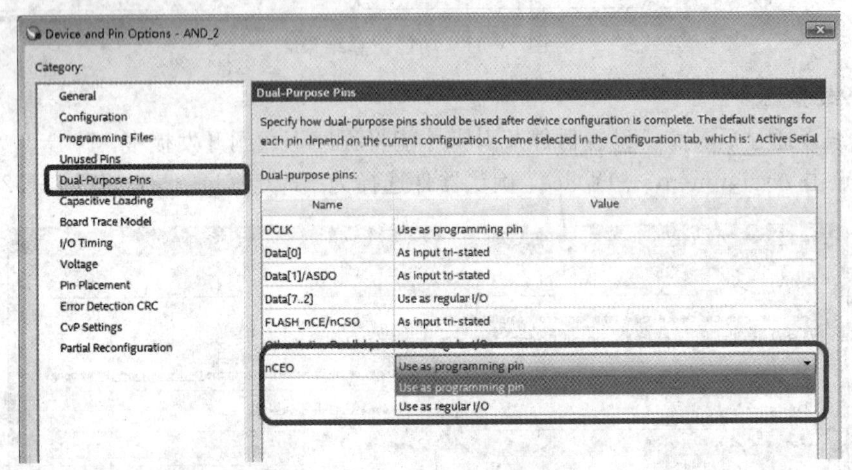

图 7－54　设置双功能引脚状态

(4) 设置 FPGA 的引脚。如图 7－55 所示，点击 Assignments→Pin Planner，打开 Pin Planner，即引脚的配置信息。

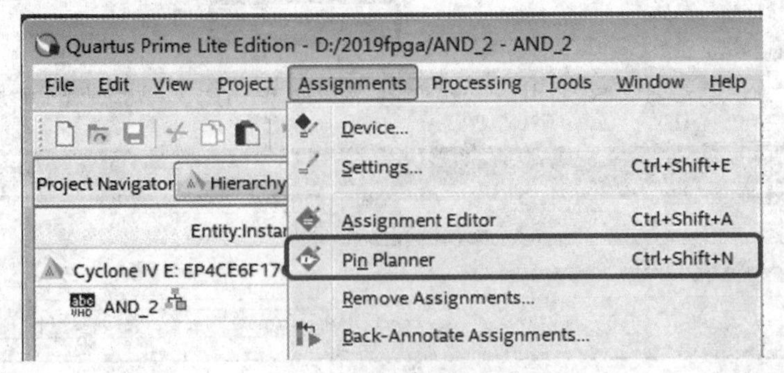

图 7－55　引脚配置菜单

（5）打开 Pin Planner 的引脚配置页面后，如图 7－56 所示，可通过查找 FPGA 开发板引脚图自行配置引脚。以二输入与门为例，需要在 FPGA 开发板中选择两个拨动开关作为输入端，一个 LED 灯作为输出端。通过查找表 7－2 和表 7－3，选取拨动开关 SW0、SW1 作为输入端，即分配其对应的引脚 PIN_R16、PIN_P15 至 A1、B1；选取 LED 灯 LED8 作为输出端，即分配其对应的引脚 PIN_D15 至 Y1。

将 A1 信号的 Location 一栏设置为 PIN_ R16：双击 Pin Planner 面板上 A1 信号所对应的 Location，输入 R16(大小写均可)，回车。再依次设置其他信号的引脚，设置好的引脚如图 7－57 所示。点击设置页面右上角的关闭按钮，关闭引脚设置页面。

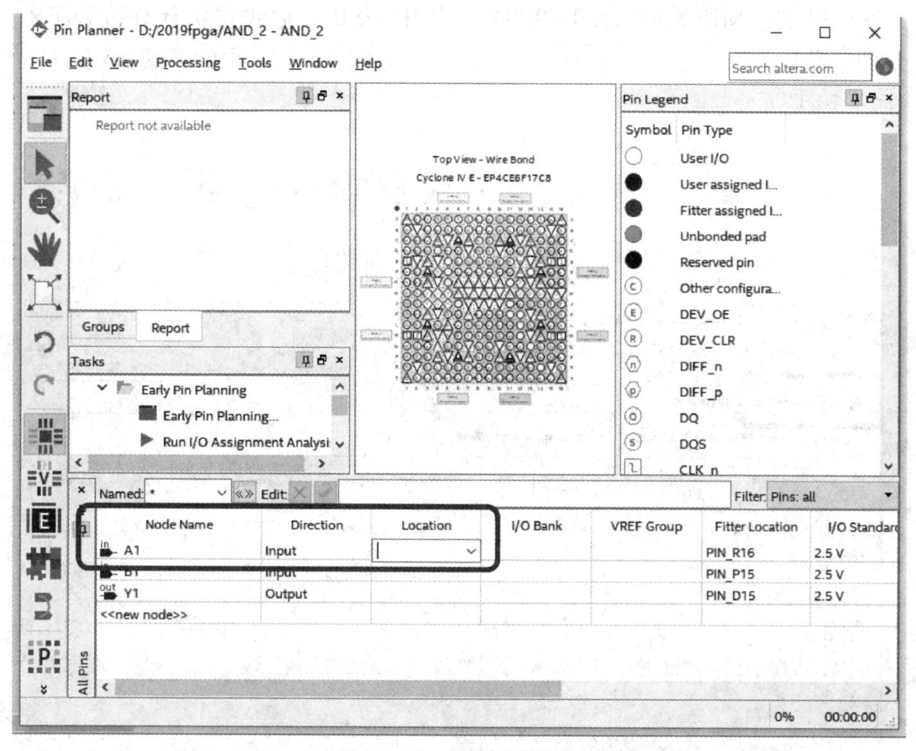

图 7－56　引脚分配设置

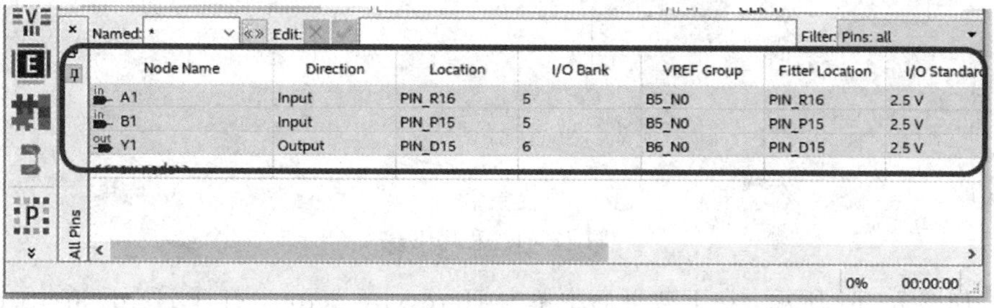

Node Name	Direction	Location	I/O Bank	VREF Group	Fitter Location	I/O Standard
A1	Input	PIN_R16	5	B5_N0	PIN_R16	2.5 V
B1	Input	PIN_P15	5	B5_N0	PIN_P15	2.5 V
Y1	Output	PIN_D15	6	B6_N0	PIN_D15	2.5 V

图 7－57　设置好的引脚

（6）引脚设置完成后，再次编译程序。点击图 7－58 中的全编译按钮，进行全编译；若编译成功，则出现图 7－59 的提示信息。

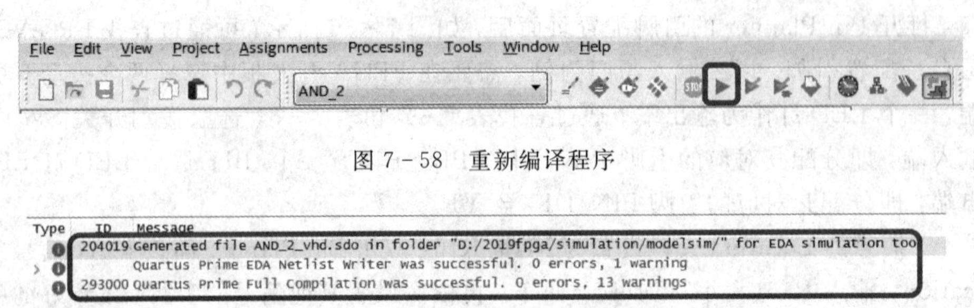

图 7-58 重新编译程序

图 7-59 编译成功提示信息

(7) 下载程序至 MINI_FPGA 开发板中。使用 USB 数据线连接计算机和 FPGA 开发板右上角的下载接口，点击 Tools→Program 或者点击图 7-60 中的下载按钮，进入下载页面，如图 7-61 所示。

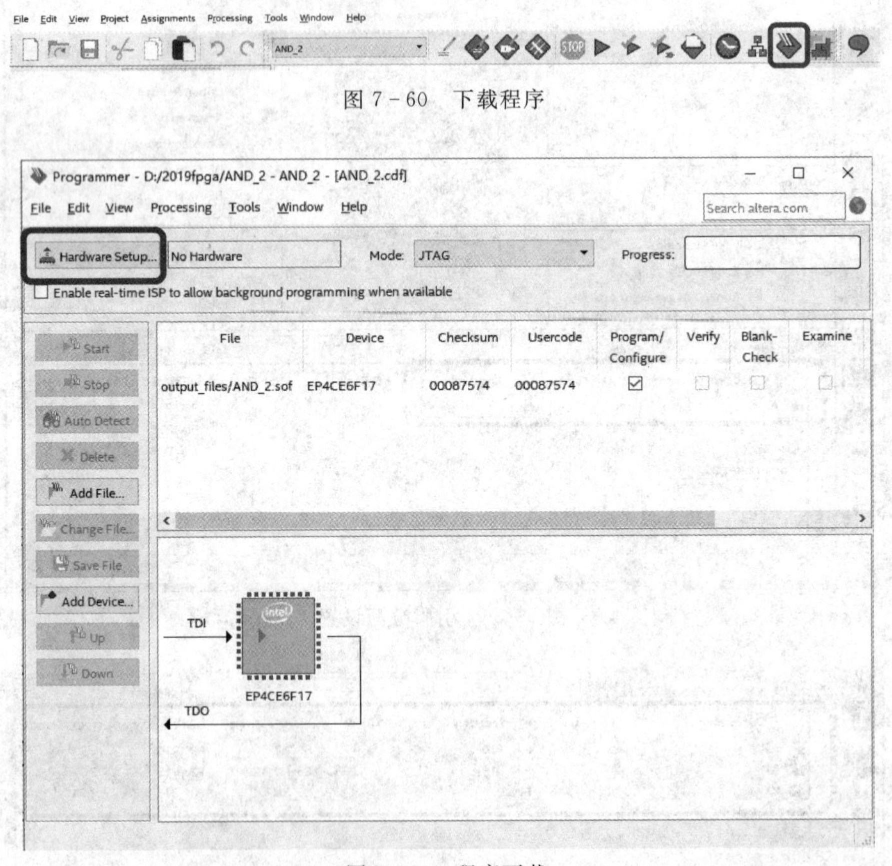

图 7-60 下载程序

图 7-61 程序下载

(8) 如图 7-61 所示，在下载页面中单击 Hardware Setup，打开 Hardware Setup 对话框，如图 7-62 所示，如果 USB-Blaster 的硬件驱动安装成功就会在硬件列表里出现 USB-Blaster，点击下拉箭头，选择 USB-Blaster[USB-0]，点击 Close，完成硬件连接的设置。

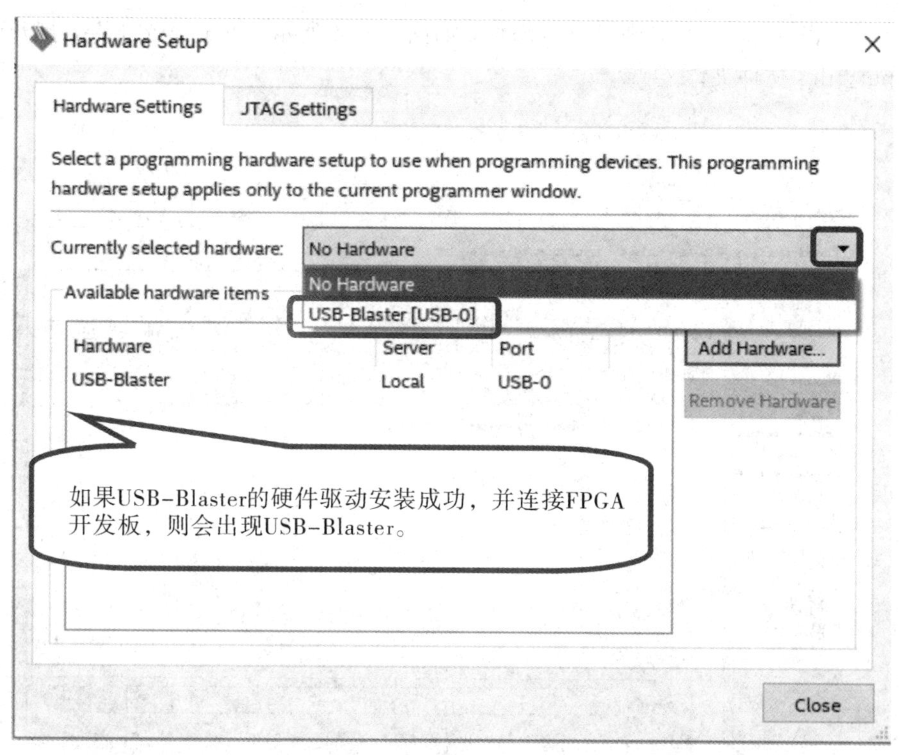

图 7-62　硬件设置

(9) 返回下载页面，如图 7-63 所示，选择 JTAG 模式。若面板中已自动加载 sof 文件，则可直接点击 Start 开始下载程序。

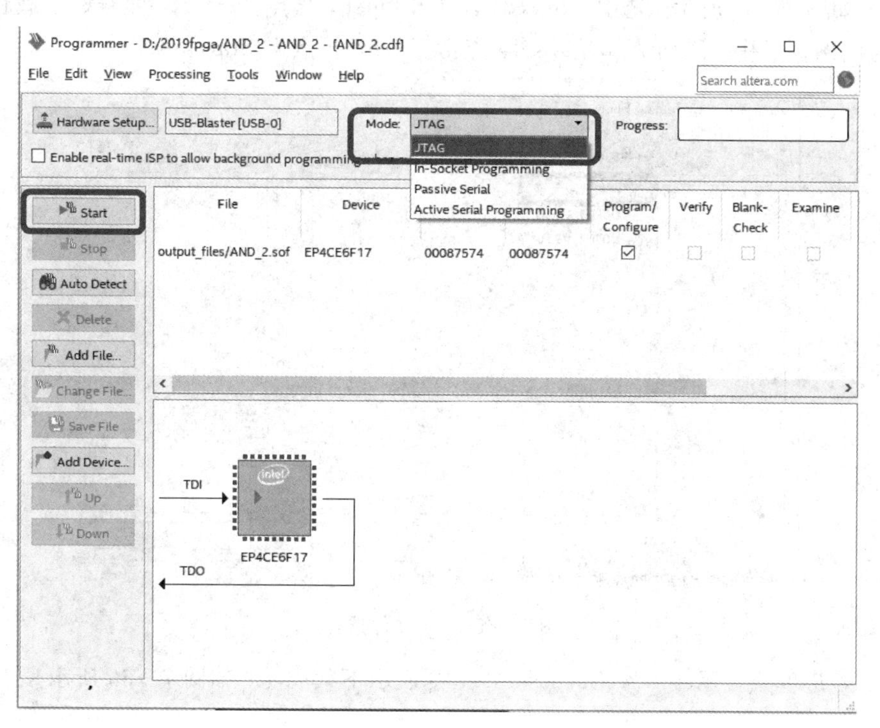

图 7-63　模式选择及下载

(10) 若没有 sof 文件，则可自行添加，如图 7－64 所示，点击 Add File，打开面板，进入 output_files 文件夹。

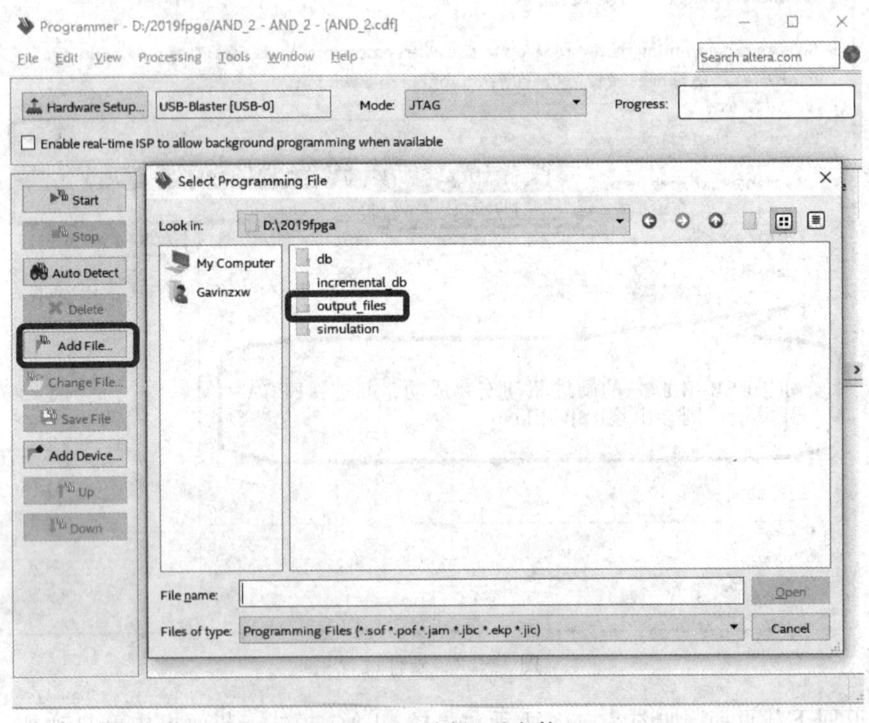

图 7－64　选择 sof 文件

(11) 如图 7－65 所示，选中.sof 文件，点击 Open，再点击 Start，即开始下载程序。在二输入与门的例子中，添加 AND_2.sof，点击 Open，再点击 Start。

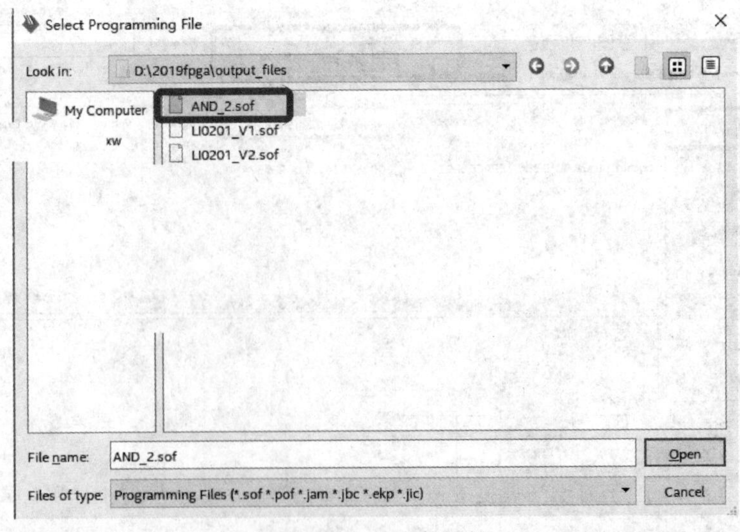

图 7－65　sof 文件选择

(12) 若进度条显示 100%(Successful)，则表示下载成功，如图 7－66 所示。

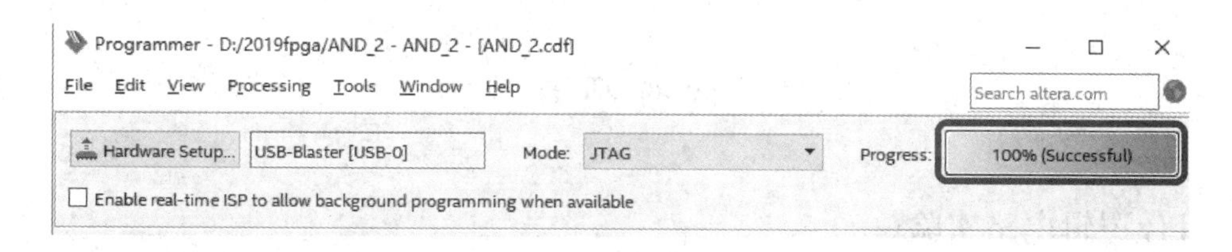

图 7-66　下载成功

(13) 在二输入与门的例子中，若拨动开关都拨至“0”(即拨动开关拨向下)，输入均为“0”，则输出为“0”，LED8 的指示灯不亮，如图 7-67 所示。

图 7-67　二输入与门例子示范 1

(14) 若拨动开关都拨至“1”(即拨动开关拨向上)，输入均为“1”，则输出为“1”，LED8 的指示灯亮，如图 7-68 所示。

图 7-68　二输入与门例子示范 2

7.4 实验项目

7.4.1 组合逻辑电路实验(一)

1. 实验目的

(1) 掌握编码器、译码器的逻辑功能及使用方法；

(2) 掌握利用编码器、译码器进行电路设计的方法；

(3) 熟悉组合逻辑电路的测试方法。

2. 实验仪器及元器件

(1) 双踪示波器；

(2) 万用表；

(3) 电路电子综合实验箱；

(4) 面包板；

(5) 集成电路 74HC148、74HC138、74HC08、74HC20、74HC30。

3. 实验内容

(1) 用两片优先编码器 74HC148 和必要的门电路，设计一个 2421 码的编码器电路。要求先在 Proteus 中画出原理图，验证其功能，再用面包板连接电路并测试。

当 10 个输入信号中任一为 0 时，输出端即可输出对应的 2421 码。如图 7-69 所示，在使用 Proteus 仿真时，若输入端 5 为 0，则输出端 F3、F2、F1、F0 为 1011，符合 2421 码编码规则。

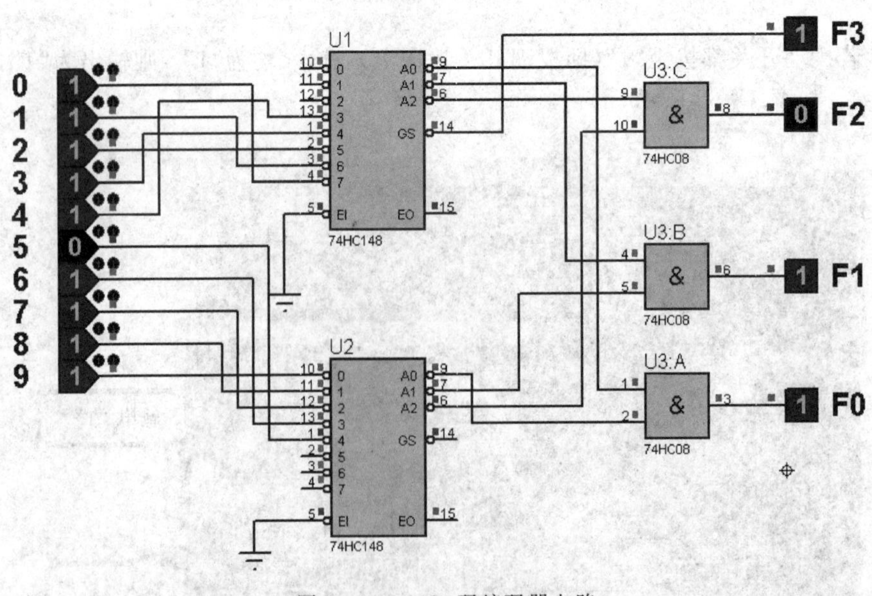

图 7-69 2421 码编码器电路

(2) 用一片 3 线-8 线译码器 74HC138 和门电路设计一个一位全减器电路。要求先在 Proteus 中画出原理图，验证其功能，再用面包板连接电路并测试。

输入端被减数A、减数B和低位借位信号Ci－1，输出端Si表示差，Ci表示借位信号。如图7－70所示，在使用Proteus仿真时，当输入端为010时，输出为11，实现全减器的功能。

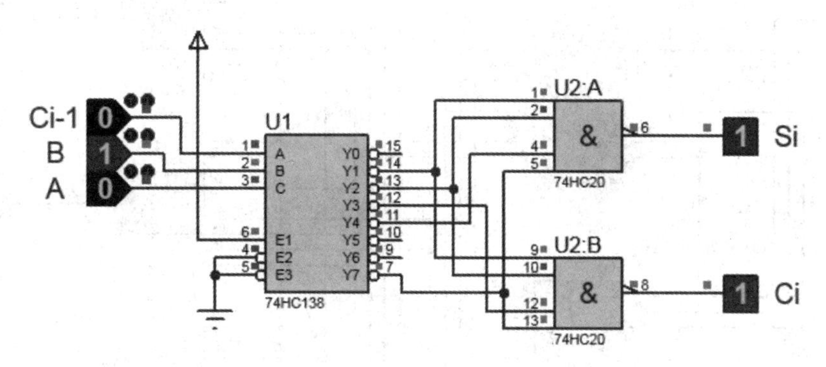

图7－70　一位全减器电路

(3) 用两片3线－8线译码器74HC138和门电路设计一个奇偶校验电路，当输入的4个变量中有偶数个1时输出为1，否则输出为0。要求先在Proteus中画出原理图，验证其功能，再用面包板连接电路并测试。

输入端四变量为A3、A2、A1、A0，输出端F。如图7－71所示，在使用Proteus仿真时，当输入端为1100时，4个变量中有两个1，因此输出端F为1。

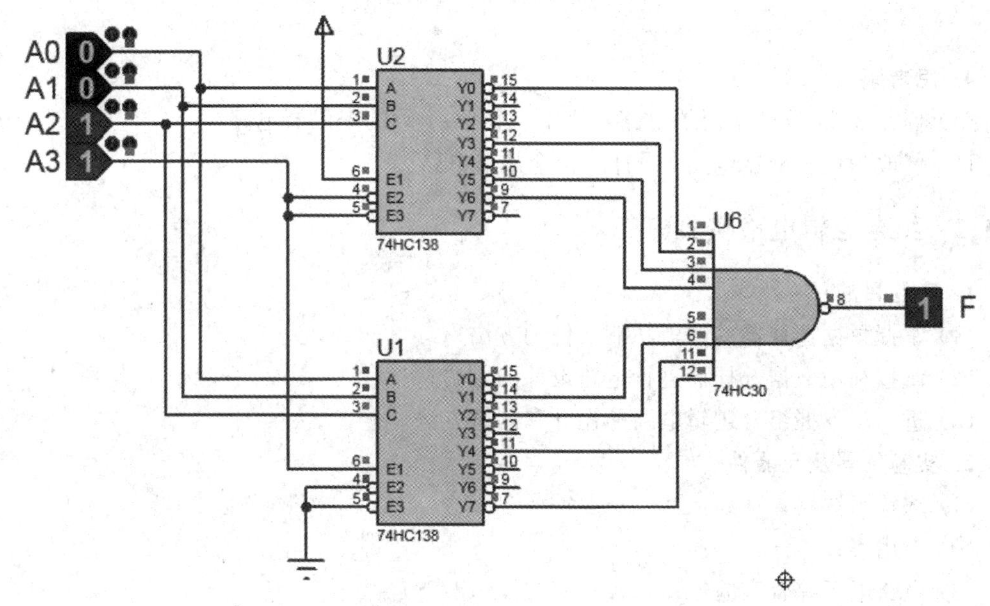

图7－71　奇偶校验电路

(4) 用两片3线－8线译码器74HC138和门电路设计一个8421码转换为余3码的电路。要求先在Proteus中画出原理图，验证其功能，再用面包板连接电路并测试。

输入端8421码为A3、A2、A1、A0，输出端余3码为F3、F2、F1、F0。如图7－72所示，在使用Proteus仿真时，若输入的8421码为0110，则输出的余3码为1001，符合余3码的编码规则。

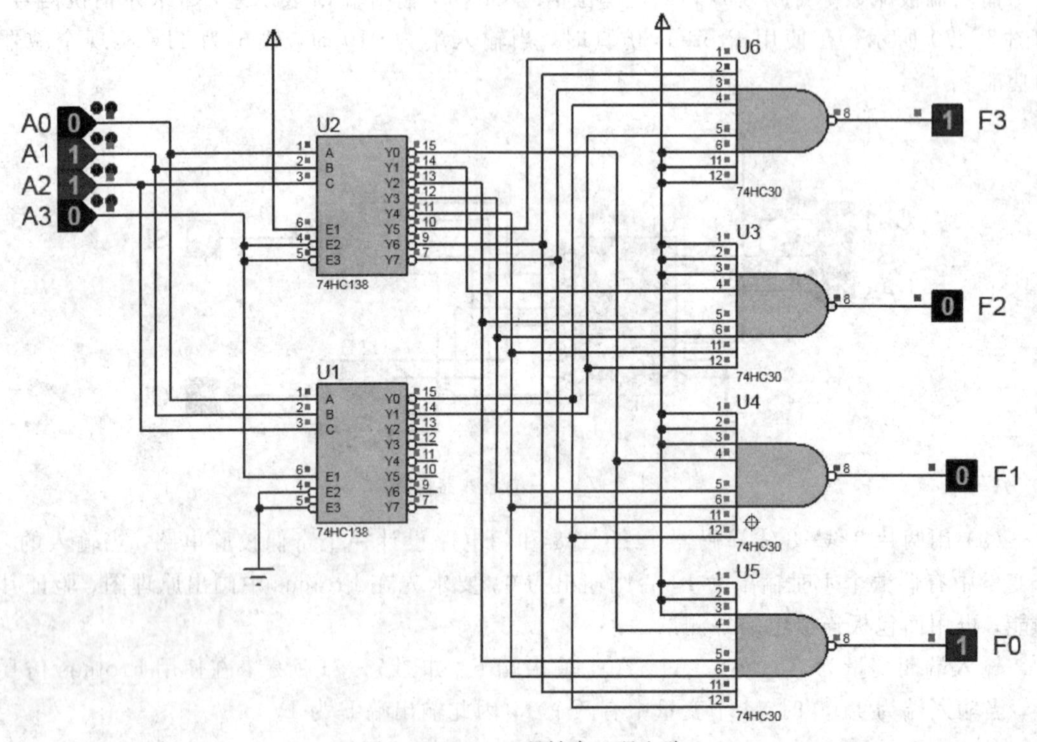

图 7-72　8421 码转余 3 码电路

4. 思考题

(1) 修改 2421 码的编码器电路，设计一个 8421 码的编码器电路。

(2) 修改一位全减器电路，设计一位全加器电路。

7.4.2　组合逻辑电路实验(二)

1. 实验目的

(1) 掌握数据选择器的逻辑功能及使用方法；

(2) 掌握利用数据选择器进行电路设计的方法；

(3) 进一步掌握组合逻辑电路的设计和测试方法。

2. 实验仪器及元器件

(1) 双踪示波器；

(2) 万用表；

(3) 电路电子综合实验箱；

(4) 面包板；

(5) 集成电路 74HC151、74HC153、74HC138、74HC04。

3. 实验内容

(1) 用一片 4 选 1 数据选择器 74HC153 设计一个数值大小判断电路，输入为 8421BCD 码，当输入的数字大于 1 小于 9 时，输出为 1，否则输出为 0。要求先在 Proteus 中画出原理图，验证其功能，再用面包板连接电路并测试。

输入端 8421 码为 D、C、B、A，输出端为 F，74HC153 的地址输入端 B、A 分别接 8421 码的高位 D、C。如图 7-73 所示，在使用 Proteus 仿真时，当输入的 8421 码为 0100 时，数值在 2～8 之间，因此输出为 1。

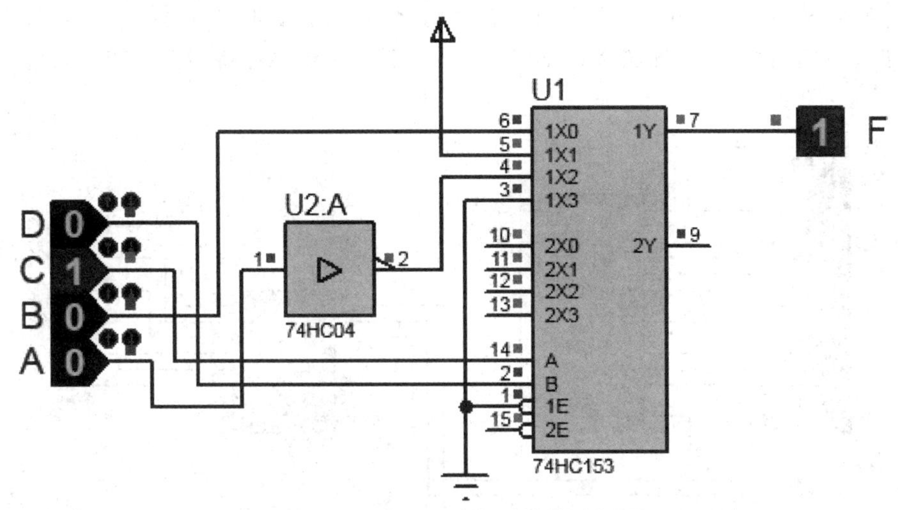

图 7-73　数值大小判断电路

(2) 用一片数据选择器 74HC151 和门电路设计一个运算判断电路。输入为 4 位二进制数，当输入的数能被 5 或者 2 整除时输出为 1，否则输出为 0。要求先在 Proteus 中画出原理图，验证其功能，再用面包板连接电路并测试。

输入端二进制数为 D、C、B、A，输出端为 F，74HC151 的地址输入端 C、B、A 分别接二进制数的 D、C、B。如图 7-74 所示，在使用 Proteus 仿真时，当输入的二进制数为 0101 时，数值 5 能被 5 整除，因此输出为 1。

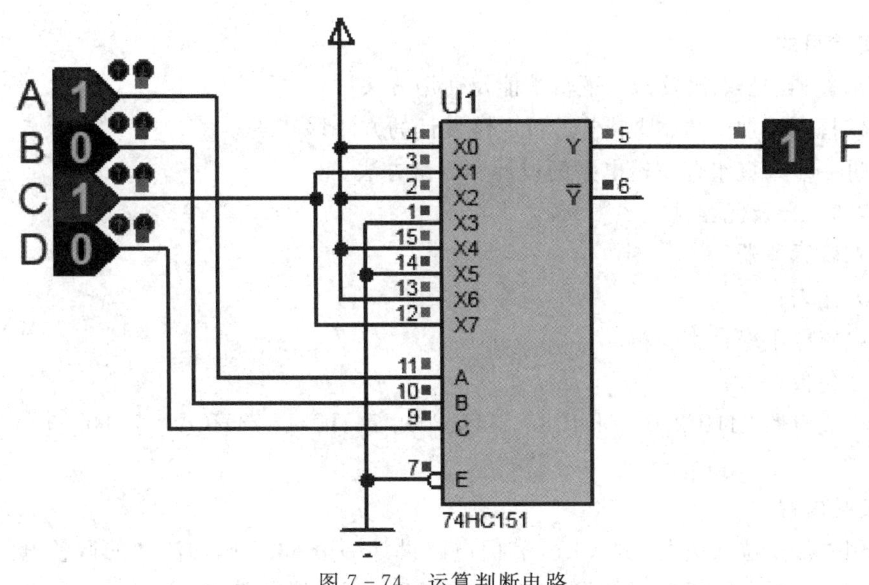

图 7-74　运算判断电路

(3) 用一片数据选择器 74HC151 和一片译码器 74HC138 组成一个 6 路分时传送系统。测试在相同地址 CBA 的控制下，74HC151 的数据输入 X5～X0 和 74HC138 的输出 Y5～

Y0 的对应关系。要求先在 Proteus 中画出原理图，验证其功能，再用面包板连接电路并测试。

数据输入端为 X5、X4、X3、X2、X1、X0，地址输入端为 C、B、A，数据输出端为 Y5、Y4、Y3、Y2、Y1、Y0。如图 7-75 所示，在使用 Proteus 仿真时，当地址选择为 001 时，数据输入端 X1 的数据可以传输给 Y1，即 X1=Y1，其他输出端保持为 1 不变。

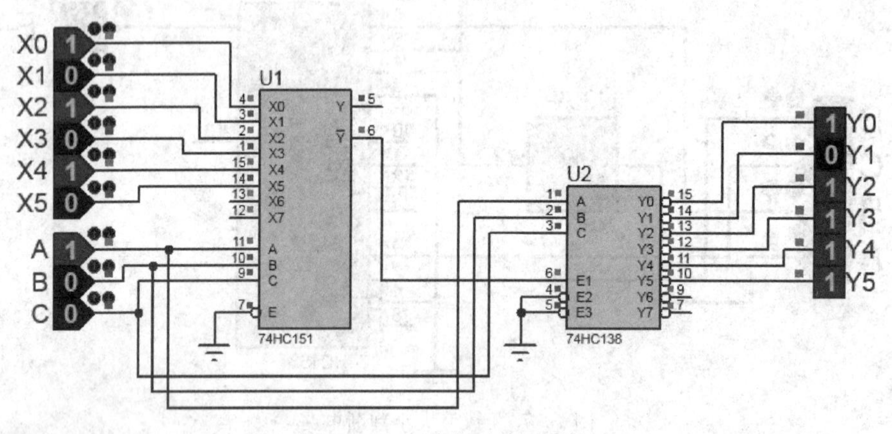

图 7-75　6 路分时传送系统

4. 思考题

(1) 设计的 6 路分时传送系统，若将数据选择器 74HC151 的输出 $\overline{Y}$ 改为 Y，则译码器 74HC138 的串行输入端应该如何改接，才能保持系统功能不变？

(2) 用数据选择器 74HC151 和译码器 74HC138，设计一个 3 位二进制数等值比较器。

7.4.3　组合逻辑电路实验(三)

1. 实验目的

(1) 掌握加法器、比较器的逻辑功能及使用方法；

(2) 掌握利用加法器、比较器进行电路设计的方法；

(3) 进一步掌握组合逻辑电路的设计和测试方法。

2. 实验仪器及元器件

(1) 双踪示波器；

(2) 万用表；

(3) 电路电子综合实验箱；

(4) 面包板；

(5) 集成电路 74HC283、74HC85、74HC00、74HC04、74HC08、74HC10、74HC32、74HC86。

3. 实验内容

(1) 用一片 4 位加法器 74HC283 和门电路设计一个 8421 码加法和的调整电路。要求先在 Proteus 中画出原理图，验证其功能，再用面包板连接电路并测试。

两个 8421 码相加的结果为输入端 S4、S3、S2、S1、S0，调整后的结果为输出端 F4、F3、F2、F1、F0。如图 7-76 所示，在使用 Proteus 仿真时，当输入的 8421 码加法和为

10010 时，是伪码，需要加 6 调整，因此输出为 11000。

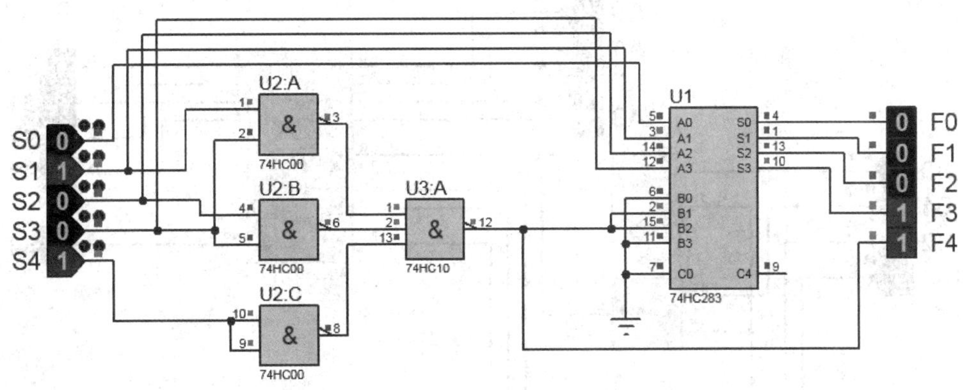

图 7-76　8421 码加法和调整电路

(2) 用一片数据选择器 74HC151、一片 4 位加法器 74HC283 和门电路设计一个 2421 码加法和调整电路。要求先在 Proteus 中画出原理图，验证其功能，再用面包板连接电路并测试。

两个 2421 码相加的结果为输入端 E、D、C、B、A，调整后的结果为输出端 F4、F3、F2、F1、F0。如图 7-77 所示，在使用 Proteus 仿真时，当输入的 2421 码加法和为 00101 时，是伪码且没有进位，需要加 6 调整，因此输出为 01011。

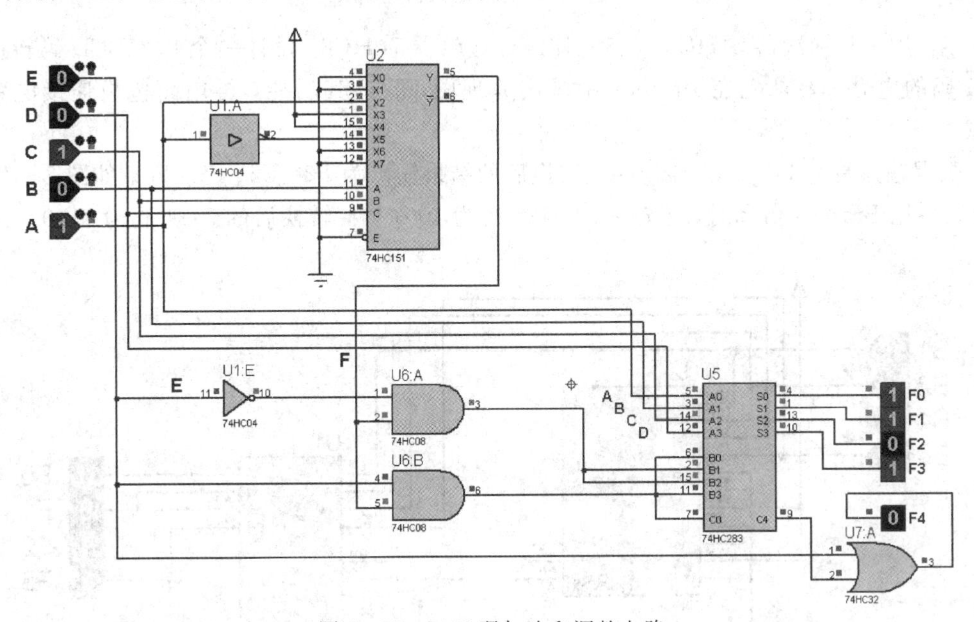

图 7-77　2421 码加法和调整电路

(3) 用一片加法器 74HC283 和异或门 74HC86 组成一个 4 位二进制数加法/减法器，当控制端 C 为 0 时做加法运算，C 为 1 时做减法运算。要求先在 Proteus 中画出原理图，验证其功能，再用面包板连接电路并测试。

两个数据输入端分别为 A3、A2、A1、A0 和 B3、B2、B1、B0，控制端为 C，运算的结果为 F3、F2、F1、F0。如图 7-78 所示，在使用 Proteus 仿真时，当控制端 C=1 时做减法，即 1110－1100，因此运算结果为 0010，S4 为 1 表示完成减法运算。

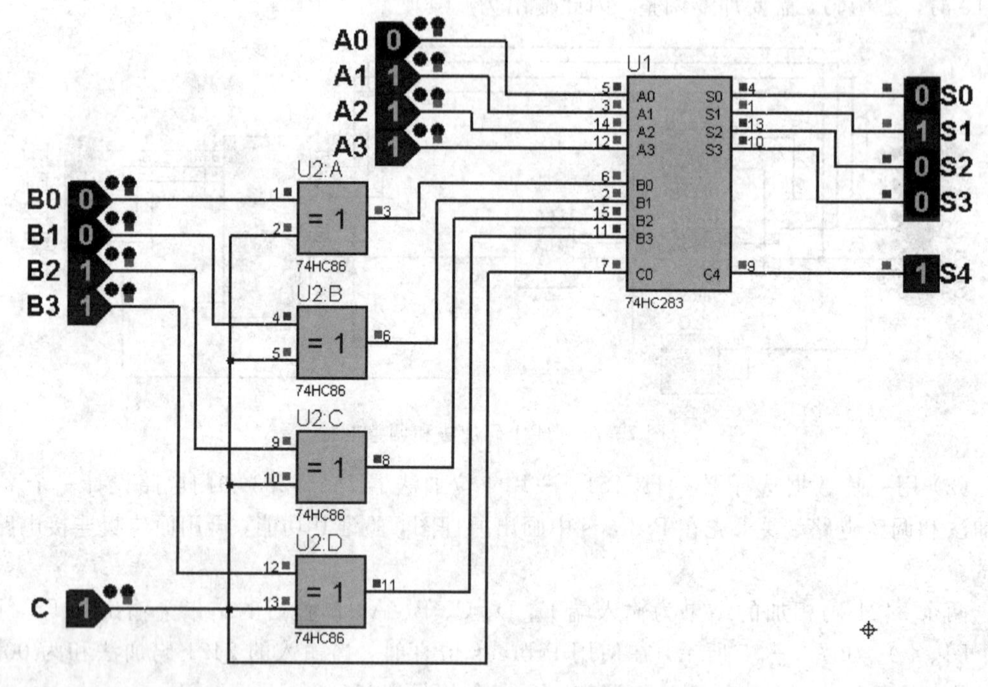

图 7－78 加/减法器电路

(4) 用一片加法器 74HC283 和一片四位比较器 74HC85 设计一个 8421BCD 码转换为 5421 码的电路。要求先在 Proteus 中画出原理图，验证其功能，再用面包板连接电路并测试。

数据输入端为 B8、B4、B2、B1，转换后的结果输出为 F3、F2、F1、F0。如图 7－79 所示，在使用 Proteus 仿真时，当输入的 8421 码为 1001 时，转换后的 5421 码为 1100。

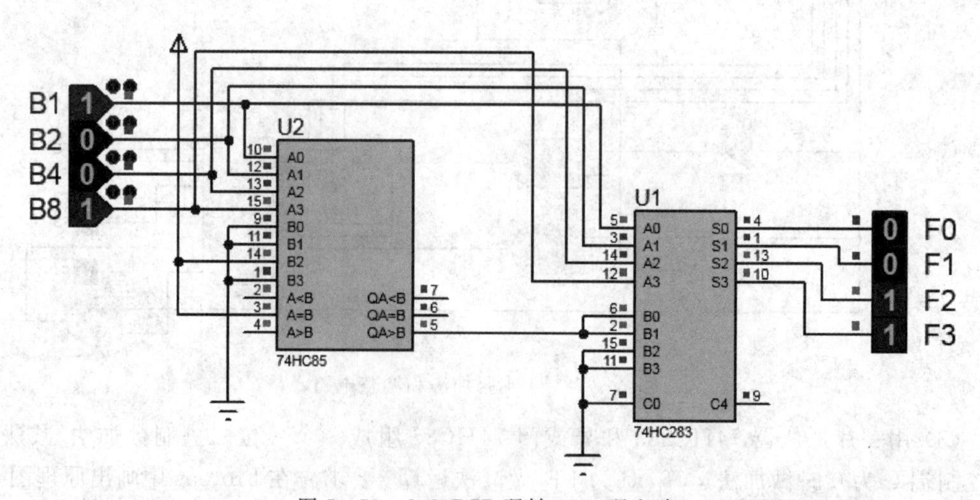

图 7－79 8421BCD 码转 5421 码电路

4. 思考题

(1) 用一片 4 位加法器 74HC283 设计一个 8421BCD 码转换为余 3 码的电路。

(2) 利用 8421 码加法和调整电路，设计一个 8421 码加法器电路。

7.4.4　组合逻辑电路实验(四)

1. 实验目的

(1) 了解组合逻辑电路的设计方法，学会用 VHDL 语言进行简单的逻辑电路设计；

(2) 熟悉 Quartus 软件中使用硬件描述语言进行电路设计，并能进行功能和时序仿真；

(3) 熟悉 FPGA 开发板的使用。

2. 实验仪器及元器件

(1) 双踪示波器；

(2) 万用表；

(3) 电路电子综合实验箱；

(4) PC 及 Quartus 软件；

(5) FPGA 开发板。

3. 实验内容

(1) 用 VHDL 语言设计一个三变量奇偶校验电路，当输入的三个变量中有偶数个 1 时电路输出为 1，否则输出为 0。使用 Quartus 软件进行程序编写、编译，编译通过后进行仿真，最后将程序下载到 FPGA 开发板中验证其功能。

三变量奇偶校验电路的参考源代码如图 7-80 所示。程序编译通过后，建立波形文件进行时序仿真，仿真波形如图 7-81 所示。当输入信号 C、B、A 出现偶数个 1 时，输出信号 F 为 1；其他情况输出为 0。由于采用时序仿真，因此输出信号的变化延迟输入信号约 10 ns。

```
1  --    3变量奇偶校验电路
2  --*************************************************
3  LIBRARY IEEE;
4  USE IEEE.STD_LOGIC_1164.ALL;
5  USE IEEE.STD_LOGIC_ARITH.ALL;
6  USE IEEE.STD_LOGIC_UNSIGNED.ALL;
7  --*************************************************
8  ENTITY JOJY_3 IS
9     PORT(
10          A,B,C        :IN std_logic;
11          F            :OUT std_logic
12        );
13 END  JOJY_3 ;
14 --*************************************************
15 ARCHITECTURE abc OF JOJY_3 IS
16 signal  INTEMP :std_logic_VECTOR(2 DOWNTO 0);
17 BEGIN
18    INTEMP<=C&B&A;
19    PROCESS(INTEMP)
20    BEGIN
21       CASE INTEMP IS
22       WHEN"000"=>F<='1';
23       WHEN"001"=>F<='0';
24       WHEN"010"=>F<='0';
25       WHEN"011"=>F<='1';
26       WHEN"100"=>F<='0';
27       WHEN"101"=>F<='1';
28       WHEN"110"=>F<='1';
29       WHEN"111"=>F<='0';
30       WHEN OTHERS=>F<='0';
31       END CASE;
32    END PROCESS;
33 end abc;
```

图 7-80　三变量奇偶校验电路参考源代码

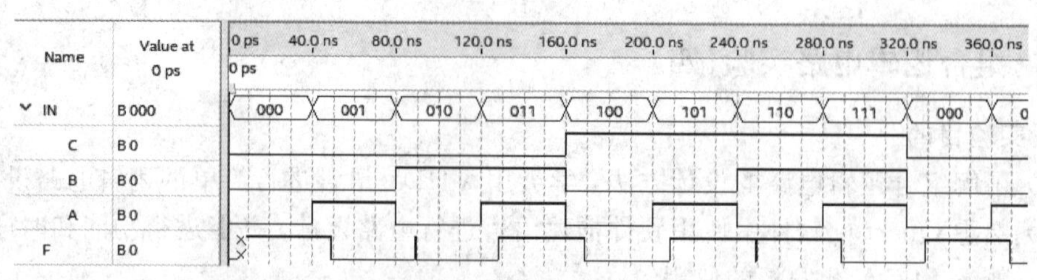

图 7-81　三变量奇偶校验电路时序仿真波形图

(2) 用 VHDL 语言设计一个可控的代码转换电路，完成 4 位二进制码和格雷码的互相转换。当控制端 CON 为 0 时，完成二进制码转换为格雷码；当控制端 CON 为 1 时，完成格雷码转换为二进制码。使用 Quartus 软件进行程序编写、编译，编译通过后进行仿真，最后将程序下载到 FPGA 开发板中验证其功能。

可控的代码转换电路的参考源代码如图 7-82 所示。程序编译通过后，建立波形文件进行时序仿真，仿真波形如图 7-83 所示。当控制端 CON 为 0 时，实现二进制码转换为格雷码，输入为二进制码 0010，输出为格雷码 0011；当控制端 CON 为 1 时，实现格雷码转换为二进制码，输入为格雷码 0101，输出为二进制码 0110。

```
1  LIBRARY IEEE;
2  USE IEEE.STD_LOGIC_1164.ALL;
3  USE IEEE.STD_LOGIC_ARITH.ALL;
4  USE IEEE.STD_LOGIC_UNSIGNED.ALL;
5  --*********************************************
6  ENTITY  BINARY_TO_GRAY  IS
7     PORT( A3,A2,A1,A0,CON     :IN std_logic;
8           F3,F2,F1,F0     :OUT std_logic
9         );
10 END  BINARY_TO_GRAY ;
11 --*********************************************
12 ARCHITECTURE abc OF BINARY_TO_GRAY IS
13 BEGIN
14    PROCESS(A3,A2,A1,A0,CON)
15    BEGIN
16    IF(CON='0')THEN
17    F3<=A3;
18    F2<=A3 XOR A2;
19    F1<=A2 XOR A1;
20    F0<=A1 XOR A0;
21    ELSE
22    F3<=A3;
23    F2<=A3 XOR A2;
24    F1<=A3 XOR A2 XOR A1;
25    F0<=A3 XOR A2 XOR A1 XOR A0;
26    END IF;
27    END PROCESS;
28 end abc;
```

图 7-82　可控的代码转换电路参考源代码

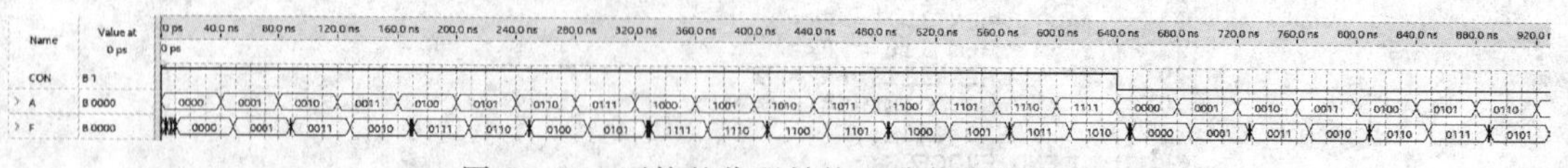

图 7-83　可控的代码转换电路仿真波形图

4. 思考题

FPGA 开发板中，芯片没有用到的引脚和双功能引脚应如何处理？

7.4.5　组合逻辑电路实验(五)

1. 实验目的

(1) 熟悉 Quartus 软件中使用硬件描述语言进行电路设计，并能进行功能和时序仿真；

(2) 掌握编码器的编程设计方法；

(3) 熟悉 FPGA 开发板的使用。

2. 实验仪器及元器件

(1) 双踪示波器；

(2) 万用表；

(3) 电路电子综合实验箱；

(4) PC 及 Quartus 软件；

(5) FPGA 开发板。

3. 实验内容

(1) 用 VHDL 语言设计一个 2421 码的普通编码器。使用 Quartus 软件进行程序编写、编译，编译通过后进行仿真，最后将程序下载到 FPGA 开发板，用 8 个拨动开关表示编码器的 8 个输入端，用 4 个 LED 灯来表示编码器的 4 个输出端，验证其功能。

2421 码普通编码器的参考源代码如图 7-84 所示。程序编译通过后，建立波形文件进行时序仿真，仿真波形如图 7-85 所示。当输入信号为 1111111011 时，表示第 2 个按键按下，此时输出为 0010，表示 2421 码中的 2。

```
1   --     2421码编码器
2   --************************************************
3   LIBRARY IEEE;
4   USE IEEE.STD_LOGIC_1164.ALL;
5   USE IEEE.STD_LOGIC_ARITH.ALL;
6   USE IEEE.STD_LOGIC_UNSIGNED.ALL;
7   --************************************************
8   ENTITY ENCODER_2421 IS
9      PORT(
10           IN10        :IN std_logic_vector( 9 downto 0);
11           F        :OUT std_logic_vector( 3  downto 0)
12         );
13  END  ENCODER_2421 ;
14  --************************************************
15  ARCHITECTURE abc OF ENCODER_2421 IS
16  BEGIN
17     PROCESS(IN10)
18     BEGIN
19        CASE  IN10  IS
20        WHEN"1111111110"=>F<="0000";
21        WHEN"1111111101"=>F<="0001";
22        WHEN"1111111011"=>F<="0010";
23        WHEN"1111110111"=>F<="0011";
24        WHEN"1111101111"=>F<="0100";
25        WHEN"1111011111"=>F<="1011";
26        WHEN"1110111111"=>F<="1100";
27        WHEN"1101111111"=>F<="1101";
28        WHEN"1011111111"=>F<="1110";
29        WHEN"0111111111"=>F<="1111";
30        WHEN OTHERS=>F<="ZZZZ";
31        END CASE;
32     END PROCESS;
33  end abc;
```

图 7-84　2421 码普通编码器的参考源代码

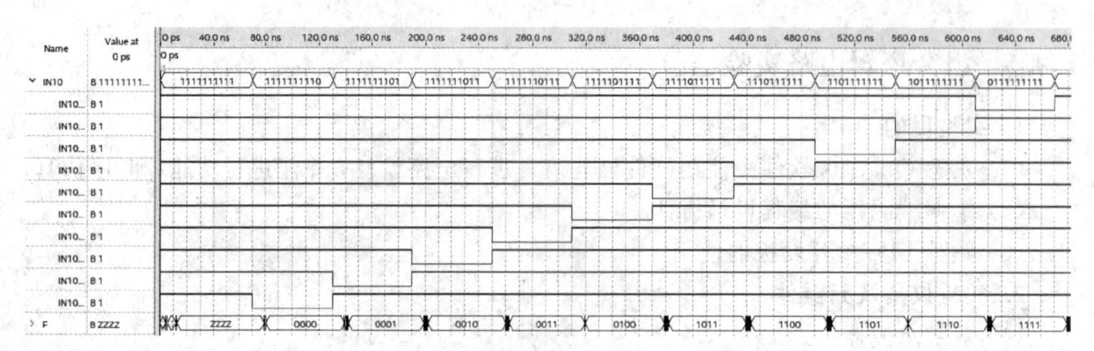

图 7-85　2421 码普通编码器的仿真波形图

(2) 用 VHDL 语言设计一个 2421 码的优先编码器。使用 Quartus 软件进行程序编写、编译，编译通过后进行仿真，最后将程序下载到 FPGA 开发板，用 8 个拨动开关表示编码器的 8 个输入端，用 4 个 LED 灯来表示编码器的 4 个输出端，验证其功能。

2421 码的优先编码器的参考源代码如图 7-86 所示。程序编译通过后，建立波形文件进行时序仿真，仿真波形如图 7-87 所示。当输入信号为 1011111111 时，表示第 8 个按键按下，此时输出为 1110，表示 2421 码中的 8；当输入信号为 1100111111 时，表示第 7 个和第 6 个按键同时按下，由于第 6 个按键优先级更高，因此输出为 1100，表示 2421 码中的 6。

```
--      2421优先编码器
--**********************************************
LIBRARY IEEE;
USE IEEE.STD_LOGIC_1164.ALL;
USE IEEE.STD_LOGIC_ARITH.ALL;
USE IEEE.STD_LOGIC_UNSIGNED.ALL;
--**********************************************
ENTITY PRIORITY_ENCODER_2421 IS
   PORT(
           CLK          :IN std_logic;
         IN10           :IN std_logic_vector( 9 downto 0);
         F          :OUT std_logic_vector( 3  downto 0)
      );
END  PRIORITY_ENCODER_2421 ;
--**********************************************
ARCHITECTURE abc OF PRIORITY_ENCODER_2421 IS
BEGIN
   PROCESS(IN10,CLK)
   BEGIN
   IF CLK'EVENT AND CLK='1' THEN
      IF IN10(0)='0' THEN F<="0000";
      ELSIF IN10(1)='0' THEN F<="0001";
      ELSIF IN10(2)='0' THEN F<="0010";
      ELSIF IN10(3)='0' THEN F<="0011";
      ELSIF IN10(4)='0' THEN F<="0100";
      ELSIF IN10(5)='0' THEN F<="1011";
      ELSIF IN10(6)='0' THEN F<="1100";
      ELSIF IN10(7)='0' THEN F<="1101";
      ELSIF IN10(8)='0' THEN F<="1110";
      ELSIF IN10(9)='0' THEN F<="1111";
      ELSE F<="ZZZZ";
      END IF;
   END IF;

   END PROCESS;
end abc;
```

图 7-86　2421 码优先编码器的参考源代码

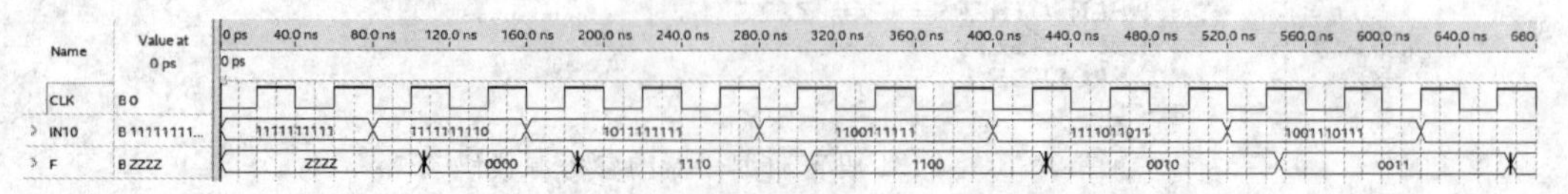

图 7-87　2421 码优先编码器的仿真波形图

(3) 用 VHDL 语言设计一个七路抢答器，主持人和七个人各一个按钮。当主持人发出有效信号后开始抢答，否则抢答无效。当抢答者按下抢答按钮后，判断第一个按下的抢答者，并显示其对应的二进制码。使用 Quartus 软件进行程序编写、编译，编译通过后进行仿真，最后将程序下载到 FPGA 开发板中验证其功能。

七路抢答器的参考源代码如图 7－88 所示。程序编译通过后，建立波形文件进行时序仿真，仿真波形如图 7－89 所示。

```
1   --     7路抢答器
2   --*********************************************
3   LIBRARY IEEE;
4   USE IEEE.STD_LOGIC_1164.ALL;
5   USE IEEE.STD_LOGIC_ARITH.ALL;
6   USE IEEE.STD_LOGIC_UNSIGNED.ALL;
7   --*********************************************
8   ENTITY QDQ_7 IS
9       PORT(
10              CLK,HOST     :IN std_logic;
11              IN7          :IN std_logic_vector( 6 downto 0);
12              F          :OUT std_logic_vector( 2  downto 0)
13          );
14  END  QDQ_7 ;
15  --*********************************************
16  ARCHITECTURE abc OF QDQ_7 IS
17  signal LOCK :std_logic;
18  BEGIN
19      PROCESS(CLK,HOST,IN7)
20      BEGIN
21      IF (HOST='0') THEN F<="111";LOCK<='0';
22      elsif (HOST='1') THEN
23          IF (LOCK='0') THEN
24              IF CLK'EVENT AND CLK='1' THEN
25              CASE IN7 IS
26              WHEN"1111110"=>F<="000";LOCK<='1';
27              WHEN"1111101"=>F<="001";LOCK<='1';
28              WHEN"1111011"=>F<="010";LOCK<='1';
29              WHEN"1110111"=>F<="011";LOCK<='1';
30              WHEN"1101111"=>F<="100";LOCK<='1';
31              WHEN"1011111"=>F<="101";LOCK<='1';
32              WHEN"0111111"=>F<="110";LOCK<='1';
33              WHEN OTHERS=>F<="111";
34              END CASE;
35              END IF;
36          END IF;
37      END IF;
38      END PROCESS;
39  end abc;
```

图 7－88　七路抢答器的参考源代码

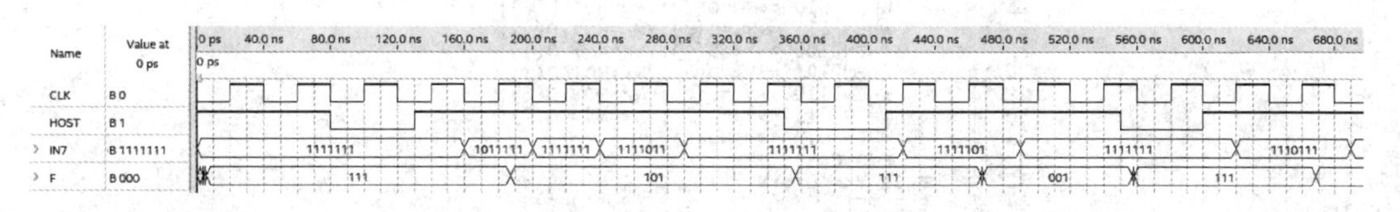

图 7－89　七路抢答器仿真波形图

4. 思考题

用 VHDL 语言设计一个 8421 码的普通编码器，编写程序并建立波形文件，进行仿真验证。

7.4.6　组合逻辑电路实验(六)

1. 实验目的

(1) 熟悉在 Quartus 软件中使用原理图进行电路设计和仿真；

(2) 掌握译码器、数据选择器的编程设计方法；

(3) 熟悉 FPGA 开发板的使用。

2. 实验仪器及元器件

(1) 双踪示波器；

(2) 万用表；

(3) 电路电子综合实验箱；

(4) PC 及 Quartus 软件；

(5) FPGA 开发板。

3. 实验内容

(1) 用 VHDL 语言分别设计一个 8 选 1 数据选择器和一个 3 线-8 线译码器。使用 Quartus 软件进行程序编写、编译，编译通过后进行仿真，最后分别生成两个元件。

利用生成的 8 选 1 数据选择器和 3 线-8 线译码器元件组成一个 6 路信号分时传送系统，两个元件连接相同的数据输入端，观察该系统的输入和输出波形关系，最后将电路下载到 FPGA 开发板中验证其功能。

8 选 1 数据选择器的参考源代码如图 7-90 所示。程序编译通过后，建立波形文件进行时序仿真，仿真波形如图 7-91 所示。由于没有添加采样信号 CLK，所以输出存在冒险。

```
1  --8选1数据选择器
2  --*************************************************
3  LIBRARY IEEE;
4  USE IEEE.STD_LOGIC_1164.ALL;
5  USE IEEE.STD_LOGIC_ARITH.ALL;
6  USE IEEE.STD_LOGIC_UNSIGNED.ALL;
7  --*************************************************
8  ENTITY MUX8  IS
9     PORT( S      :IN std_logic;
10          A      :IN std_logic_vector(2 downto 0);
11          D      :IN std_logic_vector(7 downto 0);
12          Y,YN   :OUT std_logic
13
14        );
15 END  MUX8 ;
16 --*************************************************
17 ARCHITECTURE abc OF MUX8 IS
18 BEGIN
19    PROCESS(S,A,D)
20    BEGIN
21    IF (S='0') THEN
22       CASE A IS
23       WHEN"000"=>Y<=D(0);YN<=NOT D(0);
24       WHEN"001"=>Y<=D(1);YN<=NOT D(1);
25       WHEN"010"=>Y<=D(2);YN<=NOT D(2);
26       WHEN"011"=>Y<=D(3);YN<=NOT D(3);
27       WHEN"100"=>Y<=D(4);YN<=NOT D(4);
28       WHEN"101"=>Y<=D(5);YN<=NOT D(5);
29       WHEN"110"=>Y<=D(6);YN<=NOT D(6);
30       WHEN"111"=>Y<=D(7);YN<=NOT D(7);
31       WHEN OTHERS=>NULL;
32       END CASE;
33    ELSE Y<='0';YN<='1';
34    END IF;
35    END PROCESS;
36 end abc;
```

图 7-90　8 选 1 数据选择器的参考源代码

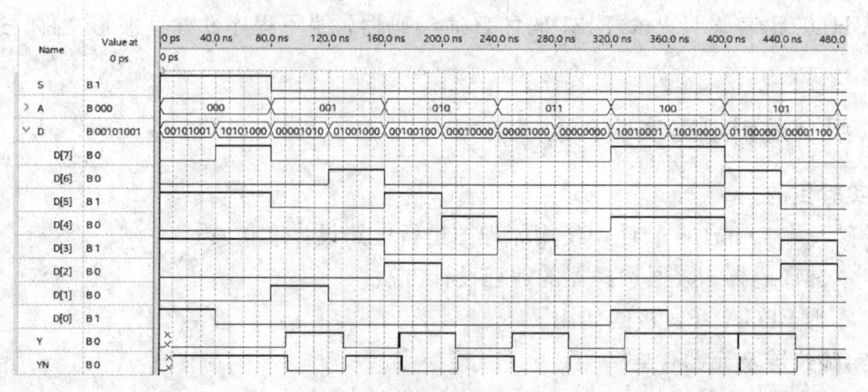

图 7-91　8 选 1 数据选择器的仿真波形图

3 线-8 线译码器的参考源代码如图 7－92 所示。程序编译通过后，建立波形文件进行时序仿真，仿真波形如图 7－93 所示。

```
--3-8译码器
--*************************************************
LIBRARY IEEE;
USE IEEE.STD_LOGIC_1164.ALL;
USE IEEE.STD_LOGIC_ARITH.ALL;
USE IEEE.STD_LOGIC_UNSIGNED.ALL;
--*************************************************
ENTITY DECODER_3to8 IS
PORT(E1,NE2,NE3    :  IN STD_LOGIC;
     CBA    :  IN STD_LOGIC_VECTOR(2 DOWNTO 0);
     Y      :  OUT STD_LOGIC_VECTOR(7 DOWNTO 0)
    );
END DECODER_3to8;
--**************************
 ARCHITECTURE rtl OF DECODER_3to8 IS
BEGIN
PROCESS(CBA,E1,NE2,NE3)
BEGIN
IF(E1='1' AND NE2='0' AND NE3='0') THEN
    CASE CBA IS
    WHEN "000"=>Y<="11111110";
    WHEN "001"=>Y<="11111101";
    WHEN "010"=>Y<="11111011";
    WHEN "011"=>Y<="11110111";
    WHEN "100"=>Y<="11101111";
    WHEN "101"=>Y<="11011111";
    WHEN "110"=>Y<="10111111";
    WHEN "111"=>Y<="01111111";
    WHEN OTHERS=>Y<="XXXXXXXX";
    END CASE;
ELSE
    Y<="11111111";
END IF;
END PROCESS;
END rtl;
```

图 7－92　3 线-8 线译码器的参考源代码

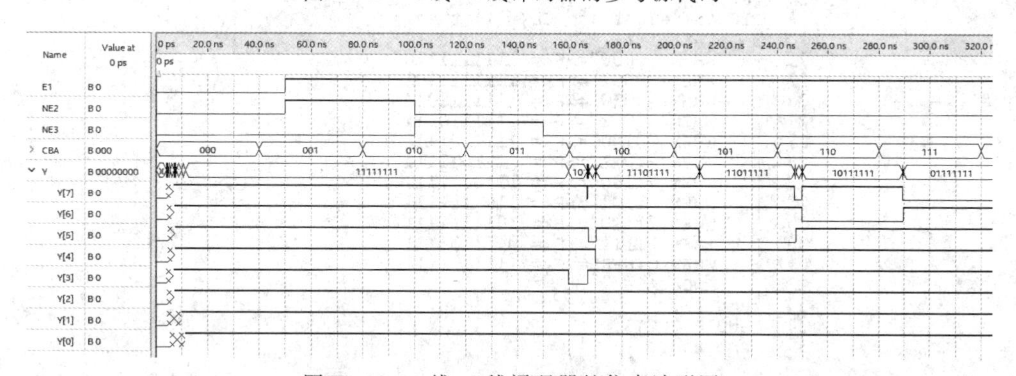

图 7－93　3 线-8 线译码器的仿真波形图

将生成元件的数据选择器和译码器放入新建的原理图文件中，并添加输入、输出引脚和地端后连接电路，连接完成的 6 路信号分时传送系统电路如图 7－94 所示。程序编译通过后，建立波形文件进行时序仿真，仿真波形如图 7－95 所示。当地址为 010 时，输出端 Y2 随输入信号 D2 的改变而变化，其他输出端均保持 1 不变。

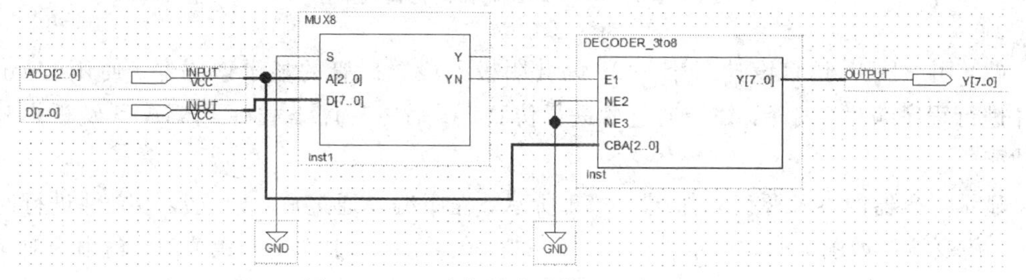

图 7－94　6 路信号分时传送系统电路图

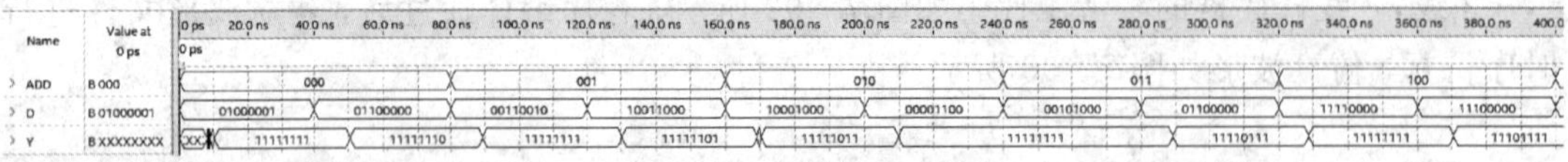

图 7－95　6 路信号分时传送系统仿真波形图

(2) 用 VHDL 语言设计一个 2421 码的译码器。使用 Quartus 软件进行程序编写、编译，编译通过后进行仿真，最后将程序下载到 FPGA 开发板中验证其功能。

2421 码译码器的参考源代码如图 7－96 所示。程序编译通过后，建立波形文件进行时序仿真，仿真波形如图 7－97 所示。

```
1  --    2421译码器
2  --*************************************************
3  LIBRARY IEEE;
4  USE IEEE.STD_LOGIC_1164.ALL;
5  USE IEEE.STD_LOGIC_ARITH.ALL;
6  USE IEEE.STD_LOGIC_UNSIGNED.ALL;
7  --*************************************************
8  ENTITY   DECODER_2421   is
9     PORT( CLK:in std_logic;
10          I  :in std_logic_vector( 3 downto 0);
11          F  :OUT std_logic_vector( 9 downto 0)
12          );
13   END  DECODER_2421 ;
14  --*************************************************
15 ARCHITECTURE abc OF DECODER_2421    IS
16 BEGIN
17 PROCESS(I)
18 BEGIN
19 IF CLK'event and CLK='1' then
20    CASE I IS
21    WHEN "0000"=>F<="1111111110";
22    WHEN "0001"=>F<="1111111101";
23    WHEN "0010"=>F<="1111111011";
24    WHEN "0011"=>F<="1111110111";
25    WHEN "0100"=>F<="1111101111";
26    WHEN "1011"=>F<="1111011111";
27    WHEN "1100"=>F<="1110111111";
28    WHEN "1101"=>F<="1101111111";
29    WHEN "1110"=>F<="1011111111";
30    WHEN "1111"=>F<="0111111111";
31    WHEN OTHERS=>F<="1111111111";
32    END CASE;
33 end IF;
34 END PROCESS;
35 end abc;
```

图 7－96　2421 码译码器的参考源代码

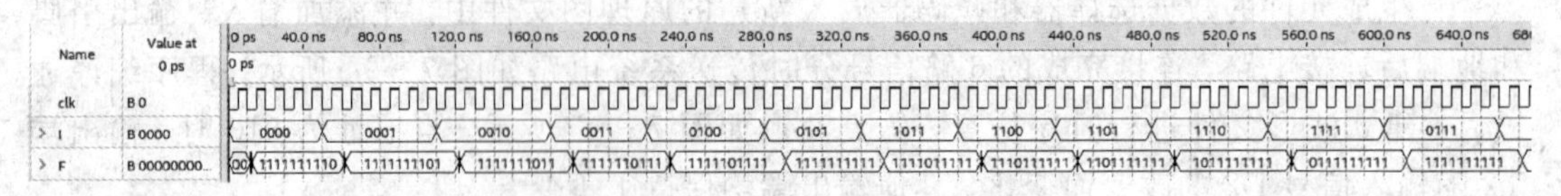

图 7－97　2421 码译码器的仿真波形图

(3) 用 VHDL 语言设计一个 8421 码共阴极七段数码管的显示译码器。使用 Quartus 软件进行程序编写、编译，编译通过后进行仿真，最后将程序下载到 FPGA 开发板中验证其功能。

显示译码器的参考源代码如图 7－98 所示。程序编译通过后，建立波形文件进行时序仿真，仿真波形如图 7－99 所示。当输入为 8421 码的 0～9 中任一个数值时，输出为对应的共阴七段码，如果不是 8421 码，则输出为 0000000，共阴极数码管将不显示。

```
--        共阴极 7段译码器
--**********************************************
LIBRARY IEEE;
USE IEEE.STD_LOGIC_1164.ALL;
USE IEEE.STD_LOGIC_ARITH.ALL;
USE IEEE.STD_LOGIC_UNSIGNED.ALL;
--**********************************************
ENTITY   BCD_7SEG IS
PORT ( bcd_led :  IN STD_LOGIC_VECTOR(3 DOWNTO 0);
ledseg : OUT STD_LOGIC_VECTOR(6 DOWNTO 0));
END BCD_7SEG;
ARCHITECTURE behavior OF BCD_7SEG IS
BEGIN
PROCESS(bcd_led)
BEGIN
CASE bcd_led IS
WHEN "0000"=>ledseg<="0111111" ;--0
WHEN "0001"=>ledseg<="0000110" ;--1
WHEN "0010"=>ledseg<="1011011" ;--2
WHEN "0011"=>ledseg<="1001111" ;--3
WHEN "0100"=>ledseg<="1100110" ;--4
WHEN "0101"=>ledseg<="1101101" ;--5
WHEN "0110"=>ledseg<="1111101" ;--6
WHEN "0111"=>ledseg<="0000111" ;--7
WHEN "1000"=>ledseg<="1111111" ;--8
WHEN "1001"=>ledseg<="1101111" ;--9
WHEN OTHERS=>ledseg<="0000000" ;
END CASE;
END PROCESS;
END behavior;
```

图 7 - 98　显示译码器的参考源代码

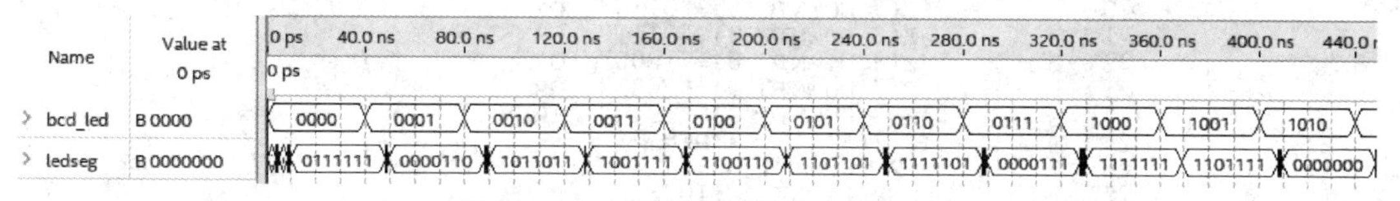

图 7 - 99　显示译码器的仿真波形图

4. 思考题

(1) 用 VHDL 语言设计一个 4 - 16 译码器，编写程序并建立波形文件，进行仿真验证。

(2) 采用动态显示的方法，用 VHDL 语言设计一个能同时显示 2 位数码管的显示译码器。

7.4.7　组合逻辑电路实验(七)

1. 实验目的

(1) 熟悉 Quartus 软件中使用原理图进行电路设计和仿真；

(2) 掌握加法器的编程设计方法；

(3) 熟悉 FPGA 开发板的使用。

2. 实验仪器及元器件

(1) 双踪示波器；

(2) 万用表；

(3) 电路电子综合实验箱；

(4) PC 及 Quartus 软件；

(5) FPGA 开发板。

3. 实验内容

(1) 用 VHDL 语言设计一个 2421 码加法和的调整电路。使用 Quartus 软件进行程序编写、编译，编译通过后进行仿真，最后将程序下载到 FPGA 开发板中验证其功能。

2421 码加法和调整电路的参考源代码如图 7-100 所示。程序编译通过后，建立波形文件进行时序仿真，仿真波形如图 7-101 所示。输入为两个 8421 码相加的结果，输出为根据调整规则进行调整后的结果，当输入为 10111 时，出现伪码且有进位，需要减 0110，因此输出为 10001。

```
--2421码加法和调整电路
--*************************************************
LIBRARY IEEE;
USE IEEE.STD_LOGIC_1164.ALL;
USE IEEE.STD_LOGIC_ARITH.ALL;
USE IEEE.STD_LOGIC_UNSIGNED.ALL;
--*************************************************
ENTITY v2421T IS
   PORT(                        --输入输出引脚说明
           Z     :IN std_logic_vector(4 downto 0);
         ZT  :OUT std_logic_vector(4 downto 0)
       );
END v2421T  ;
--*************************************************
ARCHITECTURE abc OF v2421T  IS
BEGIN
  PROCESS(Z)
   BEGIN
     IF Z(3 DOWNTO 0)="0101"  OR
        Z(3 DOWNTO 0)="0110"  OR
        Z(3 DOWNTO 0)="0111"  OR
        Z(3 DOWNTO 0)="1000"  OR
        Z(3 DOWNTO 0)="1001"  OR
        Z(3 DOWNTO 0)="1010"  THEN
       IF Z(4)='1'  THEN
         ZT<=Z-"0110";
       ELSE ZT<=Z+"0110";
       END IF;
     ELSE ZT<=Z;
     END IF;
  END PROCESS;
end abc;
```

图 7-100　2421 码加法和调整电路的参考源代码

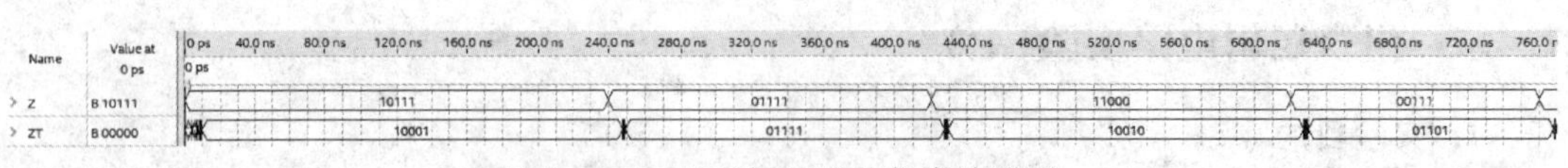

图 7-101　显示译码器的仿真波形图

(2) 用 VHDL 语言设计两个 8421 码相加的加法电路。使用 Quartus 软件进行程序编写、编译，编译通过后进行仿真，最后将程序下载到 FPGA 开发板中验证其功能。

两个 8421 码相加的加法电路参考源代码如图 7-102 所示。程序编译通过后，建立波形文件进行时序仿真，仿真波形如图 7-103 所示。输入两个 2421 码及低位的进位信号，输出加法和及向高位的进位信号，当输入的两个 8421 码为 0100 和 0101、进位信号为 1 时，输出的加法和为 0000，向高位进位信号为 1。

```
--*****8421加法器*****************************
LIBRARY IEEE;
USE IEEE.STD_LOGIC_1164.ALL;
USE IEEE.STD_LOGIC_ARITH.ALL;
USE IEEE.STD_LOGIC_UNSIGNED.ALL;
--*****************************************
ENTITY   V8421ADD is
PORT( cin   :in std_logic;
       op1,op2  :in unsigned( 3 downto 0);
       co:OUT std_logic;
       sum:OUT std_logic_vector( 3 downto 0)
);
END V8421ADD   ;
ARCHITECTURE abc OF V8421ADD  IS
signal binadd,res :unsigned( 4 downto 0);
BEGIN
binadd<=('0' & op1)+op2+cin;
process(binadd)
    begin
    if binadd >9 then res<=binadd+6;
    else res<=binadd;
    end if;
end process;
sum<=res( 3 downto 0)+0;
co<=res(4) ;
end abc;
```

图 7-102　两个 8421 码相加的加法电路参考源代码

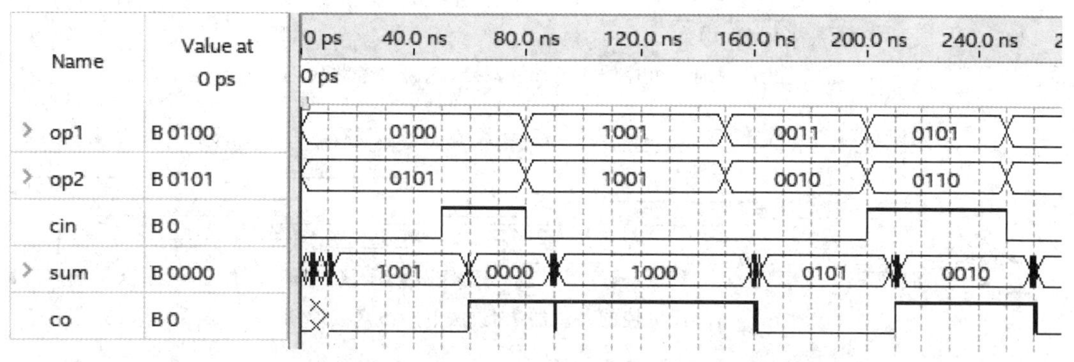

图 7-103　两个 8421 码相加的加法电路仿真波形图

(3) 用 VHDL 语言设计可控的 4 位加法/减法电路。使用 Quartus 软件进行程序编写、编译，编译通过后进行仿真，最后将程序下载到 FPGA 开发板中验证其功能。

可控的 4 位加法/减法电路参考源代码如图 7-104 所示。程序编译通过后，建立波形文件进行时序仿真，仿真波形如图 7-105 所示。输入信号为控制信号 CON、两个二进制数 A、B，输出信号为结果 S 及符号位 FUHAO，当 CON 为 0 时，做加法，输入的二进制数为 0001 和 0101，输出的加法和为 00110，不是负数，符号位为 0；当 CON 为 1 时，做减法，输入的二进制数为 0110 和 1010，输出减法的差为 00100，是负数，符号位为 1。

4. 思考题

用 VHDL 语言设计两个 2421 码相加的加法电路，编写程序并建立波形文件，进行仿真验证。

```
--        4bit 的加/减法器
--*********************************************
LIBRARY IEEE;
USE IEEE.STD_LOGIC_1164.ALL;
USE IEEE.STD_LOGIC_ARITH.ALL;
USE IEEE.STD_LOGIC_UNSIGNED.ALL;
--*********************************************
entity ADD_SUB_4BIT is
port(A,B :in std_logic_vector(3 downto 0);
        CON:IN std_logic;
     FUHAO : out std_logic;
        S  :out std_logic_vector(4 downto 0));
end ADD_SUB_4BIT;
architecture rtl of ADD_SUB_4BIT is
signal TEMP2:std_logic_vector(4 downto 0);
begin
P1:process(CON,A,B)
begin
   IF(CON='0') then
   TEMP2<=('0'&A)+B;
   ELSE
       TEMP2<=('0'& A)+NOT B+1;
   end if;
end process P1;
P2:PROCESS(TEMP2,CON)
BEGIN
   IF CON='1' THEN
       IF TEMP2(4)='0'THEN
          S<= '0' & NOT TEMP2(3 downto 0) +1;
          FUHAO<='1';
       ELSE S<='0' &  TEMP2(3 downto 0);
          FUHAO<='0';
       END IF;
   ELSE S<=TEMP2;FUHAO<='0';
   END IF;
END PROCESS P2;
end rtl;
```

图 7-104 可控的 4 位加法/减法电路参考源代码

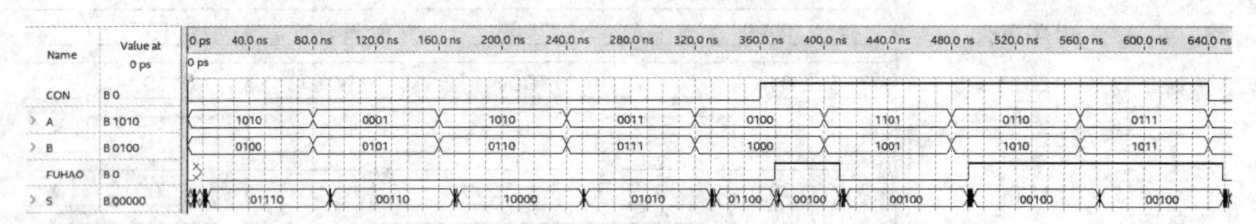

图 7-105 可控的 4 位加法/减法电路仿真波形图

7.4.8 时序逻辑电路实验(一)

1. 实验目的

(1) 掌握 JK 触发器、D 触发器的逻辑功能及使用方法；

(2) 掌握利用 JK 触发器、D 触发器设计计数器的方法；

(3) 掌握时序逻辑电路的设计和测试方法。

2. 实验仪器及元器件

(1) 双踪示波器；

(2) 万用表；

(3) 电路电子综合实验箱；

(4) 面包板；

(5) 集成电路 74HC76、74HC74、74HC08、74HC11、74HC32、74HC86。

3. 实验内容

(1) 用双 JK 触发器 74HC76 设计一个同步四进制加法计数器。要求先在 Proteus 中画出原理图，验证其功能，再用面包板连接电路并测试。

CLK 接 1 Hz 的时钟信号，Q1、Q0 为计数器的输出。如图 7－106 所示，在使用 Proteus仿真时，输出 Q1Q0 状态为 00—01—10—11—00，实现四进制加法。

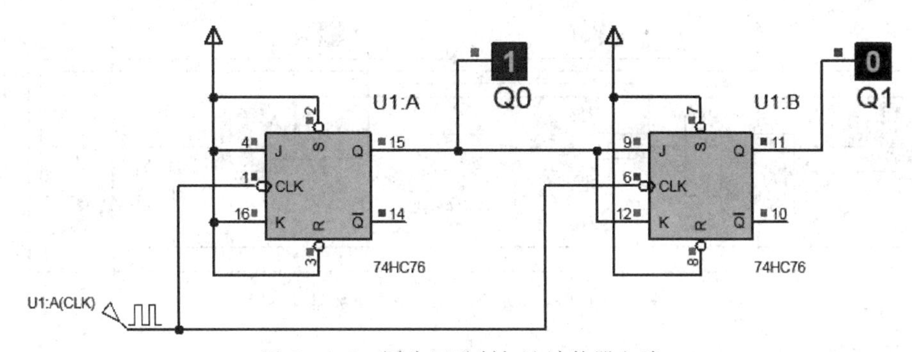

图 7－106 同步四进制加法计数器电路

(2) 用双 JK 触发器 74HC76 和门电路设计一个 8421BCD 码的同步十进制加法计数器。要求先在 Proteus 中画出原理图，验证其功能，再用面包板连接电路并测试。

CLK 接 1 Hz 的时钟信号，Q3、Q2、Q1、Q0 为计数器的输出。如图 7－107 所示，在使用 Proteus 仿真时，输出 Q3Q2Q1Q0 状态为 0000～1001，实现十进制加法。

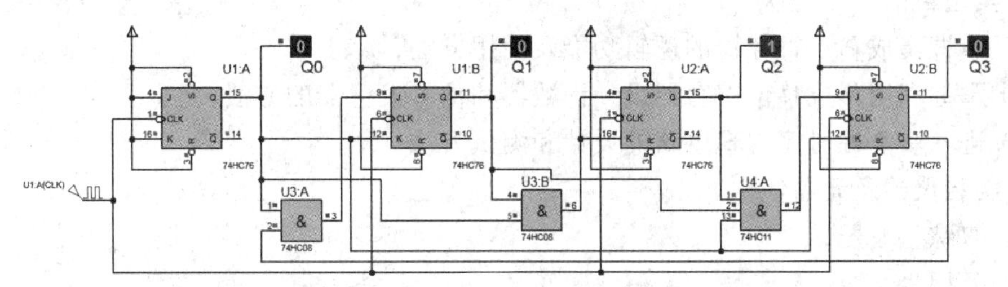

图 7－107 8421BCD 码同步十进制加法计数器电路

(3) 用双 D 触发器 74HC74 和门电路设计一个同步模 3 的减法计数器。要求先在 Proteus中画出原理图，验证其功能，再用面包板连接电路并测试。

CLK 接 1 Hz 的时钟信号，Q1、Q0 为计数器的输出。如图 7－108 所示，在使用 Proteus仿真时，输出端 Q1Q0 状态为 11—10—00—11，实现模 3 的减法计数。

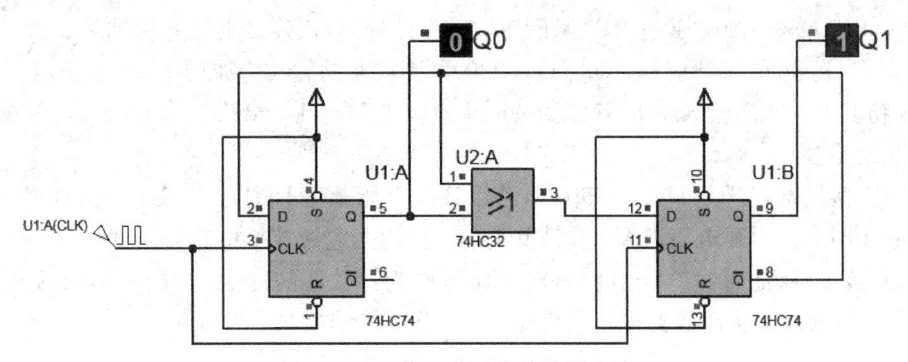

图 7－108 模 3 的减法计数器电路

(4) 用双 D 触发器 74HC74 和门电路设计一个同步五进制加法计数器。要求先在 Proteus中画出原理图，验证其功能，再用面包板连接电路并测试。

CLK 接 1 Hz 的时钟信号，Q2、Q1、Q0 为计数器的输出。如图 7-109 所示，在使用 Proteus 仿真时，输出端 Q2Q1Q0 状态为 000—001—010—011—100—000，实现五进制加法计数。

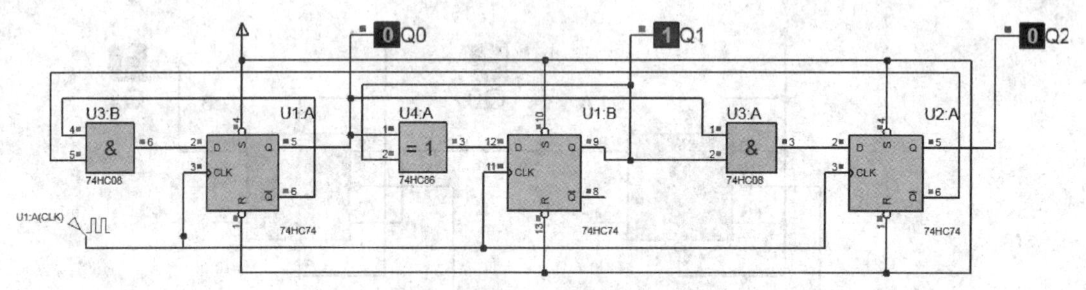

图 7-109　同步五进制加法计数器电路

4. 思考题

(1) 74HC74 和 74HC76 的时钟 CLK 在什么边沿有效？

(2) 用双 JK 触发器 74HC76 设计一个单脉冲发生器。

7.4.9　时序逻辑电路实验(二)

1. 实验目的

(1) 掌握集成移位寄存器的逻辑功能及使用方法；

(2) 掌握利用集成移位寄存器设计计数器和信号发生器的方法；

(3) 进一步掌握时序逻辑电路的设计和测试方法。

2. 实验仪器及元器件

(1) 双踪示波器；

(2) 万用表；

(3) 电路电子综合实验箱；

(4) 面包板；

(5) 集成电路 74HC194、74HC138、74HC00、74HC04、74HC08、74HC20、74HC32。

3. 实验内容

(1) 用移位寄存器 74HC194 和门电路设计 M=6 的具有自启动功能的移位型计数器。要求先在 Proteus 中画出原理图，验证其功能，再用面包板连接电路并测试。

CLK 接 1 Hz 的时钟信号，Q2、Q1、Q0 为计数器的输出。如图 7-110 所示，在使用 Proteus 仿真时，输出 Q2Q1Q0 状态为 000—001—011—111—110—100—000，实现模为 6 的移位型计数器。

(2) 用移位寄存器 74HC194 和门电路设计一个能产生 100111 序列的序列信号发生器。要求先在 Proteus 中画出原理图，验证其功能，再用面包板连接电路并测试。

CLK 接 1 Hz 的时钟信号，Q3、Q2、Q1、Q0 为计数器的输出。如图 7-111 所示，在使用 Proteus 仿真时，从计数器任一输出端观察均能产生 100111 的序列。

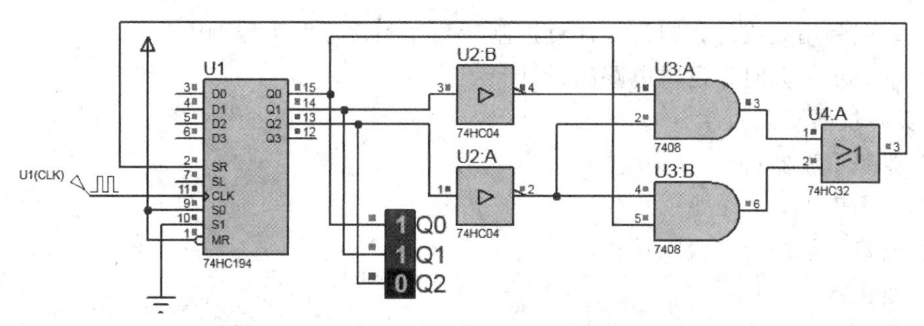

图7-110　模6移位型计数器电路

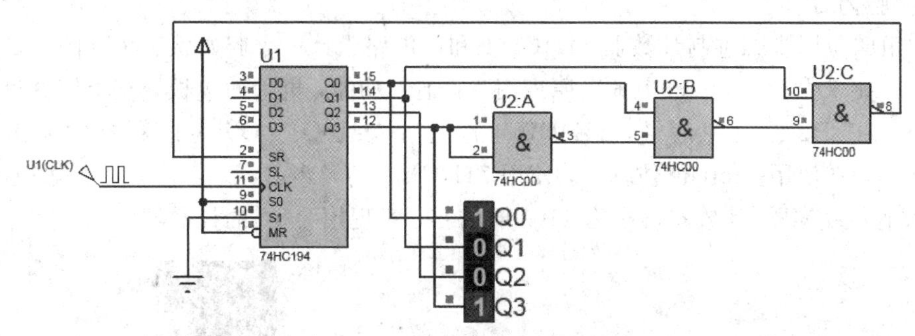

图7-111　序列信号发生器电路

(3) 用移位寄存器74HC194、3线-8线译码器74HC138和门电路设计一个能同时产生两组序列的双序列信号发生器，两个序列分别为110101和100110。要求先在Proteus中画出原理图，验证其功能，再用面包板连接电路并测试。

CLK接1 Hz的时钟信号，Y1、Y2为两个序列的输出。如图7-112所示，在使用Proteus仿真时，Y1输出序列110101，Y2输出序列100110。

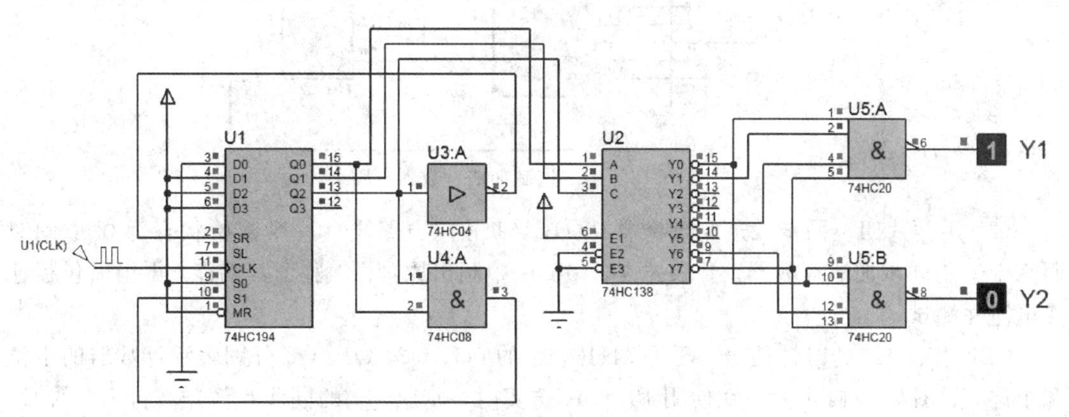

图7-112　双序列信号发生器电路

4. 思考题

使用移位寄存器74HC194和8选1数据选择器74HC151设计模为12的计数器。

7.4.10　时序逻辑电路实验(三)

1. 实验目的

(1) 掌握集成计数器的逻辑功能及使用方法；

(2) 掌握利用集成计数器设计任意进制计数器和信号发生器的方法；

(3) 进一步掌握时序逻辑电路的设计和测试方法。

2. 实验仪器及元器件

(1) 双踪示波器；

(2) 万用表；

(3) 电路电子综合实验箱；

(4) 面包板；

(5) 集成电路 74HC161、74HC151、74HC00、74HC04、74HC32。

3. 实验内容

(1) 用四位同步二进制计数器 74HC161 和门电路设计一个起始状态为 0 的十二进制加法计数器。要求先在 Proteus 中画出原理图，验证其功能，再用面包板连接电路并测试。

CLK 接 1 Hz 的时钟信号，74HC161 的 Q3、Q2、Q1、Q0 为计数器的输出。如图 7-113所示，在使用 Proteus 仿真时，使用 74HC161 的异步清零端，将 Q3 和 Q2 通过与非门后接入清零端$\overline{MR}$，计数器输出为 1100 时清零，实现模为 12 的计数器。

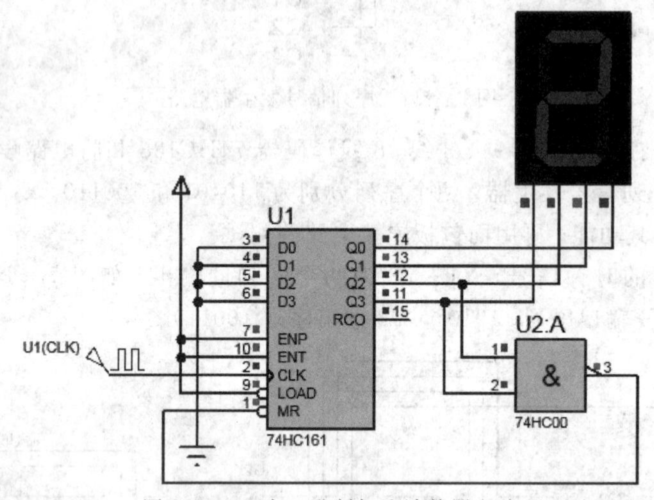

图 7-113　十二进制加法计数器电路

(2) 用两片四位同步二进制计数器 74HC161 和门电路设计一个起始状态为 0 的 8421 码六十进制同步加法计数器。要求先在 Proteus 中画出原理图，验证其功能，再用面包板连接电路并测试。

CLK 接 1 Hz 的时钟信号，两片 74HC161 的 Q3、Q2、Q1、Q0 分别表示计数器的十位和个位。如图 7-114 所示，在使用 Proteus 仿真时，使用 U1 的同步预置端，将 U1 的 Q3 和 Q0 通过 U3：A 与非门后接入 U1 预置端$\overline{LOAD}$，计数器输出 1001 时在下一个时钟下降沿 74HC161 预置零，实现模为 10 的计数器；使用 U2 的同步预置端，将 U2 的 Q2 和 Q0 通过 U3：B 与非门后，再 U3：A、U3：B 通过或门接入 U2 预置端$\overline{LOAD}$，计数器输出 01011001 时在下一个时钟下降沿 74HC161 预置零，实现模为 59 的计数器。

(3) 用四位同步二进制计数器 74HC161、8 选 1 数据选择器 74HC151 及门电路设计一个计数器型序列信号发生器，产生序列信号 100011010101。要求先在 Proteus 中画出原理图，验证其功能，再用面包板连接电路并测试。

CLK 接 1 Hz 的时钟信号，74HC161 设置为十二进制计数器，74HC151 地址输入端连接 74HC161 的 Q3Q1Q0。如图 7-115 所示，在使用 Proteus 仿真时，74HC161 采用同步预置 0 实现 0000～1011 的模为 12 的计数器，74HC151 实现每一个计数值输出序列信号的一位，实现 100011010101 的产生。

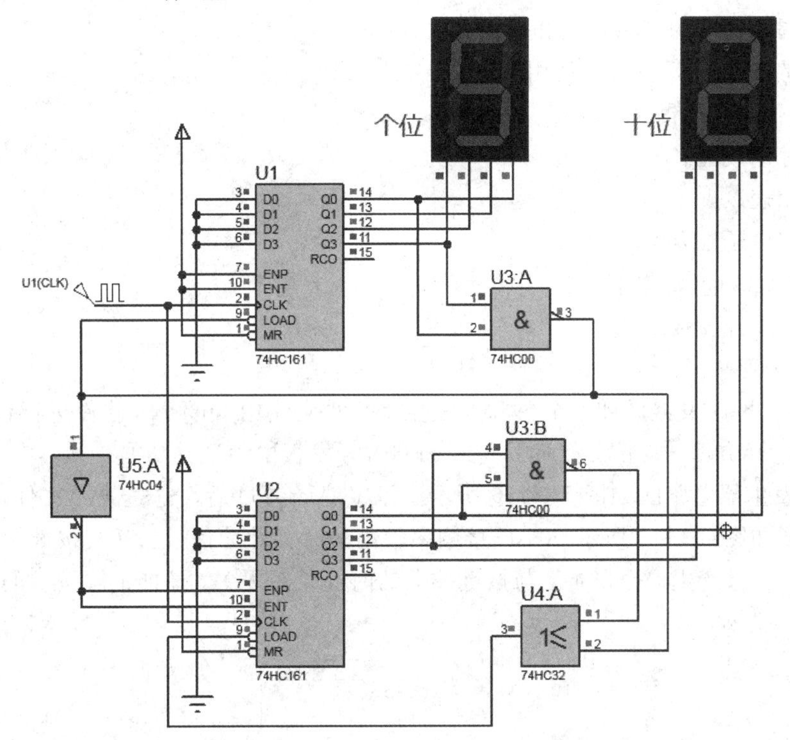

图 7-114　六十进制加法计数器电路

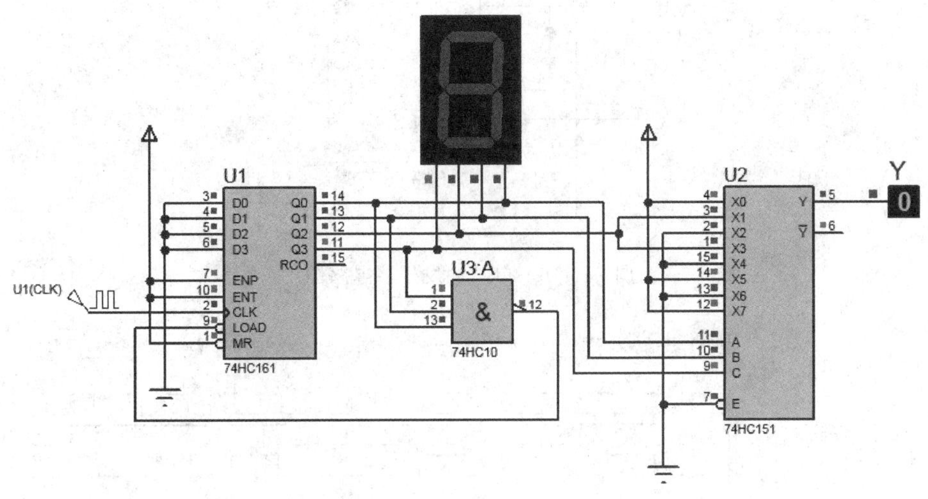

图 7-115　计数器型序列信号发生器电路

4. 思考题

用两片四位同步二进制计数器 74HC161 和门电路设计一个起始状态为 0 的二进制码六十进制同步加法计数器。

7.4.11　时序逻辑电路实验(四)

1. 实验目的

(1) 熟悉在 Quartus 软件中使用 VHDL 或原理图进行电路设计和仿真；

(2) 掌握触发器的逻辑功能和使用方法；

(3) 熟悉 FPGA 开发板的使用。

2. 实验仪器及元器件

(1) 双踪示波器；

(2) 万用表；

(3) 电路电子综合实验箱；

(4) PC 及 Quartus 软件；

(5) FPGA 开发板。

3. 实验内容

(1) 用双 JK 触发器设计一个单脉冲发生器电路。使用 Quartus 软件进行设计、编译，编译通过后进行仿真，最后将程序下载到 FPGA 开发板中验证其功能。

单脉冲发生器电路图如图 7-116 所示。程序编译通过后，建立波形文件进行时序仿真，仿真波形如图 7-117 所示。CLK 接频率较高的时钟脉冲信号，SI 接按键，当按键按下一次后输出 Q1 只产生一个脉冲，与按键按下的时间长短无关，还能消除按键的抖动。

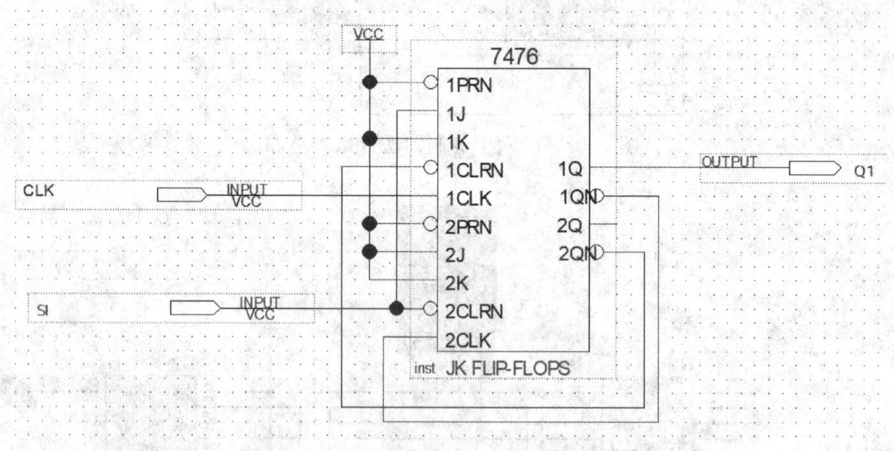

图 7-116　单脉冲发生器电路图

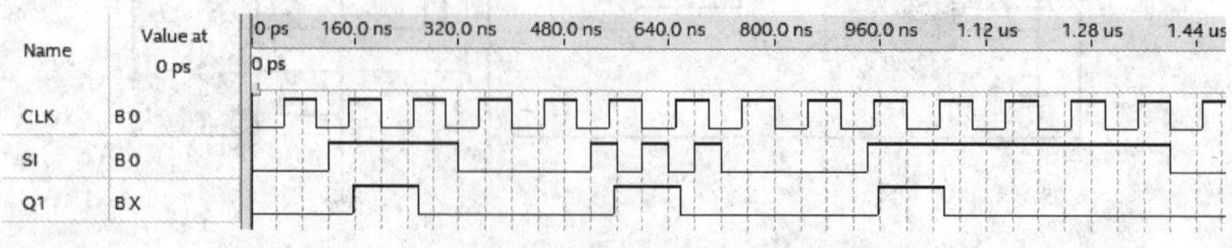

图 7-117　单脉冲发生器电路仿真波形图

(2) 用双 D 触发器设计 2/4 分频电路。使用 Quartus 软件进行设计、编译，编译通过后进行仿真，最后将程序下载到 FPGA 开发板中验证其功能。

2/4 分频电路图如图 7-118 所示。程序编译通过后，建立波形文件进行时序仿真，仿真波形如图 7-119 所示。CLK 为时钟信号，Q1 频率是 CLK 的 1/2，Q2 频率是 CLK 的 1/4。

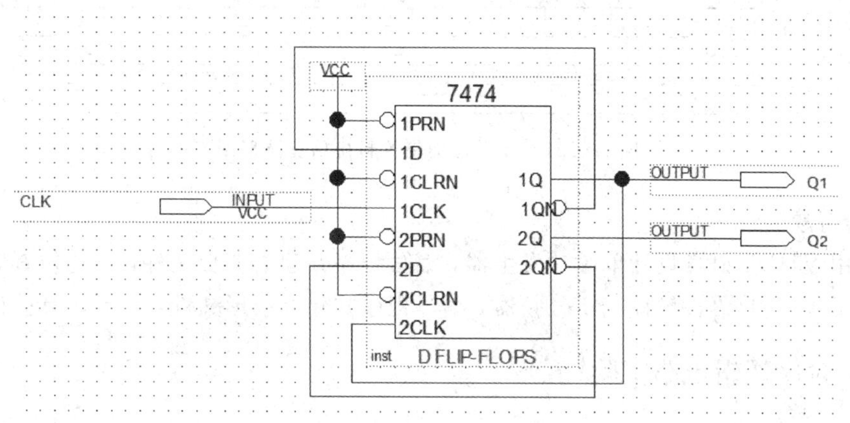

图 7-118　2/4 分频电路图

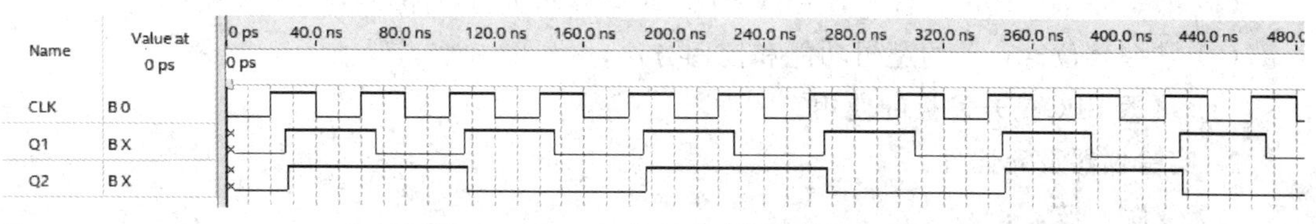

图 7-119　2/4 分频电路仿真波形图

(3) 用 VHDL 语言设计一个投币自动售饮料机的逻辑电路。投币自动售饮料机只允许投 0.5 元的硬币，只要累积投币到 2.5 元就自动出一罐饮料。使用 Quartus 软件进行程序编写、编译，编译通过后进行仿真，最后将程序下载到 FPGA 开发板中验证其功能。

投币自动售饮料机的逻辑电路的参考源代码如图 7-120 所示。CLK 为时钟信号，A 为投币信号，1 表示投入一个 0.5 元硬币，0 表示没有投入；Q 表示计数状态，Y 表示出饮料信号，1 表示出，0 表示不出。程序编译通过后，建立波形文件进行时序仿真，仿真波形如图 7-121 所示。当 A 为 1 的时间累计到 5 个时钟信号后，Y 输出 1，表示可以出饮料。

```
1  --投币机 5进制
2  --*******************************************
3  LIBRARY IEEE;
4  USE IEEE.STD_LOGIC_1164.ALL;
5  USE IEEE.STD_LOGIC_ARITH.ALL;
6  USE IEEE.STD_LOGIC_UNSIGNED.ALL;
7  --*************************************
8  ENTITY TBJ_5 IS
9  PORT (CLK,A     : IN STD_LOGIC;
10          Y      : OUT STD_LOGIC;
11          Q: OUT STD_LOGIC_VECTOR(2 DOWNTO 0)
12          );
13 END TBJ_5;
14 --***************
15 ARCHITECTURE dataflow_1 OF TBJ_5 IS
16 SIGNAL QQ    :STD_LOGIC_VECTOR(2 DOWNTO 0);
17 BEGIN
18 PROCESS(CLK,QQ,A)
19 BEGIN
20 IF CLK'EVENT AND CLK='1' THEN
21     case A&QQ IS
22     WHEN "0000"=>QQ<="000";
23     WHEN "1000"=>QQ<="001";
24     WHEN "0001"=>QQ<="001";
25     WHEN "1001"=>QQ<="010";
26     WHEN "0010"=>QQ<="010";
27     WHEN "1010"=>QQ<="011";
28     WHEN "0011"=>QQ<="011";
29     WHEN "1011"=>QQ<="100";
30     WHEN "0100"=>QQ<="100";
31     WHEN "1100"=>QQ<="101";
32     WHEN "0101"=>QQ<="000";
33     WHEN "1101"=>QQ<="001";
34     WHEN OTHERS=>QQ<="000";
35     END CASE;
36     IF QQ="101" THEN Y<='1';
37     ELSE Y<='0';
38     END IF;
39 END IF;
40 END PROCESS;
41  Q<=QQ;
42 END dataflow_1;
```

图 7-120　投币自动售饮料机参考源代码

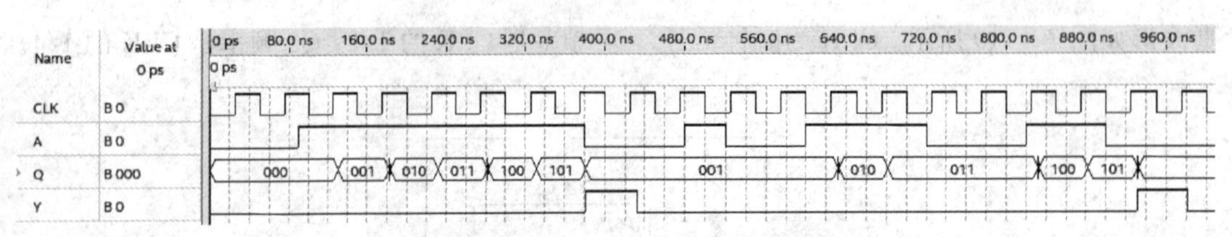

图 7-121 投币自动售饮料机仿真波形图

4. 思考题

(1) 用 VHDL 语言设计单脉冲发生器，编写程序并建立波形文件，进行仿真验证。

(2) 用 VHDL 语言设计 2/4 分频器，编写程序并建立波形文件，进行仿真验证。

7.4.12 时序逻辑电路实验(五)

1. 实验目的

(1) 熟悉在 Quartus 软件中使用 VHDL 或原理图进行电路设计和仿真；

(2) 掌握移位寄存器的逻辑功能和使用方法；

(3) 熟悉 FPGA 开发板的使用。

2. 实验仪器及元器件

(1) 双踪示波器；

(2) 万用表；

(3) 电路电子综合实验箱；

(4) PC 及 Quartus 软件；

(5) FPGA 开发板。

3. 实验内容

(1) 用 VHDL 语言设计一个序列信号检测器，当序列信号检测器连续收到一组 1101010 后，输出为 1；否则输出为 0，允许输入的序列重叠。使用 Quartus 软件进行设计、编译，编译通过后进行仿真，最后将程序下载到 FPGA 开发板中验证其功能。

序列信号检测器的参考源代码如图 7-122 所示。CLK 为时钟信号；RES 为复位信号；X 为序列信号输入端；Q 表示计数状态；Y 表示是否检测到正确的序列信号，检测到正确信号时输出 1，否则输出 0。程序编译通过后，建立波形文件进行时序仿真，仿真波形如图 7-123所示。当 X 连续输入序列 1101010 后，Q 为 111，下一个时钟信号时 Y 输出 1。

(2) 用 VHDL 语言设计一个序列信号发生器，产生的序列为 100111。使用 Quartus 软件进行设计、编译，编译通过后进行仿真，最后将程序下载到 FPGA 开发板中验证其功能。

序列信号发生器的参考源代码如图 7-124 所示。程序编译通过后，建立波形文件进行时序仿真，仿真波形如图 7-125 所示。Q 表示模为 6 的计数器，其任一位输出均为序列 100111。

(3) 用 VHDL 语言设计一个 6 位串并转换电路。使用 Quartus 软件进行设计、编译，编译通过后进行仿真，最后将程序下载到 FPGA 开发板中验证其功能。

6 位串并转换电路的参考源代码如图 7-126 所示。程序编译通过后，建立波形文件进行时序仿真，仿真波形如图 7-127 所示。CLK 为时钟信号，DATA 为串行信号输入端，Q

表示计数状态，DOUT 为并行输出端。每 6 个时钟信号，DOUT 输出一组 6 位串行转并行的信号。

```
--        序列信号检测 1101010
--*******************************************
LIBRARY IEEE;
USE IEEE.STD_LOGIC_1164.ALL;
USE IEEE.STD_LOGIC_ARITH.ALL;
USE IEEE.STD_LOGIC_UNSIGNED.ALL;
--*******************************************
ENTITY SEQ_DETECT_1101010       IS
   PORT( CLK,X,RES     :IN std_logic;
         Y         :OUT std_logic;
         Q   :OUT std_logic_vector( 2 downto 0)
       );
END SEQ_DETECT_1101010   ;
--*******************************************
ARCHITECTURE abc OF   SEQ_DETECT_1101010   IS
signal Q1     :std_logic_vector( 2 downto 0);
signal Q2     :std_logic_vector( 3 downto 0);
BEGIN
PROCESS(CLK,RES)
BEGIN
   Q2<=x&Q1;
   IF CLK'EVENT AND CLK='1' THEN
      IF RES='1' THEN Q1<="001";
      ELSE
      CASE Q2 IS
      WHEN "0001"=>Q1<="001";
      WHEN "1001"=>Q1<="010";
      WHEN "0010"=>Q1<="001";
      WHEN "1010"=>Q1<="011";
      WHEN "0011"=>Q1<="100";
      WHEN "1011"=>Q1<="011";
      WHEN "0100"=>Q1<="001";
      WHEN "1100"=>Q1<="101";
      WHEN "0101"=>Q1<="110";
      WHEN "1101"=>Q1<="011";
      WHEN "0110"=>Q1<="001";
      WHEN "1110"=>Q1<="111";
      WHEN "0111"=>Q1<="001";
      WHEN "1111"=>Q1<="011";
      WHEN OTHERS=>Q1<="001";
      END CASE;
      END IF;
   Y<=NOT X AND Q1(2) AND Q1(1) AND Q1(0);
   END IF;
END PROCESS;
Q<=Q1;
end abc;
```

图 7-122　序列信号检测器的参考源代码

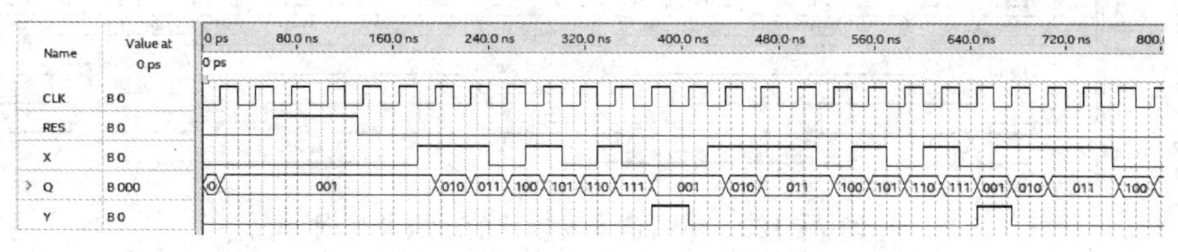

图 7-123　序列信号检测器的仿真波形图

```
--    序列信号发生器 100111
--*************************************************
LIBRARY IEEE;
USE IEEE.STD_LOGIC_1164.ALL;
USE IEEE.STD_LOGIC_ARITH.ALL;
USE IEEE.STD_LOGIC_UNSIGNED.ALL;
--*************************************************
ENTITY SEQ_GENERATOR_100111    is
PORT( CLK    :in std_logic;
      Y      :OUT std_logic;
      Q:OUT std_logic_vector( 3 downto 0)
      );
END SEQ_GENERATOR_100111    ;
--*************************************************
ARCHITECTURE abc OF  SEQ_GENERATOR_100111 IS
signal Q1 :std_logic_vector( 3 downto 0);
BEGIN
process(CLK,Q1)
begin
    if CLK'event and CLK='1' then
    case Q1 is
    when "1001"=>Q1<="0011";
    when "0011"=>Q1<="0111";
    when "0111"=>Q1<="1111";
    when "1111"=>Q1<="1110";
    when "1110"=>Q1<="1100";
    when "1100"=>Q1<="1001";
    when others=>Q1<="1001";
    end case;
    end if;
end process;
Q<=Q1;y<=Q1(3);
end abc;
```

图 7-124 序列信号发生器的参考源代码

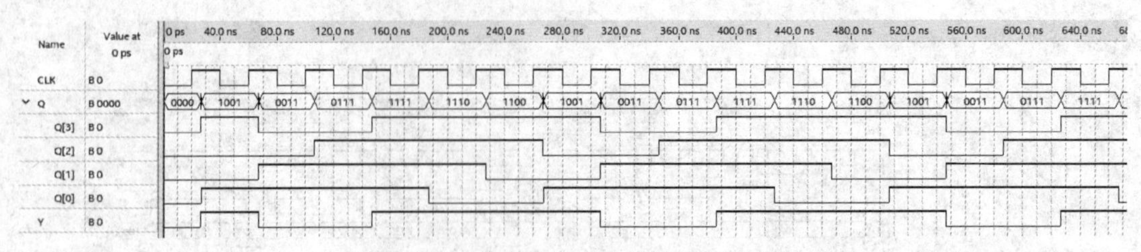

图 7-125 序列信号发生器的仿真波形图

```
--    串转并电路 6位
--*********************************************
LIBRARY IEEE;
USE IEEE.STD_LOGIC_1164.ALL;
USE IEEE.STD_LOGIC_ARITH.ALL;
USE IEEE.STD_LOGIC_UNSIGNED.ALL;
--*********************************************
ENTITY  CTOB_6    IS
   PORT( CLK,DATA     :IN std_logic;
         DOUT   :OUT std_logic_vector( 5 downto 0);
         Q   :OUT std_logic_vector( 2 downto 0)
       );
END CTOB_6   ;
--*********************************************
ARCHITECTURE abc OF CTOB_6    IS
signal Q1    :std_logic_vector( 2 downto 0);
signal Q2    :std_logic_vector( 5 downto 0);
signal C6    :std_logic;
BEGIN
P1:PROCESS(CLK,Q1)
BEGIN
   IF CLK'EVENT AND CLK='1' THEN
      IF Q1<"101" THEN  Q1<=Q1+1;C6<='0';
      ELSE Q1<=( OTHERS =>'0'); C6<='1';
      END IF;
   END IF;
   Q<=Q1;
END PROCESS;
P2:PROCESS(CLK,Q2)
BEGIN
   IF CLK'EVENT AND CLK='1' THEN
   Q2(0)<=DATA;Q2(5 DOWNTO 1)<=Q2(4 DOWNTO 0);
   END IF;
END PROCESS;
P3:PROCESS(C6,Q2)
BEGIN
   IF C6'EVENT AND C6='1' THEN DOUT<=Q2;
   END IF;
END PROCESS;
end abc;
```

图 7-126　6 位串并转换电路的参考源代码

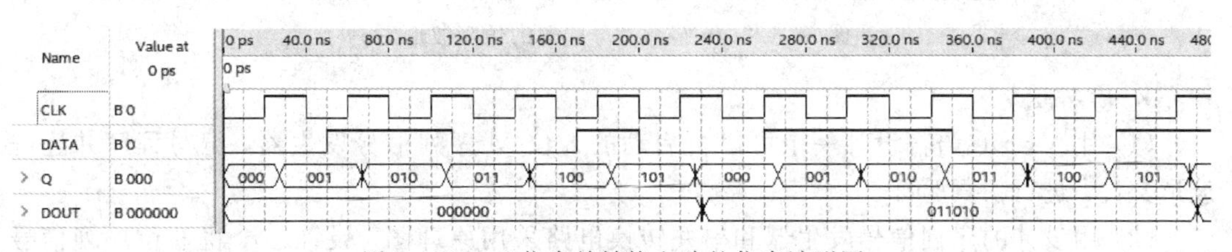

图 7-127　6 位串并转换电路的仿真波形图

(4) 用 VHDL 语言设计一个 6 路输出的脉冲分配器。使用 Quartus 软件进行设计、编译，编译通过后进行仿真，最后将程序下载到 FPGA 开发板中验证其功能。

6 路脉冲分配器的参考源代码如图 7-128 所示。程序编译通过后，建立波形文件进行时序仿真，仿真波形如图 7-129 所示。CLK 为时钟信号，RESET 为复位信号，Q 表示计数状态，Y 为 6 路脉冲输出端。每 6 个时钟信号，Y 的 6 个输出端轮流输出 1 个时钟周期的低电平。

```
--    六路脉冲分配
--*********************************************
LIBRARY IEEE;
USE IEEE.STD_LOGIC_1164.ALL;
USE IEEE.STD_LOGIC_ARITH.ALL;
USE IEEE.STD_LOGIC_UNSIGNED.ALL;
--*********************************************
ENTITY MCFP     IS
   PORT(  CLK,RESET  :IN std_logic;
              Q   :OUT std_logic_vector( 2 downto 0);
              Y   :OUT std_logic_vector( 5 downto 0)
         );
END MCFP   ;
--*********************************************
ARCHITECTURE abc OF  MCFP   IS
signal Q1 :std_logic_vector( 2 downto 0):="000";
BEGIN
PROCESS(CLK,Q1,RESET)
BEGIN
IF RESET='0' THEN Q1<="000";Y<="111111";
ELSIF CLK'EVENT AND CLK='1' THEN
   CASE Q1 IS
   WHEN "000"=>Q1<="001";Y<="111111";
   WHEN "001"=>Q1<="010";Y<="111110";
   WHEN "010"=>Q1<="011";Y<="111101";
   WHEN "011"=>Q1<="100";Y<="111011";
   WHEN "100"=>Q1<="101";Y<="110111";
   WHEN "101"=>Q1<="110";Y<="101111";
   WHEN "110"=>Q1<="000";Y<="011111";
   WHEN OTHERS=>Q1<="000";Y<="111111";
   END CASE;
END IF;
END PROCESS;
Q<= Q1;
end abc;
```

图 7-128　6 路脉冲分配器的参考源代码

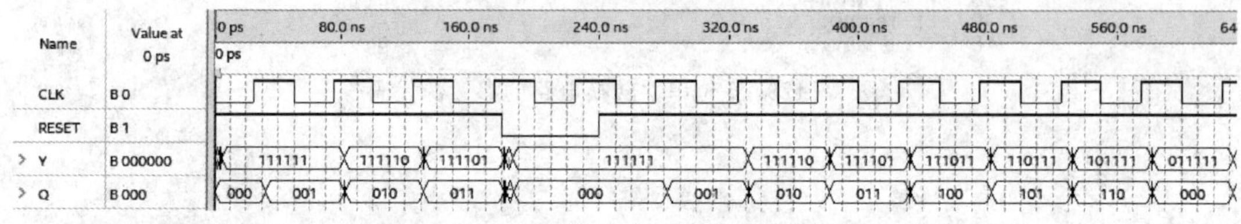

图 7-129　6 路脉冲分配器的仿真波形图

4. 思考题

(1) 用 VHDL 语言设计一个可以自启动的 6 位 M 序列信号发生器，编写程序并建立波形文件，进行仿真验证。

(2) 用设计的序列信号发生器和串并转换电路采用原理图，设计一个将 6 位序列信号转换为并行信号的电路。

7.4.13 时序逻辑电路实验(六)

1. 实验目的

(1) 熟悉在 Quartus 软件中使用 VHDL 或原理图进行电路设计和仿真；

(2) 掌握计数器的逻辑功能和使用方法；

(3) 熟悉 FPGA 开发板的使用。

2. 实验仪器及元器件

(1) 双踪示波器；

(2) 万用表；

(3) 电路电子综合实验箱；

(4) PC 及 Quartus 软件；

(5) FPGA 开发板。

3. 实验内容

(1) 用 VHDL 语言设计一个占空比为 40%、分频比为 10 的方波输出分频器。使用 Quartus 软件进行设计、编译，编译通过后进行仿真，最后将程序下载到 FPGA 开发板中验证其功能。

方波输出分频器的参考源代码如图 7－130 所示。程序编译通过后，建立波形文件进行时序仿真，仿真波形如图 7－131 所示。CLK 为时钟信号，Q1_ OUT 表示计数状态，Q 为分频输出端。由波形图可以观察到 Q 的频率为 CLK 的 1/10，其占空比为 40%。

```
1   --          10分频器    占空比40%
2   --*************************************************
3   LIBRARY IEEE;
4   USE IEEE.STD_LOGIC_1164.ALL;
5   USE IEEE.STD_LOGIC_ARITH.ALL;
6   USE IEEE.STD_LOGIC_UNSIGNED.ALL;
7   --*************************************************
8   ENTITY  FENPQ_10     IS
9      PORT(  CLK   :IN std_logic;
10            Q1_OUT:OUT std_logic_VECTOR(3 DOWNTO 0);
11            Q      :OUT std_logic
12         );
13  END FENPQ_10   ;
14  --*************************************************
15  ARCHITECTURE abc OF   FENPQ_10    IS
16  signal Q1 :INTEGER RANGE 0 TO 9;
17  BEGIN
18  PROCESS(CLK)
19  BEGIN
20  IF CLK'EVENT AND CLK='1' THEN
21     IF Q1<=3 THEN Q<='1';Q1<=Q1+1;
22     --改变Q1后的数值即可改变Q的占空比
23     ELSIF Q1=9 THEN Q<='0';Q1<=0;
24     --改变Q1后的数值即可Q的频率
25     ELSE Q<='0';Q1<=Q1+1;
26     END IF;
27  END IF;
28  END PROCESS;
29  Q1_OUT<=CONV_STD_LOGIC_VECTOR(Q1,4);
30    end abc;
```

图 7－130　方波输出分频器的参考源代码

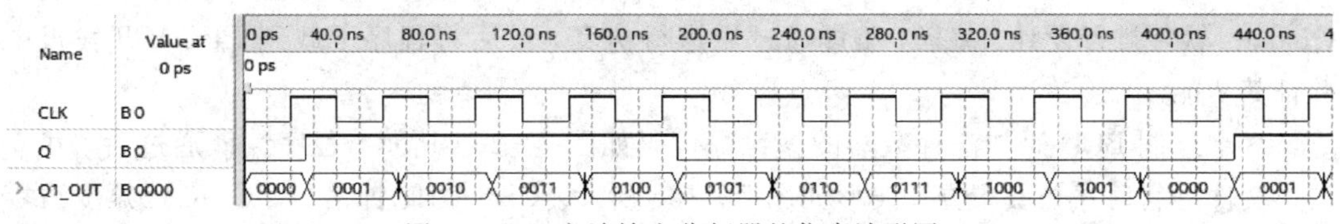

图 7－131　方波输出分频器的仿真波形图

(2) 用 VHDL 语言设计一个具有异步清零功能的十二进制加法计数器。使用 Quartus 软件进行设计、编译，编译通过后进行仿真，最后将程序下载到 FPGA 开发板中验证其功能。

十二进制加法计数器的参考源代码如图 7－132 所示。程序编译通过后，建立波形文件进行时序仿真，仿真波形如图 7－133 所示。CLK 为时钟信号，CLR 为异步清零入端，Q 表示计数状态。

```
--              异步清零的12进制计数器
--***********************************************
LIBRARY IEEE;
USE IEEE.STD_LOGIC_1164.ALL;
USE IEEE.STD_LOGIC_ARITH.ALL;
USE IEEE.STD_LOGIC_UNSIGNED.ALL;
--***********************************************
ENTITY COUNT_12 IS
   PORT( CLK,CLR  :IN std_logic;
         Q  :OUT std_logic_vector(3 downto 0)
       );
END COUNT_12  ;
--***********************************************
ARCHITECTURE abc OF COUNT_12 IS
signal QQ :std_logic_vector(3 downto 0);
BEGIN
   PROCESS(CLK,CLR)
   BEGIN
   IF CLR='0' THEN QQ<="0000";
   ELSIF CLK'EVENT AND CLK='1' THEN
      IF QQ="1011" THEN QQ<="0000";
      ELSE QQ<=QQ+1;
      END IF;
   END IF;
   END PROCESS;
Q<=QQ;
end abc;
```

图 7－132 十二进制加法计数器的参考源代码

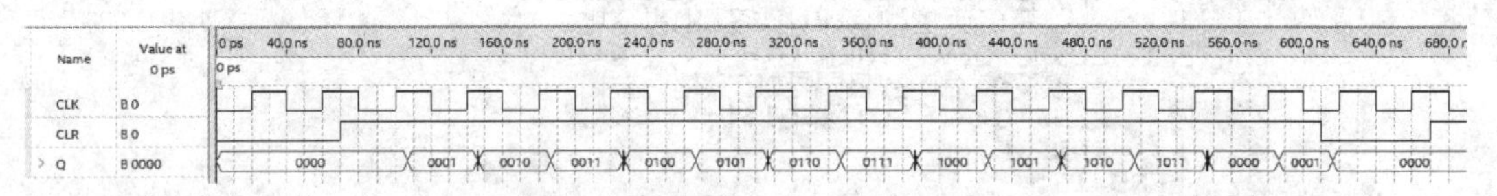

图 7－133 十二进制加法计数器的仿真波形图

(3) 用 VHDL 语言设计一个具有异步清零功能的六十进制 BCD 码加法计数器。使用 Quartus 软件进行设计、编译，编译通过后进行仿真，最后将程序下载到 FPGA 开发板中验证其功能。

六十进制 BCD 码加法计数器的参考源代码如图 7－134 所示。程序编译通过后，建立波形文件进行时序仿真，仿真波形如图 7－135 所示。CLK 为时钟信号，CLR 为异步清零入端，Q 表示计数状态。

```
--        异步清零 BCD60进制计数器
--*********************************************
LIBRARY IEEE;
USE IEEE.STD_LOGIC_1164.ALL;
USE IEEE.STD_LOGIC_ARITH.ALL;
USE IEEE.STD_LOGIC_UNSIGNED.ALL;
--*********************************************
ENTITY  COUNT_60BCD     IS
   PORT( CLK,CLR   :IN std_logic;
          Q       :OUT std_logic_vector( 7 downto 0)
        );
END COUNT_60BCD   ;
--*********************************************
ARCHITECTURE abc OF COUNT_60BCD     IS
signal QQ  :std_logic_vector( 7 downto 0);
BEGIN
PROCESS(CLK,CLR)
BEGIN
   IF CLR='0' THEN QQ<="00000000";
   ELSIF CLK'EVENT AND CLK='1' THEN
      IF QQ>="01011001" THEN QQ<="00000000";
      ELSIF QQ(3 DOWNTO 0)>="1001" THEN
      QQ(3 DOWNTO 0)<="0000";
      QQ(7 DOWNTO 4)<=QQ(7 DOWNTO 4)+1;
      ELSE QQ<=QQ+1;
      END IF;
   END IF;
END PROCESS;
Q<=QQ;
end abc;
```

图 7-134　六十进制 BCD 码加法计数器的参考源代码

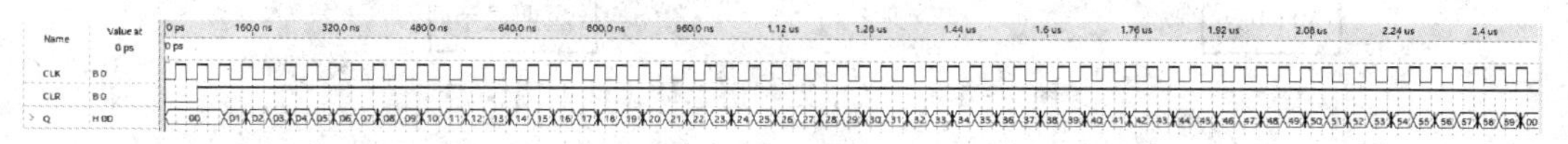

图 7-135　六十进制 BCD 码加法计数器的仿真波形图

4. 思考题

(1) 用 VHDL 语言设计一个具有异步清零的十二进制码减法计数器，编写程序并建立波形文件，进行仿真验证。

(2) 用 VHDL 语言设计一个加/减法可控的六十进制 BCD 码计数器，编写程序并建立波形文件，进行仿真验证。

7.5　系统综合设计项目

7.5.1　数字万年历

1. 系统设计任务及要求

设计一个数字万年历，使其满足以下要求：

(1) 具有时、分、秒的功能，能用 6 位数码管显示；

(2) 具有月、日的功能，能用 6 位数码管显示；

(3) 具有年(含闰年)的功能，能用 6 位数码管显示；

(4) 能用 6 位数码管轮流显示年、月、日、时、分、秒；

(5) 可利用按键手动设置年、月、日、时、分的数值；

(6) 能判断星期，并用6位数码管显示月、日、星期；

(7) 具有节日报时、闹钟等其他功能。

在Quartus环境下，使用VHDL语言编程完成各模块的电路设计，利用电路原理图完成总体电路的设计，通过仿真测试无误后下载至开发板以验证设计的正确性。

2. 系统的方案设计

根据系统的设计任务，可以得到数字万年历的总体设计框图，如图7-136所示。根据系统的总体设计框图，用VHDL语言方式完成秒、分、时、日、月、年等计时模块和分频、数码管动态显示、星期判断等模块，再用原理图方式完成各模块之间电路的设计，最终实现整个系统的功能。

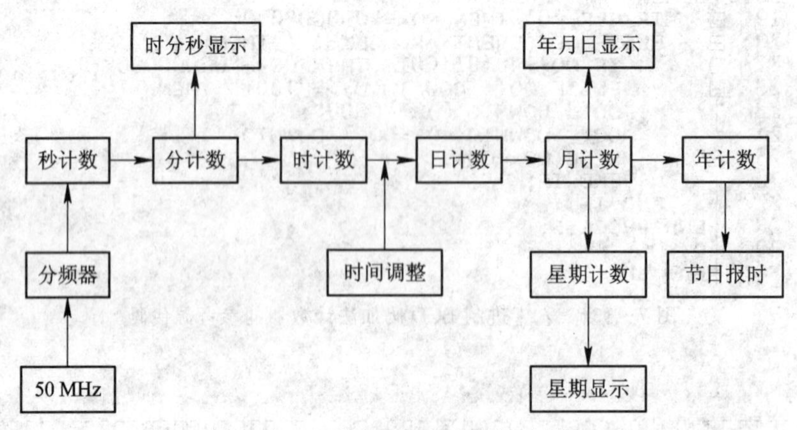

图7-136 数字万年历总体设计框图

3. 系统的主要模块

1) 计时模块

模块COUNT_BCD60可以参考时序逻辑电路实验(六)中六十进制BCD码计数器的设计修改完成数字万年历中需要的六十进制BCD码计数器，COUNT_BCD60模块如图7-137所示，CLK为输入信号，输出信号Q为计数器的输出，TCN为进位信号。该模块可用于秒、分的计时设计。

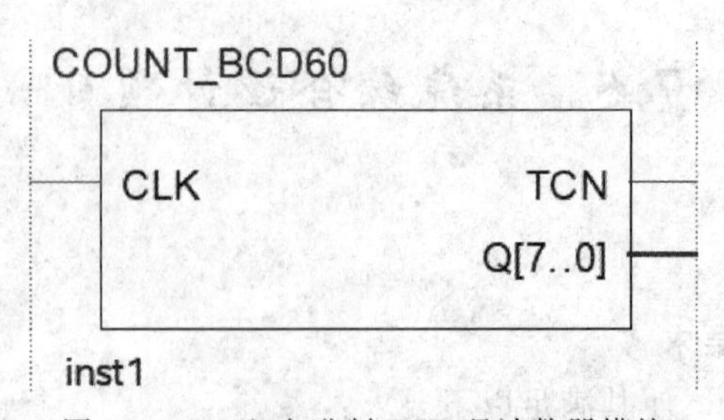

图7-137 六十进制BCD码计数器模块

模块COUNT_BCD24是二十四进制BCD码计数器。COUNT_BCD24模块如图7-138所示，CLK为输入信号，输出信号Q为计数器的输出，TCN为进位信号。该模块可用于小时的计时设计。

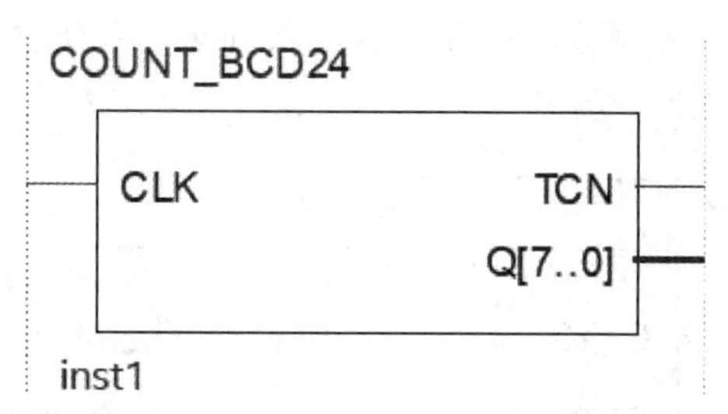

图 7-138　二十四进制 BCD 码计数器模块

将两个 COUNT_BCD60 和一个 COUNT_BCD24 模块级联，可构成 24 小时的计时电路，如图 7-139 所示。输入信号 CLK_M 为秒脉冲信号，输出信号 QM 为秒计数器的输出，QF 为分计数器的输出，QS 为时计数器的输出，TCN_S 为向年的进位信号。该模块可以实现 24 小时的时钟计数。

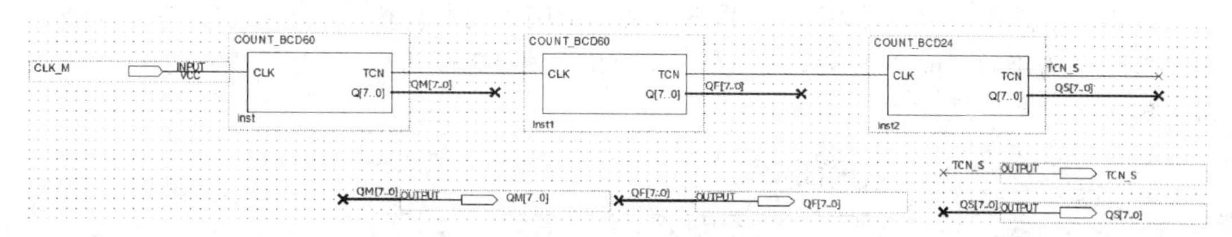

图 7-139　24 小时计时电路

采用相同的设计方法，可以设计 COUNT_BCD100 模块，通过级联，实现年的一千进制计数，如图 7-140 所示。输入信号 CLK_N 为年脉冲信号，输出信号 QN 为年计数器的输出，TCN_N 为进位信号。

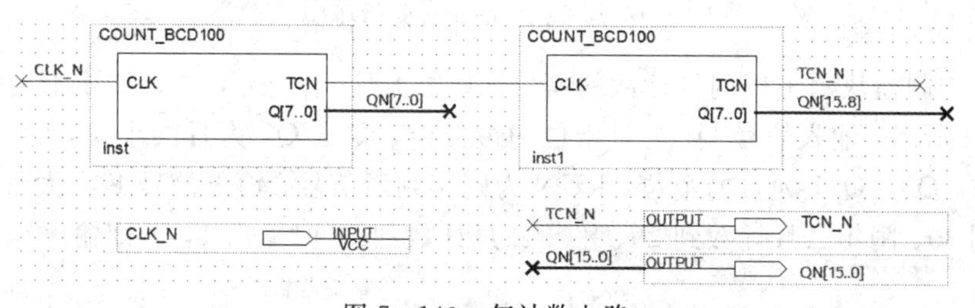

图 7-140　年计数电路

模块 COUNT_BCD12 是十二进制 BCD 码计数器。月计数模块如图 7-141 所示，CLK 为输入信号，Q 为月计数器的输出，TCN 为进位信号。该模块可用于月计数的设计。

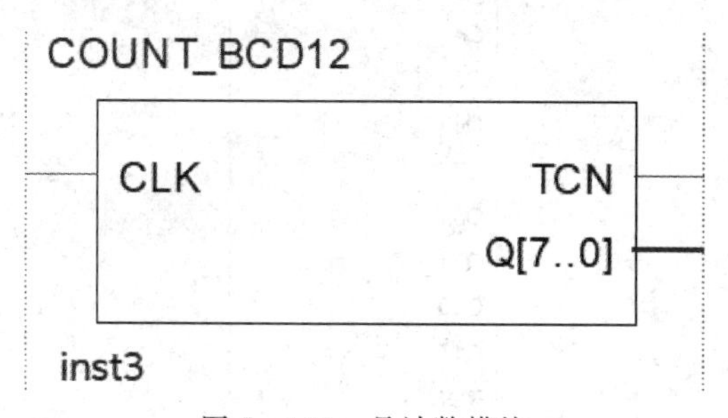

图 7-141　月计数模块

日计数模块除了设计三十一进制 BCD 码计数器，还需要设置一个控制信号，使日计数器在大月计数到 31，小月计数到 30，闰年二月计数到 29，平年二月计数到 28。日计数模块 COUNT_BCD31 如图 7-142 所示。

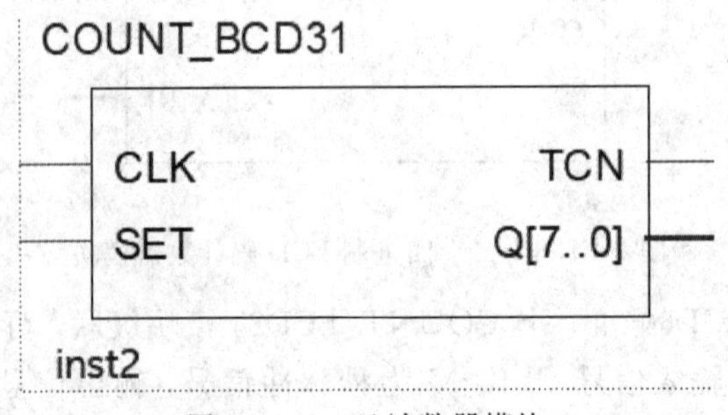

图 7-142 日计数器模块

2）控制模块

万年历中需要判断是否为闰年，因此需要增加闰年判断模块。如图 7-143 所示，输入信号 NIAN 为年的 4 位 BCD 码，输出信号 RUN 为闰年判断信号，输出 1 表示是闰年，0 表示平年。

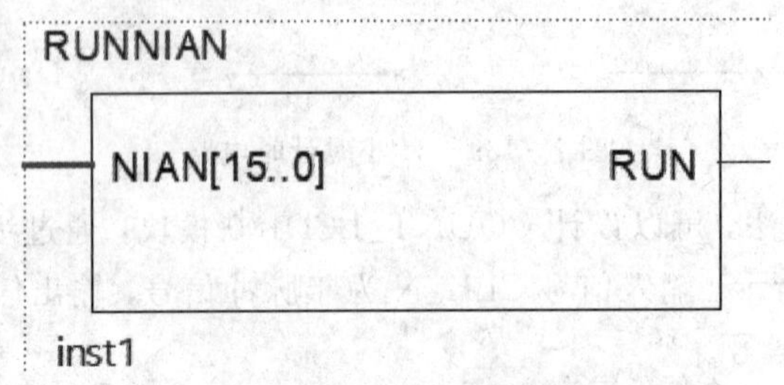

图 7-143 闰年判断模块

日计数控制模块用于控制日计数的模值，其中大月 31、小月 30、二月 28(闰年时 29)。如图 7-144 所示，输入信号 Q1 为月十位的最低位，Q2～Q5 为月的个位，Q6、Q7 为日十位的低两位，Q8～Q11 为日的个位，RUN 为闰年判断信号；输出信号 F 在大月计数到 31、小月计数到 30、闰年二月计数到 29、平年二月计数到 28 时输出 1，否则输出 0。

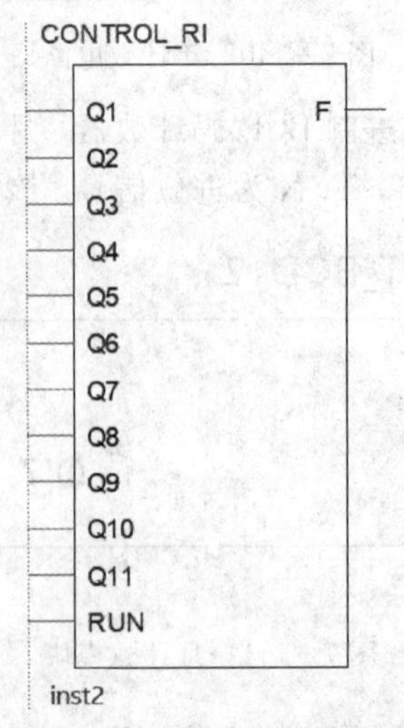

图 7-144 日计数控制模块

结合月、日计数模块及日计数控制器，设计月日计数电路，如图 7 - 145 所示。

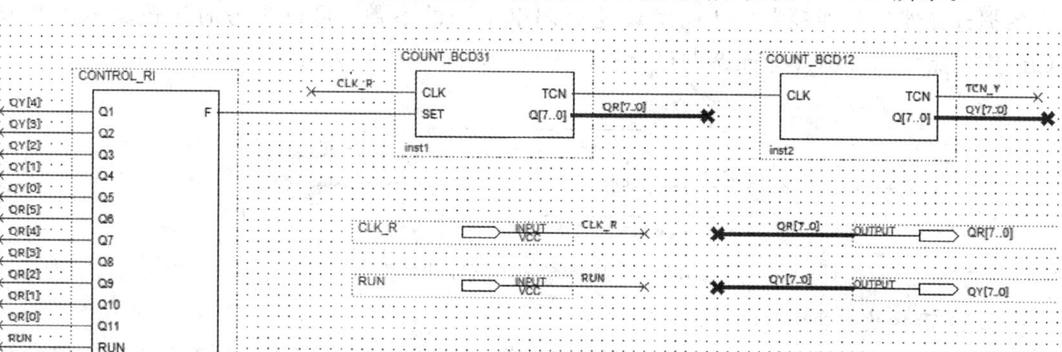

图 7 - 145　月日计数电路

星期判断模块，如图 7 - 146 所示。输入信号 CLK 为 1 Hz 时钟信号，QN 为年的 BCD 码，QY 为月的 BCD 码，QR 为日的 BCD 码，输出信号 QW 为星期 BCD 码的输出。

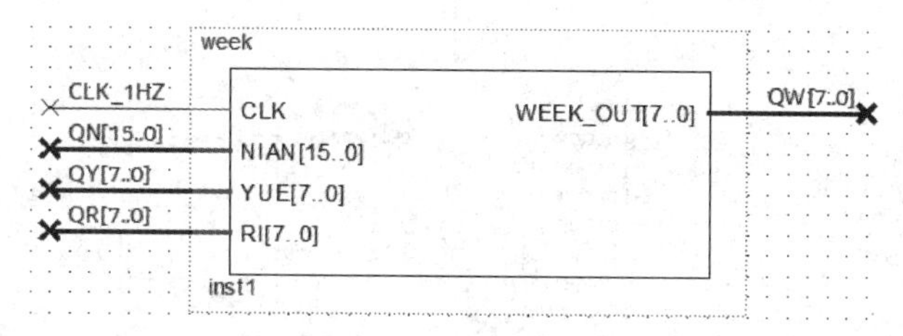

图 7 - 146　星期判断模块

开发板中提供的系统时钟 50 MHz，需要对其分频后提供给各模块使用。可以参考时序逻辑电路实验(六)中 10 分频器的设计修改完成为 1 Hz 的分频器，如图 7 - 147 所示。其他频率的分频器可修改完成。

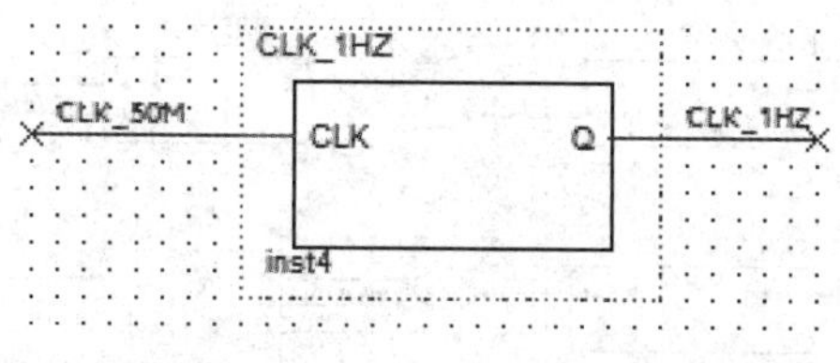

图 7 - 147　1 Hz 分频器

在每个计数器的 CLK 之前增加一个二选一的数据选择器模块，用于切换每个计数器的时钟信号，实现正常计时或调整时间的功能。二选一数据选择器模块如图 7 - 148 所示。

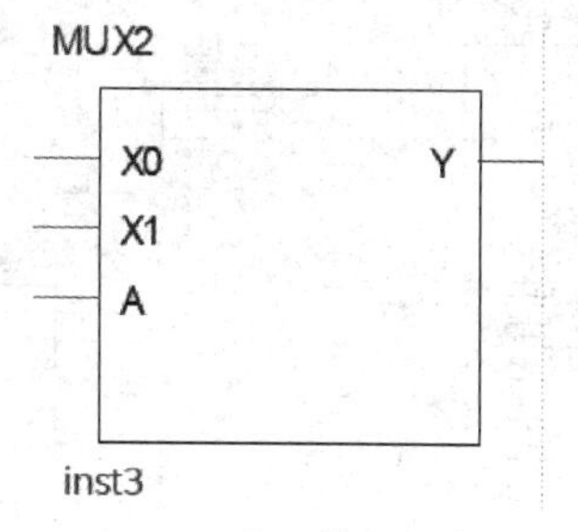

图 7 - 148　二选一数据选择器模块

由于需要任意调整万年历的年、月、日、时、分，因此采用6路的脉冲分配器实现对6个数据选择器的分别控制，从而实现轮流调整不同的参数。可以参考时序逻辑电路实验(五)中6路输出的脉冲分配器的设计修改完成，如图7-149所示。

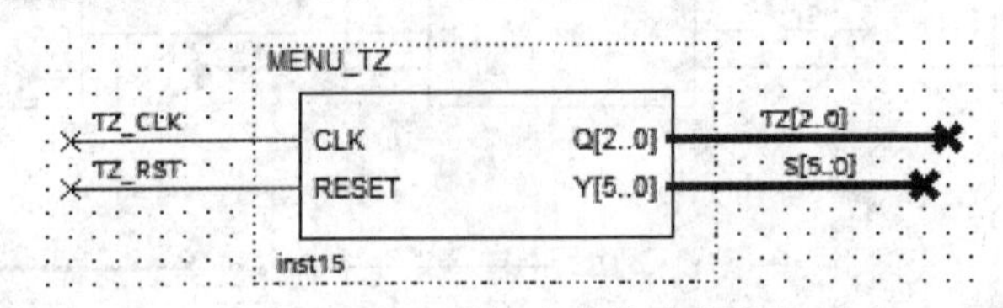

图7-149　6路输出的脉冲分配器

3) 显示模块

利用开发板的6位共阴极数码管设计6位数码管动态显示模块，实现万年历数据的显示。参考组合逻辑电路实验(六)中共阴极七段数码管的显示译码器及思考题，设计6位数码管动态显示模块，如图7-150所示。输入信号为6个4位BCD码的数值DATA0～DATA5，CLK为动态扫描信号，RESET为复位信号，输出为8位段码LED_SEG和6位的位选信号LED_SCAN。

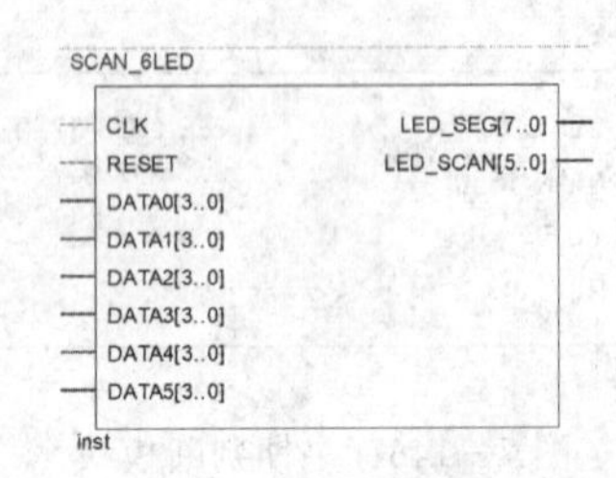

图7-150　6位数码管动态显示模块

4) 总体电路设计

将已设计好的各功能模块连接完成后，即实现了数字万年历系统的设计，如图7-151所示。

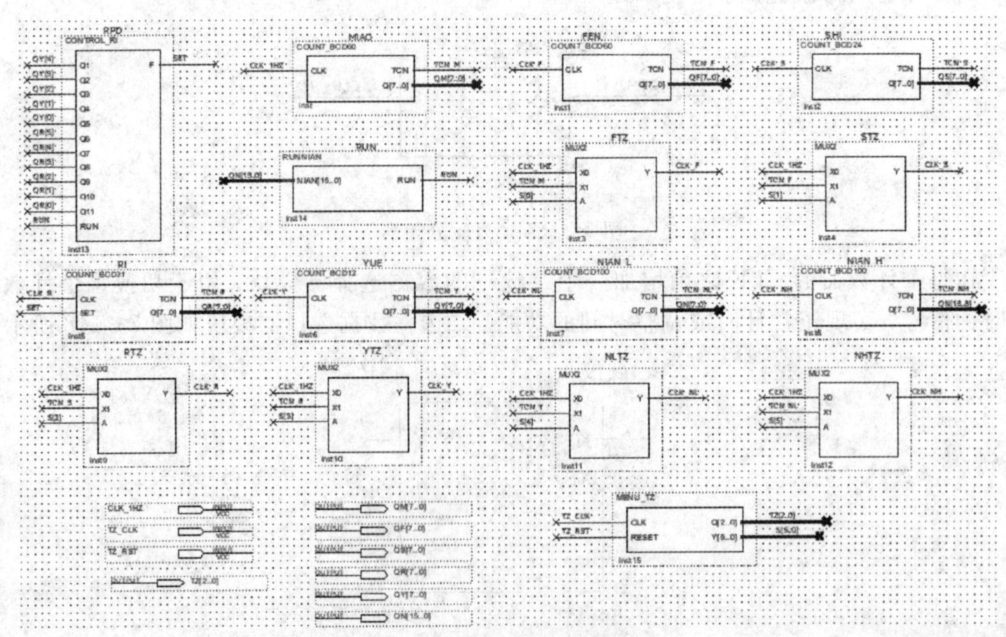

图7-151　万年历系统总电路

将设计完成的万年历系统总电路图编译成功后，可以生成总电路的部件，如图 7－152 所示。将该部件与数码管动态显示模块、分频器模块等电路连接，设计完成并编译成功后，即可分配引脚，下载至开发板进行调试。

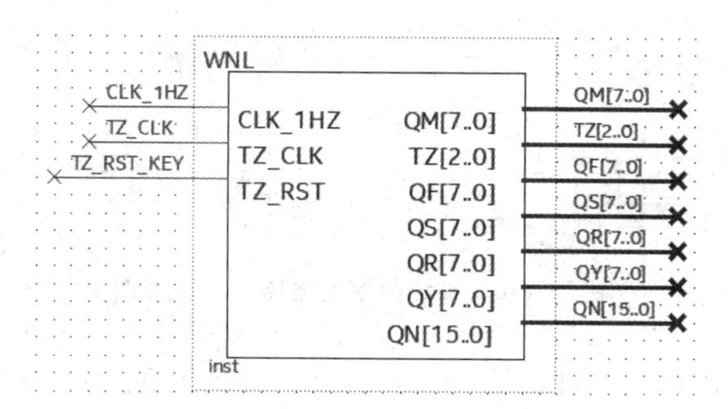

图 7－152　万年历生成的总电路部件

4. 仿真与测试

各模块电路通过编译后即可对其进行时序仿真，验证各模块功能正确后，再对总体电路的顶层文件进行仿真，验证总体功能的正确性。

COUNT_BCD60 模块的仿真波形图如图 7－153 所示，从仿真波形可以看出，时钟脉冲信号 CLK 控制计数器进行计数，当计数到 59 时，下一个时钟信号从 0 开始计数，同时进位信号 TCN 输出 1。依据同样的分析方法，可以验证二十四进制、一百进制等计数器的功能。

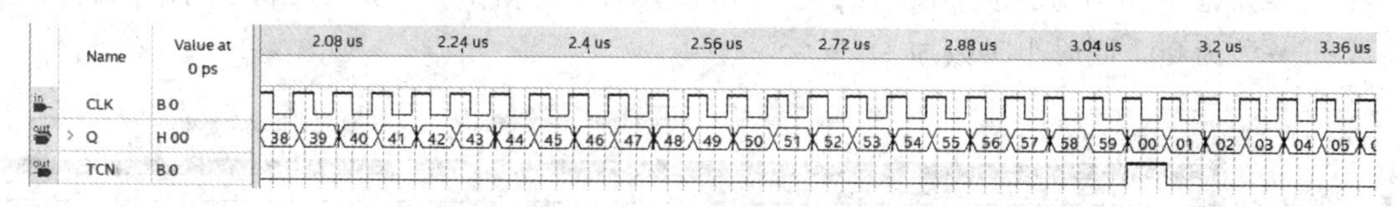

图 7－153　COUNT_BCD60 模块的仿真波形图

24 小时时钟电路仿真波形图如图 7－154 所示。从仿真波形可以看出，秒脉冲信号 CLK_M 控制计数器进行计数，当计数到 23:59:59 时，下一个时钟信号从 0 开始计数，同时进位信号 TCN_S 输出 1。依据同样的分析方法，可以验证年计数电路的功能。

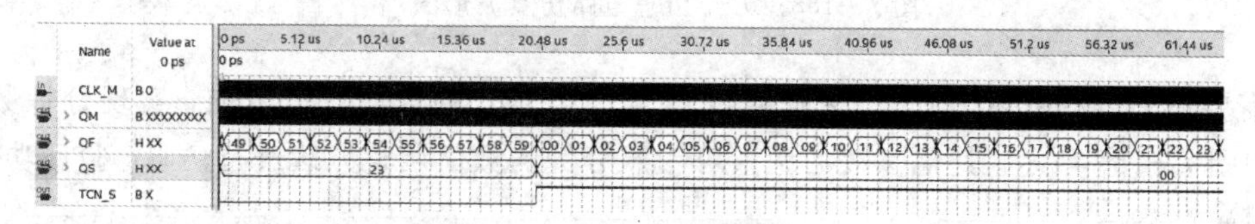

图 7－154　24 小时时钟电路仿真波形图

闰年判断电路的仿真波形图如图 7－155 所示，从仿真波形可以看出，当年的 BCD 码能整除 4 且不能整除 100 或者能整除 400 时，为闰年，RUN 输出 1，否则输出 0。

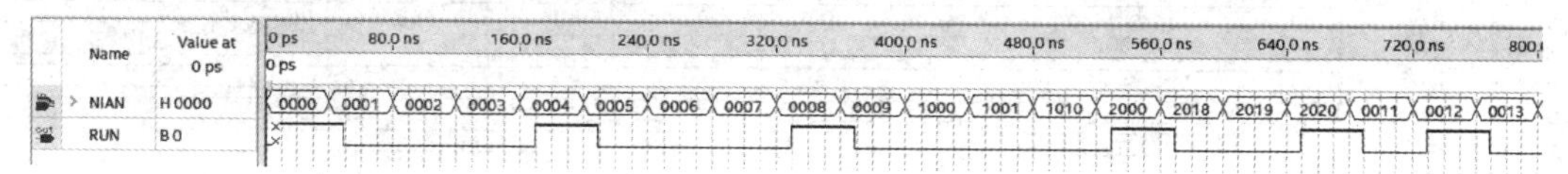

图 7－155　闰年判断电路仿真波形图

日计数控制电路的仿真波形图如图 7－156 所示，从仿真波形可以看出，当月日的信号为 1 月 31 日时 F 输出 1；平年 2 月 28 日时 F 输出 1；闰年 2 月 29 日时 F 输出 1；3 月 31 日时 F 输出 1，实现大月、小月和二月的不同日计数控制。

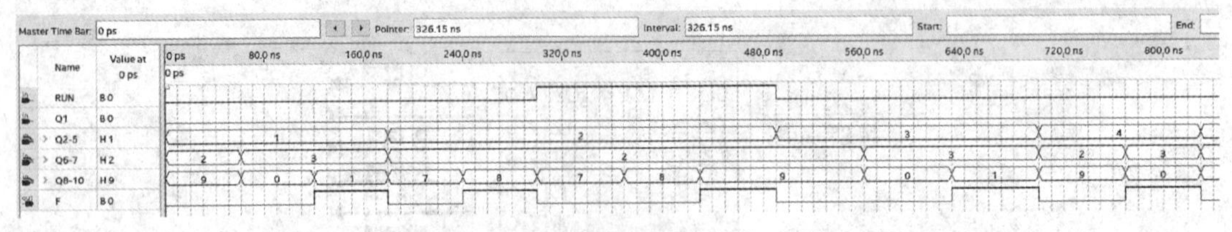

图 7－156 日计数控制电路仿真波形图

星期判断电路的仿真波形图如图 7－157 所示，对比仿真波形和实际的日期信息，验证设计的电路是否正确。

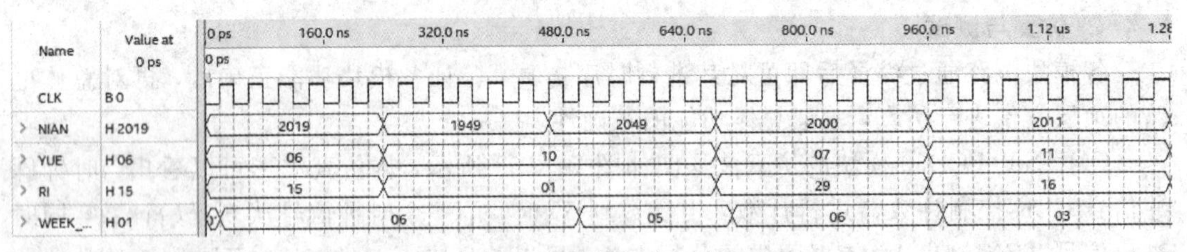

图 7－157 星期判断电路仿真波形图

万年历总电路的仿真波形图如图 7－158 所示，从仿真波形可以看出，分钟计数到 59 后，下一秒为 00，同时小时数加 1。

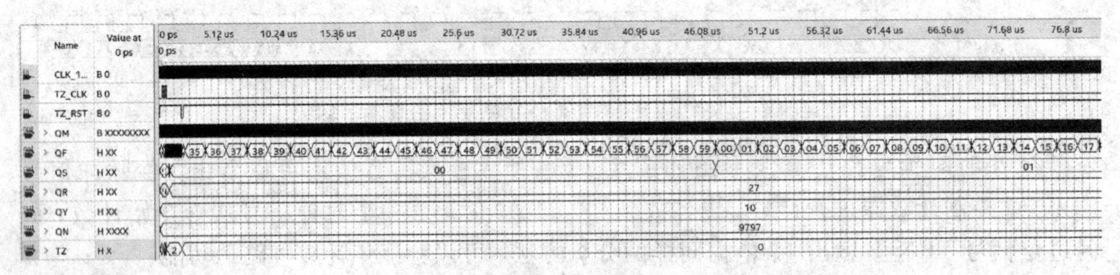

图 7－158 万年历总电路仿真波形图

若需要调整分的数值，则将 TZ 信号设置为 010，QF 的数值快速增加，实现分钟数值调整，如图 7－159 所示。其他参数的调整可参照分钟的数值调整方法进行仿真，验证功能。

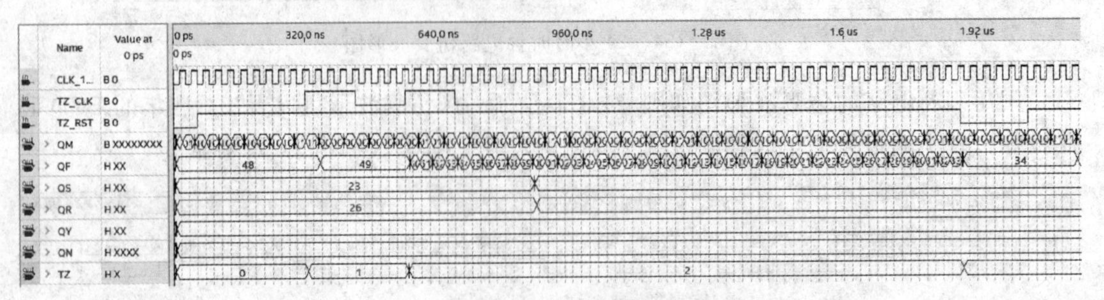

图 7－159 分钟的数值调整仿真波形图

7.5.2　基于红外通信的空调温度控制器

1. 系统设计任务及要求

设计一个基于红外通信的空调温度控制器，使其满足以下要求：

(1) 具有红外发射电路和红外接收电路，能实现红外通信功能；

(2) 具有温度控制电路，能通过按键升高或降低温度；

(3) 具有温度显示电路，能用 6 位数码管显示；

(4) 具有报警等其他功能。

在 Quartus 环境下，使用 VHDL 语言编程完成各模块的电路设计，利用电路原理图完成总体电路的设计，通过仿真测试无误后下载至开发板以验证设计的正确性。

2. 系统的方案设计

根据系统的设计任务，可以得到红外通信的空调温度控制器的总体设计框图，如图 7－160所示。根据系统的总体设计框图，用 VHDL 语言方式完成红外发射、红外接收、温度控制、数码管显示等模块，再用原理图方式完成各模块之间电路的设计，最终实现整个系统的功能。

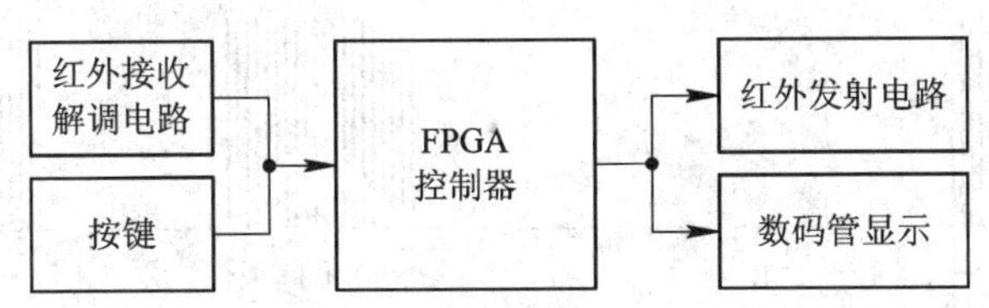

图 7－160　红外通信的空调温度控制器的总体设计框图

1) 红外发射端

红外发射端设计框图如图 7－161 所示，包括 38 kHz 分频器、键值判断电路、单脉冲发射电路、温度控制电路、1.78 kHz 分频器、红外发射信号调制电路、数码管显示电路等模块。

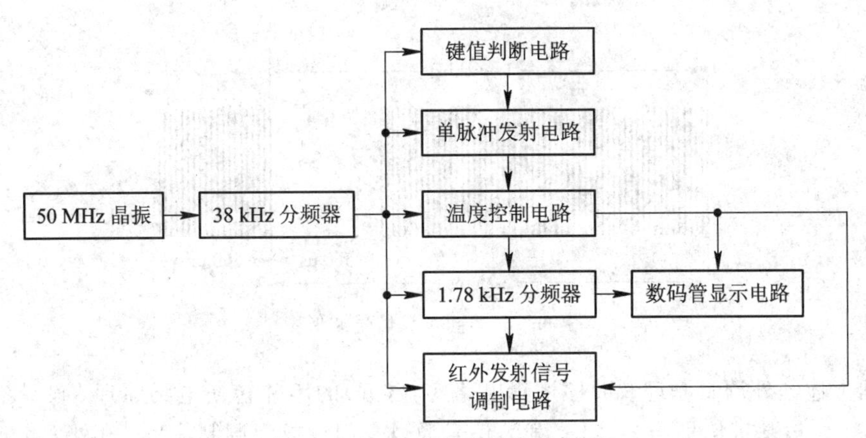

图 7－161　红外发射端设计框图

2) 红外接收端

红外接收端设计框图如图 7－162 所示，包括 38 kHz 分频器、温度控制电路、1.78 kHz 分频器、红外信号译码电路、数码管显示电路等模块。

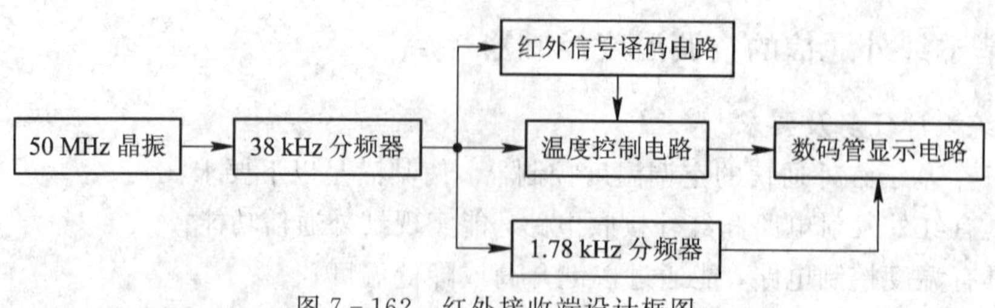

图 7-162 红外接收端设计框图

3. 系统的主要模块

1）红外发射信号调制电路

红外发射信号的调制电路需要将串行传输的基带信号调制到 38 kHz 的载波信号上才能发射。其中基带信号采用脉宽调制的串行码，以脉宽为 0.56 ms、间隔为 0.56 ms、周期为 1.12 ms 的组合表示二进制的“0”；以脉宽为 0.56 ms、间隔为 1.69 ms、周期为 2.25 ms 的组合表示二进制的“1”，如图 7-163 所示。

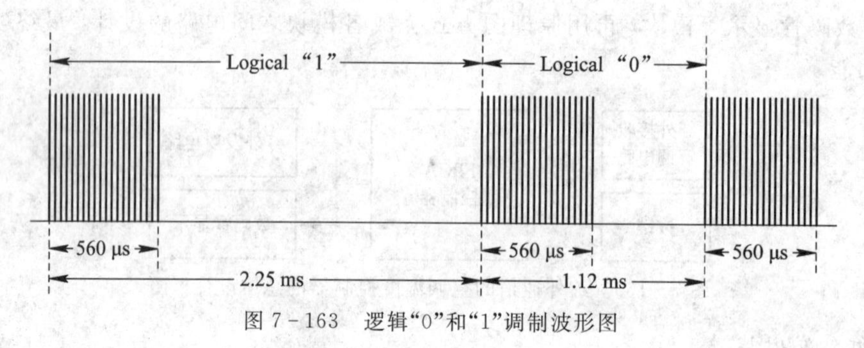

图 7-163 逻辑“0”和“1”调制波形图

基带信号以帧为单位发送数据，每一帧包括上述“0”和“1”组成的 8 位数据，并在之前加上同步头信号。同步头信号的脉宽为 1.69 ms、间隔 0.56 ms、周期为 2.25 ms，如图 7-164所示。

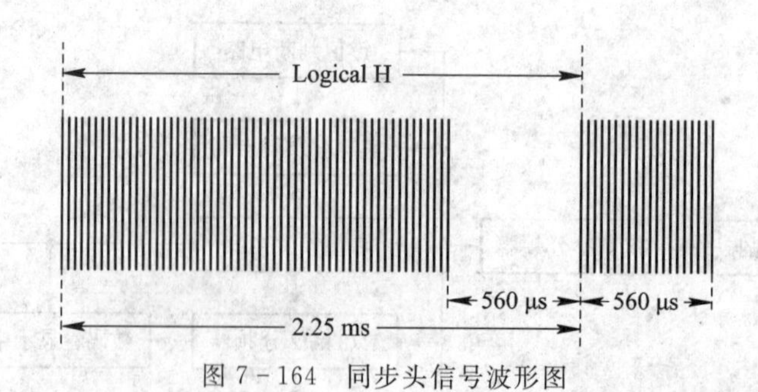

图 7-164 同步头信号波形图

依据上述红外调制原理及时序逻辑电路实验（五）的串并转换电路原理，设计红外基带发射电路，并将基带信号与 38 kHz 载波信号通过与门后成为调制信号。红外发射调制电路如图 7-165 所示，CLK560U 为 1.78 kHz 时钟信号，DATA IN 为并行输入信号，DATA OUT 为转换后的串行信号(即基带信号)。

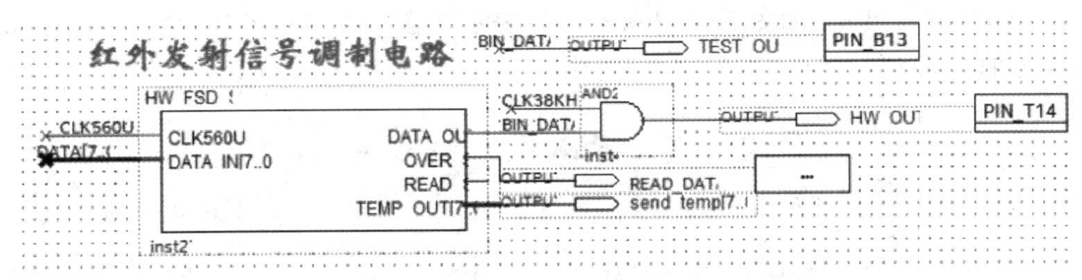

图 7-165　红外发射调制电路

2）红外接收电路

红外接收电路采集到的信号与发射端的基带信号频率相同、相位相反。因此需要在接收电路的输入端前增加一个非门，使其信号与基带信号保持一致，将接收的信号通过串并转换，即可实现对接收信号的并行读取。红外接收电路如图 7-166 所示，CLK38KH 为 38 kHz 时钟信号，DATA IN 为接收到的经过取非后的串行信号；DATA OUT 为输出的 8 位并行数据。

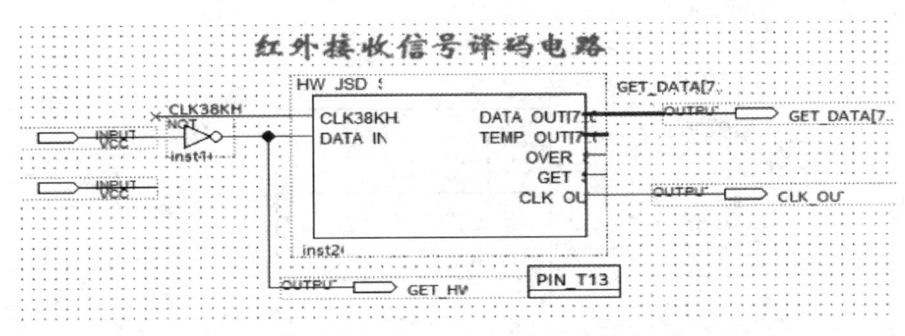

图 7-166　红外接收电路

3）分频器模块

开发板中提供的 50 MHz 系统时钟，需要对其进行分频后提供给各模块使用。可以参考时序逻辑电路实验（六）中 10 分频器的设计修改成为 38 kHz 和 1.78 kHz 的分频器，如图7-167所示。38 kHz 为红外载波信号，也作为温度控制电路的工作时钟，而 1.78 kHz 的周期约为 560 μs，便于编写发射信号调制模块程序。

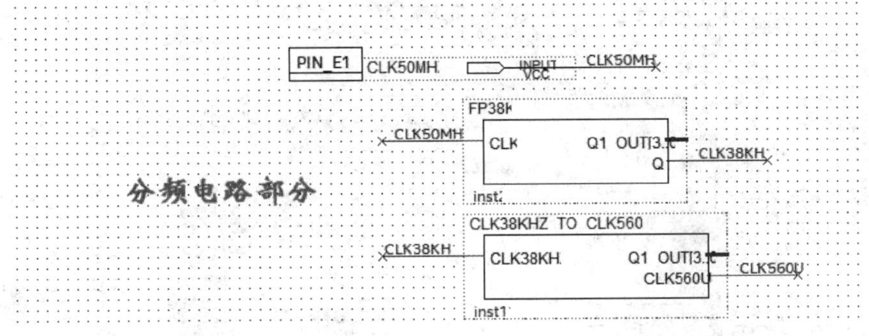

图 7-167　分频电路

4）键值判断及温度控制电路

键值判断及温度控制电路由升温降温判断电路 KTYKQ 和模为 40 的可加/减计数器

COUNT40 两部分组成，如图 7-168 所示。X1 表示升温，X2 表示降温，QOUT 表示输出温度信号的 BCD 码。

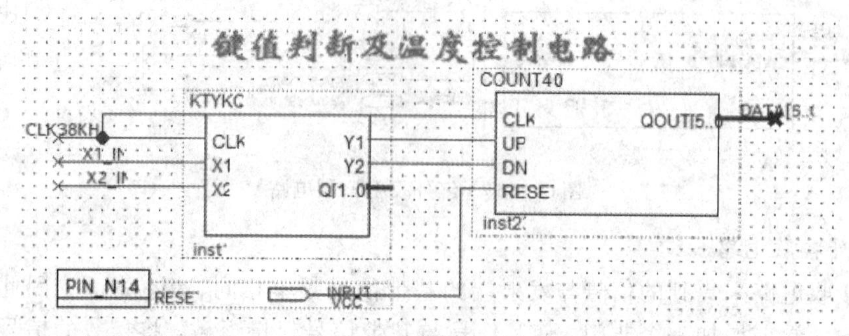

图 7-168 温度控制电路

5）单脉冲电路

由于按键的物理性质会造成按键输出电平抖动，为解决去抖动的问题，需设计单脉冲电路，如图 7-169 所示。

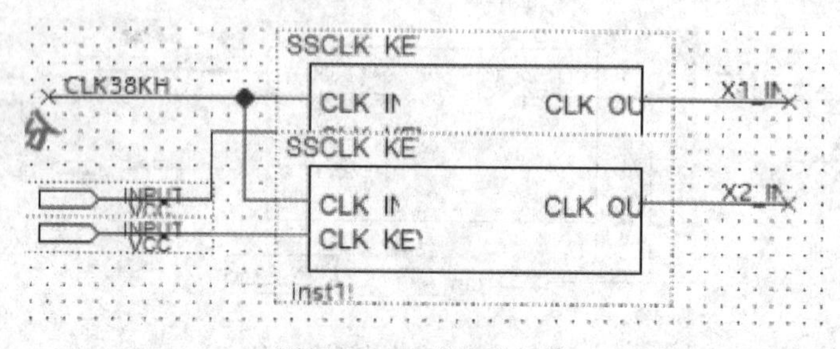

图 7-169 单脉冲电路

6）系统总电路

将已设计好的各功能模块连接完成后，即可实现基于红外通信的空调温度控制器设计，如图 7-170 所示。设计完成并编译成功后，即可分配引脚，下载至开发板进行调试。

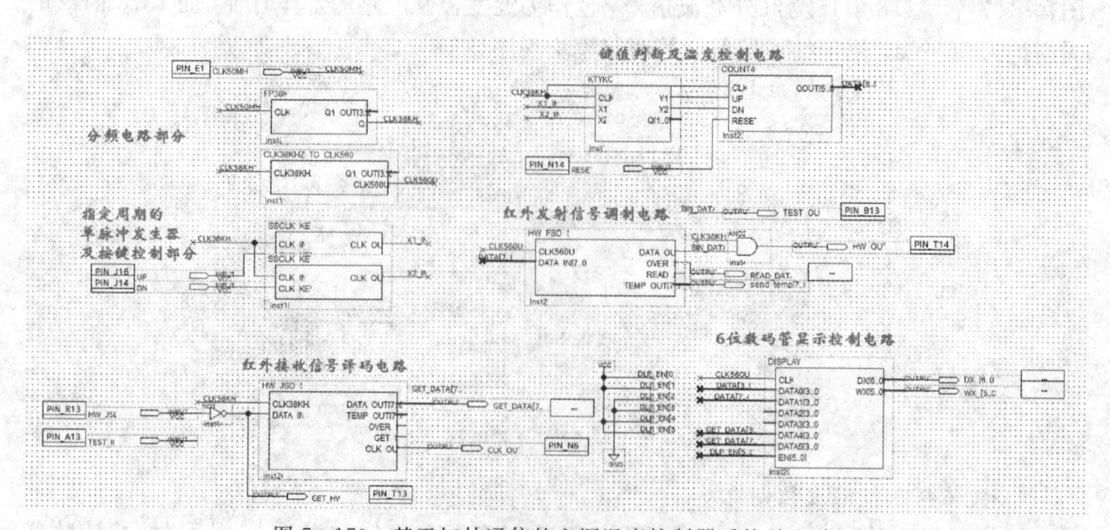

图 7-170 基于红外通信的空调温度控制器系统总电路

4. 仿真与测试

各模块电路通过编译即可对其进行时序仿真，若验证各模块功能正确，则再对总体电路的顶层文件进行仿真，以验证总体功能的正确性。

红外发射的基带信号的仿真波形图如图 7－171 所示，从仿真波形可以看出，每一帧的信号从同步头信号之后开始发送 8 位数据。

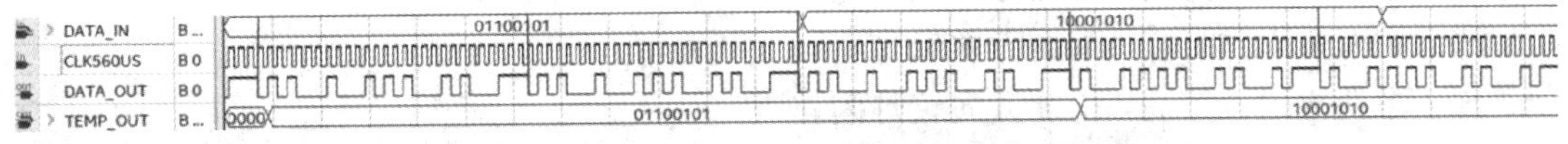

图 7－171　红外发射的基带信号的仿真波形图

红外接收电路的仿真波形图如图 7－172 所示，从仿真波形可以看出，检测到同步头信号后，每接收 8 位数据则存储至 DATA_OUT。

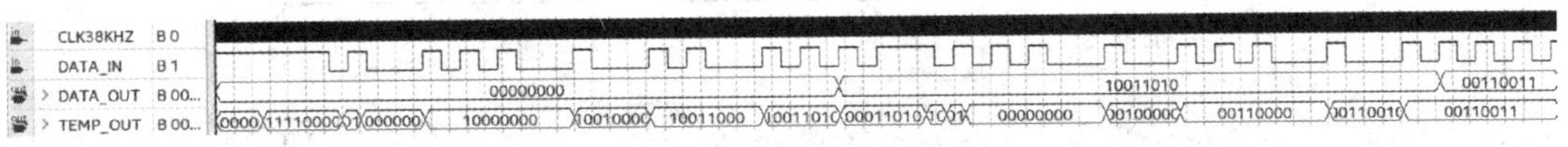

图 7－172　红外接收电路的仿真波形图

温度控制电路的仿真波形图如图 7－173 所示，从仿真波形可以看出，当 UP 或者 DN 为 1 时，温度数值加 1 或者减 1，若同时为 1 或者 0 则不动作。

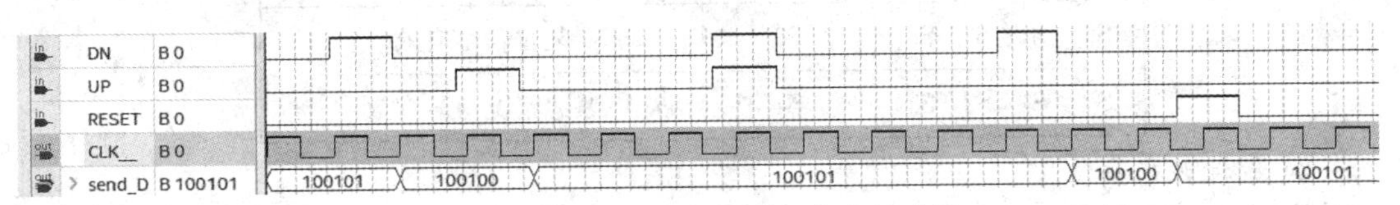

图 7－173　温度控制电路的仿真波形图

7.5.3　交通信号灯控制器

1. 系统设计任务及要求

设计一个交通信号灯控制器，使其满足以下要求：

(1) 在十字路口的东西和南北两个方向各有一组红、黄、绿灯，其变化规律是：东西方向绿灯亮、南北方向红灯亮→东西方向黄灯闪、南北方向红灯亮→东西方向红灯亮、南北方向绿灯亮→东西方向红灯亮、南北方向黄灯闪→东西方向绿灯亮、南北方向红灯亮；

(2) 分别用两组两位数码管表示东西、南北方向的倒计时显示，用于显示允许通行和禁止通行的时间，其中红灯 35 s、黄灯 5 s、绿灯 30 s；

(3) 具有紧急情况控制按键，按键按下后东西、南北路口均显示红灯且计数器停止计数，紧急情况解除后恢复原来的状态；

(4) 交通信号灯控制器具有复位功能，复位信号有效时计数器从初始状态计数，对应状态的指示灯亮；

(5) 交通信号灯的倒计时时间可以预置。

在 Quartus 环境下，使用 VHDL 语言编程完成各模块的电路设计，利用电路原理图完成总体电路的设计，通过仿真测试无误后下载至开发板以验证设计的正确性。

2. 系统的方案设计

1）状态转换电路模块

根据系统的设计任务，可以得到交通信号灯控制器的4种正常状态和1种特殊状态，分别是：

S0：东西方向绿灯亮，南北方向红灯亮；

S1：东西方向黄灯闪，南北方向红灯亮；

S2：东西方向红灯亮，南北方向绿灯亮；

S3：东西方向红灯亮，南北方向黄灯闪；

S4：东西方向红灯亮，南北方向红灯亮。

交通信号灯状态转移表如表7-8所示，只有当倒计时时间结束时交通信号灯的状态才会发送变化。

表7-8　交通信号灯状态转移表

当前状态	下一状态	转换条件
S0	S1	东西方向绿灯亮30 s
S1	S2	东西方向黄灯闪5 s
S2	S3	南北方向绿灯亮30 s
S3	S0	南北方向黄灯闪5 s
S0 / S1/ S2/ S3	S0	复位信号有效
S0 / S1/ S2/ S3	S4	紧急情况信号有效

2）倒计时模块

倒计时模块采用计数器实现红灯、绿灯时间的倒计时计数。

3）显示模块

显示模块采用数码管动态显示的方法实现倒计时时间的显示。

4）复位及紧急情况功能模块

复位及紧急情况功能模块通过按键实现交通信号灯控制器恢复初始状态或者进入紧急情况状态。

7.5.4　红外遥控数字密码锁

1. 系统设计任务及要求

设计一个红外遥控数字密码锁，使其满足以下要求：

(1) 具有红外发射电路和红外接收电路，能实现红外通信的功能；

(2) 具有密码输入的功能，密码为6位数，通过矩阵键盘输入，每输入一个数，从数码管右侧开始显示，且每输入一个数，数码管显示的数据左移一位；

(3) 具有密码修改的功能；

(4) 具有上锁、解锁的功能；

(5) 具有声光报警的功能，输入密码错误开锁进行声光报警。

在Quartus环境下，使用VHDL语言编程完成各模块的电路设计，利用电路原理图完成总体电路的设计，通过仿真测试无误后下载至开发板以验证设计的正确性。

2. 系统的方案设计

根据系统的设计任务，红外遥控数字密码锁的系统包括红外通信模块、键盘输入模块、控制模块、声光报警模块、显示模块等。

1）红外通信模块

依据 7.5.2 小节基于红外通信的空调温度控制器的设计，实现红外通信的功能。

2）键盘输入模块

键盘输入模块采用矩阵键盘输入，依据键盘扫描的原理，实现键盘按键的扫描与识别。

3）控制模块

控制模块用于实现密码输入存储、上锁、解锁和报警等功能。

4）声光报警模块

声光报警模块用于控制指示灯亮灭和蜂鸣器发出报警声。

5）显示模块

显示模块用于实现输入的 6 位密码的数码管显示。

参考文献

徐惠民，安德宁. 数字逻辑设计与 VHDL 描述. 北京：机械工业出版社，2002.